Educational Producer For Your Success

2026 최신판

최단기간 합격을 위한 최선의 선택

안남식 콘크리트 기사/산업기사 필기 이론서

안남식 편저

05 과년도 기출문제

01 콘크리트 재료 및 배합 | 02 콘크리트 제조, 시험 및 품질관리 | 03 콘크리트의 시공 | 04 콘크리트용 구조 및 유지관리

책의 특징
1. 효율적인 이론서 구성으로 인한 학습효율 극대화
2. 꼭 필요한 부분만 설명하여 수험생의 학습부담을 경감
3. 단어-단어 암기법을 기초로 암기하기 쉽도록 기술

에듀피디 동영상강의 www.edupd.com

안남식 콘크리트
기사/산업기사
필기 이론서

1판 1쇄 발행   2026년 1월 7일
1판 1쇄 발행   2026년 1월 14일

편저자   안남식
발행처   에듀피디
등 록   제300-2005-146
주 소   서울특별시 종로구 대학로45 임호빌딩 2층

전 화   1600-6690
팩 스   02)747-3113

※ 이 책은 저작권법에 따라 보호받는 저작물이므로 무단전재와 무단복제를 금지하며 책 내용의 전부 또는 일부를 이용하려면 반드시 저작권자와 에듀피디의 서면 동의를 받아야 합니다.

PREFACE

 콘크리트 기사/산업기사 필기

　본 이론서에서는 콘크리트기사/산업기사 자격증을 취득하기 위해 치러야 하는 필기시험 4과목의 기본이론과 문제를 해결하기 위해 필요한 핵심 내용을 다루고 있다. 이러한 이론 내용은 지난 8개년 동안의 기출문제를 분석하여 작성되었다. 콘크리트기사 및 콘크리트산업기사의 필기시험 준비는 관련 이론을 여러 번의 반복 회독을 거쳐 충분히 학습한 후 과년도의 기출문제를 풀어 학습한 이론이 문제에 어떻게 적용되는지를 연마하는 것이 반드시 필요하다. 또한 콘크리트기사 시험의 특성상 일정한 비율의 기출문제를 동일하게 출제하는 경향이 있어 기출문제의 중요성은 좀 더 높아지고 있는 추세이다. 또한 콘크리트산업기사 시험의 필기 과목도 콘크리트기사의 필기 과목과 동일한 과목으로 출제범위는 약간 다르지만 출제위원이 같으므로 최근의 추세는 콘크리트기사와 콘크리트산업기사의 구분이 점점 없어져 가고 있는 실정이다.

> **[콘크리트기사/콘크리트산업기사 필기시험 과목]**
> ① 콘크리트 재료 및 배합　② 콘크리트 제조, 시험 및 품질관리
> ③ 콘크리트의 시공　　　　④ 콘크리트 구조 및 유지관리

　이 교재의 특징은 다음과 같다.
첫째, 수험생들이 효율적으로 학습하는 것을 최우선으로 하여 각 과목별로 최소한의 노력으로 최대한의 효과를 얻을 수 있도록 하였다.
둘째, 각 단원별 문제에 대한 정답 해설을 꼭 필요한 부분만 설명하여 수험생들이 학습량을 최소화하는데 중점을 두었다.
셋째, 이론 강의에서의 단어-단어 암기법을 기초로 방대한 분량의 내용을 암기하기 쉽도록 기술하여 동영상 강의와 병행하면 누구나 쉽게 이해하고 학습할 수 있도록 하였다.
넷째, 최근 개정된 새 법령에 맞춰 과년도 문제를 출제 당시의 법령에 따른 풀이와 현재의 법령으로 풀이한 경우도 병행하여 기술하였다.

　마지막으로 콘크리트기사 및 콘크리트산업기사 이론 교재의 발행에 많은 협조를 아끼지 않은 ㈜에듀피디 대표이사님 이하 임직원 여러분과 편집하신 분들께 깊은 감사를 드립니다.

저자 안남식

GUIDE 자격시험 정보

1 자격명
콘크리트기사(Engineer Concrete) / 콘크리트산업기사(Industrial Engineer Concrete)

2 관련부처
국토교통부

3 시행기관
한국산업인력공단

4 자격시험 일정 및 수수료

① 2026년 시험일정

구분	필기원서접수(인터넷) (휴일 제외)	필기시험	필기합격 (예정자) 발표
정기 기사 1회	1.12.~1.15.	1.30.~3.3.	3.11.
정기 기사 2회	4.20.~4.23.	5.9.~5.29.	6.10.
정기 기사 3회	7.20.~7.23.	8.7.~9.1.	9.9.

※ 원서접수시간은 원서접수 첫날 10:00부터 마지막 날 18:00까지임.
※ 필기시험 합격예정자 및 최종합격자 발표시간은 해당 발표일 09:00임.
※ **시험 일정은 종목별, 지역별로 상이할 수 있음**(접수 일정 전에 공지되는 해당 회별 수험자 안내(Q-net 공지사항 게시)) 참조 필수(콘크리트산업기사는 2회, 3회)

② 수수료 : [콘크리트기사] 필기 - 19,400원 / 실기 - 57,100원
　　　　　　[콘크리트산업기사] 필기 - 19,400원 / 실기 - 57,100원

5 취득방법(콘크리트기사/콘크리트산업기사)

① **시행처** : 한국산업인력공단
② **관련학과** : 대학 및 전문대학에 개설되어 있는 토목, 건축 관련학과 등
③ **시험과목**
　- 필기 : 1. 콘크리트재료 및 배합 2. 콘크리트제조, 시험 및 품질관리
　　　　　 3. 콘크리트의 시공 4. 콘크리트구조 및 유지관리
　- 실기 : 콘크리트 일반 및 시험
④ **검정방법**
　- 필기 : 객관식 4지 택일형 과목당 20문항(과목당 30분)
　- 실기 : [콘크리트기사] 복합형[필답형(2시간, 60점) + 작업형(4시간 정도, 40점)]
　　　　　　[콘크리트산업기사] 복합형[필답형(1시간 30분, 60점) + 작업형(4시간 정도, 40점)]

⑤ 합격기준
- 필기 : 100점을 만점으로 하여 과목당 40점 이상, 전과목 평균 60점 이상
- 실기 : 100점을 만점으로 하여 60점 이상

⑥ 종목별 검정현황

[콘크리트기사]

종목명	연도	필기			실기		
		응시	합격	합격률(%)	응시	합격	합격률(%)
콘크리트기사	2024	2,853	850	29.8%	1,286	631	49.1%
	2023	2,923	862	29.5%	1,121	786	70.1%
	2022	2,358	743	31.5%	1,040	530	51%
	2021	2,182	727	33.3%	929	610	65.7%
	2020	1,719	526	30.6%	834	467	56%
	2019	1,797	646	35.9%	882	547	62%

[콘크리트산업기사]

종목명	연도	필기			실기		
		응시	합격	합격률(%)	응시	합격	합격률(%)
콘크리트산업기사	2024	478	151	31.6%	180	114	63.3%
	2023	561	162	28.9%	173	115	66.5%
	2022	466	162	34.8%	160	94	58.8%
	2021	536	188	35.1%	195	141	72.3%
	2020	364	137	37.6%	149	105	70.5%
	2019	410	131	32%	164	118	72%

6 기본정보

① 개요
콘크리트 품질확보를 위한 초기 콘크리트의 제조, 시공단계에서의 철저한 품질관리와 콘크리트 구조물의 진단, 유지관리에 이르기까지 콘크리트 관련 전문기술자를 양성할 목적으로 신설함

② 수행직무
콘크리트에 대한 이해와 실무를 통하여 효율적으로 콘크리트의 제조, 시공, 시험, 검사, 품질관리와 콘크리트 제품, 콘크리트 구조, 비파괴검사 및 진단, 유지관리 등의 업무를 합리적으로 관리함으로써 콘크리트의 품질, 내구성 및 안전성의 확보를 도모하는 데 필요한 직무를 수행

③ 진로 및 전망
콘크리트기사 자격을 취득한 자는 콘크리트의 제조, 설계, 시공, 시험, 검사, 관리 및 콘크리트 구조물의 유지관리 등 콘크리트관련 전문적 지식과 실무경험을 가지고 있다고 인정되는 기술자이기 때문에 콘크리트 시공을 담당하는 건설업체, 레미콘, 2차 제품 등의 콘크리트관련 제조업체, 설계업체, 감리업체, 진단 및 유지관리기관, 기타 관련 공사, 공단, 학회 협회, 정부기관 등에 취업할 수 있으며, 건설분야에서 가장 큰 인력고용 증진효과를 발휘할 것으로 판단된다.

출제기준

직무분야	건설	중직무분야	토목	자격종목	콘크리트기사	적용기간	2025.1.1. ~ 2027.12.31.

○ **직무내용** : 콘크리트에 대한 이해와 실무를 통하여 효율적으로 콘크리트의 제조, 시공, 시험, 검사, 품질관리와 콘크리트 제품, 콘크리트 구조, 진단 및 평가, 유지관리 등의 업무를 합리적으로 관리함으로써 콘크리트의 품질, 내구성 및 안전성의 확보를 도모하는데 필요한 직무이다.

필기검정방법	객관식	문제수	80	시험시간	2시간

필기과목명	문제수	주요항목	세부항목	세세항목
콘크리트 재료 및 배합	20	❶ 콘크리트용 재료	❶ 시멘트	1. 시멘트의 일반 2. 시멘트의 제조 3. 시멘트의 조성 광물 4. 시멘트의 종류
			❷ 물	1. 혼합수 일반 2. 혼합수의 품질기준
			❸ 골재	1. 골재 일반 2. 잔골재 3. 굵은골재 4. 기타골재
			❹ 혼화재료	1. 혼화재료 일반 2. 혼화재의 종류 및 특성 3. 혼화제의 종류 및 특성
			❺ 보강재료	1. 보강재료 일반 2. 철근 및 PC강선 3. 기타 보강재
		❷ 재료시험	❶ 시멘트 관련시험	1. 시멘트 밀도 시험 2. 시멘트 분말도 시험 3. 시멘트 응결 시험 4. 시멘트 안정도 시험 5. 시멘트 모르타르의 압축강도 및 인장강도 시험
			❷ 골재 관련시험	1. 골재 체가름 시험 2. 골재의 밀도 및 흡수율 시험 3. 골재의 단위용적 질량 4. 골재의 유해물 함유량 5. 골재에 포함된 잔입자 시험 6. 굵은골재의 마모 시험 7. 골재의 내구성

필기과목명	문제수	주요항목	세부항목	세세항목
			❸ 혼화재료 관련시험	1. 혼화재 관련 시험 2. 혼화제 관련 시험
			❹ 기타 재료시험	1. 금속재료의 인장 시험 2. 금속재료의 굽힘 시험 3. 기타 보강재 시험
		❸ 콘크리트의 배합	❶ 배합설계의 기본원리	1. 배합의 일반사항 2. 설계기준 압축 및 휨강도
			❷ 콘크리트공사 표준시방서 (KCS 14 20 00)에 의한 배합 설계 방법	1. 표준편차를 구하는 방법 2. 배합강도의 결정 3. 물-결합재비의 결정 4. 배합의 보정 5. 단위량의 계산 6. 시방배합을 현장배합으로 수정
콘크리트 제조, 시험 및 품질관리	20	❶ 콘크리트의 제조	❶ 콘크리트 제조의 일반사항	1. 제조설비 및 장비 2. 재료의 저장 및 관리 3. 재료의 계량 4. 비비기
			❷ 레디믹스트 콘크리트의 제조	1. 레미콘의 정의 2. 레미콘 재료 3. 레미콘의 특성 및 종류 4. 레미콘의 제조 5. 레미콘의 품질검사 6. 기타 레미콘에 관한 사항
		❷ 콘크리트 시험	❶ 굳지 않은 콘크리트 관련 시험	1. 시료채취 방법 2. 워커빌리티 시험 3. 공기량 시험 4. 염화물 함유량 시험 5. 블리딩 시험 6. 응결 시험
			❷ 굳은 콘크리트 관련 시험	1. 압축강도 및 탄성계수 시험 2. 인장강도 시험 3. 휨강도 시험 4. 휨인성 시험 5. 길이변화 시험 6. 비파괴 시험

출제기준

필기과목명	문제수	주요항목	세부항목	세세항목
			❸ 내구성 관련시험	1. 동결융해 시험 2. 염화물분석 시험 3. 알칼리 골재반응 4. 탄산화 시험
		❸ 콘크리트의 품질관리	❶ 통계적 방법의 기초	1. 통계적 품질관리의 정의 2. 데이터의 정리방법 3. 측정치의 수량적 특성 4. 각종 분포이론 및 응용
			❷ 콘크리트 공사에서의 품질관리 및 검사	1. 품질관리 방법 2. KS 및 콘크리트공사 표준시방서(KCS 14 20 00)의 품질관리 및 검사기준
		❹ 콘크리트의 성질	❶ 굳지 않은 콘크리트	1. 일반사항 2. 작업성 3. 공기량 4. 재료분리 5. 응결 6. 균열
			❷ 굳은 콘크리트	1. 일반사항 2. 강도특성 3. 체적변화 4. 균열 5. 내구성 6. 기타 성질
콘크리트의 시공	20	❶ 시공전 검토 및 확인	❶ 시공 전 준비	1. 시공상세도 2. 거푸집 설치 계획 3. 철근가공 조립계획 4. 콘크리트 타설계획
		❷ 일반 콘크리트	❶ 운반, 타설 및 양생	1. 콘크리트의 운반 2. 콘크리트 타설 및 다지기 3. 콘크리트의 양생
			❷ 이음, 표면마무리	1. 콘크리트의 이음 2. 콘크리트의 표면 마무리
			❸ 거푸집 및 동바리	1. 거푸집 2. 동바리

필기과목명	문제수	주요항목	세부항목	세세항목
		❸ 특수 콘크리트	❶ 한중 및 서중 콘크리트	1. 일반사항 2. 재료/배합/시공
			❷ 매스콘크리트	1. 일반사항 2. 재료/배합/시공
			❸ 유동화 및 고유동 콘크리트	1. 일반사항 2. 재료/배합/시공
			❹ 해양 및 수밀 콘크리트	1. 일반사항 2. 재료/배합/시공
			❺ 수중 및 프리플레이스트 콘크리트	1. 일반사항 2. 재료/배합/시공
			❻ 경량골재 콘크리트	1. 일반사항 2. 재료/배합/시공
			❼ 고강도 콘크리트	1. 일반사항 2. 재료/배합/시공
			❽ 숏크리트	1. 일반사항 2. 재료/배합/시공
			❾ 섬유보강콘크리트	1. 일반사항 2. 재료/배합/시공
			❿ 방사선 차폐용 콘크리트	1. 일반사항 2. 재료/배합/시공
			⓫ 팽창콘크리트	1. 일반사항 2. 재료/배합/시공
			⓬ 댐콘크리트	1. 일반사항 2. 재료/배합/시공
			⓭ 포장콘크리트	1. 일반사항 2. 재료/배합/시공
		❹ 콘크리트 제품	❶ 콘크리트 관련제품	1. 일반사항 2. 공장제품 3. 성형 및 양생 4. 조립 및 접합 5. 공장제품의 시험 및 검사
콘크리트 구조 및 유지관리	20	❶ 철근 콘크리트 및 프리스트레스트 콘크리트	❶ 철근콘크리트 및 프리스트레스트 콘크리트 구조의 개념	1. 일반 사항 2. 구조물의 설계법 3. 사용성 및 내구성 4. 철근의 정착과 이음 5. 프리스트레스트 콘크리트

출제기준

콘크리트 기사/산업기사 필기

필기과목명	문제수	주요항목	세부항목	세세항목
			❷ 철근콘크리트 및 프리스트레스트 콘크리트 부재의 해석 및 설계	1. 보의 휨해석 및 설계 2. 보의 전단해석 및 설계 3. 기둥의 해석 및 설계 4. 슬래브의 해석 및 설계 5. 옹벽의 해석 및 설계 6. 확대기초의 해석 및 설계
		❷ 조사 및 진단	❶ 외관조사 및 강도 평가	1. 외관조사 2. 콘크리트의 강도 평가
			❷ 열화원인 및 성능평가	1. 탄산화 2. 염해 3. 알칼리골재 반응 4. 동해 5. 화학적 침식 6. 피로 7. 비파괴시험
			❸ 콘크리트 균열	1. 균열의 원인 및 종류 2. 균열의 평가 및 대책
			❹ 철근배근조사 및 부식평가	1. 철근배근조사 2. 철근부식평가
			❺ 내하력 평가	1. 일반사항 2. 재하시험 및 평가
		❸ 보수 · 보강	❶ 보수 · 보강 종류 및 방법	1. 일반사항 2. 보수 및 보강재료 3. 보수 및 보강공사
			❷ 보수 · 보강 검사 및 평가	1. 검사 및 평가기준 2. 검사 및 평가방법

직무분야	건설	중직무분야	토목	자격종목	콘크리트 산업기사	적용기간	2025.1.1. ~ 2027.12.31.

○ **직무내용** : 콘크리트에 대한 이해와 실무를 통하여 효율적으로 콘크리트의 제조, 시공, 시험, 검사, 품질관리와 콘크리트 제품, 콘크리트 구조, 진단 및 평가, 유지관리 등의 업무를 이해하고 수행함으로써 콘크리트의 품질, 내구성 및 안전성의 확보를 도모하는데 필요한 직무이다.

필기검정방법	객관식	문제수	80	시험시간	2시간

필기과목명	문제수	주요항목	세부항목	세세항목
콘크리트 재료 및 배합	20	❶ 콘크리트용 재료	❶ 시멘트	1. 시멘트의 일반 2. 시멘트의 제조 3. 시멘트의 조성 광물 4. 시멘트의 종류
			❷ 물	1. 혼합수 일반 2. 혼합수의 품질기준
			❸ 골재	1. 골재 일반 2. 잔골재 3. 굵은골재 4. 기타골재
			❹ 혼화재료	1. 혼화재료 일반 2. 혼화재의 종류 및 특성 3. 혼화제의 종류 및 특성
			❺ 보강재료	1. 보강재료 일반 2. 철근 3. 기타 보강재
		❷ 재료시험	❶ 시멘트 관련시험	1. 시멘트 밀도 시험 2. 시멘트 분말도 시험 3. 시멘트 응결 시험 4. 시멘트 안정도 시험 5. 시멘트 모르타르의 압축강도 및 인장강도 시험
			❷ 골재 관련시험	1. 골재 체가름 시험 2. 골재의 밀도 및 흡수율 시험 3. 골재의 단위용적 질량 4. 골재의 유해물 함유량 5. 골재에 포함된 잔입자 시험 6. 굵은골재의 마모 시험 7. 골재의 내구성
			❸ 혼화재료 관련시험	1. 혼화재 관련 시험 2. 혼화제 관련 시험

출제기준

필기과목명	문제수	주요항목	세부항목	세세항목
콘크리트 제조, 시험 및 품질관리	20		❹ 기타 재료 시험	1. 금속재료의 인장 시험 2. 금속재료의 굽힘 시험 3. 기타 보강재 시험
		❸ 콘크리트의 배합	❶ 배합설계의 기본원리	1. 배합의 일반사항 2. 설계기준압축강도
			❷ 콘크리트공사 표준시방서 (KCS 14 20 00)에 의한 배합 설계 방법	1. 표준편차를 구하는 방법 2. 배합강도의 결정 3. 물-결합재비의 결정 4. 배합의 보정 5. 단위량의 계산 6. 시방배합을 현장배합으로 수정
		❶ 콘크리트의 제조	❶ 콘크리트 제조의 일반사항	1. 제조설비 및 장비 2. 재료의 저장 및 관리 3. 재료의 계량 4. 비비기
			❷ 레디믹스트 콘크리트의 제조	1. 레미콘의 정의 2. 레미콘 재료 3. 레미콘의 특성 및 종류 4. 레미콘의 제조 5. 레미콘의 품질검사 6. 기타 레미콘에 관한 사항
		❷ 콘크리트 시험	❶ 굳지 않은 콘크리트 관련 시험	1. 시료채취 방법 2. 워커빌리티 시험 3. 공기량 시험 4. 염화물 함유량 시험 5. 블리딩 시험 6. 응결 시험
			❷ 굳은 콘크리트 관련 시험	1. 압축강도 및 탄성계수 시험 2. 인장강도 시험 3. 휨강도 시험 4. 휨인성 시험 5. 길이변화 시험 6. 비파괴 시험
			❸ 내구성 관련시험	1. 동결융해 시험 2. 염화물분석 시험 3. 알칼리 골재반응 4. 탄산화 시험
		❸ 콘크리트의 품질관리	❶ 통계적 방법의 기초	1. 통계적 품질관리의 정의 2. 데이터의 정리방법 3. 측정치의 수량적 특성 4. 각종 분포이론 및 응용

필기과목명	문제수	주요항목	세부항목	세세항목
			❷ 콘크리트 공사에서의 품질관리 및 검사	1. 품질관리 방법 2. KS 및 콘크리트공사 표준시방서(KCS 14 20 00)의 품질관리 및 검사기준
		❹ 콘크리트의 성질	❶ 굳지 않은 콘크리트	1. 일반사항 2. 작업성 3. 공기량 4. 재료분리 5. 응결 6. 균열
			❷ 굳은 콘크리트	1. 일반사항 2. 강도특성 3. 체적변화 4. 균열 5. 내구성 6. 기타 성질
콘크리트의 시공	20	❶ 시공전 검토 및 확인	❶ 시공 전 준비	1. 시공상세도 2. 거푸집 설치 계획 3. 철근가공 조립계획 4. 콘크리트 타설계획
		❷ 일반 콘크리트	❶ 운반, 타설 및 양생	1. 콘크리트의 운반 2. 콘크리트 타설 및 다지기 3. 콘크리트의 양생
			❷ 이음, 표면마무리	1. 콘크리트의 이음 2. 콘크리트의 표면 마무리
			❸ 거푸집 및 동바리	1. 거푸집 2. 동바리
		❸ 특수 콘크리트	❶ 한중 및 서중 콘크리트	1. 일반사항 2. 재료/배합/시공
			❷ 매스콘크리트	1. 일반사항 2. 재료/배합/시공
			❸ 유동화 및 고유동 콘크리트	1. 일반사항 2. 재료/배합/시공
			❹ 해양 및 수밀 콘크리트	1. 일반사항 2. 재료/배합/시공
			❺ 수중 및 프리플레이스트 콘크리트	1. 일반사항 2. 재료/배합/시공
			❻ 경량골재 콘크리트	1. 일반사항 2. 재료/배합/시공
			❼ 고강도 콘크리트	1. 일반사항 2. 재료/배합/시공

출제기준

콘크리트 기사/산업기사 **필기**

필기과목명	문제수	주요항목	세부항목	세세항목
			❽ 숏크리트	1. 일반사항 2. 재료/배합/시공
			❾ 섬유보강콘크리트	1. 일반사항 2. 재료/배합/시공
		❹ 콘크리트 제품	❶ 콘크리트 관련제품	1. 일반사항 2. 공장제품 3. 성형 및 양생 4. 조립 및 접합 5. 공장제품의 시험 및 검사
콘크리트 구조 및 유지관리	20	❶ 철근 콘크리트	❶ 철근콘크리트 구조의 개념	1. 일반 사항 2. 구조물의 설계법 3. 사용성 및 내구성 4. 철근의 정착과 이음
			❷ 철근콘크리트 부재의 설계기준에 대한 이해	1. 보의 해석 및 설계기준 2. 기둥의 해석 및 설계기준 3. 슬래브의 해석 및 설계기준 4. 옹벽의 해석 및 설계기준
		❷ 조사 및 진단	❶ 외관조사 및 강도 평가	1. 외관조사 2. 콘크리트의 강도 평가
			❷ 열화원인 및 성능평가	1. 탄산화 2. 염해 3. 알칼리골재 반응 4. 동해 5. 화학적 침식 6. 피로 7. 비파괴시험
			❸ 콘크리트 균열	1. 균열의 원인 및 종류 2. 균열의 평가 및 대책
			❹ 철근배근조사 및 부식 평가	1. 철근배근조사 2. 철근부식평가
			❺ 내하력 평가	1. 일반사항 2. 재하시험 및 평가
		❸ 보수·보강	❶ 보수·보강 종류 및 방법	1. 일반사항 2. 보수 및 보강재료 3. 보수 및 보강공사
			❷ 보수·보강 검사 및 평가	1. 검사 및 평가기준 2. 검사 및 평가방법

TREND & MEASURE 출제경향과 수험대책

출제경향

　콘크리트기사 및 콘크리트산업기사 필기시험은 **일정한 비율의 기출문제를 문제은행식으로 동일하게 출제하는 경향이 있는 것이 특징**이고, 만점을 방지한다는 이유인지는 모르겠으나 지난 10년 동안 한 번도 출제되지 않았던 새롭고 지엽적인 문제들도 2~3문제는 꼭 출제되고 있는 실정이다.
　또한 수험생들이 공통적으로 어렵다고 말하는 콘크리트구조 및 유지관리 과목에서 그림과 수치들도 거의 유사하거나 동일하게 출제되고 있으므로 이러한 특성들을 고려한다면 충분히 합격점수를 받을 수 있을 것으로 판단된다.
　간혹 콘크리트 관련 시방서와 콘크리트 구조기준에서 개정된 기준을 적용한 문제들도 출제되고 있으니 이에 대한 대비도 필요할 것으로 보인다.

수험대책

　위의 출제경향에 맞춰 **단기 합격을 위한 학습법은 반복 학습이 최고**라고 단언할 수 있다. 지난 20여 년의 강의 경력을 토대로 기출문제를 정밀하게 분석해 보면 콘크리트기사 및 콘크리트산업기사 필기시험은 8개년의 과년도 기출문제만 충실하게 반복 학습할 경우 합격할 확률이 거의 100%에 가까울 것을 확신하고 있다.
　그 이유는 출제경향에서도 밝혔듯 문제은행식으로 오답의 수치까지 동일하게 출제되므로 반복학습을 하다 보면 이러한 문제들에 익숙해지며, 1년에 3회 실시되는 자격증 시험의 특성상 상대평가보다는 4과목 평균이 100점 만점에 60점 이상이면 합격하는 절대평가의 기준이므로 전체 4과목 중 한두 과목에서 낮은 점수를 받아도 나머지 과목에서 만회가 가능하기 때문이다.
　따라서 **이론서를 통해 전체적인 이론을 학습한 후 과년도 기출문제를 반복해서 풀어보고 문제들을 숙지하는 것이 단기 합격으로 가는 지름길**이라는 것은 자명할 것이다. 또한 수험생들이 공통적으로 어려움을 호소하는 콘크리트구조 및 유지관리 과목의 경우 처음에는 이해도가 많이 떨어져도 끝까지 1회독하는 것을 목표로 완강할 것을 권유드리며 적어도 3회독 이상 반복 학습한다면 틀림없이 좋은 결과를 얻을 수 있을 것이다.

목 차

PART 01 콘크리트 재료 및 배합

CHAPTER 01 콘크리트의 재료 ·········· 22
- UNIT 01 콘크리트 재료의 일반사항 ·········· 22
- UNIT 02 콘크리트 재료 ·········· 22
- 단원별 학습문제 ·········· 42
- UNIT 03 물 ·········· 44
- UNIT 04 골재 ·········· 46
- 단원별 학습문제 ·········· 60

CHAPTER 02 콘크리트의 재료시험 ·········· 62
- UNIT 01 시멘트 관련 시험 ·········· 62
- UNIT 02 골재 관련 시험 ·········· 68
- UNIT 03 기타 재료시험 ·········· 77
- 단원별 학습문제 ·········· 79

CHAPTER 03 콘크리트의 배합설계 ·········· 81
- UNIT 01 배합설계의 일반사항과 기본 원리 ·········· 81
- UNIT 02 콘크리트의 배합설계 ·········· 85
- 단원별 학습문제 ·········· 91

PART 02 콘크리트 제조, 시험 및 품질관리

CHAPTER 01 콘크리트의 제조 ·········· 94
- UNIT 01 콘크리트 제조의 일반사항 ·········· 94
- UNIT 02 콘크리트 제조설비 ·········· 96
- UNIT 03 레디믹스트 콘크리트의 제조 및 운반 ·········· 100
- 단원별 학습문제 ·········· 104

CHAPTER 02 콘크리트 시험 ·········· 106
- UNIT 01 굳지 않은 콘크리트의 시험 ·········· 106
- UNIT 02 굳은 콘크리트 관련 시험 ·········· 113
- UNIT 03 내구성 관련 시험 ·········· 122
- 단원별 학습문제 ·········· 126

CHAPTER 03 콘크리트의 품질 ·········· 128
- UNIT 01 콘크리트 공사의 품질관리 ·········· 128
- UNIT 02 공사 전반의 품질관리 ·········· 132

CHAPTER 04 콘크리트의 성질 · 137
- UNIT 01 굳지 않은 콘크리트 · 137
- UNIT 02 경화콘크리트 · 144
- 단원별 학습문제 · 152

PART 03 콘크리트의 시공

CHAPTER 01 일반 콘크리트 · 156
- UNIT 01 일반 콘크리트 시공 · 156
- UNIT 02 콘크리트 양생 · 161
- UNIT 03 이음 및 마무리 · 163
- 단원별 학습문제 · 167

CHAPTER 02 특수 콘크리트 · 169
- UNIT 01 한중콘크리트(Cold Weather Concrete) · 169
- UNIT 02 서중콘크리트(Hot Weather Concrete) · 171
- UNIT 03 매스콘크리트(Mass Concrete) · 173
- UNIT 04 유동화 콘크리트(Plasticized Concrete) · 175
- UNIT 05 해양콘크리트(Offshore Concrete) · 177
- UNIT 06 수밀콘크리트(Watertight Concrete) · 178
- UNIT 07 수중콘크리트(Underwater Concrete) · 179
- UNIT 08 프리플레이스트 콘크리트(Preplaced Concrete) · 183
- UNIT 09 경량골재콘크리트(Lightweight Aggregate Concrete) · 185
- UNIT 10 고강도 콘크리트(High Strength Concrete) · 187
- UNIT 11 숏크리트(Shotcrete, Sprayed Concrete) · 190
- UNIT 12 고유동(High Fluidity) 콘크리트 · 193
- UNIT 13 방사선 차폐용(Radiation Shielding) 콘크리트(중량 콘크리트) · 195
- UNIT 14 섬유보강 콘크리트(Steel Fiber Reinforced Concrete) · 196
- UNIT 15 팽창 콘크리트(Expansive Concrete) · 198
- UNIT 16 포장(Pavement) 콘크리트 · 199
- UNIT 17 댐 콘크리트 · 202
- UNIT 18 프리스트레스트 콘크리트(Prestressed Concrete) · 203
- 단원별 학습문제 · 204

목 차

PART 04 콘크리트용 구조 및 유지관리

CHAPTER 01 일반사항 ·· 208
UNIT 01 철근콘크리트 ·· 208
UNIT 02 콘크리트 제품 ·· 211

CHAPTER 02 구조설계 일반사항 ·· 212
UNIT 01 구조설계 방법 ·· 212

CHAPTER 03 보의 휨해석 및 설계 ··· 215
UNIT 01 단철근 직사각형 보 ·· 215
UNIT 02 복철근 직사각형 보 ·· 220
UNIT 03 단철근 T형 보 ··· 222

CHAPTER 04 전단 ··· 227
UNIT 01 전단응력 ··· 227
UNIT 02 전단철근 ··· 228
UNIT 03 강도설계법에 의한 전단설계 ·· 230

CHAPTER 05 철근 상세 ··· 234
UNIT 01 철근의 배근 시 연장 길이 ·· 234
UNIT 02 철근의 간격 제한 ·· 235

CHAPTER 06 철근의 정착과 이음 ··· 237
UNIT 01 철근의 부착 ··· 237
UNIT 02 철근의 정착 ··· 238
UNIT 03 철근의 이음 ··· 241
　　📚 단원별 학습문제 ··· 243

CHAPTER 07 사용성 검토 ··· 245
UNIT 01 일반사항 ··· 245
UNIT 02 균열 ··· 246
UNIT 03 처짐 ··· 248
UNIT 04 피로 ··· 249

CHAPTER 08 기둥 ··· 251
UNIT 01 일반사항 ··· 251
UNIT 02 단주의 설계 ··· 255
UNIT 03 장주의 설계 ··· 256

CHAPTER 09 슬래브 ... 257
UNIT 01 일반사항 ... 257
UNIT 02 1방향 슬래브의 설계 ... 258
UNIT 03 2방향 슬래브의 설계 ... 259

CHAPTER 10 옹벽 ... 263
UNIT 01 일반사항 ... 263
UNIT 02 옹벽의 외적 안정 조건 ... 265

CHAPTER 11 확대 기초 ... 266
UNIT 01 일반사항 ... 266
UNIT 02 확대 기초의 설계 ... 267
📚 단원별 학습문제 ... 269

CHAPTER 12 프리스트레스트 콘크리트 ... 271
UNIT 01 일반사항 ... 271
UNIT 02 PSC의 기본 개념 ... 273
UNIT 03 프리스트레스의 손실 ... 276
📚 단원별 학습문제 ... 277

CHAPTER 13 구조물의 진단 및 유지관리 ... 279
UNIT 01 구조물의 점검 및 유지관리 시설물 ... 279
UNIT 02 구조물의 열화조사 및 진단 ... 280
UNIT 03 콘크리트 결함조사 및 대책 ... 282
UNIT 04 콘크리트 열화현상 ... 284
UNIT 05 내하력 평가 ... 291
UNIT 06 콘크리트의 압축강도 측정 ... 292
UNIT 07 콘크리트 내의 결함 탐지(균열 및 박리, 공동, 철근 측정) ... 294
UNIT 08 철근부식 측정 ... 297
📚 단원별 학습문제 ... 299

CHAPTER 14 보수공법과 보강공법 ... 301
UNIT 01 균열 ... 301
UNIT 02 구조물의 열화에 대한 보수공법 ... 303
UNIT 03 구조물의 열화에 대한 보강공법 ... 309
📚 단원별 학습문제 ... 318

목차

부록
과년도 기출문제

- 2021년도 콘크리트기사 1회 필기 …………………………………………… 322
- 2021년도 콘크리트기사 2회 필기 …………………………………………… 341
- 2021년도 콘크리트기사 3회 필기 …………………………………………… 361
- 2022년도 콘크리트기사 1회 필기 …………………………………………… 381
- 2022년도 콘크리트기사 2회 필기 …………………………………………… 401

콘크리트 기사/산업기사 **필기**

PART 1
콘크리트의 재료 및 배합

Engineer Concrete

01
콘크리트의 재료

02
콘크리트의 재료시험

03
콘크리트의 배합설계

CHAPTER 01 콘크리트의 재료

UNIT 01 콘크리트 재료의 일반사항

1 콘크리트의 구성

① **페이스트** = 공기 + 물 + 시멘트
② **모르타르** = 공기 + 물 + 시멘트 + 잔골재
③ **콘크리트** = 공기 + 물 + 시멘트 + 잔골재 + 굵은골재
             (5%) (15%) (10%)   [골재(70%)]

UNIT 02 콘크리트 재료

1 시멘트

(1) 시멘트 제조

① **제조과정** : 배합 → 소성(1,400~1,500°C) → 분쇄
    ㉠ 석회석과 점토를 알맞은 비율로 배합한다.
    ㉡ 배합물을 회전 가마 속에서 1,400~1,500°C로 가열하여 소성시켜 클링커를 만들고 <u>시멘트의 응결을 지연시키기 위해 석고를 3% 정도 넣고</u> 분쇄하여 가루로 만든다.

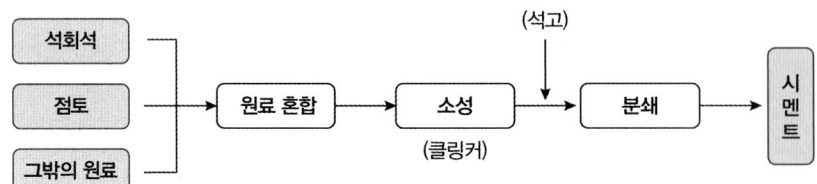

[포틀랜드 시멘트 제조 공정]

② 클링커
  ㉠ 클링커란 시멘트 제조과정 중에 만들어진 슬러리 덩어리를 말한다.
  ㉡ 시멘트 제조 시 클링커의 소성이 불충분하면 시멘트의 비중이 작아지고 안정성과 장기강도가 감소하므로 충분한 소성이 필요하다.

③ 주성분
  ㉠ 석회질 원료 : 점토질 원료 = 약 4 : 1
  ㉡ 석고 : 시멘트의 급격한 응결을 방지하는 응결지연제 역할
  ㉢ 주성분 함유량 순서 : 석회석(산화칼슘, CaO) > 실리카(이산화규소, SiO_2) > 알루미나(산화알루미늄, Al_2O_3) > 산화철(Fe_2O_3)

④ 화학성분
  ㉠ 수경률 : 수화반응에 의한 강도 발현의 정도
    ⓐ 시멘트 원료의 조합비를 정하는 데 가장 일반적으로 사용된다.
    ⓑ 수경률이 크면 알루민산 3석회(C_3A) 양이 많아져 초기강도가 높고 수화열이 큰 시멘트가 된다.
    ⓒ 수경률이 가장 큰 시멘트는 조강 포틀랜드 시멘트이다.
  ㉡ 규산율(Silica Modulus) : 실리카 성분의 양적인 관계를 표현
    ⓐ 규산율이 높은 시멘트는 일반적으로 C_2S를 많이 함유하기 때문에 장기강도 발현에 유리하다.
    ⓑ 규산율이 낮은 시멘트는 C_3A가 생성량이 높아서 조기강도가 높다.
  ㉢ MgO(산화마그네슘, 마그네시아) 함량 : MgO의 양이 많으면 클링커 중에 미반응된 상태인 유리마그네시아로 남게 되며, 수화반응에 의해 서서히 팽창하여 콘크리트 경화체에 균열을 일으키는 원인이 되어 시멘트 중의 MgO 함량을 5% 이하로 제한한다.
  ㉣ 알칼리량 : 시멘트나 골재에 포함된 알칼리의 포함 비율
    ⓐ 포틀랜드 시멘트의 경우 시멘트 중의 총알칼리량 = $Na_2O + 0.658K_2O$
    ⓑ 알칼리-골재 반응의 방지책 : 반응성 골재를 사용할 경우 전 알칼리량 0.6% 이하인 저알칼리형 시멘트를 사용한다.
    ⓒ 알칼리량을 측정하는 시험방법 : 암석학적 시험법, 화학법, 모르타르바 방법
  ㉤ SO_3(무수황산) : 성분이 과도한 경우 팽창이 발생하기 쉽다.
  ㉥ 강열감량
    ⓐ 시멘트를 약 950±50℃로 가열했을 때의 질량 감소량을 강열 전의 중량 백분율로 나타낸다.
    ⓑ 시멘트의 저장기간이 길어지면 대기중의 수분과 탄산가스를 흡수하게 되어 가벼운 수화반응을 일으켜 풍화하게 되어 비중은 감소하지만 강열감량은 증가되므로 풍화의 정도를 파악하는 데 사용되고 있다.
    ⓒ 신선한 시멘트의 강열감량은 0.6~0.8% 정도이며, 시멘트의 송류에 관계없이 강열감량은 5.0% 이하이어야 한다.
    ⓓ 플라이애시의 강열감량 기준 : 플라이애시 1종(3% 이하), 플라이애시 2종(5% 이하)

ⓔ 달리 규정이 없다면, 시멘트의 비중시험은 강열감량 후가 아닌 <u>시료를 접수한 상태대로 시험한다.</u>
ⓕ 강열감량이 큰 경우 콘크리트의 <u>압축강도는 감소한다.</u>
ⓐ 불용해 잔분
  ⓐ 시멘트를 염산 및 탄산나트륨 용액으로 처리하여도 녹지 않는 부분이다.
  ⓑ 일반적으로 불용해잔분은 <u>0.1~0.6% 정도</u>이다

⑤ 클링커 화합물의 구성요소
  ㉠ C_3S(규산삼석회, 알라이트, $3CaO \cdot SiO_2$)
    ⓐ <u>수화열이 비교적 크고, 조기 발열성</u>을 나타내므로 <u>초기강도에 가장 영향을 많이 주는 광물이다.</u>
    ⓑ C_3S의 성질을 이용하면 <u>팽창시멘트나 급결시멘트</u>를 만들 수 있다.
    ⓒ C_3S는 물과 반응하면 수산화칼슘과 염기성 규산칼슘 수화물을 생성한다.
  ㉡ C_2S(규산이석회, 벨라이트, $2CaO \cdot SiO_2$) : <u>수화열이 작아서 강도발현은 늦지만 장기강도 발현성과 화학저항성이 우수하다.</u>
  ㉢ C_3A(알민산삼석회, 알루미네이트, $3CaO \cdot Al_2O_3$)
    ⓐ <u>수화속도가 대단히 빠르고 발열량과 수축이 크며 장기강도가 작다.</u>
    ⓑ <u>석고는 C_3A와 반응</u>하여 에트린자이트를 생성하여 현저한 체적 팽창을 일으킨다.
  ㉣ C_4AF(알민산철사석회, 페라이트, $4CaO \cdot Al_2O_3, \cdot Fe_2O_3$) : 수화열이 적고 건조수축도 적으며 <u>강도에는 크게 기여하지 못하지만 화학저항성은 양호하다.</u>
  ㉤ 알라이트(C_3S) 및 벨라이트(C_2S)는 시멘트 강도의 대부분을 지배한다.

산화물	약호	화합물	약호
CaO	C	$3CaO \cdot SiO_2$	C_3S
SiO_2	S	$2CaO \cdot SiO_2$	C_2S
Al_2O_3	A	$3CaO \cdot Al_2O_3$	C_3A
Fe_2O_3	F	$4CaO \cdot Al_2O_3 \cdot Fe_2O_3$	C_4AF
MgO	M	$4CaO \cdot 4Al_2O_3 \cdot SO_3$	C_4A_3S
SO_3	S	$3CaO \cdot 2SiO_2 \cdot 3H_2O$	$C_3S_2H_3$
H_2O	H	$CaSO_4 \cdot 2H_2O$	CSH_2

(2) 시멘트의 성질

① 수화반응
  ㉠ 시멘트와 물을 혼합하면 시멘트 중의 수경성 화합물이 물과 화학반응을 일으켜 결정을 만들고 이것이 응결 경화되어 강도를 발현하는데 이것을 수화반응이라 한다.

식 $CaO + H_2O \xrightarrow[\text{수화열 발생}]{\text{수화반응}} Ca(OH)_2$ (수산화칼슘 : 알칼리성)

ⓒ 수화반응은 발열반응으로 시멘트는 수화반응의 진행과 함께 열을 발산한다.
　　ⓓ 시멘트의 수화반응은 양생온도에 크게 영향을 받는다.

② **수화열** : 시멘트의 수화반응으로 응결 경화하는 과정 중에 발생한 열
　　㉠ 물과 시멘트가 완전히 반응하면 125cal/g 정도의 열이 발생한다.
　　㉡ 시멘트의 수화열은 수화시멘트와 미수화시멘트의 용해열 차이로 측정한다.
　　㉢ 수화열은 시멘트에 C_3A가 많이 포함될수록 높고, C_2S가 많이 포함될수록 낮다.
　　㉣ 분말이 고운 것일수록 단기 재령에서의 수화열이 크다.
　　㉤ 수화열이 심하면 내외의 온도차로 인하여 균열 발생의 원인이 된다.
　　㉥ 수화열 저감 대책으로 분말도가 낮은 시멘트를 사용하여야 한다.
　　㉦ 댐콘크리트에는 수화열이 낮은 중용열포틀랜드시멘트와 플라이애시시멘트를 사용하는 것이 원칙이다.
　　㉧ 수화열이 큰 시멘트는 한중공사에 좋으나, 매시브한 콘크리트에서는 온도균열의 원인이 된다.

③ **풍화** : 저장 중인 시멘트가 공기 중의 수분과 이산화탄소를 흡수하여 수화반응을 일으켜 탄산염을 만들어 덩어리가 발생되는 현상으로, 풍화한 시멘트는 1개월에 압축강도가 3~5% 감소한다.

$$Ca(OH)_2 + CO_2 \rightarrow CaCO_3 + H_2O$$

　　㉠ 풍화된 시멘트의 특성
　　　　ⓐ 비중 감소
　　　　ⓑ 응결 지연
　　　　ⓒ 강도발현 저하
　　　　ⓓ 강열감량 증가
　　㉡ 강열감량이 4%인 시멘트는 신선한 시멘트 강도의 60%에 불과하기 때문에 포틀랜드 시멘트에서는 강열감량을 3% 이내로 규정하고 있다.
　　㉢ 분말도가 큰 시멘트일수록 풍화하기 쉽다.

④ **시멘트 비중**
　　㉠ 시멘트 비중 값은 콘크리트 단위중량 및 배합설계 등의 계산에 필요하며 보통 포틀랜드 시멘트의 비중은 3.14~3.16 정도이다.
　　㉡ **르샤틀리에 비중병에 의한 비중 시험** : 시멘트 비중 = $\dfrac{시멘트의\ 질량(g)}{비중병의\ 눈금의\ 차(cc)}$
　　㉢ 시험에 사용하는 광유는 온도 (23±2)℃에서 비중 0.73 이상인 등유나 나프타를 사용한다.
　　㉣ 달리 규정한 바가 없다면, 시멘트의 비중은 시료를 접수한 상태내로 시험한다.
　　㉤ 르샤틀리에 플라스크를 이용하며, 포틀랜드 시멘트를 사용할 경우 약 64g을 0.1g의 감도로 측정한다.
　　㉥ 동일 시험자가 동일 재료에 대하여 2회 측정한 결과가 ±0.03 이내이어야 한다.

⑤ 시멘트 분말도
  ㉠ 분말도란 시멘트의 입자 크기를 비표면적으로 나타내는 것으로, 비표면적[cm²/g] 또는 표준체(88㎛)의 잔분[%]으로 표시하며, 시료 50g을 표준체(88㎛)에 넣고 1분간 150회 속도로 체를 흔들어 90% 이상 통과된 것을 측정하는 체가름시험에 의해 산정한다.
  ㉡ **비표면적** : 1g의 시멘트가 가지고 있는 전체 입자의 총 표면적[cm²]을 비표면적이라 한다. 비표면적을 산정하는 방법으로는 일정 압력의 공기를 시료 내에 통과시켜 투과 정도에 따라서 산정하는 블레인 투과장치 세트를 사용한다.
  ㉢ 시멘트의 분말도가 감소할수록 공기량이 증가한다.
  ㉣ 시멘트 분말도 시험에 사용하는 마노미터액은 비중이 낮고 비휘발성인 액체를 이용한다.
  ㉤ 보통 포틀랜드 시멘트의 분말도는 2,800cm²/g 이상이어야 한다.
  ㉥ 분말도가 높은 시멘트는 다음과 같은 특징이 있다.
    ⓐ 물과의 접촉 면적(비표면적)이 커져 수화작용이 빨라 초기강도가 높아진다.
    ⓑ 워커블한 콘크리트가 얻어지며 블리딩이 감소한다.
    ⓒ 수축이 크고 균열발생의 가능성이 크다.
    ⓓ 시멘트가 풍화되기 쉽다.
    ⓔ 시멘트의 공기량이 감소한다.
    ⓕ 시멘트 풀의 점성이 높아지므로 반죽질기는 작게 된다.
    ⓖ 탁월한 점성을 보이나 오히려 유동성이 저하하는 경향도 있을 수 있다.

⑥ 응결(Setting)과 경화(Hardening)
  ㉠ **응결** : 시멘트 풀이 시간이 경과함에 따라 유동성과 점성을 상실하고 고체화하는 현상
  ㉡ **경화** : 보다 조직이 치밀해져 단단해지는 상태로 시간이 경과함에 따라 강도가 증가하는 현상
  ㉢ **길모어 침에 의한 응결시험** : 시멘트의 응결시간에 대한 시험방법
  ㉣ 고성능 AE감수제는 시멘트의 수화반응을 화학적으로 저해하여 콘크리트의 응결시간을 지연시킨다.
  ㉤ 관입저항침에 의한 콘크리트의 응결시간 시험
    ⓐ 재하장치는 침의 관입을 일으킬 수 있을 만큼의 힘을 일으킬 수 있어야 하며, 정확도 10N으로 관입력(penetration force)을 잴 수 있고 최소용량 600N을 가진 것
    ⓑ 침의 관입길이가 25mm가 될 때까지 소요된 힘을 침의 지지면으로 나누어 관입저항을 계산한다.
  ㉥ 응결 속도

응결이 빨라지는 경우	응결이 지연되는 경우	
① 분말도가 클수록 ② 온도가 높을수록 ③ 습도가 낮을수록	① 분말도가 적을수록 ③ 습도가 높을수록 ⑤ 물-결합재비가 클수록 ⑦ 배합수가 많을수록	② 온도가 낮을수록 ④ 석고 첨가량이 많을수록 ⑥ 시멘트가 풍화될수록

(3) 시멘트 종류

포틀랜드 시멘트	• 1종: 보통 포틀랜드 시멘트 • 3종: 조강 포틀랜드 시멘트 • 5종: 내황산염 포틀랜드 시멘트	• 2종: 중용열 포틀랜드 시멘트 • 4종: 저열 포틀랜드 시멘트 • 기타: 백색 포틀랜드 시멘트
혼합 시멘트	• 고로슬래그 시멘트 • 포틀랜드 포졸란 시멘트(실리카 시멘트)	• 플라이애시 시멘트
특수 시멘트	• 알루미나 시멘트 • 초속경시멘트	• 팽창 시멘트 • 콜로이드 시멘트(초미분말 시멘트)

① 포틀랜드 시멘트

　㉠ **보통 포틀랜드 시멘트(1종)** : 국내 시멘트 생산량의 약 90%를 차지하는 가장 일반적인 시멘트이다.

　㉡ **중용열 포틀랜드 시멘트(2종)**

　　ⓐ 수화작용 시 발열량을 줄이기 위해 규산삼석회(C_3S)와 알루민산 삼석회(C_3A)의 양을 제한하고 규산이석회(C_2S)의 양을 증가시킨 시멘트이다.

　　ⓑ 특징 및 용도

특징	용도
• 수화열이 작아 조기강도는 보통 포틀랜드 시멘트에 비해 작으나 장기강도는 보통 포틀랜드 시멘트보다 크다. • 건조수축이 작다. • 수화열이 낮고 발열량이 적다. • 조기강도는 작고 장기강도는 크다. • 체적변화가 작다. • 화학저항성이 크다.	• 댐 등의 단면이 큰 매스 콘크리트에 적용된다. • 방사선 차폐용으로도 사용될 수 있다. • 지하 구조물, 해양 콘크리트, 포장 콘크리트, 서중 콘크리트 공사에 사용된다.

　㉢ **조강 포틀랜드 시멘트(3종)**

　　ⓐ C_3S를 많게 하고 C_2S를 적게 하여 분말도를 보통 포틀랜드 시멘트보다 더 큰 4,000~4,500 cm²/g로 미분쇄하여 조기에 강도를 발현할 수 있도록 한 시멘트이다.

　　ⓑ 특징 및 용도

특징	용도
• 분말도가 높다(4,000~4,500cm²/g). • 소기강도가 크므로 크리프가 작다. • 수화속도가 빠르고 수화열이 크다. • 탄산화(중성화)가 느리다. • 수경률이 매우 크다. • 균열이 발생하기 쉽다. • 저온 시에도 강도발현이 크고 강도 저하가 적다. • Slump의 Loss가 크다.	• 큰 구조물에는 부적합하다. • 초기양생에 충분히 주의하여야 한다. • 긴급 공사나 혹한기 공사에 적합하다. • 수중 공사, 해중 공사 등에 사용하면 유리하다.

② 저열 포틀랜드 시멘트(4종)

중용열 포틀랜드 시멘트보다 수화열이 더 낮은 시멘트로서 매스 콘크리트와 고강도콘크리트 등에 쓰이며, 수화열을 억제하기 위하여 최저 C_2S량을 규정하고 있다.

⑩ 내황산염 포틀랜드 시멘트(5종)

ⓐ 토양, 물, 지하수, 공장폐수 및 해수 중의 황산염의 침식작용에 대한 화학저항성을 높인 시멘트로, 황산염에 의한 팽창을 억제하기 위하여 최대 C_3A량을 규정하고 있다.

ⓑ 특징 및 용도

특징	용도
알루민산 삼석회(C_3A)의 양을 4% 이하로 하여 황산염의 화학침식에 대한 저항성을 크게 한 시멘트이다. ※ 황산염은 수산화칼슘과 반응하여 석고를 생성하고 콘크리트의 체적 증대를 유발한다. 이 석고는 다시 시멘트 중의 알루민산 삼석회(C_3A)와 반응하여 에트린자이트를 생성하여 현저한 체적 팽창을 일으킨다.	황산염을 함유한 공장폐수, 하수, 지하수, 흙 등에 접하는 콘크리트에 사용한다.

ⓗ 백색 포틀랜드 시멘트 : 보통 포틀랜드 시멘트의 철분(Fe_2O_3)이 3% 정도인데 반해 백색 포틀랜드 시멘트는 철분(Fe_2O_3)을 0.3% 이하로 양을 크게 줄임으로써 얻은 백색의 시멘트

② 혼합 시멘트

㉠ 일반사항

ⓐ 혼합 시멘트는 포틀랜드 시멘트에 비해 비중이 감소한다.
ⓑ 화학저항성이 양호하다.
ⓒ 장기강도가 크다.
ⓓ 수화에 의한 발열량이 줄어든다.

㉡ 종류

ⓐ 고로슬래그 시멘트
ⓑ 플라이애시 시멘트
ⓒ 포틀랜드 포졸란 시멘트(실리카 시멘트)

㉢ 고로슬래그 시멘트

ⓐ 제련과정에서 발생하는 고로의 슬래그와 클링커에 적당량의 석고를 가하여 혼합 분쇄 또는 분리 분쇄한 후 균일하게 혼합하여 제조된 시멘트이다.
ⓑ 잠재수경성을 확보하기 위하여 염기도의 최소값을 규정하고 있으며, 고로슬래그의 염기도는 1.6 이상이어야 한다. 염기도는 다음 식에 따른다.

$$\boxed{식}\ b = \frac{CaO + MgO + Al_2O_3}{SiO_2}$$

여기서, b : 염기도
　　　　CaO : 고로슬래그 중 산화칼슘의 질량(%)
　　　　MgO : 고로슬래그 중 산화마그네슘의 질량(%)
　　　　Al_2O_3 : 고로슬래그 중 산화알루미늄의 질량(%)
　　　　SiO_2 : 고로슬래그 중 이산화규소의 질량(%)

ⓒ 고로슬래그 시멘트는 다음 표의 화학성분의 규정에 따라야 한다.

특징	용도			
	1종	2종	3종	4종
삼산화황(SO_3)(%)	4.0 이하	4.0 이하	4.0 이하	2.5 이상 4.0 이하
산화마그네슘(MgO)(%)	10.0 이하	10.0 이하	10.0 이하	10.0 이하
강열감량(%)	3.0 이하	3.0 이하	3.0 이하	3.0 이하

ⓓ 특징 및 용도

특징	용도
• 초기강도는 작으나 장기강도는 크다. • 수화열이 적어 내열성이 크고 콘크리트의 조직이 치밀해져서 수밀성이 크다. • 화학저항성이 크고 내화학약품성이 좋다. • 블리딩이 감소하고 워커빌리티가 좋아진다. • 알칼리성이 저하되어 탄산화를 촉진시킨다. • 공기량이 감소한다. • 실리카 함량이 적기 때문에 알칼리골재반응을 억제시키지만 고로슬래그의 적정 함유량이 제한되어 있다.	• 해수, 하수 및 공장폐수에 접하는 댐, 하천, 항만 등의 콘크리트에 적당하다. • 터널 • 하수도 등

ⓔ 혼화재로서 고로슬래그 미분말을 사용하는 경우 최대 혼입량은 전체 결합재 질량의 50% 이하로 하여야 한다.

ⓓ 플라이애시 시멘트
　ⓐ 화력발전소에서 석탄 연료를 사용할 때 연소 후에 발생하는 회분을 집진기로 포집한 구형의 유리상 입자인 플라이애시를 포틀랜드 시멘트에 일정한 비율로 조합하여 혼합한 시멘트이다.

ⓑ 특징 및 용도

특징	용도
• 수화열이 감소한다. • 단위수량이 감소하므로 건조수축이 감소한다. • 초기강도는 감소하고 장기강도가 증가한다. • 구형의 볼 베어링 효과에 의해 콘크리트의 워커빌리티를 개선한다(유동성이 개선된다). • AE제 양을 더 많이 사용해야 한다. • 해수에 대한 화학적 저항성이 크다. • 실리카 함량이 적기 때문에 알칼리-골재반응을 억제한다. • 온도에 민감하므로 양생기간을 길게 해야 한다.	댐 콘크리트, 매스 콘크리트, 해양 콘크리트, 방사선 차폐용 콘크리트에 적합하다.

ⓒ 플라이애시의 품질시험에서 보통포틀랜드시멘트와 플라이애시의 질량비는 3 : 1이다.

ⓓ 포틀랜드 포졸란 시멘트(실리카 시멘트)

ⓐ 실리카 혼합물로서 그 자체는 수경성이 없으나 수산화칼슘과 상온에서 결합하여 불용성의 실리카질 화합물을 생성시키는 물질을 포졸란이라 하며, 포틀랜드 시멘트 클링커에 포졸란을 혼합하고 적당량의 석고를 가하고 분쇄하여 만든 시멘트이다.

ⓑ 특징 및 용도

특징	용도
• 초기강도는 감소하고 장기강도가 증가한다. • 워커빌리티를 증가시키고 유동성이 크다. • 블리딩이 작다. • 수밀성과 내구성이 좋다. • 화학저항성이 크다. • 발열량이 적다. • 건조수축, 균열이 생기기 쉽다. • 포틀랜드 포졸란 시멘트의 가용성 SiO_2 등은 수화 시 생기는 $Ca(OH)_2$와 결합하여 불용성 규산칼슘 수화물 등을 생기게 하는 포졸란 반응에 의하여 장기강도가 증진된다.	• 하천, 항만 구조물 • 공장폐수, 하수공사, 방사선 차폐용 콘크리트에 적합하다.

③ 특수 시멘트

㉠ 종류

ⓐ 알루미나 시멘트
ⓑ 초조강시멘트
ⓒ 초속경시멘트
ⓓ 팽창 시멘트
ⓔ 콜로이드 시멘트(초미분말 시멘트)
ⓕ MDF(macro defect free) 시멘트

ⓒ 알루미나 시멘트
  ⓐ 알루미늄(Aluminium)의 원광석인 보크사이트와 석회석을 적당한 비율로 혼합하고 1,400℃ 이상의 회전로에서 용융 소성하여 4,000~5,000㎠/g 분말로 분쇄하여 제조한 시멘트이다.
  ⓑ 특징 및 용도

특징	용도
• 물을 가한 후 12시간 이내에 보통 포틀랜드 시멘트의 재령 28일 강도를 발현한다. • 수화열이 크고 초기강도 발현이 매우 빠르다. • 알칼리성이 약하므로 철근부식에 대한 저항성이 작다. • 내화성능이 우수하다. • 양생 시 온도에 따라 강도 변화가 심하다(30℃ 이상에서 강도 저하). • 알루미나 겔이 시멘트 입자 피복 효과가 커 침식에 대한 화학적 저항성이 크다.	• 동절기 공사 • 긴급 공사 • 내화 콘크리트

ⓒ 초조강시멘트 : 분말도를 3,430㎠/g 정도로 높이고 석고 성분을 많이 첨가한 시멘트로 응결시간이 빠르다.

ⓓ 초속경시멘트 : 분말도가 5,000㎠/g 정도로 높아 물을 가한 후 2~3시간 정도 경과 후 압축강도가 10MPa 정도에 달하며 발열량이 매우 많다.

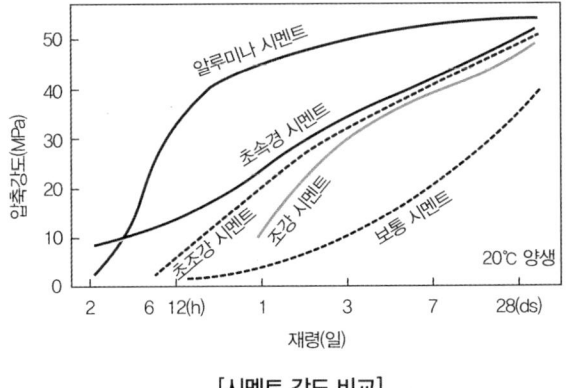

[시멘트 강도 비교]

ⓜ 팽창 시멘트
  ⓐ 시멘트 콘크리트의 결점 중 하나인 수축성을 개선하기 위하여 수화반응 시 팽창성을 가지도록 한 시멘트로 비빔시간이 길면 팽창률이 감소한다.
  ⓑ 팽창 시멘트의 종류
    • 수축보상용 : 초기 재령에서 팽창시켜 건조수축을 상쇄시켜 보상함으로써 건조수축균열을 감소시키는 시멘트
    • 화학적 프리스트레스 도입용 : 팽창을 크게 일으켜 프리스트레스를 가하는 시멘트

ⓗ 콜로이드 시멘트(초미분말 시멘트) : 유동성이 좋은 초미분말의 시멘트

ⓐ MDF(macro defect free) 시멘트 : 시멘트에 수용성 폴리머를 혼합하여 시멘트 경화체의 공극을 채우고, 압출, 사출방법으로 성형하여 건조상태로 양생하며 고강도콘크리트를 제조할 때 사용이 가능하다.

(4) 포틀랜드 시멘트의 품질 규격

① 종류에 관계없이 응결시간의 종결시간은 10시간 이하이다.
② 종류에 관계없이 강열감량은 5.0% 이하이다.
③ 1종 포틀랜드 시멘트의 안정도는 0.8% 이하이다.
④ 전 알칼리 함량은 종류에 관계없이 0.6%(Na_2O) 이하로 규정되어 있다.

2 혼화재료

물, 시멘트, 골재 + 혼화재료 = 보통 콘크리트의 성질을 개선한 콘크리트

(1) 혼화재료의 분류

① 혼화재료는 사용량에 따라 혼화재와 혼화제로 분류된다.

혼화재료	
혼화재(고체)	혼화제(액체)
• 콘크리트 배합계산에 고려 • 시멘트 중량의 5% 이상 사용 • 미분말 • 시멘트와 수화반응 • 질량으로 계량하는 것이 원칙	• 콘크리트 배합계산에서 무시 • 시멘트 중량의 1% 전후 첨가 • 액체 또는 분체(통상 물에 희석하여 사용) • 시멘트 수화물과 반응 • 질량 또는 용적으로 계량 가능
• 고로슬래그 • 플라이애시 • 포졸란 • 실리카 퓸	• AE제 • 촉진제 • 감수제 • 고성능 감수제(유동화제) • 수축저감제

② 혼화재를 녹이는 데 사용하는 물이나 혼화제를 묽게 하는 데 사용하는 물은 단위수량에 포함시켜 배합설계를 시행해야 한다.

(2) 고로슬래그 미분말

고로슬래그는 제철소에서 선철을 만들 때 고로에서 부산물로 나오는 것으로, 용융 슬래그를 찬 공기나 냉수로 급냉시킨 입상의 슬래그를 분쇄기로 미분쇄하여 얻어진다.

① 고로슬래그 미분말은 염기도가 크면 클수록 반응성이 크므로 <u>염기도 1.6 이상</u>의 것을 사용하도록 한다.

② 고로슬래그 미분말의 효과
  ㉠ 시멘트 수화 시에 발생하는 수산화칼슘과 반응하여 수화물을 생성하기 때문에 강알칼리인 수산화칼슘의 양이 줄어 콘크리트의 알칼리성이 다소 저하되어 <u>콘크리트의 탄산화(중성화)가 빠르게 진행된다</u>.
  ㉡ 고로슬래그 미분말을 사용한 콘크리트는 세공경이 작아져서 수밀성이 향상되고 염화물이온의 침투가 억제되어 <u>철근부식을 억제하는 효과가 있다</u>.
  ㉢ 고로슬래그 미분말의 혼합량 및 분말도가 클수록 공기량은 감소하여 <u>동일한 공기량을 얻기 위한 AE제의 사용량은 증가한다</u>.
  ㉣ 고로 슬래그 미분말은 포졸란 반응에 의해 알칼리 골재반응의 억제효과가 있다.

③ 고로슬래그 미분말의 활성도 지수
  ㉠ 활성도 지수란 기준 모르타르의 압축강도에 대한 시험 모르타르의 압축강도의 비를 백분율로 나타낸 것을 말한다.

[고로슬래그 미분말 활성도 지수(%)]

품질	1종	2종	3종	4종
재령 <u>7일</u>	95 이상	75 이상	55 이상	–
재령 <u>28일</u>	105 이상	95 이상	75 이상	60 이상
재령 <u>91일</u>	105 이상	105 이상	95 이상	80 이상

  ㉡ 시험 모르타르 제작 시 시멘트와 고로슬래그 미분말의 혼합비는 1:1이다.

(3) 플라이애시

플라이애시는 화력발전소에서 석탄 연료를 사용할 때 연소 후에 발생하는 회분을 집진기로 포집한 구형의 유리상 입자로서 주로 실리카 알루미나와 여러 산화물과 알칼리로 구성된 포졸란이다.

① 플라이애시의 특성
  ㉠ 플라이애시는 인공 포졸란 재료이므로 포졸란 반응을 한다.
  ㉡ 플라이에시의 입형은 구형이다.

② 플라이애시의 장점
  ㉠ 플라이애시는 일종의 산업폐기물인데 플라이애시가 가진 포졸란 반응 및 구형 입형의 영향으로 폐자원 활용으로 인한 <u>자원절약 등이 가능해 경제적이다</u>.

ⓒ 콘크리트의 성능을 개선시킨다.
　　　ⓐ 구형의 볼 베어링 효과에 의해 <u>워커빌리티를 개선시키고 단위수량을 감소시킨다</u>.
　　　ⓑ 장기강도가 증가한다.
　　　ⓒ 시멘트 수화열의 저감으로 콘크리트의 발열이 감소되어 <u>댐 콘크리트 및 매스 콘크리트에 적합하다</u>.
　　　ⓓ 블리딩이 감소된다.
　　　ⓔ 콘크리트의 수밀성이 향상되므로 <u>해양콘크리트 및 고강도콘크리트에 적합</u>하고 화학저항성이 좋다.
　　　ⓕ 건조, 습윤에 따른 체적변화와 동결융해에 대한 저항성이 우수하다.
　　　ⓖ 알칼리 골재반응을 억제한다.
　③ **플라이애시 사용 시 주의사항**
　　ⓐ 플라이애시의 미연소 탄소에 의해 입자 표면에 유기혼화제(AE제 등의 혼화제)의 <u>흡착에 의해서 소요 공기량을 얻기 위한 혼화제량이 증가된다</u>.
　　ⓑ <u>온도에 민감하므로 저온 시에는 보통포틀랜드시멘트보다 양생기간을 길게 한다</u>.
　　ⓒ 플라이애시, 실리카 품 등의 혼화재 등은 <u>시험배합을 거쳐 확인한 후 사용해야 한다</u>.
　④ **플라이애시 품질규정**

항목		플라이애시(1종)	플라이애시(2종)
이산화규소(SiO_2)		45% 이상	45% 이상
강열감량		3.0% 이하	5.0% 이하
밀도(g/cm^3)		1.95 이상	1.95 이상
분말도	비표면적(cm^2/g) (블레인방법)	4,500 이상	3,000 이상
수분		1.0% 이하	1.0% 이하
총 인산염(P_2O_5)		5.0% 이하	5.0% 이하
플로값 비		105% 이상	95% 이상
산화마그네슘(MgO)		4% 이하	4% 이하

(4) 실리카 품

실리카 품은 실리콘 금속이나 페로실리콘 합금 등의 규소합금을 전기 아크로(2,000℃)에서 석탄과 함께 순도 높은 석영을 환원시킬 때 노에서 배출되는 폐가스를 집진하여 얻어지는 비결정질실리콘 이산화물이다.

① 비표면적이 포틀랜드 시멘트보다 70~80배 정도로 매우 크며 목표 슬럼프를 유지하기 위해 소요되는 <u>단위수량은 혼합량이 증가함에 따라 거의 선형적으로 증가하고 이에 따라 건조수축도 증가한다</u>.
② 고강도콘크리트 제조용으로 사용되며, 공기량이 줄어들기 때문에 <u>소요 공기량을 확보하기 위해서는 AE제 사용량이 증가된다</u>.

③ 실리카 품을 혼합하면 콘크리트의 유동화 특성이 변화하여 블리딩과 재료분리를 감소시킨다.
④ 실리카 품의 장점
  ㉠ 강도 증진 효과가 우수하므로 고강도콘크리트 제조에 사용된다.
  ㉡ 투수성이 작아 수밀성이 향상된다.
  ㉢ 수화열을 저감시키고, 수밀성, 화학저항성 및 내구성을 향상시킨다.
  ㉣ 염화물이온 침투 억제에 효과가 있다.
⑤ 실리카 품을 사용한 고강도콘크리트
  ㉠ 실리카 품의 마이크로필러 효과: 초미립 분말인 실리카 품이 시멘트 입자의 공극을 충전하여 수밀성을 높이고 강도를 증진시키는 효과
  ㉡ 실리카 품을 사용한 콘크리트는 마이크로필러 효과와 포졸란 반응에 의해 재료분리가 적고 강도 증가가 현저하다.

  | 마이크로 필터효과 | + | 포졸란 반응 | = | 고강도 및 고내구성 콘크리트 제조 |

  ㉢ 실리카 품은 비표면적이 매우 큰 초미립 분말이므로 혼합률이 증가하면 단위수량이 크게 증가하므로 고성능 감수제를 사용한다.
  ㉣ 실리카 품은 포졸란 재료로 고로슬래그 미분말 및 플라이애시와 같은 포졸란 반응을 하지만 초기에 포졸란 반응이 일어나는 특징이 있어 기타 포졸란 재료와는 다르다.
⑥ 실리카 품은 플라이애시처럼 미연소 탄소를 함유하고 있지 않지만 목표공기량을 유지하기 위해 혼합률이 증가함에 따라 AE제의 사용량을 증가시킬 필요가 있다.
⑦ 콘크리트 및 모르타르 혼화재로 사용되는 실리카 품의 품질시험을 실시하고자 할 때 시험 모르타르는 시멘트와 실리카 품의 질량비를 9 : 1로 하여 제작한다.
⑧ 플라이애시, 실리카 품 등의 혼화재 등은 시험배합을 거쳐 확인한 후 사용해야 한다.
⑨ 제빙화학제[1]에 노출된 콘크리트 최대 혼화재 비율

혼화재 종류	시멘트와 혼화재 전체에 대한 혼화재의 질량 백분율(%)
플라이애시	25
고로슬래그 미분말	50
실리카 품	10
고로슬래그 미분말 및 실리카 품의 합	50[2]
플라이애시와 실리카 품의 합	35[2]

주1) 노출등급 EF4에 해당한다.
  2) 플라이애시 또는 기타 포졸란의 합은 25% 이하, 실리카 품은 10% 이하여야 한다.

(5) 잠재 수경성과 포졸란 반응

① 잠재 수경성
  혼합 초기에는 수화반응을 시작하지 않지만, 자극제에 의해 수화반응을 일으키는 성질을 잠재 수경성이라 한다.

㉠ 대표적인 잠재 수경성 물질은 고로슬래그가 있으며, 자극제로는 알칼리와 황산염이 있다.
㉡ 잠재 수경성의 특징
   ⓐ 콘크리트의 장기강도가 증가한다.
   ⓑ 콘크리트 수밀성을 향상시킨다.

② 포졸란 반응
혼화재 물질 자체에는 수경성이 없으나 시멘트의 수화반응 시 생기는 $Ca(OH)_2$와 화합하여 안정된 규산칼슘을 생성하는 반응을 말한다.
㉠ 포졸란 물질
   ⓐ 포졸란 : 그 자체는 수경성이 없으나 콘크리트 중의 물에 용해되어 있는 수산화칼슘과 상온에서 천천히 화합하여 물에 녹지 않는 화합물을 만들 수 있는 실리카질 물질을 함유하고 있는 미분말 상태의 재료
   ⓑ 포졸란 물질 : 플라이애시, 실리카 퓸, 규조토 등
㉡ 포졸란 반응의 특성
   ⓐ 수화반응 속도가 느려 초기강도는 감소하고 장기강도가 증가한다.
   ⓑ 콘크리트의 작업성이 좋아진다.
   ⓒ 블리딩이 감소한다.
   ⓓ 발열량이 적어 단면이 큰 콘크리트에 적합하다.
   ⓔ 콘크리트의 수밀성 및 화학저항성이 증가한다.

(6) 팽창재

① 팽창재는 경화 과정에서 팽창을 일으키는 혼화재로 콘크리트의 건조수축과 수화열에 의한 온도응력에 의해 발생하는 구조물의 균열을 방지할 목적으로 사용되는 재료이다.
② 에트린자이트 및 수산화칼슘의 생성에 의해 콘크리트를 팽창시키고 수밀성을 좋게 하여, 건조수축이나 경화수축에 기인한 균열발생을 저감시킨다.
③ 팽창재는 시멘트와 혼합하지 않고 다른 재료와 별도로 질량으로 계량하며, 그 오차는 1회 계량분량의 1% 이내로 하여야 한다.
④ 팽창재는 원칙적으로 다른 재료를 투입함과 동시에 믹서에 투입한다.
⑤ 팽창재는 다량의 유리된 산화칼슘을 함유하고 있어 풍화되기 쉬운 재료이므로 통풍이 되지 않는 곳에 저장한다.
⑥ 포대 팽창재는 12포대 이하로 쌓아야 한다.
⑦ 포대 팽창재는 지상 0.3m 이상의 마루 위에 쌓아 운반이나 검사에 편리하도록 배치하여 저장하여야 한다.

⑧ 팽창재 사용목적(종류)

용도	목적
수축보상용	콘크리트 수축보상에 따른 균열 저감용
화학적 프리스트레스 도입용	균열내력 증대 및 단면 축소용 (역학적 성상 개선 목적)

(7) 혼화제

① **AE제** : 콘크리트 속에 작고 독립된 기포를 고르게 연행시키는(생기게 하는) 혼화제

② **공기**
  ㉠ 연행공기 : AE제에 의해 인위적으로 생성된 공기로서 균일하게 분포되어 있다.
  ㉡ 갇힌 공기 : 공기연행제 등을 사용하지 않는 경우에도 콘크리트 속에 자연적으로 발생하는 1% 전후의 공기로서 비교적 입경이 크고, 불규칙하게 분포되어 있다.

③ **AE제를 사용한 콘크리트의 품질**
  ㉠ AE제에 의해 콘크리트 중에 연행된 미세한 기포는 볼베어링 작용을 하여 콘크리트의 워커빌리티 개선 효과가 있어 단위수량이 감소한다.
  ㉡ 블리딩과 재료분리가 감소한다.
  ㉢ 잔골재율이 감소하며, 공기량을 1% 정도 증가시키면 잔골재율을 0.5~1.0% 작게 할 수 있다.
  ㉣ AE콘크리트의 유효공기량은 일반적으로 3~6%이다.
  ㉤ 공기량을 증가시키면 압축강도 및 휨강도는 저하하는 경향이 있으므로 고강도콘크리트와 방사선 차폐용 콘크리트에는 공기연행(AE)제를 사용하지 않는 것을 원칙으로 한다.
  ㉥ 내부 공극이 증가하여 콘크리트 내의 물분자가 팽창할 공간을 제공하여 동결융해 저항성이 증대되므로 한중콘크리트에는 AE제, AE감수제 그리고 고성능 AE감수제를 사용하는 것을 원칙으로 한다.
  ㉦ 빈배합인 경우가 부배합인 경우보다 AE제에 의한 워커빌리티 개선 효과가 크게 나타난다.
  ㉧ 포장 콘크리트는 콘크리트 슬래브의 내구성을 증대하고 신축을 줄이며, 운반 중의 재료분리를 줄이기 위해 AE(공기연행)콘크리트를 사용하는 것을 원칙으로 한다.
  ㉨ 부순 굵은골재를 사용한 콘크리트 수밀성, 내구성 등을 개선시키기 위해 AE제, 감수제 등을 적당량 사용하는 것이 좋다.
  ㉩ 분말도가 큰 시멘트일수록 혼화제 등이 흡착되어 공기량이 현저히 감소하기 때문에 목표공기량을 얻기 위해서는 필요한 공기연행제(AE) 사용량은 증가한다.

④ **AE제가 일정할 때 연행공기가 증가되는 경우**
  ㉠ 물-시멘트비가 클수록 공기량은 많게 된다.
  ㉡ 시멘트의 분말도가 감소할수록 공기량이 증가한다.
  ㉢ 콘크리트의 온도가 낮을수록 공기량이 증가한다.

ⓔ 슬럼프가 클수록 공기량이 증가한다.
ⓜ 단위잔골재량이 많을수록 공기량이 증가한다.
ⓗ 단위시멘트량이 감소할수록 공기량이 증가한다.
ⓢ 펌프 압송압력이 낮을수록 그리고 거리가 짧을수록 공기량이 증가한다.

⑤ **콘크리트의 공기량에 영향을 미치는 요인**

㉠ **사용재료에 따른 공기량 변화**
   ⓐ **시멘트** : 시멘트의 분말도가 증가하거나 단위시멘트량이 증가하면 공기량이 감소한다.
   ⓑ **골재** : 잔골재의 입도에 의한 영향이 크며 단위잔골재량이 많을수록 공기량은 증가한다. 공기량을 1% 정도 증가시키면 잔골재율을 0.5~1.0%만큼 작게 할 수 있다.
   ⓒ **단위수량** : 공기량 1%를 증가시키면 동일 슬럼프의 콘크리트를 만드는데 필요한 단위수량을 3% 작게 할 수 있다.
   ⓓ **플라이애시** : 플라이애시 속의 미연소 탄소에 의해 입자 표면에 AE제를 흡착하기 때문에 소요 공기량을 얻기 위한 AE제가 많이 소요된다.
   ⓔ **AE제** : 공기량은 AE제의 사용량과 거의 직선적으로 비례하여 증가하며, AE제의 종류에 따라 공기 연행효과가 다르다.

㉡ **콘크리트 온도 및 배합**
   ⓐ 콘크리트의 온도가 낮을수록 공기량은 증가하고 온도가 높을수록 공기량이 감소하므로 여름 철에는 겨울철보다 동일 공기량을 얻기 위한 AE제의 사용량이 증가하는 경향이 있다.
   ⓑ 일반적으로 콘크리트의 슬럼프가 클수록 공기량이 증가되는 경향이 있으며 슬럼프 15cm 이상의 매우 묽은 반죽에서는 오히려 공기량이 감소된다.

㉢ **혼합, 운반 및 다지기**
   ⓐ 혼합시간이 너무 짧거나 길면 공기량은 감소되며 3~5분 정도 혼합을 할 때 공기량이 최대가 된다.
   ⓑ 레디믹스트 콘크리트는 운반시간에 따라 0.5~1% 정도 공기량이 저하된다.
   ⓒ 공기량이 1% 증가함에 따라 압축강도는 약 4~6% 감소하게 되며, 휨강도 역시 감소한다.

(8) 감수제 및 AE감수제

① **감수제**
   감수제는 계면활성제의 일종으로 시멘트 입자를 분산시켜 시멘트 페이스트의 유동성을 증가시킴으로써 콘크리트의 워커빌리티를 개선하여 단위수량을 감소시킬 목적으로 사용되는 혼화제이다.

② **AE감수제**
   감수 작용과 함께 AE제의 공기연행성도 가지고 있어 워커빌리티 개선 및 동결융해 저항성을 향상시키기 위한 혼화제로서 물-결합재비가 감소하고 건조수축이 줄어든다.

③ 감수제 및 AE감수제의 종류
  ㉠ **촉진형** : 콘크리트의 응결속도를 촉진시키는 것
  ㉡ **표준형** : 콘크리트의 응결속도를 변경시키지 않는 것
  ㉢ **지연형** : 콘크리트의 응결속도를 지연시키며, 콜드 조인트 방지 및 서중 콘크리트의 시공에 사용하며 1.5시간 이내에 타설하여야 한다.

④ 감수제, AE감수제를 사용한 콘크리트의 성질
  ㉠ 콘크리트의 단위수량을 감소시키지만, 감수 효과는 감수제의 종류에 따라 다르다.
  ㉡ 콘크리트의 압축강도를 증가시키고, 재료분리 저항성 및 수밀성을 증대시킨다.
  ㉢ 단위시멘트량이 감소하고 수화열이 작아 매스콘크리트에 사용한다.
  ㉣ 감수제를 사용한 콘크리트의 공기량은 기존 콘크리트의 공기량에 1%를 더한 것을 넘어서는 안 된다.
  ㉤ 동결융해에 대한 저항성, 내약품성, 화학저항성, 탄산화(중성화)에 대한 저항성을 증가시킨다.

(9) 고성능 감수제

고성능 감수제는 시멘트 입자를 분산시키는 분산 능력이 매우 뛰어나 응결 지연, 과도한 공기연행 및 강도 저하 등의 나쁜 영향 없이 단위수량을 대폭 감소시키는 혼화제이다.

① 고성능 감수제의 분류
  ㉠ **고성능 감수제** : 유동성을 향상시키고 배합 시의 단위수량을 줄이기 위해 고성능 감수제를 사용한다.
  ㉡ **유동화제** : 단위수량의 감소없이 동일한 물-결합재비의 콘크리트에 첨가하여 콘크리트의 품질은 변동 없이 작업성을 크게 향상시키는 경우에는 유동화제라고 부른다.

② 고성능 감수제 또는 유동화제 사용 시의 주의사항
  ㉠ 믹서에 재료를 투입할 때 고성능 감수제는 혼합수와 동시에 투여하지 않는다.
  ㉡ 한중콘크리트에는 AE제, AE감수제 그리고 고성능 AE감수제를 사용하는 것을 원칙으로 한다.
  ㉢ 수밀콘크리트는 양질의 AE제와 고성능 감수제 또는 포졸란 등을 사용하는 것을 원칙으로 한다.
  ㉣ 고성능 감수제는 시험배합을 거쳐 확인한 후 사용하여야 한다.
  ㉤ 고성능 감수제는 콘크리트 비빔이 끝난 후 타설 직전에 첨가하여 다시 비벼 사용하는 것이 좋다.
  ㉥ 물에 희석하여 사용하는 감수제의 경우 희석 시 사용하는 물은 배합수 계산에 포함시켜야 한다.

③ 고성능 감수제 또는 유동화제를 사용한 콘크리트의 성질
  ㉠ 단위수량이 대폭 감소하므로 블리딩이 감소하며, 물시멘트비가 작아도 슬럼프가 큰 콘크리트를 만들 수 있어 주로 고강도콘크리트에 사용된다.
  ㉡ 건조수축이 적고 동결융해에 대한 저항성이 크다.
  ㉢ 동일한 물-결합재비의 경우에도 압축강도가 크게 나타난다.
  ㉣ 공기량은 거의 유사하다.

(10) 고성능 공기연행(AE)감수제

① 고성능 AE감수제는 고성능감수제 사용 콘크리트의 동결융해 저항성능 개선을 목적으로 사용하지만, 시멘트의 수화반응을 화학적으로 저해하여 콘크리트의 응결시간을 지연시킨다.
② 고성능 AE감수제는 반응성 고분자와 분산제가 주요 구성성분이며, 반응성 고분자의 함유량이 증가할수록 슬럼프 로스는 감소한다.
③ 고성능 AE감수제를 적절히 사용한 콘크리트는 슬럼프값이 급격히 증가하지 않고 적정한 슬럼프값을 갖는다.
④ 고성능 AE감수제는 유동화제와 달리 공장배합에서 투입하여 사용하는 것이 일반적이다.
⑤ 물-결합재비 및 슬럼프가 같으면, 일반적인 공기연행감수제를 사용한 콘크리트와 비교하여 잔골재율을 1~2% 정도 크게 하는 것이 좋다.
⑥ 한중콘크리트에는 AE제, AE감수제 그리고 고성능 AE감수제를 사용하는 것을 원칙으로 한다.
⑦ 공기연행감수제 또는 고성능 공기연행감수제를 사용하는 경우라도 공기량은 4% 이하가 되게 한다.

(11) 응결경화 조정제

① **급결제**
시멘트의 응결시간을 매우 촉진하여 순간적인 응결과 경화가 요구되는 건식 숏크리트 공법 및 누수방지 공법 등에 사용된다.

② **촉진제**
㉠ 응결시간을 단축하여 거푸집의 조기 탈형에 의한 거푸집 사용 회전율을 높이고, 한중 콘크리트의 양생기간의 단축 및 콘크리트 경화 불량 방지 등을 목적으로 사용하는 혼화제
㉡ 촉진제로는 보통 염화칼슘 또는 염화칼슘을 포함한 감수제가 사용되고 있으나 염화칼슘은 철근 부식을 촉진할 염려가 있으므로 시멘트 중량에 대하여 2% 이하로 사용한다.

③ **응결 조절제**
시멘트의 수화반응 속도를 적절히 조절하여 응결과 경화 시간을 짧거나 길게 조절할 목적으로 사용되는 혼화제로 주로 수중공사용 프리플레이스트 콘크리트의 주입 모르타르 제조에 사용한다.

④ **지연제**
시멘트의 수화반응 속도를 감소시켜 응결과 경화 시간을 길게 할 목적으로 사용되는 혼화제로서 조기 경화현상을 보이는 하절기의 서중 콘크리트나 장거리 수송 레미콘의 워커빌리티 저하 방지용으로 사용된다.
㉠ 콘크리트의 연속타설이 진행될 경우 작업 이음의 발생을 방지할 수 있다.
㉡ 콘크리트의 응결을 지연시킴에 따라 응결경화 불량을 방지시키지만, 공사 시 거푸집의 회전율이 낮아진다.

ⓒ 지연제를 사용하면 거푸집 안에 물이 많이 남아 있으므로 지연제를 사용하지 않은 경우보다 **측압은 증가한다**.
ⓔ **매스 콘크리트의 타설 작업을 장시간 계속할 필요가 있는 경우**나 콜드 조인트를 방지하기 위해 응결지연제를 사용하는 것이 좋다.

(12) 발포제

시멘트 수화반응에 의한 화학반응으로 수소 가스(기포)를 발생시켜 **콘크리트의 단위중량을 감소시키고 단열성 및 내화성 등의 성질을 개선할 목적**으로 사용되는 혼화제이다.

(13) 방청제

콘크리트 중의 염화물에 의한 **철근의 부식을 방지하기 위해** 사용되는 혼화제로 철근콘크리트나 프리스트레스트콘크리트 속의 강재의 방청을 목적으로 하는 혼화제이다.
① 일반적으로 <u>아질산소다($NaNO_3$)를 주성분</u>으로 한다.
② 방청제의 작용은 철근 표면의 보호 피막을 형성하는 것으로 경미한 균열이 있는 경우에도 **방청 효과를 얻을 수 있으므로 사용할 수 있다**.
③ 염화물이 철근콘크리트에 미치는 영향
   부동태막 파괴 → 철근 부식 → 철근의 체적 팽창 → 콘크리트 균열 발생
④ 방청제의 품질(KS F 2561)

시험 항목	규정		
철근의 염수 침투 시험	부식이 안 될 것		
콘크리트 중의 철근의 촉진 부식시험	방청률 95% 이상		
콘크리트의 응결시간 및 압축강도 시험	응결시간 차	초결	±60분 이내
		종결	
	압축강도비	7일	0.90 이상
		28일	
염화물이온량 시험	0.02kg/㎥ 이하		
전체 알칼리량 시험	0.02kg/㎥ 이하		

단원별 학습문제

01 아래 표의 ( )에 공통으로 들어갈 용어로 옳은 것은? 16년 1회

( )이(가) 높은 시멘트는 일반적으로 C_2S의 생성량이 많아서 장기강도 발현에 유리하며, ( )이(가) 낮은 시멘트는 C_3A의 생성량이 높아서 조기강도가 높다.

① 규산율(Silica Modulus)
② 수경률(Hydraulic Modulus)
③ 강열감량(Ignition Loss)
④ 활성도지수(Activity Index)

해설

규산율
- 규산율이 높은 시멘트는 일반적으로 C_2S를 많이 함유하기 때문에 장기강도 발현에 유리하다.
- 규산율이 낮은 시멘트는 C_3A가 생성량이 높아서 조기강도가 높다.

02 콘크리트용 플라이애시로 사용할 수 없는 것은? 20년 1-2회

① 수분이 0.5%인 경우
② 강열감량이 6%인 경우
③ 밀도가 2.2g/㎤인 경우
④ 이산화규소의 함유량이 48%인 경우

해설

콘크리트용 플라이애시의 품질규정

항목	플라이애시(1종)
이산화규소(SiO_2)	45% 이상
강열감량	3.0% 이하
밀도(g/㎤)	1.95 이상
수분	1.0% 이하
총 인산염	5% 이하
플로값 비	105% 이상
산화마그네슘(MgO)	4% 이하

03 시멘트 클링커의 조성 광물에 대한 설명으로 틀린 것은? 20년 4회

① 알라이트(C_3S)의 양이 많을수록 조강성을 나타낸다.
② 알루미네이트(C_3A)는 수화열이 적고 장기강도가 크다.
③ 알라이트(C_3S) 및 벨라이트(C_2S)는 시멘트 강도의 대부분을 지배한다.
④ 페라이트(C_4AF)는 수화열이 적고 건조수축도 적으며 강도도 작지만 화학저항성은 양호하다.

해설

알루미네이트(C_3A)는 수화열이 크고 장기강도가 작다.

04 콘크리트 및 모르타르 혼화재로 사용되는 고로슬래그 미분말의 품질시험에서 활성도 지수를 측정하기 위해 적용되는 재령일이 아닌 것은? 20년 3회

① 재령 3일   ② 재령 7일
③ 재령 28일   ④ 재령 91일

정답 01. ①   02. ②   03. ②   04. ①

해설

고로슬래그 미분말 활성도 지수(%)

품질	1종	2종	3종	4종
재령 7일	95 이상	75 이상	55 이상	–
재령 28일	105 이상	95 이상	75 이상	60 이상
재령 91일	105 이상	105 이상	95 이상	80 이상

05 포졸란 활성이나 잠재 수경성을 가지며, 주로 시멘트의 대체 재료로 이용되는 혼화재료가 아닌 것은? 16년 1회

① 팽창재　　　　② 화산재
③ 플라이애시　　④ 고로슬래그 미분말

해설
- 포졸란 활성이나 잠재 수경성을 가지며, 주로 시멘트의 대체 재료로 이용되는 혼화재 : 플라이애시, 고로슬래그 미분말, 실리카 퓸, 메타카올린, 화산재
- 팽창재 : 경화 과정에서 팽창을 일으키는 혼화재

06 다음 혼화제 중 굳지 않은 콘크리트의 작업성 변화를 목적으로 사용하는 혼화제가 아닌 것은? 16년 1회

① 감수제　　　　② 고성능 유동화제
③ 방청제　　　　④ AE감수제

해설
방청제 : 철근콘크리트 내의 철근 부식을 방지하기 위해 사용하는 혼화제이다.

정답　05. ①　06. ③

UNIT 03 | 물

1 레디믹스트 콘크리트용 배합수 종류

(1) 상수돗물

시험하지 않고 사용할 수 있다. 수도법에 따른 상수돗물의 품질은 다음과 같다.

항목	허용량
색도	5도 이하
탁도[NTU]	0.3 이하
수소 이온 농도[pH]	5.8~8.5

(2) 상수도 이외의 물

① 상수도 이외의 물이란 하천수, 호숫물, 저수지수, 지하수 등으로서 상수돗물로서의 처리가 되어 있지 않은 물 또는 공업용수를 말하며 회수수는 사용할 수 없다.
② 상수도 이외의 물은 시험하지 않고 사용할 수 없으며 시험을 통해 다음과 같은 항목의 기준에 적합해야 한다.

항목	품질
현탁 물질의 양	2g/L 이하
용해성 증발 잔류물의 양	1g/L 이하
염소이온(Cl^-)량	250mg/L 이하
시멘트 응결시간의 차	초결은 30분 이내, 종결은 60분 이내
모르타르의 압축강도비	재령 7일 및 재령 28일에서 90% 이상

(3) 회수수

① 레디믹스트 콘크리트 공장에서 운반차나 플랜트의 믹서, 호퍼 등에 부착된 콘크리트 및 현장에서 되돌아오는 레디믹스트 콘크리트를 세척하여 잔골재와 굵은골재를 분리한 세척 배수로서 슬러지수 및 상징수를 총칭한다.
② 슬러지수란 콘크리트의 회수수에서 상징수를 일부 활용하고 남은 슬러지를 포함한 물을 말한다.
③ 상징수란 슬러지수에서 슬러지 고형분을 침강 또는 기타 방법으로 제거한 물을 말한다.

④ 회수수의 품질은 다음과 같은 기준에 적합하여야 한다.

항목	품질
염소이온(Cl^-)량	250mg/L 이하
단위 슬러지 고형분율	3.0% 이하
시멘트 응결시간의 차	초결은 30분 이내, 종결은 60분 이내
모르타르의 압축강도비	재령 7일 및 28일에서 90% 이상

⑤ 단위 슬러지 고형분율
  ㉠ 슬러지 고형분이란 슬러지를 105~110°C에서 물을 완전히 건조시켜 얻어진 것을 말하며, 특히 $1m^3$의 콘크리트 배합에 사용되는 슬러지 고형분량을 단위결합재량으로 나눠 질량 백분율로 표시한 것을 단위 슬러지 고형분율이라 한다.
  ㉡ 슬러지수를 사용하였을 경우, 단위 슬러지 고형분율이 3.0%를 초과하면 안 된다.
  ㉢ 레디믹스트 콘크리트를 배합할 때 회수수 중에 함유된 슬러지 고형분은 물의 질량에 포함되지 않는다.
  ㉣ 고강도콘크리트의 경우 회수수를 사용하여서는 안 된다.

⑥ 레미콘 공장 회수수 중 슬러지수를 혼합수로 사용하는 경우의 유의사항
  ㉠ 슬러지 고형분이 시멘트에 대한 첨가율 1%에 대해 잔골재율을 약 0.5% 감소시킨다.
  ㉡ 슬러지 고형분이 많은 경우에는 단위수량을 증가시킨다.
  ㉢ 슬러지 고형분이 많은 경우에는 AE제의 사용량을 증가시킨다.

2 배합수에 포함될 수 있는 불순물의 종류별 특징

종류	증류수를 혼합수로 한 모르타르에 대한 비교		
	응결	강도	건조수축
황산칼륨	영향 적음	영향 적음	영향 적음
황산칼슘	현저히 촉진	장기강도 저하	증대
염화나트륨	약간 촉진성이 있음	장기강도 저하	증대
후민산나트륨	현저히 지연	전체 강도 저하	조금 증대
탄산나트륨	현저히 촉진, 이상응결	장기강도 저하	증대
질산염	현저히 지연	약간 증가	영향 적음
염화칼슘	촉진성	초기강도 저하	증대

UNIT 04 | 골재

1 골재의 분류

(1) 입자 크기에 따른 분류

① **잔골재** : 5mm(NO. 4)체를 거의 다 통과하는 골재
② **굵은골재** : 5mm(NO. 4)체에 거의 다 남는 골재

(2) 비중에 의한 분류

① **경량골재** : 비중이 2.5 이하이며 자중을 줄일 목적으로 사용하는 골재
② **보통골재** : 비중이 2.5~2.7인 골재
③ **중량골재** : 비중이 2.7 이상이며 자중을 이용하는 구조물인 중력식 댐이나 방사선 차폐 콘크리트에 사용하는 골재

(3) 생산방법에 의한 분류

① **천연골재** : 강모래, 강자갈, 육상모래, 육상자갈, 바다모래, 바다자갈 등 가공하지 않은 골재로 입형이 대체적으로 구형에 가깝다.
② **인공골재** : 점토, 고로슬래그 굵은골재, 부순돌, 부순모래 등 가공한 골재로 입형이 날카롭다.

2 골재가 갖추어야 할 성질

① 소요의 중량을 가지고 있고, 물리, 화학적 내구성이 커야 한다.
② 깨끗해야 하며 미분말 등의 유해물을 포함하지 않는 것이 좋다.
③ 크고 작은 알맹이의 혼합 정도 즉, 입도가 좋아야 한다.
④ 마모에 대한 저항성이 크고, 강고(强固)해야 한다.
⑤ 유기불순물, 반응성 물질 등은 허용한도 이내일 것

3 골재의 일반적 성질

골재의 입자는 구형에 가까운 것이 좋다.

(1) 골재의 입도 : 골재의 입도란 골재의 굵은 알갱이와 가는 알갱이가 섞여 있는 정도를 말한다.

(2) 골재의 입도가 좋을 경우
① 골재 사이의 간극이 적으므로 시멘트가 절약된다.
② 콘크리트의 강도가 크다.

(3) 골재의 입도가 나쁠 경우
① 워커빌리티가 좋지 않아 단위수량이 증가한다.
② 재료분리 가능성이 크다.
③ 콘크리트의 강도가 작다.

(4) 골재의 실적률과 공극률

① 실적률
일정 부피를 가진 용기 내에서 **골재 입자가 차지하는 실질적인 부피의 백분율**을 실적률이라 하며, 골재 입형의 좋고 나쁨을 판정하는데 적용한다.

$$\text{실적률}(\%) \ G = \frac{\text{골재의 단위용적질량}(T)}{\text{골재의 절건밀도}(d_p)} \times 100 = 100 - \text{공극률}(\%)$$

② 공극률 : 골재의 단위용적 중의 공극의 비율을 백분율로 나타낸 것이다.

$$\text{공극률}(\%) = \left(1 - \frac{\text{골재의 단위용적질량}(T)}{\text{골재의 절건밀도}(d_p)}\right) \times 100\%$$

③ 실적률 + 공극률 = 100%

④ 실적률이 큰 경우(공극률이 작은 경우)의 영향
 ㉠ 시멘트 페이스트의 양이 감소한다. (골재 간 공극이 적으므로 경제적)
 ㉡ 동일 슬럼프를 얻는 데 필요한 단위수량이 감소한다.
 ㉢ 수화열이 적다.
 ㉣ 건조수축이 작아진다.
 ㉤ 콘크리트의 강도가 증가한다.

ⓗ 콘크리트의 수밀성이 증가한다.
ⓘ 콘크리트의 내구성이 향상된다.
ⓙ 골재의 입도분포가 양호하다.

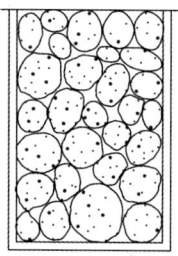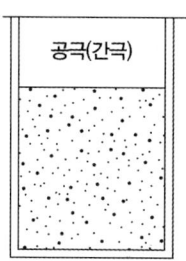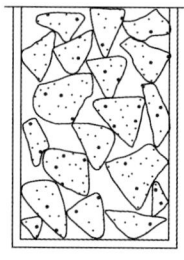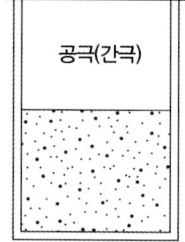

[골재 입형과 실적률]

(5) 굵은 골재의 품질 규정

부순 골재의 시험 항목별 물리적 성질은 다음과 같다.
① 절대건조밀도 : 2.5g/㎤ 이상
② 흡수율 : 3.0% 이하
③ 안전성 : 12% 이하
④ 마모율 : 40% 이하
⑤ 0.08mm체 통과량 : 1.0% 이하

(6) 알칼리골재반응

실리카질의 반응성 골재가 시멘트 속의 알칼리 성분과 반응하여 국부적인 이상 팽창을 발생시켜 균열을 일으키는 것을 의미한다. 알칼리 골재반응의 대부분을 차지하는 반응은 알칼리-실리카 반응이다.

① 알칼리 골재반응의 주요 원인
  ㉠ 알칼리 반응 골재를 사용할 경우
  ㉡ 단위시멘트량이 증대되는 경우
  ㉢ 해사를 사용하는 경우
  ㉣ 콘크리트 속의 수분 공급이 용이한 경우

② 알칼리 골재반응의 방지대책
  ㉠ 알칼리 이온의 총량을 3kg/㎥ 이하로 규제한다.
  ㉡ 저알칼리형 시멘트(전체 알칼리량 0.6% 이하)를 사용한다.
  ㉢ 플라이애시 등 포졸란 물질을 섞은 혼합시멘트를 사용한다.
  ㉣ 단위수량을 저감시켜 수분의 공급을 막는다.
  ㉤ 단위시멘트량을 가능한 한 최소화한다.
  ㉥ AE제를 사용한다.

③ 알칼리 · 실리카 반응성 시험

콘크리트 중 알칼리량을 측정하여 알칼리 · 실리카 반응의 가능성을 예상하는 시험방법으로 검사의 시기 및 횟수는 공사시작 전, 공사 중 1회/6개월 이상 및 산지가 바뀌는 경우이며 다음과 같은 방법이 있다.

㉠ **화학법** : 알칼리 감소량을 측정한다.
㉡ **모르타르(봉) 방법** : 길이의 변화(팽창량)를 측정한다.
㉢ 암석화적 시험법

(7) 잔골재

① 일반사항
  ㉠ 잔골재의 강도는 단단하고, 강한 것이어야 한다.
  ㉡ 잔골재는 허용함유량 이상의 염분을 포함하지 않아야 하고, 진흙이나 유기불순물 등의 유해물이 허용한도 이내야 한다.

② 물리적 품질
  ㉠ 잔골재의 절대건조밀도는 2.5g/cm³ 이상의 값을 표준으로 한다.
  ㉡ 잔골재의 흡수율은 3.0% 이하의 값을 표준으로 한다. 단, 고로슬래그 잔골재의 흡수율은 3.5% 이하의 값을 표준으로 한다.

③ 입도
  ㉠ 잔골재는 크고 작은 알갱이가 적절히 혼합되어 있는 것으로 한다.
  ㉡ 잔골재는 다음 표의 범위 내의 것을 사용하고 입도분포가 연속이어야 하며, 잔골재의 입도가 표준범위를 벗어난 경우는 두 종류 이상의 잔골재를 혼합하여 입도를 조정해서 사용해야 한다. 혼합잔골재의 경우 천연골재의 입도 규정에 준하여 적용하며, 다음 표에 표시된 연속된 두 개의 체 사이를 통과하는 양의 백분율은 45%를 넘지 않아야 한다.

[잔골재의 표준 입도]

체의 호칭치수 [mm]	체를 통과한 것의 질량 백분율[%]	
	천연 잔골재	부순 모래
10	100	100
5	95~100	90~100
2.5	80~100	80~100
1.2	50~85	50~90
0.6	25~60	25~65
0.3	10~30	10~35
0.15	2~10	1~15

  ㉢ 잔골재의 조립률이 콘크리트 배합을 정할 때, 가정한 잔골재의 조립률에 비해 ±0.20 이상 변화되었을 때는 배합을 변경하여야 한다.

② 공기량이 3% 이상이고, 단위시멘트량이 250kg/m³ 이상인 공기연행콘크리트나 단위시멘트량이 300kg/m³ 이상인 콘크리트 또는 0.3mm 체와 0.15mm 체를 통과한 골재의 부족량을 양질의 광물질 분말로 보충한 콘크리트는 0.15mm체 통과 질량 백분율의 최소량은 감소시킬 수 없지만, <u>0.3mm체 통과 질량 백분율의 최소량은 5% 감소시킬 수 있다.</u>

④ 유해물 함유량의 한도
㉠ 잔골재의 유해물 함유량의 허용한도는 다음 표의 값으로 하여야 한다.

[잔골재의 유해물 함유량 한도(질량 백분율)]

종류	최대값(%)
점토 덩어리	1.0
0.08mm체 통과량 • 콘크리트 표면이 마모작용을 받는 경우 • 기타의 경우	3.0 5.0
석탄, 갈탄 등으로 밀도 2.0g/cm³의 액체에 뜨는 것 • 콘크리트 표면이 마모작용을 받는 경우 • 기타의 경우	0.5 1.0
염화물(NaCl 환산량)	0.04

㉡ 잔골재에 함유되는 유기불순물 시험에서 잔골재 위에 있는 <u>시험용액의 색도가 표준색 용액보다 연할 경우</u> 콘크리트용으로 적합한 것으로 판정한다.
㉢ 부순 골재 및 순환 잔골재의 경우, 씻기시험에서 <u>0.08mm 체의 통과량은 7% 이하</u>이어야 한다.

⑤ 내구성
㉠ <u>잔골재의 안정성은 황산나트륨 포화용액으로</u> 5회 시험으로 평가하며, 그 <u>손실질량은 10% 이하를</u> 표준으로 한다.
㉡ <u>인공경량골재의 경우는 안정성 시험을 실시하지 않는다.</u>
㉢ 황산나트륨 포화용액의 골재에 대한 잔류유무를 조사하여야 하는데 이때 사용하는 용액은 <u>염화바륨을 사용하며, 용액의 농도는 5~10%로 한다.</u>

(8) 굵은 골재

① 일반사항
㉠ 굵은 골재의 강도는 단단하고, 강한 것이어야 한다.
㉡ 굵은 골재는 허용함유량 이상의 염분을 포함하지 않아야 하고, 진흙이나 유기불순물 등의 유해물이 허용한도 이내야 한다.

② 물리적 품질
　㉠ 굵은 골재의 절대건조밀도는 2.5g/cm³ 이상의 값을 표준으로 한다.
　㉡ 굵은 골재의 흡수율도 3.0% 이하로 한다. 다만, 고로슬래그 굵은 골재의 경우 A급 및 B급은 각각 4.0% 및 6.0%를 상한값으로 한다.
③ 입도 : 굵은 골재는 크고 작은 알갱이가 적절히 혼합되어 있는 것으로 한다.
④ 유해물 함유량의 한도
　㉠ 부순 굵은 골재 및 순환 굵은 골재의 0.08mm체 통과량은 1.0% 이하로 한다.
　㉡ 점토덩어리 함유량은 0.25% 이하이어야 한다.
　㉢ 부순 굵은 골재 및 순환 굵은 골재의 마모율은 40% 이하로 한다.
⑤ 내구성
　㉠ 굵은 골재의 안정성은 황산나트륨 포화용액으로 5회 시험으로 평가하며, 그 손실질량은 12% 이하를 표준으로 한다.
　㉡ 황산나트륨 포화용액의 골재에 대한 잔류유무를 조사하여야 하는데 이때 사용하는 용액은 염화바륨을 사용하며, 용액의 농도는 5~10%로 한다.

4 골재의 비중

$$\text{골재 비중} = \frac{\text{골재의 단위중량}}{\text{물의 단위중량}}$$

(1) 골재의 비중에 따른 특징
① 골재의 비중이 클수록 치밀하고 내구성이 크며, 강도가 높다.
② 골재의 비중이 클수록 흡수량이 적다.

(2) 골재의 비중값
① 잔골재 : 2.50~2.65
② 굵은 골재 : 2.55~2.70

5 골재의 조립률(Fineness Modulus)

골재의 입도를 간단히 표시하는 계수로서 골재의 입도 크기를 숫자로 나타낸 것으로 골재의 체가름시험에 의해 구할 수 있다.

(1) 사용하는 체(총 10개)

75mm, 40mm, 20mm, 10mm, 5mm, 2.5mm, 1.2mm, 0.6mm, 0.3mm, 0.15mm

(2) 조립률(FM)

$$\text{조립률} = \frac{\text{각 체에 남는 누가중량백분율(누가 잔류율) 합}}{100}$$

① 잔골재 조립률 : 2.3~3.1
② 굵은골재 조립률 : 6~8

(3) 혼합골재 조립률

$$b = \frac{pA + qB}{A + B}$$

여기서, p : 잔골재 조립률, q : 굵은 골재 조립률, A : 잔골재 중량, B : 굵은 골재 중량

(4) 골재의 조립률에 따른 특징

① 조립률의 값이 커질수록 골재의 평균입자 크기도 커진다.
② 잔골재의 조립률이 작을수록 전체적으로 골재의 크기가 작아 블리딩이 작아진다.
③ 굵은 골재의 최대치수가 클수록 블리딩은 작아지지만, 최대치수가 지나치게 크면 블리딩은 많아진다.
④ 공사 중에 잔골재의 조립률이 ±0.20 이상 차이가 있을 경우에는 콘크리트의 워커빌리티가 변하므로 배합을 수정할 필요가 있다.
⑤ 프리플레이스트 콘크리트용 잔골재의 조립률은 1.4 ~ 2.2의 범위로 한다.
⑥ 동일한 조립률을 갖는 골재라도 많은 수의 다른 입도곡선이 존재할 수 있다.
⑦ **잔골재와 굵은 골재의 조립률** : 1회/일 이상 검사를 실시해야 한다.
⑧ 잔골재의 조립률이 0.1만큼 작을 때마다 잔골재율은 0.5만큼 작게 한다.
⑨ 물-결합재비가 일정한 경우 조립률이 크면 같은 유동성을 얻기 위한 단위 결합재량과 단위수량이 감소한다.

6 굵은 골재 최대치수

질량비로 <u>90% 이상을 통과시키는 체</u> 중에서 최소치수인 체의 호칭치수를 의미한다.

(1) 굵은 골재 최대치수가 클 경우

① 콘크리트를 경제적으로 만들기 위해서는 <u>적정한 범위 내</u>에서 굵은 골재 최대치수를 크게 하는 것이 배합의 기본이며, <u>계속 커질 경우</u>에는 오히려 콘크리트에 좋지 않은 영향을 미치므로 주의하여야 한다.
② 공극 감소에 따른 <u>단위수량, 단위시멘트량 감소</u>
③ 워커빌리티 감소
④ <u>콘크리트 강도 증대</u>
⑤ <u>콘크리트 내구성 증대</u>
⑥ <u>건조수축 감소</u>

(2) 굵은 골재 최대치수

① 거푸집 양 측면 사이의 최소 거리의 1/5 이하
② 슬래브 두께의 1/3 이하
③ 개별 철근, 다발 철근, 긴장재 또는 덕트 사이 최소 순간격의 3/4 이하
④ **무근콘크리트** : 40mm가 표준, 부재 최소치수의 1/4 이하
⑤ **철근콘크리트** : 50mm 이하, 부재 최소치수의 1/5 이하, 철근의 최소수평 수직 순간격의 3/4 이하
  ㉠ 일반 : 20mm 또는 25mm
  ㉡ 단면이 큰 경우, 도로포장용 : 40mm
  ㉢ 댐(매스) : 150mm

(3) 굵은 골재 최대치수에 따른 여러 가지 특징

① <u>굵은 골재의 최대치수가 클수록</u> 블리딩은 작아지지만, <u>최대치수가 지나치게 크면</u> 블리딩은 많아진다.
② 굵은 골재의 최대치수는 작업성이나 건조수축 등을 고려하여 <u>되도록 큰 값을 사용</u>하여야 한다.
③ 굵은 골재의 최대치수를 낮추면 콘크리트의 <u>피로강도가 증가</u>하며 충격강도에 유리하다.
④ 고강도콘크리트는 사용되는 굵은 골재의 최대치수가 <u>작을수록 강도</u> 면에서 유리하므로 굵은 골재의 <u>최대치수는</u> 40mm 이하로서 <u>가능한 한 25mm 이하</u>로 한다.
⑤ 굵은 골재 최대치수가 작으면 단위수량, 단위시멘트량이 커서 비경제적이다.
⑥ 숏크리트에서 굵은골재의 <u>최대치수가 커질수록 섬유 뭉침 현상이 증가</u>하고 리바운드량이 증가하므로 8~20mm의 것을 사용한다.
⑦ 굵은 골재의 최대치수가 클수록 <u>공기량의 표준값은 작게</u> 정해야 한다.

⑧ 굵은 골재의 최대치수와 최소치수와의 <u>차이를 작게 하면</u> 굵은 골재의 실적률이 낮아지므로 주입 모르타르의 소요량이 많아진다.
⑨ 매스 콘크리트에서 굵은 골재의 <u>최대치수는 되도록 큰 값을 사용하여야</u> 한다.
⑩ 경량콘크리트에서 경량 굵은 골재의 최대치수는 원칙적으로 <u>20mm로 한다</u>.
⑪ 굵은 골재의 최대치수는 <u>수중불분리성 콘크리트의 경우 40mm 이하를 표준</u>으로 한다.

(4) 레디믹스트 콘크리트의 종류에 따른 굵은 골재 최대치수

콘크리트의 종류	굵은 골재 최대 치수(mm)
보통콘크리트	20, 25, 40
경량콘크리트	13, 20
포장콘크리트	20, 25, 40
고강도콘크리트	13, 20, 25

7 여러 가지 골재

(1) 모래 : 주로 잔골재로 표현되며, 5mm체를 통과하는 골재를 말한다.

(2) 자갈 : 주로 굵은 골재로 표현되며, 5mm체에 잔류하는 골재를 말한다.

(3) 바다 골재(해사)

염분으로 인해 <u>철근부식 촉진</u>, 콘크리트 경화 촉진, 장기강도 저하를 일으킬 우려가 크며, 바다모래를 다른 잔골재와 혼합하여 사용하면 염화물 함유량의 허용한도가 낮아진다.
① 바다 잔골재를 사용할 경우 <u>염소이온량 시험은 1일 2회 실시</u>한다.
② 바다 잔골재를 사용할 경우는 염화물, 입도 및 함수율의 <u>시험 빈도를 다른 잔골재보다 감소시킬 필요가 있다</u>.

(4) 부순 골재(쇄석)

<u>암석을 파쇄기로 부수어 인공적으로 만든 골재를 부순 골재라고 하며</u>, 부순 모래에 일정비의 자연산 모래를 혼합한 모래를 혼합모래라고 한다.
① 부순 굵은 골재는 입형이 평평하지 않고 뾰족하므로 강자갈보다 <u>실적률이 낮고 공극률이 높다</u>.
② 부순 굵은 골재를 사용한 콘크리트 수밀성, 내구성 등을 개선시키기 위해 <u>AE제, 감수제 등을 적당량 사용하는 것이 좋다</u>.
③ 동일한 압축강도의 콘크리트인 경우 부순 굵은골재를 사용한 콘크리트는 골재 표면이 거칠기 때문에 강자갈로 만든 콘크리트보다 <u>충격강도가 크다</u>.

④ 부순 골재를 사용한 콘크리트는 강자갈을 사용한 콘크리트에 비해 작업성이 떨어진다.
⑤ 물-시멘트비가 같은 경우 강자갈을 사용한 콘크리트보다 시멘트 페이스트의 부착력을 높일 수 있다.
⑥ 강자갈을 사용한 경우와 같은 슬럼프를 얻기 위해서는 단위수량이 약 5~10% 정도 증가한다.
⑦ 부순 잔골재를 사용한 콘크리트의 건조수축률은 미세한 분말량이 많아질수록 증가한다.
⑧ 프리플레이스트 콘크리트에서는 굵은 골재 최소치수는 90% 이상이 아닌 95% 이상 남는 체중에서 최대치수의 체 눈의 호칭치수로 나타낸 굵은 골재의 치수를 말한다.
⑨ 부순 굵은 골재를 사용한 콘크리트는 강자갈을 사용하고 동일한 물-시멘트비를 적용한 콘크리트보다 약 15~30% 정도 강도가 증가한다.
⑩ 부순돌의 입형의 좋고 나쁨은 실적률 값을 통하여 판정할 수 있다.
⑪ 부순 잔골재를 사용한 콘크리트를 미세한 분말량이 많아짐에 따라 응결의 초결시간과 종결시간이 빨라지는 경향이 있다.
⑫ 부순 잔골재를 사용한 콘크리트는 미세분말의 양이 많아져서 슬럼프가 감소하므로 잔골재율을 낮춰야 한다.
⑬ 부순 잔골재를 사용한 콘크리트는 미세분말의 양이 많아지면 공기량이 줄어들기 때문에 필요시 AE제의 양을 증가시켜야 한다.
⑭ 부순모래의 경우 다량의 미분말을 함유하는 경우가 많아 콘크리트의 성능에 영향을 미치기 때문에 미립분 함유량을 검토할 필요가 있다.
⑮ 콘크리트용 부순 골재의 품질규정

품질항목	부순 잔골재	부순 굵은골재
절대건조밀도(g/cm³)	2.50 이상	2.50 이상
흡수율(%)	3.0 이하	3.0 이하
안정성	10% 이하	12% 이하
입형판정실적률	53% 이상	55% 이상
0.08mm체 통과량	7.0% 이하	1.0% 이하

(5) 고로슬래그 골재

① 용광로에서 선철의 제조와 함께 부산물로 얻어지는 고로슬래그를 얻을 수 있으며, 이것을 물이나 바람을 이용하여 냉각시킨 후 작은 입자로 분쇄되어 만든 것을 고로슬래그 골재라고 한다.
② 고로슬래그 잔골재는 고온하에서 장기간 저장해 두면 굳어질 우려가 있기 때문에 동결 방지제를 살포함과 동시에 가능한 1개월 이내에 사용하는 것이 좋다.
③ 고로슬래그 미분말은 온도 의존성이 크기 때문에 콘크리트의 타설 온도가 높을 경우 발열량이 증가하여 오히려 콘크리트 온도가 상승하는 경우도 있다.
④ 고로슬래그 미분말은 염기도가 1.60 이상을 만족하는 품질이어야 한다.
⑤ 고로슬래그 미분말은 산화마그네슘(MgO)이 10% 이하를 만족하는 품질이어야 한다.
⑥ 고로슬래그 잔골재의 흡수율은 3.0% 이하인 값을 표준으로 한다.

⑦ 고로슬래그 미분말은 포졸란 활성이나 잠재 수경성에 의해 콘크리트의 **초기강도를 감소시키고 장기 강도를 증가시키며**, 주로 시멘트의 대체 재료로 이용되는 혼화재이다.
⑧ 일반콘크리트보다 **블리딩이 감소하고 워커빌리티가 좋아진다**.
⑨ 고로슬래그 미분말은 시멘트 수화 시에 생성물인 수산화칼슘과 반응하여 **콘크리트의 알칼리성이 다소 저하되기 때문에 콘크리트의 탄산화가 빠르게 진행된다**.
⑩ 수밀성과 화학저항성이 크므로 **철근 보호성능이 향상되어 해안구조물 공사에 적합하다**.
⑪ 혼화재로서 고로슬래그 미분말을 사용하는 경우 사용량은 **50%를 초과하지 않도록** 하여야 하며, 고로슬래그 미분말을 50% 정도 치환하면 보통콘크리트보다 **습윤양생 기간이 길어진다**.
⑫ 고로슬래그 미분말은 **실리카 함량이 적기 때문에** 알칼리-골재반응을 억제한다.
⑬ 고강도콘크리트는 부배합이므로 시멘트 대체 재료인 플라이애시, **고로슬래그 분말 등을 같이 사용하는 경우가 많다**.
⑭ 슬래그 미분말의 혼합률이 높을수록, 분말도가 낮을수록 **발열 속도는 늦어진다**.
⑮ 슬래그 미분말 치환율이 클수록 수산화칼슘량이 희석되므로 **염류의 침투작용을 억제한다**.
⑯ 슬래그 미분말 치환율이 클수록 미소세공이 많아지며 동결가능한 세공용적수가 작아져 동결융해 저항성에 유리하다.
⑰ 고로슬래그 미분말의 **계량오차의 최대값은 1%**이다.
⑱ 고로슬래그 미분말의 활성도 지수는 기준 **모르타르의 압축강도에 대한 시험 모르타르의 압축강도비를 백분율로 표시한 것**을 말한다.
⑲ 고로슬래그 미분말 활성도 지수(%)

품질	1종	2종	3종	4종
재령 7일	95 이상	75 이상	55 이상	–
재령 28일	105 이상	95 이상	75 이상	60 이상
재령 91일	105 이상	105 이상	95 이상	80 이상

(6) 경량골재

① 경량골재의 사용목적

  콘크리트 중량을 감소시키고 구조체의 단열성, 흡음성 등을 향상시킬 목적으로 사용한다.

② 경량콘크리트의 종류

  ㉠ 경량골재콘크리트
  ㉡ **경량기포콘크리트** : 단열성, 상·하층 간의 차음성능, **구조물의 경량화 및 비교적 좁은 면적에서도 제조 및 시공이 가능한 장점**을 가진다.
  ㉢ 무잔골재콘크리트

③ 경량골재의 특성
  ㉠ 경량골재의 잔골재는 절건밀도가 1,800kg/㎥ 미만, 굵은 골재는 절건밀도가 1,500kg/㎥ 미만인 것을 말한다.
  ㉡ 골재의 안정성은 황산나트륨에 의한 시험을 실시하도록 하지만, <u>인공경량골재의 경우는 실시하지 않는다</u>.
  ㉢ 경량골재는 보통골재에 비하여 물을 흡수하기 쉬우므로 이를 건조한 상태로 사용하면 비비기, 운반, 타설 중에 <u>품질이 변동하기 쉽다</u>.
  ㉣ 경량 굵은 골재의 <u>부립률은 10%를 최대한도</u>로 한다.
  ㉤ 경량 굵은 골재의 최대치수는 원칙적으로 <u>20mm로 한다</u>.
  ㉥ 경량골재의 씻기시험에 의해 <u>손실되는 양은 10% 이하</u>로 한다.
  ㉦ 천연 경량 잔골재 및 굵은 골재 혼합물의 건조 최대 단위용적질량은 1,040kg/㎥ 이하로 한다.
  ㉧ 단위용적질량은 제시된 값에서 <u>10% 이상 차이가 나지 않도록</u> 하여야 한다.
  ㉨ 경량골재는 함수율이 일정하도록 저장하여야 하며, 저장 장소는 빗물이 들어가지 않고 물이 잘 빠지며 햇빛이 들지 않도록 한다.
  ㉪ 골재를 사용하기 전에 미리 흡수시키는 <u>프리웨팅</u>을 한다.
  ㉫ 경량골재에 포함된 잔 입자 중 굵은 골재는 <u>1% 이하</u>이어야 한다.
  ㉬ 안산암질 골재와 경량골재는 석영질이나 석회암질 골재에 비해 <u>고온까지 안정한 성상을 유지한다</u>.

④ 경량골재 콘크리트의 특성
  ㉠ 경량골재콘크리트의 기건단위질량은 1,400~2,000kg/㎥ 이다.
  ㉡ 경량골재콘크리트의 설계기준압축강도는 <u>15MPa 이상, 24MPa 이하</u>로 한다.
  ㉢ 경량골재콘크리트는 일반 골재를 사용한 콘크리트보다 가볍기 때문에 동일한 반죽질기를 갖는 일반콘크리트에 비하여 <u>슬럼프가 작아지는 경향</u>이 있으므로 단위수량을 약간 높여 <u>슬럼프를 크게 하는 것이 일반적이다</u>.
  ㉣ 경량골재 콘크리트의 슬럼프는 일반적인 경우 <u>50~180mm를 표준</u>으로 한다.
  ㉤ 경량골재 콘크리트는 <u>공기연행 콘크리트로 하는 것을 원칙</u>으로 한다.
  ㉥ 경량골재 콘크리트의 공기량은 일반 골재를 사용한 콘크리트보다 <u>1% 크게</u> 하여야 한다.
  ㉦ 경량골재의 경량성을 보다 효과적으로 발휘시키기 위해서는 잔골재와 굵은 골재 모두 경량골재로 하는 것이 좋다.
  ㉧ 경량골재 콘크리트는 내부진동기로 다질 때 보통골재콘크리트에 비해 진동기를 찔러 넣는 <u>간격을 작게 하거나 진동시간을 약간 길게 해야</u> 한다.
  ㉨ 경량골재 콘크리트가 보통콘크리트보다 <u>탄산화 속도가 빠르다</u>.
  ㉩ 일반적인 경량콘크리트의 건조수축은 보통콘크리트의 <u>건조수축보다 크지만</u>, 인공경량골재콘크리트의 건조수축은 골재를 거의 사용하지 않아 보통콘크리트의 건조수축보다 거의 같거나 약간 작다.
  ㉪ 경량골재 콘크리트의 최대 물-결합재비는 <u>60% 이하를 원칙</u>으로 한다.
  ㉫ 경량골재 콘크리트는 하천 골재를 사용한 경우보다 <u>동결융해에 대한 저항성능이 떨어지므로</u> 혼화재, 혼화제의 사용으로 탄산화 등의 내구성에 대해 대비해야 한다.

㉣ **경량골재 콘크리트**의 비비기 시간은 **강제식 믹서를 사용하는 경우 1분 이상, 가경식 믹서일 때는 2분 이상**을 표준으로 한다.

⑤ **중량골재**
주로 **원자로 등에서 방사선 차폐용 콘크리트**를 만드는 데 사용되며 중정석, 적철광, 자철광, 갈철광 등이 있다.

8 골재의 함수상태

(1) 골재 함수상태

① **절대건조상태(절건상태)** : 골재를 건조에서 105±5℃의 온도로 일정한 무게가 될 때까지 <u>골재 내부의 자유수가 완전히 제거된 상태</u>; A
② **공기 중 건조상태(기건상태)** : 습기가 없는 <u>실내에서 건조시켜</u> 골재 공극의 일부에는 수분이 있지만 표면에는 수분이 없는 상태; B
③ **표면건조 포화상태(표건상태)** : 골재의 표면수는 없는 상태이고, <u>골재 공극 속은 물로 차 있는 상태로 콘크리트 배합설계 시 기준이 됨</u>; C
④ **습윤상태** : 골재 속의 공극 및 표면에 물기가 있는 상태; D
⑤ 콘크리트는 함수율이 증가함에 따라 <u>강도가 감소</u>하므로 표면이 <u>건조한 상태에서</u> 시험을 해야 한다.
⑥ 시방배합을 현장배합으로 고칠 경우 <u>골재의 함수 상태를 고려하여야 한다</u>.

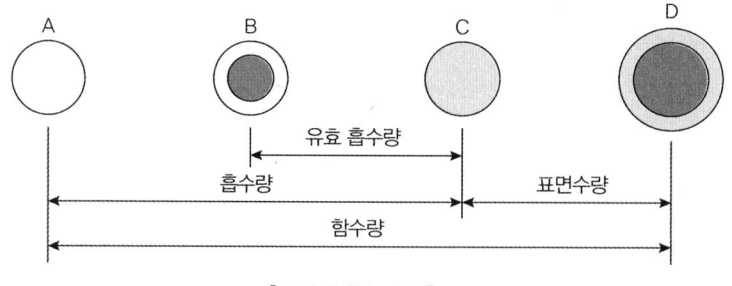

[골재의 함수 상태]

(2) 골재의 함수 상태에 따른 산정식

① **함수량** : 골재의 안과 바깥에 들어있는 수량
함수량 = 습윤상태 중량(D) − 절건상태 중량(A)
② **표면수량** : 골재의 표면에 묻어 있는 수량
표면수량 = 습윤상태 중량(D) − 표건상태 중량(C)
③ **흡수량** : 절건상태에서 골재가 표면건조 포화상태로 되기까지의 흡수된 수량
흡수량 = 표건상태 중량(C) − 절건상태 중량(A)

④ **유효흡수량** : 공기 중 건조상태로부터 표면건조포화상태로 되는 데 필요한 수량이다.
   유효흡수량 = 표건상태 중량(C) − 기건상태 중량(B)

⑤ 함수율[%] = $\dfrac{습윤상태 중량 - 절건상태 중량}{절건상태 중량} \times 100 = \dfrac{D-A}{A} \times 100$

⑥ 표면수율[%] = $\dfrac{습윤상태 중량 - 표건상태 중량}{표건상태 중량} \times 100 = \dfrac{D-C}{C} \times 100$

⑦ 흡수율[%] = $\dfrac{표건상태 중량 - 절건상태 중량}{절건상태 중량} \times 100 = \dfrac{C-A}{A} \times 100$

⑧ 유효 흡수율[%] = $\dfrac{C-B}{B} \times 100$

⑨ 절대 건조 상태의 밀도 = $\dfrac{절건상태 중량}{표건상태 중량 - 수중상태 중량} \times \rho_w$

⑩ 표면 건조 포화상태의 밀도 = $\dfrac{표건상태 중량}{표건상태 중량 - 수중상태 중량} \times \rho_w$

⑪ 겉보기밀도(진밀도) = $\dfrac{절건상태 중량}{절건상태 중량 - 수중상태 중량} \times \rho_w$

9 골재의 물리적 품질

(1) 콘크리트 제조용 잔골재의 품질

품질	한도
흡수율	3.0% 이하
점토덩어리 함유량	1.0% 이하
절대건조밀도	2.5g/cm³ 이상
0.08mm체 통과량	7% 이하
안정성	10% 이하

(2) 콘크리트용 부순 잔골재와 굵은골재의 품질규정

품질항목	부순 잔골재	부순 굵은골재
절대건조밀도(g/cm³)	2.50 이상	2.50 이상
흡수율(%)	3.0 이하	3.0 이하
안정성	10% 이하	12% 이하
마모율	−	40% 이하
0.08mm체 통과량	7.0% 이하	1.0% 이하

단원별 학습문제

01 KS F 4009에는 레디믹스트 콘크리트의 혼합에 사용되는 물에 대해 규정하고 있다. 다음 중 레디믹스트 콘크리트에 사용할 수 없는 혼합수는?   18년 3회

① 염소이온(Cl^-)량이 300mg/L인 지하수
② 혼합수로서 품질시험을 실시하지 않은 상수돗물
③ 용해성 증발 잔류물의 양이 1g/L인 하천수
④ 모르타르의 재령 7일 및 28일 압축강도비가 90%인 회수수

해설

상수돗물 이외의 물의 품질

항목	품질
현탁 물질의 양	2g/L 이하
용해성 증발 잔류물의 양	1g/L 이하
염소이온(Cl^-)량	250mg/L 이하
시멘트 응결시간의 차	초결 30분 이내, 종결 60분 이내
모르타르의 압축강도비	재령 7일 및 재령 28일에서 90% 이상

02 콘크리트용 굵은골재의 물리적 성질에 대한 기준으로 틀린 것은? (단, 천연 골재) 18년 3회

① 절대건조밀도는 2.5g/cm³ 이상이어야 한다.
② 흡수율은 5.0% 이하이어야 한다.
③ 마모율은 40% 이하이어야 한다.
④ 안정성은 10% 이하이어야 한다.

해설

콘크리트용 골재의 물리적 성질[KS F2526]

품질 항목	잔골재	굵은골재
절대 건조밀도(g/cm³)	2.50 이상	2.50 이상
흡수율(%)	3.0 이하	3.0 이하
안정성(%)	10 이하	12 이하
마모율(%)	–	40 이하

03 황산나트륨 포화용액을 사용한 골재의 안정성 시험에서 반복 시험을 실시할 경우 황산나트륨 포화용액의 골재에 대한 잔류유무를 조사하여야 하는데 이때 사용하는 용액에 대한 설명으로 옳은 것은?   21년 1회

① 염화바륨을 사용하며, 용액의 농도는 5~10%로 한다.
② 수산화나트륨을 사용하며, 용액의 농도는 3%로 한다.
③ 탄닌산 용액을 사용하며, 용액의 농도는 2~3%로 한다.
④ 페놀프탈레인 용액을 사용하며, 용액의 농도는 1%로 한다.

해설

황산나트륨 포화용액의 골재에 대한 잔류유무를 조사하기 위해 염화바륨을 사용하며, 염화바륨 용액의 농도는 5~10%로 한다.

04 다음 중 골재에 관한 설명으로 옳지 않은 것은?

① 조립률의 값이 커질수록 골재의 평균입자 크기도 커진다.
② 일반적으로 굵은골재의 최대치수가 클수록 콘크리트의 강도, 경제성, 내구성 면에서 유리하다.
③ 일반적으로 0.3mm 이하의 미세입자가 부족하면 콘크리트의 재료분리가 발생되기 쉽다.
④ 일반적으로 골재의 밀도가 클수록 흡수율도 작으며 내구성 면에서 유리하다.

정답   01. ①   02. ④   03. ①   04. ②

[해설]
적정한 범위 내에서 굵은 골재의 최대치수가 클수록 콘크리트의 강도, 경제성, 내구성 면에서 유리하지만, 계속 커질 경우에는 오히려 콘크리트에 좋지 않은 영향을 미치므로 주의하여야 한다.

05 일반 콘크리트의 배합에서 굵은 골재의 최대 치수에 대한 설명으로 틀린 것은? 17년 3회

① 단면이 큰 구조물인 경우 굵은 골재의 최대치수는 40mm를 표준으로 한다.
② 거푸집 양 측면 사이의 최소 거리의 1/5을 초과하지 않아야 한다.
③ 슬래브 두께의 3/4을 초과하지 않아야 한다.
④ 무근콘크리트인 경우 부재 최소치수의 1/4을 초과해서는 안 된다.

[해설]
거푸집 양 측면 사이의 최소 거리의 1/5, 슬래브 두께의 1/3, 개별철근, 다발철근, 긴장재 또는 덕트 사이 최소 순간격의 3/4을 초과하지 않아야 한다.

정답 05. ③

CHAPTER 02 콘크리트의 재료시험

UNIT 01 시멘트 관련 시험

1 시멘트 관련 시험의 정리

시험명	목적	시험기구 및 재료
시멘트 비중 시험 (시멘트 밀도 시험)	• 배합설계 시 시멘트가 차지하는 절대용적을 계산하는 데 필요하다. • 비중값을 비교하여 시멘트의 풍화 정도를 판단할 수 있다. • 혼합시멘트 등의 시멘트 종류를 추정할 수 있다.	• 르샤틀리에 비중병(플라스크) • 광유 • 저울 • 온도계 • 가는 철사, 마른걸레 및 휴지 • 수조(23±2℃ 이내의 일정 온도를 유지할 수 있는 것) • 포틀랜드 시멘트 시료는 64g • 깔때기(유리) • 팬(작은 용기)
공기투과 장치에 의한 분말도 시험	• 시멘트 입자 분말의 미세정도를 수치로 측정하는 시험(분말도, 비표면적) • 분말도에 따라서 콘크리트의 성질을 예측할 수 있다. ※ 분말도가 높으면 ① 시멘트 수화속도가 빠르다. ② 수화열이 크다. ③ 초기강도가 크고 장기강도는 작다.	• 블레인 공기투과장치 • 마노미터액(점도나 비중이 낮고, 비휘발성, 비흡수성인 액체) • 스톱워치 • 거름종이 • 저울 • 숟가락 • 솔 • 시료병(50mL 정도) • 45㎛ 표준체
시멘트 응결시간 시험	• 모르타르나 콘크리트의 응결시간을 예측하고 시공작업의 공정을 정확하게 계획하기 위한 시험이다. • 시멘트 품질을 추정할 수 있다. • 혼화제의 효과 측정(응결시간 조절제) ※ 응결시간이 빠르면 ① 시멘트 분말도가 높다. ② 수량이 적다. ③ 온도가 높고 습도가 낮다. ④ 풍화가 적다.	① 비카트 침 • 저울 • 메스실린더 • 비카트 장치 • 모르타르 믹서 • 시계 • 시멘트용 칼 • 온도계 • 습기함 ② 길모어 침 • 초결 침 • 종결 침 • 나머지는 비카트 침의 경우와 같다.

시멘트 모르타르의 압축강도	• 표준 모래를 사용하여 제작한 공시체로 압축강 도 측정 • 시멘트의 강도 특성은 시멘트의 품질관리 및 콘크리트의 배합설계에서 필요하며, 역학적 성 질 등을 예측하기 위한 시험이다.	• 저울　　　　　• 표준체 • 메스실린더　　• 압축강도시험기 • 시험체 성형용몰드 • 혼합기, 혼합용기 및 패들 • 플로 테이블 및 플로 몰드 • 다짐봉　　　　• 흙손 • 표준사 : 주문진 향호리산 천연사 • 캘리퍼, 고무장갑, 마른걸레, 양생수조, 　스크레이퍼, 온도계, 습도계

2 시멘트의 비중 시험(시멘트 밀도 시험, 르샤틀리에 시험) 실기 작업형

(1) 시멘트의 비중 시험

① 표준 르샤틀리에 플라스크를 사용한다.
② <u>온도 23±2℃에서 비중 약 0.73 이상인 완전히 탈수된 등유나 나프타를 사용</u>한다.
③ 포틀랜드 시멘트를 사용할 경우 약 <u>64g의 시료를 사용</u>한다.
④ 달리 규정한 바가 없다면, 시멘트의 비중은 <u>시료를 접수한 상태대로 시험한다</u>.
⑤ 동일 시험자가 동일 재료에 대하여 <u>2회 측정한 결과가 ±0.03 이내</u>이어야 한다.
⑥ 시멘트 비중 시험에 광유를 사용하는 이유는 시멘트가 수경성 재료이므로 <u>물과 만나지 못하도록 수화반응을 억제</u>하여 정확한 측정을 하기 위함이다.

(2) 시험방법 및 순서

① 르샤틀리에 비중병의 눈금 0~1mL 사이에 광유를 채운다.

② 액면 상부의 비중병 내부에 묻은 광유를 철사와 휴지 등을 이용해 제거한다.

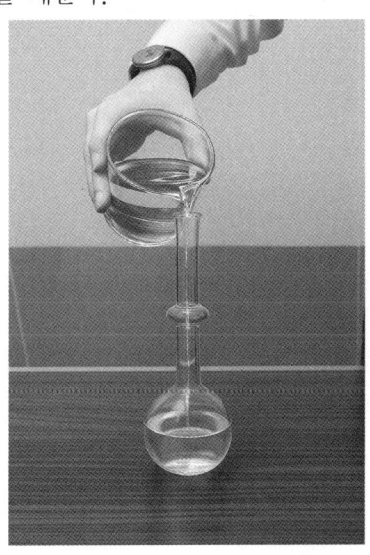

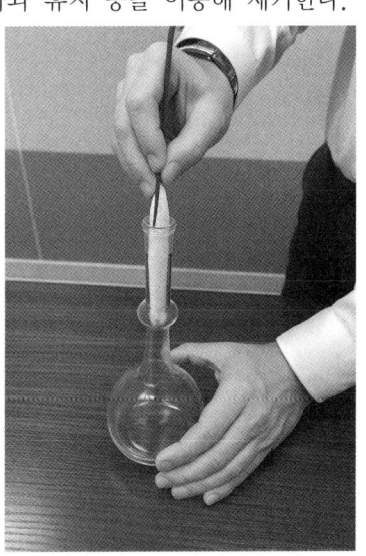

③ 비중병을 일정 실온의 항온수조의 물속에 넣고 광유의 온도차가 0.2°C 이내로 되었을 때의 눈금을 읽어 기록한다. (눈금을 읽을 때 미니스커스의 최저면을 읽는다).

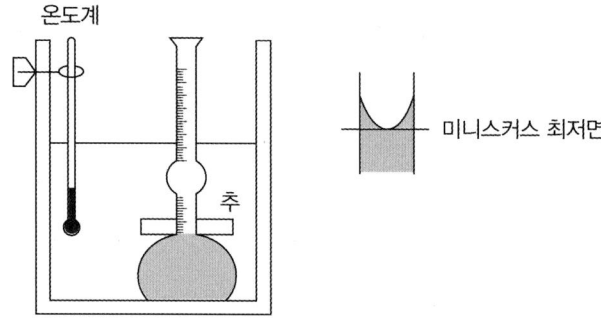

④ 일정량의 시멘트(포틀랜드 시멘트는 약 64g)를 0.05g의 정밀도로 정확히 계량하여 광유와 동일한 온도에서 비중병에 조금씩 투입한다(시멘트가 흐트러지지 않고, 또 액면 부분의 비중병 내부에 묻지 않도록 주의하며 적당히 진동시킨다).

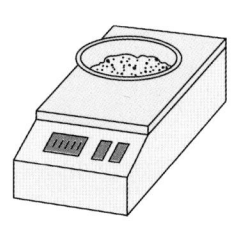

⑤ 시멘트 투입 후 비중병의 마개를 막고 공기방울이 나오지 않을 때까지 병을 조금 기울여 굴리거나 또는 천천히 수평하게 돌리면서 시멘트 분말 내의 공기를 제거한다.

⑥ 비중병을 다시 일정 실온의 항온수조의 물속에 넣고 광유의 온도차가 0.2℃ 이내로 되었을 때의 눈금을 읽어 기록한다. (눈금을 읽을 때 미니스커스의 최저면을 읽는다).

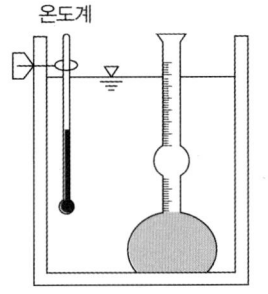

(3) 시멘트의 비중 계산

① 시멘트 비중(밀도) = $\dfrac{\text{시멘트의 질량}(g)}{\text{비중병의 눈금의 차}(mL \text{ 또는 } cc)}$

② <u>2회 이상 시험을 실시하여 ±0.03(mL 또는 cc) 이내로 일치한 것의 평균값을 취한다.</u>

3 공기투과장치에 의한 분말도(비표면적) 시험

(1) 시료의 비표면적(분말도); S의 산정식

$$\boxed{\text{식}}\quad S = S_s\sqrt{\dfrac{T}{T_s}} \qquad S = \dfrac{S_s\sqrt{T}}{\sqrt{T_s}} \qquad S \propto \sqrt{T} \qquad S : S_s = \sqrt{T} : \sqrt{T_s}$$

여기서, S : 시험 시료의 비표면적[㎠/g] 또는 분말도
 S_s : 보정시험에 사용한 표준 시료의 비표면적[㎠/g]
 T : 시험 시료에 대한 마노미터액의 제2눈금과 제3눈금 사이의 낙하시간[sec]
 T_s : 보정시험에 사용한 표준 시료에 대한 마노미터액의 제2눈금과 제3눈금 사이의 낙하시간[sec]

※ 비표면적 시험은 2회 이상 시험하여 2% 이내에서 일치하는 것의 평균값을 취한다.

(2) 분말도(비표면적) 시험의 특징

① 시멘트 분말도 시험에 사용하는 마노미터액은 <u>비중이 낮고 비휘발성인 액체를 이용한다.</u>
② 표준체에 의한 시멘트 분말도 시험에는 45㎛ 체가 사용된다.

(3) 시료의 분말도(비표면적)에 따른 특징

① 시멘트의 비표면적이 클수록 콘크리트의 건조수축은 커진다.
② 시멘트 분말의 비표면적을 크게 하면 수화반응이 촉진되어 강도의 발현이 빨라진다.
③ 시멘트의 분말도가 크면 비표면적이 증가하여 풍화하기 쉽다.
④ 실리카 품은 시멘트와 유사하게 비표면적이 크다.

4 시멘트 응결시간 시험

(1) 비카 침(비카트 장치)에 의한 응결시간 측정

① 30분 후부터 15분마다 1mm의 침으로 25mm의 침입도를 얻을 때까지 시험한다(반죽 후 이때까지의 시간을 응결시간이라 한다).
② 25mm의 침입도가 되었을 때까지의 시간을 초결시간으로 하고 완전히 침의 흔적이 나타나지 않을 때를 종결시간으로 한다.

(2) 길모어 침에 의한 응결시간 측정

① 응결시간을 측정하는 데는 침을 수직 위치로 놓고 패드의 표면에 가볍게 댄다. 뚜렷한 흔적을 내지 않고 패드가 길모어의 초결 침을 받치고 있을 때를 시멘트의 초결로 하고, 길모어 종결 침을 받치고 있을 때를 시멘트의 종결로 한다.
② 길모어 침에 의한 응결시간은 사용한 물의 양이나 온도 또는 반죽의 질기 정도뿐만 아니라 공기의 온도 및 습도에도 영향을 받으므로 측정한 시멘트의 응결시간은 근사값이다.

5 시멘트 모르타르 압축강도 시험

(1) 모르타르 제조

① 시험체는 3개 이상씩 만들어야 한다.
② 시멘트 : 표준사 = 1 : 3(중량비)
③ 물/시멘트 = 50%
④ 플로(흐름값) 표준은 110±5이다.

(2) 결과의 계산

측정값 중에서 임의의 결과가 6개의 평균값보다 ±10%를 벗어나는 경우에는 이 결과를 버리고 나머지 측정값의 평균으로 계산한다.

① 압축강도의 계산

$$\text{압축강도[MPa]} = \frac{\text{최대하중}}{\text{시험체의 단면적}}$$

② 플로(흐름값)의 계산

$$\text{플로(흐름값)[\%]} = \frac{\text{시험후에 퍼진 모르타르의 평균지름값}}{\text{흐름몰드 하부의 지름값}} \times 100$$

(3) 수경성 시멘트 모르타르 압축강도 시험용 시험체의 성형

① 두께 약 25mm 모르타르 층을 모든 입방체 칸 안에 넣는다.
② 플로 시험이 끝나는 즉시 모르타르를 플로 틀로부터 혼합용기에 쏟는다.
③ 각 입방체 칸 안의 모르타르에 대하여 약 10초 동안에 네 바퀴로 32회 찧는다.
④ 모르타르 배치의 처음 반죽이 끝난 뒤로부터 2분 15초 이내에 시험체의 성형을 시작한다.

6 시멘트 안정도 시험(오토클레이브 팽창도)

시멘트 풀의 건조균열로부터 시멘트 경화체의 이상 팽창 등 시멘트의 안정성을 알 수 있다.

(1) 안정성 시험

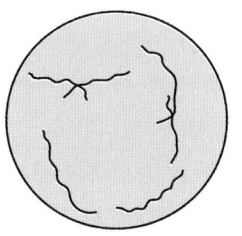
[불량(건조·균열발생)]

[양호]

① 시멘트가 굳어가는 도중에 부피가 팽창하거나 수축하는 정도를 측정하며, 이를 근거로 시멘트의 안정도를 판단한다.
② 시험하는 동안 오토클레이브는 항상 습윤상태를 유지하는 것이 중요하다.
③ 포틀랜드시멘트의 안정도는 0.8% 이하로 규정하고 있다.
④ 패드 중 1개라도 불량한 균열이 있을 때는 패드 2개를 모두 다시 만들어야 한다.

(2) 결과 판정

① 시험은 모두 육안으로 검사한다.
② 패드 중 1개라도 균열 또는 변형이 생겼을 때에는 재시험을 실시해야 한다.

UNIT 02 골재 관련 시험

1 각종 골재 관련 시험의 특징

(1) 골재의 체가름 시험

① 골재를 체가름시험 후 입도분포곡선을 작도해서 입도분포, 조립률(F.M.) 및 굵은 골재의 최대치수를 구하며, 골재 입도의 상태 및 입형의 양부를 판정하는 데 사용된다.
② 시험에 사용되는 저울은 시료 질량의 0.1% 이하의 눈금량 또는 감량을 가진 것으로 한다.
③ 시료를 준비할 때 1.2mm체를 질량비로 95% 이상 통과하는 잔골재 시료의 최소 건조질량은 100g으로 한다.
④ 체가름은 1분간 각 체를 통과하는 것이 전 시료 질량의 0.1% 이하로 될 때까지 작업을 한다.
⑤ 체 눈에 막힌 알갱이는 파쇄되지 않도록 주의하면서 되밀어 체에 남은 시료로 간주한다.
⑥ 각 체에 남은 것과 받침 접시 안의 것의 총합은 체가름 전에 측정한 시료 질량과 1% 이상 달라서는 안 된다.
⑦ 체가름 시험에서 조립률체는 75, 40, 20, 10, 5, 2.5, 1.2, 0.6, 0.3, 0.15mm의 10개체로 한다.
⑧ 체가름 계량 결과는 시료 전 질량에 대한 백분율로 소수점 이하 둘째 자리까지 계산하여 소수점 이하 첫째 자리까지 나타낸다.
⑨ 모래나 자갈을 4분법 또는 시료 분취기를 통해 대표시료를 채취한다.
⑩ 채취한 시료는 105±5℃에서 시료의 무게 변화가 없을 때까지 건조시킨다.
⑪ 굵은 골재의 최대치수가 25mm 정도인 시료의 최소 건조질량은 5kg으로 한다.
⑫ 1.2mm체에 질량비로 5% 이상 남는 잔골재 시료의 최소 건조질량은 500g으로 한다.
⑬ 굵은골재의 최대치수란 질량비로 90% 이상을 통과시키는 체 중에서 최소치수인 체의 호칭치수로 나타낸 굵은골재의 치수를 말한다.

(2) 잔골재의 비중(밀도) 및 흡수량 시험

① 잔골재 비중 시험은 잔골재의 일반적인 성질을 판단하고, 콘크리트의 배합설계에 있어서 잔골재의 절대용적을 산정하기 위해 실시한다.

② 잔골재의 흡수율 시험은 잔골재의 공극을 알 수 있고, 콘크리트 배합 시 사용수량을 조절하기 위하여 사용된다.

(3) 굵은골재의 비중(밀도) 및 흡수량 시험

① 굵은골재의 비중 시험은 굵은골재의 일반적인 성질을 판단하고, 콘크리트의 배합설계에 있어서 굵은골재의 절대용적을 산정하기 위해 실시한다.
② 호칭치수 5mm의 체에 남는 시료만을 철망에 넣고 20±5℃의 물속에서 24시간 담근 후 수중 질량을 측정한다.
③ 표면 건조 포화 상태의 질량은 골재를 건조시킨 다음 흡수천 위에 굴려 수막을 모두 제거하여 표면건조포화상태의 질량을 측정한다.
④ 시료를 절대 건조 상태까지 건조시킬 때는, (105±5)℃에서 일정 질량이 될 때까지 건조시킨 후 실온까지 냉각하여 절대건조상태의 질량을 측정한다.
⑤ 표면건조포화상태의 밀도, 절대 건조 상태의 밀도 및 흡수율은 각각 소수점 이하 둘째 자리까지 구한다.
⑥ 굵은 골재의 평균밀도 $D = \dfrac{1}{\Sigma \dfrac{백분율}{밀도}}$ 로 계산한다.

(4) 골재의 단위용적질량 및 실적률 시험

① 콘크리트 제조, 배합의 결정, 현장에서 골재를 계량할 경우 필요하다.
② 단위용적질량 시험은 골재의 실적률과 공극률 계산(입도 상태 및 입형의 양부를 판정) 또는 콘크리트의 배합설계 시 골재의 부피 계산에 사용된다.
③ 사용하는 시료는 절건상태로 하여야 하지만, 굵은골재의 경우는 기건상태이어도 좋다.
④ 시료를 채우는 방법은 봉 다지기에 따라야 하지만, 굵은골재의 치수가 커서 봉 다지기가 곤란한 경우는 충격에 의한 방법을 따른다.
⑤ 2회의 시험의 평균값을 시험 결과로 하며, 단위용적질량의 평균값에서의 차는 0.01kg/L 이하이어야 한다.
⑥ 구조용 경량 골재도 이 시험방법을 따른다.
⑦ 골재의 실적률 $G = \dfrac{단위용적질량(T)}{밀도(d_D)} \times (100 + 흡수율)$ 으로 산정한다.
⑧ 골재의 단위용적질량 $T = \dfrac{밀도 \times 실적률}{100}$ 로 산정한다.
⑨ 경량골재 콘크리트에 사용되는 경량골재의 단위용적질량은 제시된 값에서 10% 이상 차이가 나지 않도록 하여야 한다.
⑩ 인공, 천연 경량 잔골재의 경우 1,120kg/m³ 이하의 최대 단위용적질량을 가져야 한다.

(5) 잔골재의 표면수 시험

① 시방배합을 현장배합으로 수정하는 경우 골재에 대한 <u>입도시험 및 표면수율 시험이 필요하다</u>.
② 골재의 표면수율이란 골재의 <u>표면에 붙어있는 수량의 표면건조포화상태 골재 질량에 대한 백분율</u>을 말한다.
③ 표면수율 = $\dfrac{\text{습윤상태 중량} - \text{표건상태 중량}}{\text{표건상태 중량}} \times 100$ 으로 산정한다.
④ 콘크리트 제조공정에 있어서의 검사 중 <u>잔골재 표면수율은 2회/일 이상</u>, 굵은골재 표면수율은 1회/일 이상 실시한다.
⑤ 프리플레이스트 콘크리트에서 잔골재의 표면수율 변화는 주입 모르타르의 유동성이나 압축강도에 주는 영향이 크기 때문에 주의를 요한다.
⑥ 잔골재의 표면수 측정방법에는 질량법과 용적법이 있다.
⑦ 시험할 때 <u>시료의 양이 많을수록 정확한 결과</u>가 얻어진다.
⑧ 시료는 대표적인 것을 400g 이상 채취하여 가능한 한 함수율의 변화가 없도록 주의하여 2분하고 각각을 1회의 시험의 시료로 한다.

(6) 모래의 유기불순물 시험

① 잔골재의 유기불순물 시험 목적은 배합설계 시 사용수량을 조정하기 위해서가 아니고 <u>모래 사용의 적정성을 판단</u>하는 데 필요하다.
② 잔골재 중의 유기불순물은 콘크리트의 경화를 방해하고 강도, 내구성 등에 나쁜 영향을 미친다.
③ 시험용액의 색깔이 표준색 용액보다 연한 경우에는 합격으로 판정하지만, <u>표준색 용액보다 짙은 경우 그 골재를 불합격으로 판정</u>하여 사용하지 않는 것이 일반적이다.

(7) 굵은골재의 마모 시험(로스앤젤레스 마모시험기)

① 도로용 콘크리트 및 댐 콘크리트와 같이 마모저항이 요구되는 콘크리트에 사용되는 굵은골재의 사용 적부를 판단하는 데 필요하다.
② 부순돌, 부순골재, 자갈 등의 마모 저항성을 측정하는 데 사용된다.

2 골재의 체가름시험의 시험방법

(1) 시료 준비

① 시료 채취는 4분법 또는 시료 분취기를 사용하여 준비한다.
② 건조시킨 후(105±5℃로 건조) 시료는 실온까지 냉각시켜 일정한 양만큼 준비한다. 다만, 구조용 경량골재의 경우 최소 건조질량은 일정한 양의 1/2로 한다.

(2) 시험방법

① 골재의 체가름시험 목적에 맞는 망체를 순서대로 쌓는다.
② 체가름할 때 상하 운동 및 좌우 수평 운동을 주면서 잘 흔들어 준다.
③ 기계를 사용하여 체가름한 경우는 다시 손으로 체가름하여 마감한다.
④ 체 눈에 막힌 알갱이는 파쇄되지 않도록 주의하면서 되밀어 체에 남은 시료로 간주한다.
⑤ 체가름을 끝낸 후, 저울을 사용하여 각 체에 남은 시료의 중량을 측정한다.

(3) 결과의 계산

① 시험은 2회 이상으로 하고 그 평균값을 산정한다.
② 각 체에 남는 중량을 전체 중량에 대한 백분율로 나타낸다.
③ 체가름 시험의 결과로부터 굵은골재 최대치수와 조립률(F.M)을 구할 수 있다.
④ 체의 호칭치수와 각 체에 남은 시료 무게의 백분율의 관계인 입도분포곡선을 그린다.

3 잔골재의 비중(밀도) 및 흡수량 시험의 시험방법 실기 작업형

잔골재의 비중은 포틀랜드 시멘트를 사용한 콘크리트 중 골재가 차지하는 용적의 계산에 사용하며 잔골재 강도 및 내구성의 양호 여부를 판정한다.

(1) 시료 준비

① 4분법 또는 시료분취기에 의하여 시료에서 약 1,000g의 잔골재를 준비해서 적당한 팬에 넣어 105±5℃의 온도로 일정한 중량이 될 때까지 건조시킨 다음, 24±4시간 동안 물속에 담근다.

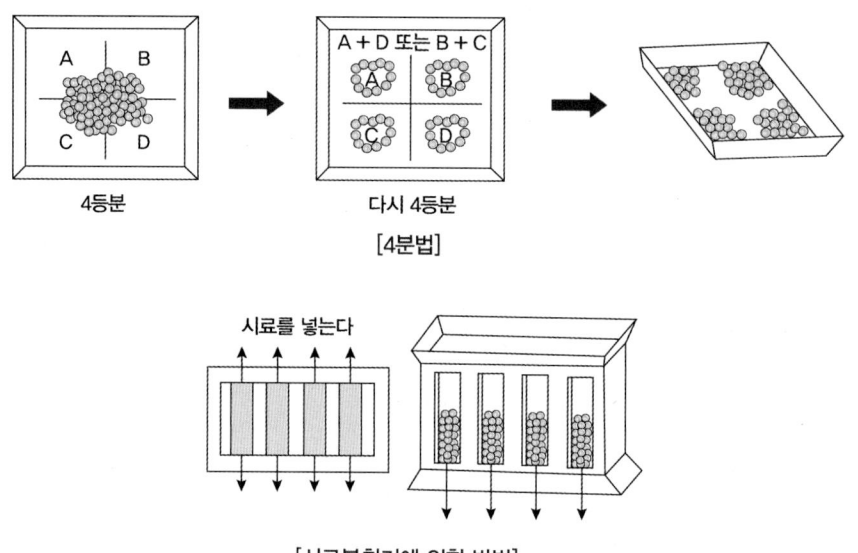

[4분법]

[시료분취기에 의한 방법]

② 시료를 평평한 용기에 펴서 따뜻한 공기 속에서 서서히 건조시킨다.
③ 잔골재를 원뿔형 몰드에 서서히 넣은 다음 표면에 다짐대를 대고 가볍게 25회 다지고 몰드를 수직으로 빼 올린다.
④ 몰드를 빼 올릴 때 원뿔이 <u>처음 흘러내릴 때까지</u> 계속해서 잔골재를 헤쳐 말린다.
⑤ 원추가 <u>처음 흘러내린다는 것은 잔골재가 표면건조 포화상태에 도달하였다는 것을 의미</u>한다.

(2) 잔골재의 비중 및 흡수율 시험

① 잔골재의 비중 시험

㉠ 위와 같이 준비한 500g의 시료를 바로 플라스크에 넣고, 물을 용량의 90%까지 채운 다음 플라스크를 평평한 면에 굴려 기포를 모두 제거한다.

ⓒ 플라스크를 항온조에 담가 23±2°C의 온도로 조정한 후 플라스크, 시료, 물의 무게를 측정하고 이 무게와 그 밖의 무게를 0.1g까지 기록한다.
　　ⓒ 잔골재를 플라스크에서 꺼낸 다음 일정량이 될 때까지 105±5°C에서 건조시키고, 실온까지 식힌 후 무게를 단다.
　　ⓔ 23±2°C의 물을 플라스크의 검정 용량까지 채워 무게를 측정한다.

② 잔골재의 흡수율 시험
　　㉠ 시료 팬에 시료를 쏟는다.
　　㉡ 24시간 동안 일정량이 될 때까지 105±5°C에서 건조시킨다.
　　㉢ 데시케이터에서 실온이 될 때까지 냉각시킨다.
　　㉣ 건조 후의 무게를 측정한다.

(3) 잔골재의 비중 및 흡수율 시험결과의 정밀도

시험값은 평균값과의 차이가 밀도의 경우 0.01g/cm³ 이하, 흡수율의 경우는 0.05% 이하이어야 한다.

4 굵은골재의 비중(밀도) 및 흡수량 시험의 시험방법

(1) 굵은골재의 비중 및 흡수량 시험

굵은골재의 비중은 콘크리트 중 굵은골재가 차지하는 용적의 계산에 사용한다.
① 시료 분취기 또는 4분법으로 시험에 필요한 양을 채취한다.
② 5mm체를 통과하는 시료는 모두 버려야 한다.

③ 굵은골재를 완전히 씻어서 표면의 먼지, 부착물 등을 제거한 후 일정량이 될 때까지 105±5°C의 온도로 건조시키고, 1~3시간 동안 실온으로 냉각시킨 다음, 24±4시간 동안 실온의 물에 담근다.

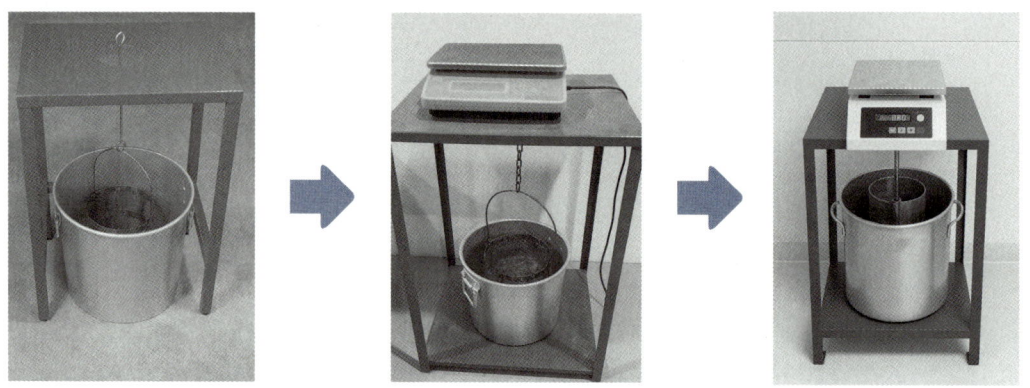

④ 표면건조포화상태의 무게를 달고, 이 무게와 다음의 무게를 0.5g 또는 시료 무게의 0.0001배 중 큰 쪽의 정밀도를 기록한다.

(2) 결과의 정밀도

시험값은 평균값과의 차이가 밀도의 경우 <u>0.01g/cm³ 이하</u>, 흡수율의 경우는 <u>0.03% 이하</u>이어야 한다.

(3) 경량골재인 경우 1회 시험에 사용하는 시료의 최소 질량

굵은골재가 경량골재인 경우 다음과 같이 계산되는 최소 질량 이상 사용해야 한다.

$$\boxed{식}\ m_{\min} = \frac{d_{\max} \times D_e}{25}$$

여기서, $m_{\min}$: 시료의 최소 질량(kg)
$d_{\max}$: 굵은골재의 최대 치수(mm)
D_e : 굵은골재의 추정 밀도(g/cm³)

5 모래의 유기불순물 시험의 시험방법

모래의 사용 여부를 결정하기에 앞서 <u>보다 더 정밀하게 모래에 대한 시험의 필요성 유무를 미리 알기 위한 시험이다.</u>

(1) 시험방법 및 골재 양부의 판정

① 시험에 사용되는 모래시료의 양은 약 450g을 채취한다.

② 시료에 수산화나트륨 용액(3%)을 가한 유리 용기와 표준색 용액을 넣은 유리 용기를 24시간 정치한 후 잔골재 상부의 용액색이 표준색 용액보다 연한지, 진한지 또는 같은지를 육안으로 비교한다.
③ 시험용액의 색깔이 표준색 용액보다 연한 경우에는 합격으로 판정하지만, <u>표준색 용액보다 짙은 경우 그 골재를 불합격으로 판정</u>하여 사용하지 않는 것이 일반적이다.

(2) 표준용액 만드는 절차

① 95%의 알코올 10ml와 2g의 탄닌산 분말을 90ml의 물에 섞어 2%의 탄닌산 용액을 만든다.
② 물 97에 수산화나트륨 3의 질량비로 섞어 3%의 수산화나트륨 용액을 만든다.
③ <u>10%의 알코올 용액</u>으로 <u>2%의 탄닌산 용액</u>을 만든다.
④ 2%의 탄닌산 용액 2.5ml를 3%의 <u>수산화나트륨 용액</u> 97.5ml에 탄다.
⑤ 시험 시료에는 <u>3%의 수산화나트륨 용액</u>을 넣는다.
⑥ 마개로 막고 잘 흔들어서 24시간 가만히 놓아둔 것을 식별용 표준색 용액으로 한다.

6 굵은골재의 마모 시험(로스앤젤레스 마모시험기)의 시험방법

① 골재의 내마모성은 <u>로스앤젤레스 시험기</u>에 의한 굵은골재의 시험방법에 의해 조사한다.
② 골재의 마모율(%)은 다음 식에 따라 계산하여 소수점 이하 첫째 자리까지 구한다.

> **식** 골재의 마모율(마모 감량) $R = \dfrac{m_1 - m_2}{m_1} \times 100$
>
> 여기서, m_1 : 시험 전 시료질량(g)
> m_2 : 시험 후 1.7mm체에 남은 질량(g)

③ 콘크리트용 순환 굵은골재의 <u>마모감량(마모율)은 40% 이하</u>로 한다.

7 골재의 안정성 시험

(1) 골재의 안정성 시험의 일반사항

① 골재의 내구성을 알기 위해 <u>황산나트륨 포화용액을 이용</u>해 골재의 부서짐 작용에 대한 저항성을 시험하는 것으로, 동해 등의 기온에 의한 골재의 붕괴작용에 대한 저항성 측정방법이다.
② 콘크리트의 내구성은 구조물이 장기간 기상이나 온도에 저항하기 위한 것으로 매우 중요한 성질로서 시험이 장기간 걸린다.
③ 황산나트륨에 의한 안정성 시험을 한 경우, 조작을 5번 반복했을 때 <u>잔골재의 손실 질량은 10% 이하</u>를 표준으로 하며, <u>굵은골재의 손실 질량은 12% 이하</u>를 표준으로 한다.

(2) 골재의 안정성 시험의 시험방법

① 일정시료를 21℃의 황산나트륨 용액 속에 16~18시간 수침 후 꺼내 건조시킨 다음 다시 용액에 수침하고 다시 건조시키는 과정을 5회 반복한다.
② 시약용 용액의 골재에 대한 잔류유무를 조사하기 위한 염화바륨($BaCl_2$) 용액의 농도는 5~10%로 한다.

8 골재의 알칼리 잠재 반응시험

(1) 골재의 알칼리 잠재 반응시험의 일반사항

① 알칼리 잠재반응 시험은 콘크리트 경화체의 팽창을 일으키는 실리카 성분을 파악하는 데 이용된다.
② 모르타르봉 길이 변화를 측정하는 것에 의해, 골재의 알칼리 반응성을 판정하는 시험방법이다.
③ 골재의 알칼리 잠재 반응시험의 종류: 화학법, 모르타르바법

(2) 골재의 알칼리 잠재 반응시험(모르타르봉 방법)의 시험방법

① 모르타르 배합은 질량비로서 시멘트 1, 물 0.475, 절건상태의 잔골재 2.25로 한다.
② 시험 공시체는 시멘트 골재 배합비가 다른 2개 이상의 배치에서 각각 2개씩 최소한 4개를 만들어야 한다.

9 골재시험 항목별 사용 용액

① 골재의 안정성 : 황산나트륨 포화용액, 염화바륨 용액
② 유기불순물 : 수산화나트륨
③ 염화물 함유량 : 질산은
④ 알칼리골재반응 : 수산화나트륨

UNIT 03 | 기타 재료시험

1 플라이애시 품질시험

① **기준 모르타르** : 보통포틀랜드시멘트를 사용하여 만든 기준이 되는 모르타르이다.
② **시험 모르타르** : 보통포틀랜드시멘트와 플라이애시를 질량으로 3 : 1의 비율로 사용하여 만든 모르타르이다.
③ **활성도 지수** : 기준 모르타르의 압축강도에 대한 시험 모르타르의 압축강도비를 백분율로 표시한 것이다.

2 콘크리트용 화학혼화제 품질시험 항목

① 감수율[%]
② 블리딩량의 비[%]
③ 응결시간의 차[분]
④ 28일 압축강도의 비[%]
⑤ 길이 변화비[%]
⑥ 동결융해에 대한 저항성(상대 동탄성계수 %)

3 콘크리트 재료의 염화물 분석 시험

(1) 일반사항

① 콘크리트 중의 염화물 함유량은 콘크리트 중에 함유된 염소이온의 총량으로 표시한다.
② 콘크리트를 비비는 시점에서의 콘크리트 중의 전 염소이온량이란, 현장배합을 기준으로 계산한 경우에, 이를 각 재료로부터 콘크리트 중에 공급된다고 생각되는 염소이온량의 총합을 말한다.
③ 재령 28일이 경과한 굳은 프리스트레스트콘크리트 속의 최대수용성 염소이온량은 시멘트 질량에 대한 비율로서 0.06%를 초과하지 않도록 하여야 한다.
④ 굳지 않은 콘크리트 중의 전 염소이온량은 원칙적으로 0.3kg/㎥ 이하로 하여야 한다.
⑤ 상수도물을 혼합수로 사용할 때 여기에 함유되어 있는 염소이온량이 불분명한 경우에는 혼합수로부터 콘크리트 중에 공급되는 염소이온량을 0.04kg/㎥ 또는 250mg/L로 가정할 수 있다.
⑥ 콘크리트 중에 사용되는 잔골재의 염화물(NaCl 환산량) 함유량의 허용한도는 0.04%이다.

(2) 콘크리트 재료의 염화물 분석 시험방법의 종류

① 이온 크로마토그래피법(이온전극법)
② 흡광광도법
③ 질산은 적정법
④ 전위차 적정법

(3) 콘크리트 재료의 염화물 분석 시험에서 사용하는 표준용액 및 지시약

① 질산은 표준용액
② 티오시안산 제2수은
③ 크롬산칼륨
④ 염화은

4 금속 재료의 인장 시험

① 내력, 항복점, 인장강도, 파단 연신율, 단면 수축률 등을 측정한다.
② 표점은 펀치 또는 스크라이버로 긋는 것을 원칙으로 한다. 단, 시험편의 재질이 표면 홈에 대하여 민감하거나 매우 단단한 재질의 경우에는 도료를 칠한 위에 줄을 그어 표시한다.
③ 시험편 부분의 재질에 변화를 생기게 하는 것과 같은 변형 또는 가열을 해서는 안 된다.
④ 시험편의 교정은 가급적 피하는 것이 좋고, 교정을 필요로 하는 경우에는 가급적 재질에 영향을 미치지 않는 방법을 사용하도록 한다.
⑤ 전단, 펀칭 등에 의한 가공을 한 시험편에서 시험 결과에 그 가공의 영향이 인정되는 경우에는 가공의 영향을 받은 영역을 절삭·제거하여 평행부를 다듬질한다.

단원별 학습문제

01 시멘트의 비중 시험(KS L 5110)에 대한 설명으로 틀린 것은?   15년 3회

① 온도 23±2℃에서 비중 약 0.73 이상인 완전히 탈수된 등유나 나프타를 사용한다.
② 표준 르샤틀리에 플라스크를 사용한다.
③ 동일 시험자가 동일 재료에 대하여 2회 측정한 결과가 ±0.01 이내이어야 한다.
④ 달리 규정한 바가 없다면, 시멘트의 비중은 시료를 접수한 상태대로 시험한다.

[해설]
동일 시험자가 동일 재료에 대하여 2회 측정한 결과가 ±0.03 이내이어야 한다.

02 시멘트의 응결 시험방법으로 옳은 것은?   18년 2회

① 길모어 침에 의한 시험
② 오토클레이브에 의한 시험
③ 비비시험
④ 블레인 시험

[해설]
시멘트의 응결 시험방법
• 길모어 침에 의한 시멘트의 응결시간 시험방법
• 비카 침에 의한 수경성 시멘트의 응결시간 시험방법

03 시멘트의 안정도 시험에 대한 설명으로 틀린 것은?   17년 2회

① 오토클레이브 팽창도 시험을 통해 시멘트의 안정성을 파악한다.
② 시험하는 동안 오토클레이브는 항상 건조상태를 유지하는 것이 중요하다.
③ 시멘트가 굳어가는 도중에 부피가 팽창하거나 수축하는 정도를 측정하며, 이를 근거로 시멘트의 안정도를 판단한다.
④ 포틀랜드시멘트의 안정도는 0.8% 이하로 규정하고 있다.

[해설]
시험하는 동안 오토클레이브는 항상 습윤상태를 유지하는 것이 중요하다.

04 다음 중 콘크리트용 모래에 포함되어 있는 유기불순물시험에서 사용하지 않는 약품은?   17년 3회

① 수산화나트륨
② 탄닌산
③ 페놀프탈레인
④ 메틸알코올

[해설]
식별용 표준색 용액은 10%의 메틸알코올 용액으로 2% 탄닌산 용액을 만들고, 그 2.5mL를 3%의 수산화나트륨 용액 97.5mL에 가하여 유리병에 넣어 마개를 닫고 잘 흔든다. 이것을 표준용액으로 한다.

정답   01. ③   02. ①   03. ②   04. ③

05 콘크리트용 화학 혼화제의 품질시험 항목으로 옳지 않은 것은? 16년 3회

① 블리딩량의 비(%)
② 길이 변화비(%)
③ 동결융해에 대한 저항성(상대 동탄성계수 %)
④ 휨강도의 비(%)

[해설]

콘크리트용 화학 혼화제의 품질항목

품질항목		AE제
감수율(%)		6 이상
블리딩량의 비(%)		75 이하
응결시간의 차(분)	초결	−60 ~ +60
	종결	−60 ~ +60
압축강도의 비(%) (28일)		90 이상
길이 변화비(%)		120 이하
동결융해에 대한 저항성 (상대 동탄성계수)(%)		80 이상

CHAPTER 03 콘크리트의 배합설계

UNIT 01 배합설계의 일반사항과 기본 원리

1 콘크리트의 조성

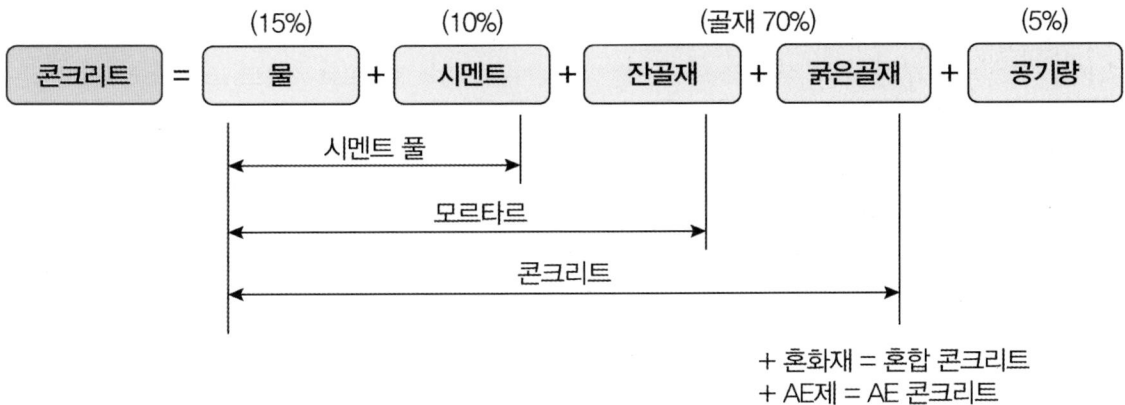

+ 혼화재 = 혼합 콘크리트
+ AE제 = AE 콘크리트

2 콘크리트의 배합설계 순서

$1m^3$의 콘크리트를 구성하는 각 재료의 중량을 계산하는 과정을 배합설계라고 한다. 콘크리트 배합설계의 순서는 다음과 같다.

① 호칭강도(f_{cn}) 또는 품질기준강도 (f_{cq} : 설계기준강도 f_{ck}와 내구성 기준 압축강도 f_{cd} 중에서 큰 값)
② 배합강도(f_{cr}) 결정
③ 사용재료 선정
④ 시험배합 실시
⑤ 시방배합 결정
⑥ 현장배합으로 수정

(1) 콘크리트의 배합설계 방법

① 계산에 의한 배합설계
② 배합표에 의한 배합설계
③ **시험배합에 의한 배합설계** : 가장 합리적이고 실용적인 배합설계 방법이다.

(2) 계산에 의한 배합설계

① 배합량 계산

㉠ 물-결합재비 $= \dfrac{W}{C+F}$

여기서, W: 단위수량, C: 단위시멘트량, F: 단위혼화재료량

> **참고 결합재(binder)**
> 물과 반응하여 콘크리트의 강도를 발현시키는 물질의 총칭으로 시멘트, 고로 슬래그 미분말, 플라이애시, 실리카 퓸, 팽창재 등의 혼합재료를 결합재라고 한다.

㉡ 콘크리트 $1m^3$ = 물 + 시멘트 + 잔골재 + 굵은 골재 + 공기량

㉢ 단위골재량 계산을 위한 골재의 부피 산정

$$V_a = 1 - \left(\dfrac{단위수량}{1000kg/m^3} + \dfrac{단위시멘트량}{시멘트\ 밀도 \times 1000} + \dfrac{공기량}{100} \right)$$

㉣ 밀도 $= \dfrac{재료의\ 중량}{재료의\ 부피}$, 비중 $= \dfrac{재료의\ 밀도}{물의\ 밀도}$, 물 $1m^3 = 1{,}000kg$

재료의 중량(단위골재량) = 밀도 × 재료의 부피 × $1{,}000kg/m^3$

EX 예제 1 잔골재 및 굵은골재량의 계산

콘크리트 $1m^3$를 만드는데 필요한 잔골재 및 굵은골재량을 구하시오. (단, 단위시멘트량: 220kg, 물·시멘트비: 55%, 잔골재율(S/a): 34%, 시멘트 밀도: 3.15, 모래 밀도: 2.65, 자갈 밀도: 2.7, 공기량: 2%)

해설

1. 잔골재량의 산정
   ① 단위수량(W)
      W/C = 0.55에서
      ∴ W = 0.55 × C = 0.55 × 220 = 121kg
   ② 전체 골재의 절대 부피(V_a)

   $$V_a = 1 - \left(\dfrac{단위수량}{1000kg/m^3} + \dfrac{단위시멘트량}{시멘트\ 밀도 \times 1000} + \dfrac{공기량}{100} \right)$$
   $$= 1 - \left(\dfrac{121kg}{1000kg/m^3} + \dfrac{220\,kg}{3.15 \times 1000} + \dfrac{2}{100} \right) = 0.789m^3$$

③ 잔골재의 절대 부피(V_s)
$$V_s = V_a \times S/a = 0.789 \times 0.34 = 0.268 m^3$$
④ 단위잔골재량
$$W_s = V_s \times 잔골재\ 밀도 \times 1{,}000 kg/m^3 = 0.268 \times 2.65 \times 1{,}000 = 710.2 kg$$

2. 굵은골재량의 산정
① 굵은골재의 절대 부피
$$V_G = V_a - V_s = 0.789 - 0.268 = 0.521 m^3$$
② 단위굵은골재량
$$W_G = V_G \times 굵은골재\ 밀도 \times 1{,}000 kg/m^3 = 0.521 \times 2.7 \times 1{,}000 = 1{,}406.7 kg$$

② 시방배합과 현장배합
㉠ **시방배합** : 시방서에 의한 배합이다. 시방배합에 사용하는 골재의 함수상태는 <u>표면건조 포화상태</u>이며, <u>잔골재는 5mm체를 모두 통과한 골재이고, 굵은골재는 5mm체에 모두 남는 골재</u>이다.
㉡ **현장배합** : 시방배합을 <u>현장상태에 따라 입도 보정을 통해 수정한 배합</u>이다.
㉢ 잔골재량과 굵은골재량

식 잔골재량 $x = \dfrac{100S - b(S+G)}{100 - (a+b)}$

식 굵은골재량 $y = \dfrac{100G - a(S+G)}{100 - (a+b)}$

여기서, S : 시방배합의 잔골재량
G : 시방배합의 굵은골재량
a : 잔골재 중 5mm체에 남은 양
b : 굵은골재 중 5mm체를 통과한 양

㉣ 콘크리트의 시방배합을 현장배합으로 보정할 때 고려할 사항과 주의사항은 다음과 같으며, 시방배합을 현장배합으로 고쳐도 완성된 콘크리트의 품질은 시방배합과 동일하게 된다.
ⓐ <u>골재의 표면수율 시험</u> : 골재의 함수 상태
ⓑ <u>입도시험</u> : 잔골재 중에서 <u>5mm 체에 남는 굵은골재량</u>
ⓒ <u>혼화제를 희석시킨 희석수량</u> → 희석수량도 단위수량에 포함된다.
ⓓ <u>입도시험</u> : 굵은골재 중에서 <u>5mm 체를 통과하는 잔골재량</u>

> **예제 2**
>
> 다음 콘크리트의 시방배합을 현장배합으로 환산하시오.
>
> [시방배합]
> - 단위수량 : 180kg/m³
> - 잔골재량 : 800kg/m³
> - 잔골재 표면수량 : 4%
> - 5mm(No.4)체 잔류 잔골재량 : 3%
> - 단위시멘트량 : 380kg/m³
> - 굵은골재량 : 1,200kg/m³
> - 굵은골재 표면수량 : 0.5%
> - 5mm(No.4)체 통과 굵은골재량 : 5%
>
> **해설**
>
> ① 잔골재량과 굵은골재량의 산정(S=800kg, G=1,200kg, a=3%, b=5%)
> - 잔골재량 $x = \dfrac{100S - b(S+G)}{100 - (a+b)} = \dfrac{100(800) - 5(800+1,200)}{100 - (3+5)} = 760.87 kg/m^3$
> - 굵은골재량 $y = \dfrac{100G - a(S+G)}{100 - (a+b)} = \dfrac{100(1,200) - 3(800+1,200)}{100 - (3+5)} = 1,239.13 kg/m^3$
>
> ② 표면수 보정
> 잔골재 표면수량 = $760.87 \times 0.04 = 30.43 kg$
> 굵은골재 표면수량 = $1,239.13 \times 0.005 = 6.20 kg$
>
> ③ 현장 배합량
> 단위시멘트량 = 380kg
> 단위수량 = $180 - (30.43 + 6.20) = 143.37 kg/m^3$
> 단위잔골재량 = $760.87 + 30.43 = 791.30 kg/m^3$
> 단위굵은골재량 = $1,239.13 + 6.20 = 1,245.33 kg/m^3$

③ 중량배합
  ㉠ 콘크리트 1m³ 제조 시 각 재료량을 중량[kg]으로 나타내는 배합이다.
  ㉡ 실험실과 레미콘 배합은 중량배합을 원칙으로 한다.

④ 용적배합
  ㉠ 콘크리트 1m³ 제조 시 각 재료량을 절대용적(m³)으로 표시하는 배합이다.
  ㉡ 시멘트, 잔골재, 굵은골재의 용적 비율을 1:2:4, 1:3:6 등으로 표시한 배합이다.

(3) 배합표에 의한 방법

굵은골재 최대치수 [mm]	슬럼프 [cm]	공기량 [%]	물-결합재비 W/B[%]	잔골재율 (S/a)[%]	단위량[kg/m³]					
					물 (W)	시멘트 (C)	잔골재 (S)	굵은골재(G)		혼화재료	
								mm~mm	mm~mm	(1) 혼화재	(2) 혼화제

(4) 1 배치 배합 – 압력방법(워싱턴형 공기량 측정기)

① 잔골재량[kg]

$$\boxed{식}\ F_s = \frac{S}{B} \times F_b$$

여기서, S : 공기량 측정기 용적[L], B : 1 배치량[L], F_b : 잔골재의 1 배치량[kg]

② 굵은골재량[kg]

$$\boxed{식}\ C_s = \frac{S}{B} \times C_b$$

여기서, C_b : 굵은골재의 1 배치량[kg]

UNIT 02 | 콘크리트의 배합설계

1 배합설계 시 여러 가지 요소의 결정

(1) 굵은골재의 최대치수($G_{\max}$)

구조물의 종류	굵은 골재의 최대 치수(mm)
일반적인 경우	20 또는 25
단면이 큰 경우	40
무근콘크리트	40 (부재 최소치수의 1/4을 초과해서는 안 됨)

(2) 슬럼프 : 콘크리트 운반시간이 길어지거나 기온이 높은 경우에는 슬럼프값이 크게 저하되며, 구조물의 종류에 따른 슬럼프의 표준값은 다음과 같다.

구분	철근콘크리트(mm)	무근콘트리트(mm)
일반적인 경우	80~150	50~150
단면이 큰 경우	60~120	50~100

(3) 물결합재비

① **물-결합재비 결정법**
  ㉠ 압축강도를 근거로 결정하는 경우
  ㉡ 내구성을 고려하여 결정하는 경우
  ㉢ 수밀성을 고려하여 결정하는 경우
  ㉣ 탄산화 저항성(균열 저항성)을 고려하여 결정하는 경우

② **압축강도를 근거로 결정하는 경우**
  ㉠ 물-결합재비는 소요의 강도, 내구성, 수밀성 및 탄산화 저항성 등을 고려하여 정하여야 한다.
  ㉡ 콘크리트의 압축강도를 기준으로 물-결합재비를 정하는 경우 그 값은 다음과 같이 정하여야 한다.
    ⓐ 압축강도와 물-결합재비와의 관계는 시험에 의하여 정하는 것을 원칙으로 한다. 이때 공시체는 재령 28일을 표준으로 한다.
    ⓑ 배합에 사용할 물-결합재비는 기준 재령의 결합재-물비와 압축강도와의 관계식에서 배합강도에 해당하는 결합재-물비 값의 역수로 한다.
  ㉢ 압축강도 표준편차를 이용하는 경우: 배합강도(f_{cr})는 다음 식과 같이 구조계산에서 정해진 설계기준압축강도(f_{ck})와 내구성 기준 압축강도(f_{cd}) 중에서 큰 값으로 결정된 품질기준강도(f_{cq})보다 크게 결정한다.

  $$\boxed{식}\ f_{cq} = \max(f_{ck}, f_{cd})\ (\text{MPa})$$

  ㉣ 레디믹스트 콘크리트의 경우에는 현장 콘크리트의 품질변동을 고려하여 배합강도(f_{cr})를 호칭강도(f_{cn})보다 크게 정한다.
    ⓐ **배합강도**(f_{cr}) : 구조물 설계에서 사용되는 설계기준압축강도나 배합설계 시 사용되는 강도
    ⓑ **호칭강도**(f_{cn}) : 레디믹스트 콘크리트 주문 시 규정에 따라 사용되는 콘크리트 강도
  ㉤ 배합강도(f_{cr})는 호칭강도(f_{cn}) 범위를 35MPa 기준으로 분류한 아래의 계산식 중 각 두 식에 의한 값 중 큰 값으로 결정한다.
    ⓐ $f_{cn} \leq 35\text{MPa}$인 경우(두 식에 의한 값 중 큰 값으로 결정)

    $$\boxed{식}\ f_{cr} = f_{cn} + 1.34s\,[\text{MPa}]$$
    $$\boxed{식}\ f_{cr} = (f_{cn} - 3.5) + 2.33s\,[\text{MPa}]$$

    ⓑ $f_{cn} > 35\text{MPa}$인 경우(두 식에 의한 값 중 큰 값으로 결정)

    $$\boxed{식}\ f_{cr} = f_{cn} + 1.34s\,[\text{MPa}]$$
    $$\boxed{식}\ f_{cr} = 0.9f_{cn} + 2.33s\,[\text{MPa}]$$

    여기서, f_{cr} : 배합강도, f_{cn} : 호칭강도, s : 압축강도의 표준편차[MPa]

ⓒ 콘크리트 압축강도의 표준편차(s)는 실제 사용한 콘크리트를 30회 이상 시험한 실적으로부터 결정한다.

ⓓ 압축강도의 시험횟수가 15회 이상이고 29회 이하인 경우는 시험에서 구한 표준편차에 보정계수를 곱한 값을 수정 표준편차로 계산하고, 명시되지 않은 경우에는 보간법으로 보정계수를 구한다.

[시험 횟수가 29회 이하일 때 표준편차의 보정계수]

시험횟수	표준편차의 보정계수
15	1.16
20	1.08
25	1.03
30 이상	1.00

ⓗ 배합강도 결정을 위한 압축강도의 표준편차(σ)

$$\sigma = \sqrt{\frac{S}{n-1}}$$

여기서, S : 표준편차 제곱합, n : 시료 개수

$$S = \sum (\overline{x} - X_i)^2, \quad \overline{x} : 평균치, \quad \overline{x} = \frac{\sum x}{n}$$

ⓢ 콘크리트 압축강도의 기록이 없는 경우 또는 압축강도의 시험횟수가 14회 이하인 경우 콘크리트의 배합강도는 다음과 같이 정할 수 있다.

호칭강도 f_{cn}(MPa)	배합강도 f_{cr}(MPa)
21 미만	$f_{cn}+7$
21 이상 35 이하	$f_{cn}+8.5$
35 초과	$1.1f_{cn}+5$

ⓞ 압축강도를 근거로 물-결합재비를 정한 경우의 구조제한
  ⓐ 3회 연속한 압축강도의 시험값에 평균이 설계기준압축강도에 미달하는 확률이 1% 이하이어야 한다.
  ⓑ 설계기준압축강도보다 3.5MPa을 미달하는 확률이 1% 이하이어야 한다.

③ 내구성을 고려하여 정하는 경우
  ㉠ 콘크리트는 원칙적으로 공기연행 콘크리트(AE콘크리트)로 제작해야 한다.
  ㉡ 콘크리트 표준시방서에서의 물-결합재비는 원칙적으로 60% 이하로 하며, 단위수량은 185kg/㎥을 초과하지 않도록 하여야 한다.
  ㉢ 일반 수중콘크리트의 물-결합재비는 50% 이하, 단위시멘트량은 370kg/㎥ 이상으로 한다.
  ㉣ 고강도 프리플레이스트 콘크리트라 함은 고성능감수제에 의하여 주입 모르타르의 물결합재비를 40% 이하로 낮추어 재령 91일에서 압축강도 40MPa 이상이 얻어지는 프리플레이스트 콘크리트를 말한다.

ⓜ 방사선 차폐용 콘크리트의 물-결합재비는 일반적으로 <u>50% 이하</u>를 원칙으로 한다.
ⓑ 해양콘크리트의 물결합재비는 다음과 같이 결정하며, 해풍의 작용을 심하게 받는 육상구조물은 <u>해상 대기 중에 상당하는 물-결합재비 45%를 적용</u>한다.

환경구분	최대 물-결합재비
해중	50%
해상 대기 중	45%
물보라 지역, 간만대 지역	40%

ⓢ 내구성으로부터 정해진 수중불분리성 콘크리트의 최대 물-결합재비는 다음과 같이 결정한다.

환경 \ 콘크리트의 종류	무근콘크리트	철근콘크리트
담수 중	55%	50%
해수 중	55%	50%

ⓞ 콘크리트는 침하균열, 소성수축균열, 건조수축균열, 자기수축균열 혹은 온도균열에 의한 균열폭이 허용균열폭 이내여야 한다.
④ 콘크리트의 <u>수밀성을 기준</u>으로 물-결합재비를 정할 경우에는 <u>50% 이하</u>를 표준으로 한다.
⑤ 콘크리트의 <u>탄산화 저항성을 고려</u>하여 물-결합재비를 정할 경우 <u>55% 이하</u>로 한다.
⑥ <u>제빙화학제가 사용</u>되는 콘크리트의 물-결합재비는 <u>45% 이하</u>로 한다.

(4) 단위수량

단위수량은 소요의 워커빌리티를 얻을 수 있는 범위 내에서 <u>가능한 한 적게 되도록</u> 시험에 의해 정하며, 혼화제를 녹이거나 묽게 하는 데 사용하는 물은 <u>단위수량의 일부로 보아야 한다</u>.

(5) 단위시멘트량

단위시멘트량은 소요의 워커빌리티 및 강도를 얻을 수 있는 범위 내에서 <u>가능한 한 적게 되도록</u> 시험에 의해 정하며, 단위수량과 물-결합재비로부터 정한다.

(6) 잔골재율(S/a)

잔골재율은 소요의 워커빌리티를 얻도록 시험에 의하여 결정하여야 하며, <u>가능한 한 적게 하도록</u> 시험에 의해 정해야 하며, 잔골재율은 사용하는 잔골재의 입도, 콘크리트의 공기량, 단위 시멘트량, 혼화재료의 종류에 따라 다르므로 모두 시험에 의해 정해야 한다.

식 $잔골재율(S/a) = \dfrac{잔골재의\ 절대용적}{전체골재의\ 절대용적} \times 100(\%)$

① 일반적으로 잔골재율을 작게 하면 소요 워커빌리티의 콘크리트를 얻기 위한 <u>단위수량 및 단위시멘트량이 감소</u>되어 경제적이다.
② 잔골재율이 <u>너무 작으면</u> 콘크리트는 거칠어지고 <u>워커빌리티가 나빠지고 재료분리가 일어나는 경향이 크다</u>.
③ 잔골재의 조립률을 확인하여 그 <u>변화 차이가 ±0.2 이상</u>이 되면 잔골재율이나 단위수량을 변경하여야 한다.
④ 유동화 콘크리트의 경우, 유동화 후 콘크리트의 <u>워커빌리티를 고려하여 잔골재율을 결정</u>할 필요가 있다.
⑤ 유동화콘크리트의 잔골재율 결정 시 베이스콘크리트의 슬럼프에 적합한 잔골재율이 아닌 <u>유동화시킨 후의 슬럼프 상태에 적합한 잔골재율</u>로 결정해야 유동화 후 콘크리트의 품질이 좋다.
⑥ 고성능 공기연행감수제를 사용한 콘크리트의 경우로서 물-결합재비 및 슬럼프가 같으면, 일반적인 공기연행감수제를 사용한 콘크리트와 비교하여 잔골재율을 <u>1~2% 정도 크게 하는 것이 좋다</u>.
⑦ 고강도콘크리트는 <u>잔골재율을 가능한 작게 하여</u> 굵은 골재를 많이 사용하는 것이 좋다.
⑧ AE콘크리트에서는 <u>잔골재율이 감소</u>하는 특징이 있다.
⑨ 잔골재량이 많을수록(잔골재율이 크면) <u>공기량이 증가</u>한다.
⑩ 공기량을 1% 정도 증가시키면 잔골재율을 <u>0.5~1.0% 작게 할 수 있다</u>.
⑪ 콘크리트의 압송성을 개선하기 위해 콘크리트의 <u>단위수량은 가능한 한 작게 하고 잔골재율을 크게 한다</u>.
⑫ 잔골재의 조립률이 0.1만큼 작을 때마다 잔골재율은 0.5만큼 <u>작게 한다</u>.
⑬ 물-결합재비가 0.05만큼 작을 때마다 잔골재율은 1만큼 작게 한다.
⑭ 자갈을 사용할 경우 잔골재율은 2~3만큼 <u>작게</u> 한다.
⑮ 강섬유보강 콘크리트에서 강섬유 혼입률 및 강섬유의 형상비가 증가될 경우 <u>잔골재율은 크게 하여야 한다</u>.
⑯ 잔골재율이 1% 작을 때마다 단위수량은 <u>1.5kg만큼 작게</u> 한다.
⑰ 레미콘 공장 회수수 중 슬러지수를 혼합수로 사용하는 경우 슬러지 고형분이 시멘트에 대한 첨가율 1%에 대해 <u>잔골재율을 약 0.5% 감소시킨다</u>.
⑱ 부순 잔골재를 사용한 콘크리트는 미세분말의 양이 많아져서 <u>슬럼프가 감소하므로 잔골재율을 낮춰야 한다</u>.
⑲ 콘크리트 펌프 시공의 경우에는 펌프의 성능, 배관, 압송거리 등에 따라 적절한 잔골재율을 결정하여야 한다.

(7) 혼화재료의 단위량

① 공기연행제, 공기연행감수제 및 고성능 공기연행감수제 등의 단위량은 유동화 후 목표공기량이 얻어질 수 있도록 베이스콘크리트 상태에서 <u>약간 많은 공기량의 확보가 필요하다</u>.
② 콘크리트용 화학혼화제(공기연행제, 공기연행감수제, 고성능 공기연행감수제)의 성능을 확인하기 위한 콘크리트 시험에서 <u>길이 변화비(%)를 구하는 데 적용되는 기간은 6개월</u>이다.

2 콘크리트 배합 변경(시방배합의 보정)

콘크리트의 여러 가지 특성에 따라 다음과 같이 잔골재율과 단위수량을 보정하여 콘크리트 배합설계를 변경한다.

구분	잔골재율(S/a) 보정	단위수량[kg] 보정
잔골재 조립률이 0.1만큼 클(작을) 때마다	0.5%만큼 크게(작게)	
공기량이 1%만큼 클(작을) 때마다	0.5~1%만큼 작게(크게)	3%만큼 작게(크게)
물-결합재비가 0.05만큼 클(작을) 때마다	1%만큼 크게(작게)	
슬럼프 값이 1cm만큼 클(작을) 때마다		1.2%만큼 크게(작게)

단원별 학습문제

01 콘크리트의 시방배합을 현장배합으로 보정하려고 할 때 필요한 시험은?   18년 2회

① 골재의 표면수율 시험
② 시멘트 모르타르 플로우 시험
③ 골재의 밀도시험
④ 시멘트 비중시험

[해설]
시방배합을 현장배합으로 보정할 때 필요한 시험
- 골재의 표면수율 시험 : 수량 조정
- 골재의 체가름 시험 : 골재의 입도 조정

02 30회 이상의 압축강도시험 실적으로부터 구한 압축강도의 표준편차가 5MPa이고, 콘크리트의 설계기준 호칭강도(f_{cn})가 45MPa인 경우 배합강도는?

① 50MPa
② 51.7MPa
③ 52.15MPa
④ 53.15MPa

[해설]
$f_{cn} > 35$MPa일 때 아래의 값 중 큰 값을 사용함
- $f_{cr} = f_{cn} + 1.34s = 45 + 1.34 \times 5 = 51.7$MPa
- $f_{cr} = 0.9 f_{cn} + 2.33s = 0.9 \times 45 + 2.33 \times 5$
  $= 52.15$MPa
∴ 두 값 중 큰 값인 $f_{cr} = 52.15$MPa

03 콘크리트 압축강도의 시험횟수가 22회일 경우 배합강도를 결정하기 위해 적용하는 표준편차의 보정계수로 옳은 것은?

① 1.04
② 1.06
③ 1.08
④ 1.10

[해설]
시험횟수에 따른 표준편차의 보정계수

시험횟수	표준편차의 보정계수
15	1.16
20	1.08
25	1.03
30 이상	1.00

∴ 22회의 보정계수
$= 1.03 + \dfrac{(1.08 - 1.03)}{(25 - 20)} \times (25 - 22) = 1.06$

04 콘크리트의 배합에서 잔골재율에 대한 설명으로 틀린 것은?   18년 1회

① 소요의 워커빌리티를 얻을 수 있는 범위 내에서 단위수량이 최소가 되도록 시험에 의해 정하여야 한다.
② 공사 중에 잔골재의 입도가 변하여 조립률이 ±0.20 이상 차이가 있을 경우에는 배합을 수정할 필요가 있다.
③ 유동화콘크리트의 경우, 유동화 후 콘크리트의 워커빌리티를 고려하여 잔골재율을 결정할 필요가 있다.
④ 고성능 공기연행감수제를 사용한 콘크리트의 경우로서 물-결합재비 및 슬럼프가 같으면, 일반적인 공기연행감수제를 사용한 콘크리트와 비교하여 잔골재율을 1~2% 정도 작게 하는 것이 좋다.

[해설]
고성능 공기연행감수제를 사용한 콘크리트의 경우로서 물-결합재비 및 슬럼프가 같으면, 일반적인 공기연행감수제를 사용한 콘크리트와 비교하여 잔골재율을 1~2% 정도 크게 하는 것이 좋다.

정답   01. ①   02. ③   03. ②   04. ④

온라인 교육의 명품브랜드 www.edupd.com

콘크리트 기사/산업기사 필기

콘크리트 기사/산업기사 **필기**

PART 2
콘크리트 제조, 시험 및 품질관리

Engineer Concrete

01 콘크리트의 제조

02 콘크리트 시험

03 콘크리트의 품질

04 콘크리트의 성질

CHAPTER 01 콘크리트의 제조

UNIT 01 | 콘크리트 제조의 일반사항

1 콘크리트의 제조에 관한 특성

(1) 콘크리트 제조상 분류

① 레디믹스트 콘크리트
② 공장제품 콘크리트
③ 현장 비빔 콘크리트

(2) 콘크리트 강도 및 재령일

콘크리트의 종류	콘크리트 강도 및 재령일
일반	재령 28일 압축강도
공장제품	재령 14일 압축강도
포장	재령 28일 휨강도
숏크리트	재령 28일 압축강도
댐(매스)	재령 91일 압축강도
고강도 프리플레이스트	재령 28일 또는 91일 압축강도

(3) 콘크리트 내구성

① 콘크리트는 구조물의 사용기간 동안 받는 여러 가지 물리적 및 화학적 작용에 대하여 충분한 내구성을 가져야 한다.
② 콘크리트 표준시방서에서의 물-결합재비는 원칙적으로 60% 이하여야 한다.
③ 일반 콘크리트, 경량골재 콘크리트, 포장 콘크리트, 한중 콘크리트 및 수중불분리성 콘크리트는 원칙적으로 공기연행 콘크리트로 하여야 한다.
④ 일반적으로 고강도 콘크리트에는 공기연행제를 사용하지 않는 것을 원칙으로 하지만, 기상의 변화가 심하거나 동결융해가 예상된다면 공기연행제를 사용하여야 한다.

(4) 콘크리트 중의 염화물 함유량 한도

① 콘크리트 중의 염화물 함유량은 콘크리트 중에 함유된 염소 이온의 총량으로 표시한다.
② 굳지 않은 콘크리트 중의 전 <u>염소이온량은 원칙적으로 0.30kg/㎥ 이하</u>로 한다.
③ 상수도물을 혼합수로 사용할 때 여기에 함유되어 있는 <u>염소이온량이 불분명한 경우</u>에는 혼합수로부터 콘크리트 중에 공급되는 염소이온량을 <u>0.04kg/㎥ 또는 250mg/L로 가정</u>할 수 있다.
④ 외부로부터 염소 이온의 침입이 우려되지 않는 철근콘크리트나 포스트텐션 방식의 프리스트레스트 콘크리트 및 최소 철근비 미만의 철근을 갖는 무근콘크리트 등의 구조물을 시공할 때, 염소이온량이 적은 재료의 입수가 매우 곤란한 경우에는 방청에 유효한 조치를 취한 후 책임기술자의 승인을 얻어 콘크리트 중의 전 염소이온량의 허용 상한값을 <u>0.60kg/㎥로 할 수 있다</u>.
⑤ 레디믹스트 콘크리트의 받아들이기 검사에서 염화물 함유량은 염소이온(Cl-)량으로서 0.30kg/㎥ 이하로 한다. 다만, <u>구입자의 승인을 얻은 경우에 0.60kg/㎥ 이하</u>로 할 수 있다.
⑥ 재령 28일이 경과한 굳은 콘크리트의 수용성 염소이온량은 다음 표의 값을 초과하지 않도록 하여야 한다.

[굳은 콘크리트의 최대수용성 염소 이온 비율]

부재의 종류	콘크리트 속의 최대수용성 염소이온량 (시멘트 질량에 대한 비율(%))
프리스트레스트 콘크리트	<u>0.06</u>
염화물에 노출된 철근콘크리트	0.15
건조한 상태이거나 습기로부터 차단된 철근콘크리트[1]	1.00
기타 철근콘크리트	0.30

[주] 1) 외부 대기조건에 노출되지 않고 습기로부터 차단된 건조한 상태의 실내 구조체의 콘크리트

(5) 콘크리트의 알칼리성

① 콘크리트는 시멘트와 물의 수화반응 결과물인 수산화칼슘의 알칼리는 <u>pH 12~13 정도인 강알칼리성으로 철근의 부식을 억제</u>한다.
② 이렇게 강알칼리성을 보이는 <u>수산화칼슘(pH 12~13)</u> 부분이 공기 중의 탄산가스와 반응하여 <u>탄산칼슘(pH 8.5~10)</u> 부분으로 되어 콘크리트의 알칼리성을 잃는 현상을 중성화 또는 탄산화라 한다.

UNIT 02 | 콘크리트 제조설비

1 저장설비

(1) 시멘트의 저장
① 시멘트는 방습적인 구조로 된 사일로 또는 창고에 품종별로 구분하여 저장하고, 시멘트의 풍화를 방지할 수 있어야 한다.
② 포대시멘트를 저장할 때는 창고의 마룻바닥과 지면 사이에 0.3m 정도의 거리를 두는 것이 좋다.
③ 포대시멘트를 쌓아서 저장하면 그 질량으로 인해 하부의 시멘트가 고결할 염려가 있으므로 시멘트를 쌓아 올리는 높이는 13포대 이하로 하는 것이 바람직하다.
④ 저장기간이 길어질 우려가 있는 포대시멘트는 7포대 이하로 쌓아 올리는 것이 좋다.
⑤ 저장 중에 약간이라도 굳은 시멘트는 공사에 사용하지 않아야 한다.
⑥ 3개월 이상 장기간 저장한 시멘트는 사용하기에 앞서 재시험을 실시하여 그 품질을 확인한다.
⑦ 시멘트의 온도가 너무 높을 때는 그 온도를 낮춘 다음 사용하는 것이 좋으며, 시멘트의 온도는 일반적으로 50℃ 정도 이하를 사용하는 것이 좋다.

(2) 골재 저장
① 잔골재와 굵은 골재는 분류하여 저장한다.
② 골재의 받아들이기, 저장 및 취급에 있어서 대소의 알이 분리되지 않도록 한다.
③ 골재의 저장설비에는 적당한 배수시설을 설치하고 지붕을 만들어 보관한다.
④ 겨울철에는 동결되어 있는 골재나 빙설이 혼입되어 있는 골재를 폐기한다.
⑤ 여름철에는 적당한 상옥시설을 하거나 살수를 하는 등 고온 상승 방지를 위한 적절한 시설에서 저정한다.
⑥ 레디믹스트 콘크리트의 경우 다음 사항을 지켜야 한다.
　㉠ 인공 경량 골재 저장설비에는 골재에 살수하는 설비를 갖추어야 한다.
　㉡ 골재의 저장설비는 종류, 품종별로 서로 혼합되지 않도록 한다.
　㉢ 골재 저장설비는 콘크리트 최대 출하량의 1일분 이상에 상당하는 골재량을 저장할 수 있는 크기로 한다.
　㉣ 믹서는 고정믹서로 하여야 하며, 각 재료를 충분히 혼합시켜 균일한 상태로 배출할 수 있어야 한다.
　㉤ 플랜트는 원칙적으로 각 재료를 위한 별도의 저장빈 또는 저장시설을 구비한다.
　㉥ 콘크리트 운반차는 트럭믹서나 트럭 애지테이터를 사용한다.
　㉦ 계량기는 서로 배합이 다른 콘크리트의 각 재료를 연속적으로 계량할 수 있어야 한다.
　㉧ 덤프트럭은 포장 콘크리트 중 슬럼프 25mm의 콘크리트를 운반하는 경우에 한하여 사용할 수 있다.

(3) 혼화재료의 저장

레디믹스트 콘크리트에 사용하는 혼화재료의 저장설비는 종류, 품종별로 구분하고, 혼화재료의 품질에 변화가 생기지 않도록 한다.

① **혼화재의 저장**
  ㉠ 취급 시에 비산하지 않도록 주의한다.
  ㉡ 장기간 저장한 혼화재는 사용하기 전에 시험을 실시하여 품질을 확인하여야 한다.
  ㉢ 방습적인 사일로 또는 창고 등에 품종별로 구분하여 저장하고 입하된 순서대로 사용하여야 한다.
  ㉣ 팽창재는 다량의 유리된 산화칼슘을 함유하고 있어 풍화되기 쉬운 재료이므로 통풍이 되지 않는 곳에 저장한다.
  ㉤ 포대 팽창재는 12포대 이하로 쌓아야 한다.
  ㉥ 포대 팽창재는 지상 0.3m 이상의 마루 위에 쌓아 운반이나 검사에 편리하도록 배치하여 저장하여야 한다.
  ㉦ 3개월 이상 장기간 저장된 팽창재는 저장기간이 길어진 경우에는 시험을 실시하여 소요의 품질을 갖고 있는 지를 확인한 후에 사용하여야 한다.
  ㉧ 벌크 상태의 팽창재 및 팽창재와 시멘트를 미리 혼합한 것은 양호한 밀폐상태에 있는 사이로 등에 저장하여 다른 재료와 혼합되지 않도록 하여야 한다.

② **혼화제의 저장**
  ㉠ 액상의 혼화제는 분리, 변질되거나 동결되지 않도록 하고, 분말상의 혼화제는 습기에 의해 굳어지는 일이 없도록 저장해야 한다.
  ㉡ 장기간 저장한 혼화제나 품질에 이상이 있는 혼화제는 사용하기 전에 시험을 실시하여 그 성능이 검증된 것을 확인한 후 사용하여야 한다.

2 계량 설비

(1) 콘크리트 재료의 계량

① 계량은 현장배합에 의해 실시하는 것으로 한다.
② 1배치량은 콘크리트의 종류, 비비기 설비의 성능, 운반 방법, 공사의 종류, 콘크리트의 타설량 등을 고려하여 정하여야 한다.
③ 각 재료는 1배치씩 질량으로 계량하는 것을 원칙으로 한다. 다만, 물과 혼화제 용액은 용적으로 계량해도 좋다.
④ 소규모 공사에서 시멘트나 혼화재가 포대로 공급되고, 1포대의 질량이 소정량 이상인 경우에는 포대단위로 계량해도 좋다.
⑤ 골재가 건조되어 있을 때의 유효흡수율 값은 골재를 적절한 시간 흡수시켜서 구한다.

⑥ 유효흡수율의 시험에서 골재에 흡수시키는 시간은 공사 현장의 사정에 따라 다르나 실용상으로 보통 15~30분간의 흡수율을 유효흡수율로 보아도 좋다.
⑦ 혼화제를 녹이거나 묽게 하는 데 사용하는 물은 단위수량의 일부로 보아야 한다.
⑧ 유동화제는 원액으로 사용하고, 미리 정한 소정의 양을 한꺼번에 첨가하며, 계량은 질량 또는 용적으로 계량하고, 그 계량오차는 1회에 3% 이내로 한다.
⑨ 계량설비의 계량정밀도는 임의 연속된 10 배치에 대하여 각 계량기기별, 재료별로 공사시작 전 및 공사 중에 1회/6개월 이상 검사해야 한다.

(2) 계량오차(m_0)

① 계량오차 산정식

$$\boxed{식}\ m_o = \frac{m_2 - m_1}{m_1}$$

여기서, m_0 : 계량오차[%]
m_1 : 목표 1회 계량 분량
m_2 : 저울에 의한 계측값

② 재료의 계량오차는 1회 계량분에 대하여 다음 값 이하로 한다.

재료의 종류	측정 단위	1회 재량 분량의 한계오차
물	질량 또는 부피	−2%, +1%
시멘트	질량	−1%, +2%
혼화재	질량	±2%
골재, 혼화제	질량(골재), 혼화제(질량 또는 부피)	±3%

※ 고로슬래그 미분말 계량오차의 최대값 : 1%

(3) 레디믹스트콘크리트의 경우 재료의 계량오차

① 제조 시 포대 팽창재를 사용하는 경우에는 포대수로 계산해도 되나, 1포대 미만의 것을 사용하는 경우에는 반드시 질량으로 계량하여야 한다.
② 팽창재는 시멘트와 혼합하지 않고 별도로 질량으로 계량하며, 그 오차는 1회 계량분량의 1% 이내로 하여야 한다.

3 콘크리트 비비기

(1) 비비기 일반사항
① 콘크리트의 재료는 반죽된 콘크리트가 균질하게 될 때까지 충분히 비벼야 한다.
② 비비기 시간은 시험에 따라 정하는 것을 원칙으로 한다.
③ 비비기를 시작하기 전에 미리 <u>믹서 내부를 모르타르로 부착시켜야</u> 한다.
④ 일반적으로 <u>물은 다른 재료보다 먼저 넣기 시작</u>하여 그 넣는 속도를 일정하게 유지하고, <u>다른 재료의 투입이 끝난 후 조금 뒤에 물의 주입을 끝내도록 한다</u>.
⑤ 연속믹서를 사용할 경우, 비비기 시작 후 <u>최초에 배출되는 콘크리트는 사용하지 않아야 한다</u>.
⑥ 강제혼합식 믹서 중 바닥의 배출구를 완전히 폐쇄시킬 수 없는 경우에는 <u>물을 다른 재료보다 일찍 주입</u>하여야 한다.
⑦ 비비기는 미리 정해 둔 비비기 시간의 <u>3배 이상 계속하지 않아야 한다</u>.
⑧ 콘크리트를 너무 오래 비비면 굵은 골재가 파쇄되는 등의 이유로 오히려 콘크리트에 나쁜 영향을 주게 된다.
⑨ 수중불분리성 콘크리트의 비비기는 제조설비가 갖추어진 배치플랜트에서 물을 투입하기 전 건식으로 20~30초를 비빈 후 전 재료를 투입하여 비비기를 하여야 한다.
⑩ 수중불분리성 콘크리트의 비비기에서 가경식 믹서를 이용하는 경우 콘크리트가 드럼 내부에 부착되어 충분히 비벼지지 못할 경우가 있기 때문에 믹서는 <u>강제식 배치믹서를 사용하여야 한다</u>.
⑪ 수중불분리성 콘크리트는 일반 콘크리트에 비하여 믹서에 걸리는 부하가 크기 때문에 소요품질의 콘크리트를 얻기 위하여 1회 비비기 양은 믹서의 <u>공칭용량의 80% 이하</u>로 하여야 한다.
⑫ 수중불분리성 콘크리트의 비비는 시간은 시험에 의해 콘크리트 소요의 품질을 확인하여 정하여야 하며, 비비기 시간은 <u>90~180분을 표준</u>으로 한다.
⑬ 섬유보강 콘크리트의 비비기에서 믹서는 <u>강제식 믹서를 사용하는 것을 원칙</u>으로 한다.

(2) 믹서의 종류
① **배치믹서** : <u>질량 계량 원칙</u>
　㉠ 중력식 믹서 : 가경식 믹서, <u>드럼 믹서</u>
　㉡ 강제식 믹서 : 팬형 믹서, 1축 믹서, 2축 믹서
② **연속믹서** : <u>용적계량 원칙</u>
　연속믹서에서는 재료를 1배치씩 계량하는 것이 어렵기 때문에 일반적으로 용적계량이 채용되고 있다.

(3) 시험을 하지 않는 경우의 최소 비비기 시간
① <u>**가경식 믹서** : 1분 30초 이상</u>
② <u>**강제식 믹서** : 1분 이상</u>

(4) 1일 콘크리트 사용량에 따른 믹서의 용량

식 1일 콘크리트 사용량 $Q = \dfrac{60 \times q \times E}{C_m}$

여기서 Q : 1일 콘크리트 사용량, q : 믹서의 용량
E : 작업효율, C_m : 1회 비벼내기 시간

UNIT 03 | 레디믹스트 콘크리트의 제조 및 운반

1 일반사항

레디믹스트 콘크리트란 콘크리트 제조설비를 갖춘 공장으로부터 구입자에게 배달되는 지점에서의 품질을 검증할 수 있는 굳지 않은 콘크리트를 말한다.

(1) 레디믹스트 콘크리트의 특징
① 공사기간을 단축시킬 수 있다.
② 비교적 균질의 콘크리트를 얻을 수 있다.
③ 압축강도는 운반시간과 운반방법 등에 따라 변화가 거의 없다.
④ 콘크리트 타설에 따른 가설경비를 절약할 수 있다.

(2) 레디믹스트 콘크리트의 재료
① **시멘트** : 표준에 적합한 것 또는 이와 동등 이상의 것을 사용한다.
② **골재** : 골재는 깨끗하고 단단하며 내구적인 것으로 적당한 입도를 가지며 점토덩어리, 유기물, 가늘고 긴 돌조각 등의 해로운 양을 포함해서는 안 된다.
  ㉠ 천연 골재(잔골재)는 염분의 한도가 0.04% 이하이어야 한다. 0.04%를 초과한 것에 대해서는 주문자의 승인을 얻어야 한다. 다만, 그 한도는 0.1%를 초과할 수 없다.

ⓒ 레디믹스트 콘크리트의 종류에 따른 굵은골재 최대치수

콘크리트의 종류	굵은골재 최대치수(mm)
보통콘크리트	20, 25, 40
경량콘크리트	13, 20
포장콘크리트	20, 25, 40
고강도콘크리트	13, 20, 25

③ **물** : 물은 규정에 적합한 것을 사용한다. 단, 고강도 콘크리트의 경우 회수수를 사용하여서는 안 된다.
  ㉠ 상수돗물(pH 5.8~8.5)은 시험을 하지 않아도 사용할 수 있다.
  ㉡ 상수돗물 이외의 물(지하수)인 경우는 시험 항목에 적합해야 한다.
  ㉢ 회수수를 사용하였을 경우, 단위 슬러지 고형분율이 3.0%를 초과하면 안 된다.
  ㉣ 레디믹스트콘크리트를 배합할 때, 회수수 중에 함유된 슬러지 고형분은 물의 질량에는 포함되지 않는다.
  ㉤ 슬러지수에서 슬러지 고형분을 침강 또는 기타 방법으로 제거한 물을 상징수라고 한다.
  ㉥ 상수돗물 이외의 물을 사용한 경우 모르타르 압축강도비는 재령 7일 및 28일에서 90% 이상이어야 한다.
  ㉦ 레디믹스트 콘크리트에서 단위수량의 상한치는 구입자와 생산자와 협의하고 콘크리트의 구조 설계기준 또는 콘크리트 시방서 등의 규정을 적용하여 지정된다.
④ **혼화재료** : 혼화재료는 표준에 적합한 것 또는 이와 동등 이상의 것으로 콘크리트 및 강재에 해로운 영향을 주지 않는 것이어야 한다.

(3) 레디믹스트 콘크리트의 재료 혼합방식에 따른 종류

① **센트럴 믹스트 콘크리트(Central Mixed Concrete)** : 제조공장에 있는 고정믹서에 혼합을 끝낸 콘크리트를 애지테이터 트럭 또는 트럭믹서로 교반하면서 배달지점에 운반하는 방법
② **쉬링크 믹스트 콘크리트(Shrink Mixed Concrete)** : 공장에 있는 고정믹서에서 어느 정도 혼합하고 트럭믹서 안에서 혼합을 완료하는 방법
③ **트랜싯 믹스트 콘크리트(Transit Mixed Concrete)** : 플랜트에서 재료를 계량하여 트럭믹서에 싣고, 운반 중에 물을 넣고 혼합하는 방법

(4) 레디믹스트 콘크리트의 슬럼프 및 슬럼프 플로의 허용오차

① 슬럼프의 허용오차

슬럼프	슬럼프 허용오차
25mm	±10mm
50mm 및 65mm	±15mm
80mm 이상	±25mm

② 슬럼프 플로의 허용오차

슬럼프 플로	슬럼프 플로 허용오차
500mm	±75mm
600mm	±100mm
700mm	±100mm

(5) 레디믹스트 콘크리트의 종류별 공기량

콘크리트의 종류	공기량	공기량의 허용오차
보통콘크리트	4.5%	±1.5
경량 콘크리트	5.5%	
포장 콘크리트	4.5%	
고강도 콘크리트	3.5%	

(6) 레디믹스트 콘크리트의 운반시간

① 트럭 믹서 및 트럭 에지테이터
  ㉠ 혼합하기 시작하고 나서 1.5시간 이내에 공사 지점에 배출할 수 있도록 운반한다. 다만, 주문자의 지시가 있을 때에는 운반시간의 한도를 단축 또는 연장할 수 있다.
  ㉡ 트럭 믹서 또는 트럭 에지테이터 내 콘크리트의 1/4과 3/4 부분에서 각각 시료를 채취하여 슬럼프 시험을 하였을 경우 양쪽의 슬럼프 차가 30mm 이내가 되어야 한다.

② 덤프트럭
  ㉠ 덤프트럭으로 콘크리트를 운반하는 경우, 운반 시간의 한도는 혼합하기 시작하고 나서 1시간 이내에 공사 지점에 배출할 수 있도록 운반한다.
  ㉡ 덤프트럭으로 운반했을 때 콘크리트의 1/3과 2/3의 부분에서 각각 시료를 채취하여 슬럼프시험을 하였을 경우 슬럼프의 차이가 20mm 이하여야 한다.
  ㉢ 덤프트럭은 포장 콘크리트 중 슬럼프 25mm의 콘크리트를 운반하는 경우에 한하여 사용할 수 있다.
  ㉣ 운반차는 혼합한 콘크리트를 충분히 균일하게 유지하여 재료분리를 일으키지 않고, 쉽고도 완전하게 배출할 수 있는 것이어야 한다.

(7) 콘크리트 비빔 시작부터 타설 종료까지의 시간 한도

① 외기 기온 25°C 미만 : 120분 이하(2시간 이하)
② 외기 기온 25°C 이상 : 90분 이하(1.5시간 이하)

(8) 배처 플랜트(Batcher Plant)

재료 저장, 계량 장치, 믹서, 혼합한 콘크리트의 배출 장치 등을 기능적으로 결합한 콘크리트의 제조 설비이며, 믹서의 시간당 혼합능력은 배처 플랜트에서 콘크리트의 생산능력을 나타낸다.
① 현장 여건의 변동이 발생했을 때는 레디믹스트 콘크리트 공장을 재설치할 필요는 없다.
② KS F 4009의 규정 및 심사기준을 참고로 하여 사용자료, 제 설비, 품질관리 상태 등을 조사하여 사용 목적에 맞는 공장을 선정하거나 설치하여야 한다.
③ 단일 구조물, 동일 공구에 타설하는 콘크리트는 가능한 1개 공장의 레디믹스트 콘크리트를 사용해야 한다.
④ 동일 공구에 부득이하게 2개 이상의 공장을 선정하는 경우 품질관리계획서에 의해 동일한 성능이 확보되도록 책임기술자가 확인하여야 한다.
⑤ 레디믹스트 콘크리트의 제조설비로서 믹서는 고정믹서로 한다.

(9) 레디믹스트 콘크리트의 주문 규격

골재 종류 　 굵은 골재의 최대치수 - 호칭강도 - 슬럼프값
보통 25-21-120

위의 주문 규격은 아래와 같이 해석된다.
① 보통 중량골재를 사용한 콘크리트이다.
② 슬럼프의 허용 오차는 ±25mm이어야 한다.
③ 굵은 골재의 최대치수가 25mm인 골재를 사용한 콘크리트이다.
④ 호칭강도가 21MPa인 콘크리트이다.
⑤ 슬럼프값이 120mm 이하인 콘크리트이다.

단원별 학습문제

01 시멘트의 저장에 대한 콘크리트 표준시방서의 규정 설명으로 틀린 것은?   17년 1회

① 시멘트는 방습적인 구조로 된 사일로 또는 창고에 품종별로 구분하여 저장하여야 한다.
② 시멘트의 온도가 너무 높을 때는 그 온도를 낮춘 다음 사용하여야 하며, 시멘트의 온도는 일반적으로 50℃ 정도 이하를 사용하는 것이 좋다.
③ 포대시멘트를 쌓아서 저장하면 그 질량으로 인해 하부의 시멘트가 고결할 염려가 있으므로 시멘트를 쌓아 올리는 높이는 13포대 이하로 하는 것이 바람직하다.
④ 6개월 이상 장기간 저장한 시멘트는 사용하기에 앞서 재시험을 실시하여 그 품질을 확인한다.

[해설]
3개월 이상 장기간 저장한 시멘트는 사용하기에 앞서 재시험을 실시하여 그 품질을 확인한다.

02 일반콘크리트 제조 시 목표하는 굵은골재의 1회 계량분은 1,030kg이다. 그러나 현장에서 계량된 굵은골재의 계량값은 1,070kg이었다. 이러한 경우의 계량오차를 구하고, 합격·불합격 여부를 정확하게 판단한 것은?   17년 2회

① 계량오차 1.94%, 합격
② 계량오차 1.94%, 불합격
③ 계량오차 3.88%, 합격
④ 계량오차 3.88%, 불합격

[해설]
- 1회 측정한 계량값: 1,030kg
- 굵은골재의 허용오차: ±3%
- 계량오차 m_o

$$= \frac{m_2 - m_1}{m_1} = \frac{1,070 - 1,030}{1,030} \times 100 = 3.88\%$$

∴ 계량오차 3.88%가 허용오차 3%를 벗어나므로 불합격

03 다음에서 콘크리트의 비비기에 사용되는 믹서 중 강제식 믹서가 아닌 것은?   17년 2회

① 드럼 믹서(drum mixer)
② 팬형 믹서(pan type mixer)
③ 1축 믹서(one shaft mixer)
④ 2축 믹서(twin shaft mixer)

[해설]
- 중력식 믹서: 가경식 믹서, 드럼 믹서
- 강제식 믹서: 팬형 믹서, 1축 믹서, 2축 믹서

04 콘크리트 비비기에 대한 설명으로 틀린 것은?   16년 1회

① 콘크리트의 재료는 반죽된 콘크리트가 균질하게 될 때까지 충분히 비벼야 한다.
② 가경식 믹서를 사용하고 비비기 시간에 대한 시험을 실시하지 않은 경우 그 최소시간은 1분 30초 이상을 표준으로 한다.
③ 강제식 믹서를 사용하고 비비기 시간에 대한 시험을 실시하지 않은 경우 그 최소시간은 2분 이상을 표준으로 한다.
④ 비비기는 미리 정해둔 비비기 시간의 3배 이상 계속하지 않아야 한다.

[해설]
- 가경식 믹서: 1분 30초 이상
- 강제식 믹서: 1분 이상

05 일반적인 레디믹스트 콘크리트의 주문 규격이 아래의 표와 같을 경우 다음 설명 중 틀린 것은? 18년 1회

> 보통 25-21-120

① 보통 중량골재를 사용한 콘크리트이다.
② 슬럼프의 허용 오차는 ±25mm이어야 한다.
③ 굵은 골재의 최대치수가 25mm인 골재를 사용한 콘크리트이다.
④ 설계기준 휨강도가 21MPa인 콘크리트이다.

[해설]
호칭강도가 21MPa인 콘크리트이다.

정답 05. ④

CHAPTER 02 콘크리트 시험

UNIT 01 굳지 않은 콘크리트의 시험

1 굳지 않은 콘크리트의 시험 종류

(1) 워커빌리티 시험(콘크리트 반죽질기 시험)

굳지 않은 콘크리트의 유동성 정도나 콘크리트를 다루는 작업들의 난이도를 측정하는 시험으로, 워커빌리티의 적부를 판정하는 반죽질기(consistency)와 관련된 시험의 종류는 다음과 같다.

① 슬럼프(Slump) 시험 : 콘크리트의 묽은 정도를 나타내는 콘크리트의 특성으로 보통 슬럼프값으로 표시된다.

② 플로우(Flow) 시험(흐름시험) : 충격을 받은 콘크리트 덩어리의 퍼짐 정도를 측정하는 것으로 콘크리트의 유동성과 분리저항성을 나타내는 것이다.

③ 비비 시험(Vee-Bee test)(VB 시험) : 포장콘크리트와 같이 단위수량이 매우 적은 배합의 콘크리트에 대해 슬럼프 시험으로 측정하기 어려운 된비빔콘크리트의 워커빌리티를 평가하는 시험이다.

④ 다짐계수 시험
  ㉠ 워커빌리티의 역수에 부합된다.
  ㉡ 다짐계수 시험은 주로 현장에서 실시된다.
  ㉢ 워커빌리티를 직접 측정하기 위한 시험은 아니지만 일정량의 일에 의해 이루어지는 다짐의 정도를 구하는 매우 신뢰성이 높고 시험방법이 간단하다는 장점이 있다.

⑤ 리몰딩 시험
  ㉠ 비비 시험과 마찬가지로 콘의 좌측에도 원통형 용기를 거치하여 콘을 들어올린 후 시험하는데, 플로우 시험과 마찬가지로 플로우 테이블을 사용하며, 받침대를 상하로 진동시켜 낙하충격에 의해 콘크리트가 수평이 되어 외측의 용기를 채우기까지의 받침대를 상하 진동시킨 횟수를 측정함으로써, 콘크리트의 형상이 변화하는데 필요한 일량을 측정함으로써 워커빌리티를 평가하는 시험이다.
  ㉡ 워커빌리티에 비례한다.

⑥ 구관입 시험(켈리볼 관입시험)

(2) 콘크리트의 공기량 시험

콘크리트의 공기량 측정법은 <u>질량법, 수주 압력법, 공기실 압력법, 용적법</u> 등이 있다.

(3) 콘크리트의 블리딩 시험

콘크리트의 유동성을 측정하기 위한 시험이 아니고 <u>재료의 분리에 대한 시험</u>이다.

(4) 콘크리트의 응결시험

<u>관입저항침</u>에 의한 콘크리트의 응결시간을 <u>초결과 종결로 구분하여 측정하는 시험</u>이다.

(5) 굳지 않은 콘크리트의 염화물이온 함유량 측정방법

굳지 않은 콘크리트의 염화물 분석 방법에는 <u>이온전극법, 흡광광도법, 질산은 적정법, 염화은 침전법, 모아법</u>, 전위차 적정법 등이 있다.

2 슬럼프 시험 [실기 작업형]

(1) 시험방법 및 순서

① 슬럼프콘 규격은 윗면의 <u>안지름 100mm, 밑면의 안지름 200mm, 높이는 300mm</u>이다.
② 슬럼프콘은 수평으로 설치하였을 때 수밀성이 있는 강제 평판 위에 놓고 누른 다음 시료를 거의 같은 양의 <u>3층으로 나누어서 채운다</u>.
③ 각 층은 다짐봉으로 고르게 한 후 <u>각층마다 25회씩 다지고</u> 각층 다짐봉의 다짐 깊이는 <u>그 앞 층에 거의 도달할 정도</u>로 한다.
④ 재료분리가 발생할 염려가 있는 경우에는 <u>다짐수를 줄일 수 있다</u>.
⑤ 최상층을 다 다졌으면 슬럼프콘에 채운 콘크리트의 윗면을 슬럼프콘의 상단에 맞춰 고르게 한 후 즉시 슬럼프콘을 가만히 연직방향으로 들어 올린다.
⑥ 슬럼프콘을 들어 올리는 <u>시간은 높이 300mm에서 2~3초</u>로 하며, 전 작업시간을 <u>3분 이내</u>로 끝낸다.
⑧ 공시체가 충분히 주저앉은 다음 <u>슬럼프콘의 높이와 공시체 밑면의 원 중심에서의 공시체 높이와의 차를 측정하여 슬럼프 값으로 한다</u>.
⑨ 슬럼프콘의 측정 높이에서 주저앉은 높이를 <u>5mm 정밀도로 측정</u>한다.

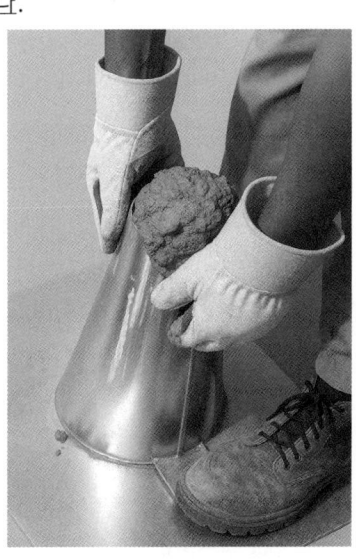

플라스틱하지 않은 상태   플라스틱한 상태

(2) 슬럼프와 여러 가지 특성과의 관계

① 슬럼프값은 <u>타설 장소에서의 값</u>이 중요하다.
② 슬럼프값이 너무 작으면 타설이 곤란하다.
③ 단위수량이 많고 슬럼프가 클수록 <u>재료분리가 일어나기 쉽다</u>.
④ 콘크리트의 온도가 높을수록 슬럼프는 감소된다.
⑤ <u>슬럼프가 클수록 공기량이 증가한다</u>.
⑥ 부순 잔골재를 사용한 콘크리트는 강모래를 사용한 콘크리트와 동일한 슬럼프를 얻기 위해서 <u>단위수량이 약 5~10% 정도 많이 요구된다</u>.
⑦ 콘크리트의 운반시간이 길어지거나 기온이 높은 경우에는 <u>슬럼프가 크게 감소</u>하므로 운반 중의 슬럼프 저하를 고려한 슬럼프값에 대하여 배합을 정해둬야 한다.
⑧ 슬럼프값은 진동기 사용 등 다짐 방법에 의해서도 변하게 된다.

3 비비 시험(Vee-Bee test)(VB 시험)

① 고유동 콘크리트의 컨시스턴시를 평가하기에 <u>가장 부적당한 방법</u>으로 비교적 <u>된비빔콘크리트에 적용하는 반죽질기시험</u>이다.
② 진동대 위에 원통 용기를 고정시켜 놓고 그 속에 슬럼프 시험과 같이 콘에 2층으로 콘크리트를 채우고 콘을 연직으로 들어 올린 후, <u>투명한 플라스틱 원판을 콘크리트면 위에 놓고 진동을 주어 원판의 전면에 콘크리트가 완전히 접할 때까지의 시간을 초로 측정</u>함으로써 워커빌리티를 평가하는 시험이다.

③ 워커빌리티에 비례한다.
④ VB 시험은 리몰딩 시험에서 발전한 것으로 리몰딩 시험 장치 내의 링을 생략하고, 낙하 대신에 진동으로 다짐을 실시한다.

4 공기량 시험(압력법) 실기 작업형

① 굵은골재 최대치수 40mm 이하의 보통의 골재를 사용한 콘크리트에 대해서는 적당하지만, 골재 수정계수가 정확히 구해지지 않는 인공 경량골재와 다공질의 골재를 사용한 콘크리트에 대해서는 적당하지 않다.
② 시험의 원리는 보일의 법칙을 기초로 한 것으로 워싱턴형 공기량 측정기를 이용하여 공기량을 측정한다.
③ 공기량 측정기의 용적은 물을 붓고 시험하는 경우(주수법) 적어도 5L로 하고, 물을 붓지 않고 시험하는 경우(무주수법)는 7L 정도 이상으로 한다.
④ 공기량을 측정한 콘크리트에서 150㎛의 체를 사용하여 시멘트 분을 씻어 낸 골재를 골재 수정계수 측정용 시료로 사용할 수 있다.
⑤ 용기 교정 시 용기 높이의 약 90%까지 물을 채운 후 연마 유리판을 상부에 얹고 남은 물을 더함과 동시에 연마 유리판을 플랜지에 따라 이동시키면서 물을 채운다.

(1) 용기의 최소용량

굵은골재의 최대치수[mm]	용기의 최소용량[L]
50 이하	6
80 이하	12

(2) 시험방법 및 순서

① 콘크리트 시료를 용기에 약 1/3씩 3층으로 나누어 채운다.

② 콘크리트를 고르게 분포시키며 각 층을 25회씩 다진다.
  ㉠ 콘크리트는 단면 전체를 균일하게 다져야 한다.
  ㉡ 다짐대가 그 밑층의 표면에 도달할 정도로 다진다.

③ 다짐대에 의해서 생긴 빈틈은 용기의 옆면을 나무망치로 10~15회 두드려 기포를 제거한다.

④ 가장 윗 층을 다진 후 목재 정규로 콘크리트의 표면을 긁어내어 평탄하게 하여 용기의 윗면과 일치시킨다.

⑤ 용기 플랜지의 윗면과 뚜껑 플랜지의 밑면을 완전히 닦은 후 뚜껑을 공기가 통하도록 가만히 용기에 얹어 공기가 새지 않도록 덮개를 조인다. 이때 공기실의 주밸브는 잠그고 배기구 밸브와 주수구 밸브를 열어 둔다.
⑥ 물을 넣을 경우에는 배기구에서 물이 나올 때까지 주수구에 물을 넣고, 배기구에서 기포가 나오지 않을 때까지 압력계를 가볍게 두들긴 다음 배기구와 주수구의 밸브를 잠그고 핸드 펌프로 공기실의 압력을 초기 압력 눈금에 일치시킨다.
⑦ 약 5초 후에 조절 밸브를 서서히 열고 압력계를 가볍게 두드려 압력계의 지침을 초기 압력 눈금에 일치시킨다.
⑧ 약 5초 후에 작동 밸브를 충분히 열고 용기의 측면을 나무(고무)망치로 두드린다.
⑨ 다시 작동 밸브를 충분히 열고 지침이 안정되고 나서 압력계의 눈금을 소숫점 이하 첫째 자리까지 읽는다(겉보기 공기량).
⑩ 아날로그식 압력계를 읽는 경우 압력계의 바늘을 손가락으로 가볍게 두드리고 나서 읽는다.

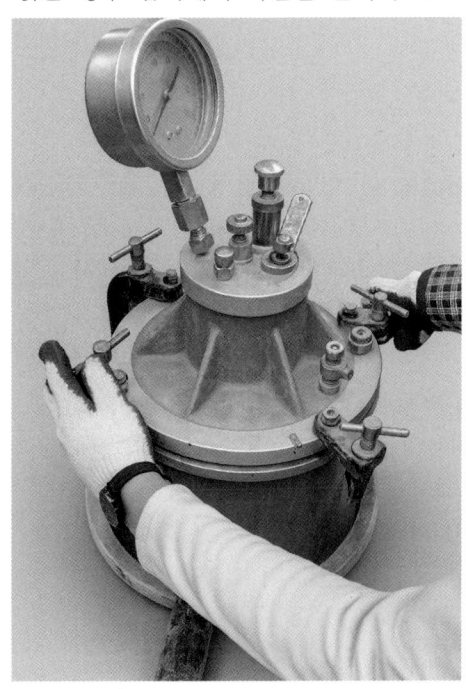

(3) 골재 수정계수의 측정을 위한 잔골재량과 굵은골재량의 계산

식 $m_f = \dfrac{V_C}{V_B} \times m'_f \qquad m_C = \dfrac{V_C}{V_B} \times m'_C$

여기서, m_f : 잔골재량[kg] m_C : 굵은골재량[kg]
　　　　V_C : 공기량 시험기 부피[L] V_B : 1배치의 부피[L]
　　　　m'_f : 잔골재 1배치량[kg] m'_C : 굵은골재 1배치량[kg]

(4) 콘크리트의 공기량 계산

콘크리트의 공기량은 <u>콘크리트의 겉보기 공기량에서 골재 수정계수를 뺀 값</u>으로 구한다.

$$\boxed{식}\ A(\%) = A_1 - G$$

여기서, A: 콘크리트의 공기량[%] A_1: 콘크리트의 겉보기 공기량   G: 골재 수정계수

5 콘크리트의 블리딩 시험

① 이 방법은 <u>굵은골재의 최대치수가 40mm 이하</u>인 콘크리트의 블리딩 시험방법에 대해 규정한다.
② 블리딩 용기의 치수는 <u>안지름 250mm, 안높이 285mm</u>로 한다.
③ 시험 중에는 <u>실온 (20±3)℃</u>로 한다.

(1) 시험방법 및 순서

① 혼합된 콘크리트를 <u>3층으로 나누어 용기에 넣고 각 층을 25회씩 다진</u> 다음 용기 주위를 10~15회 고무망치로 두드린다.
② 콘크리트를 채우고 콘크리트의 표면이 용기의 가장자리에서 <u>3±0.3cm(30±3mm) 낮아지도록</u> 고른다.
③ 시료와 용기를 진동이 없는 수평한 시험대 위에 놓고 뚜껑을 덮는다.
④ 최초로 기록한 시각에서부터 <u>60분 동안 10분마다</u> 콘크리트 표면에서 스며나온 물을 빨아낸다. 그 후는 블리딩이 정지할 때까지 <u>30분마다</u> 물을 빨아낸다.
⑤ 물을 쉽게 빨아내기 위하여 <u>2분 전에 두께 약 50mm의 블록</u>을 용기의 한쪽 밑에 주의 깊게 괴어 용기를 기울이고, 물을 빨아낸 후 수평위치로 되돌린다.
⑥ 빨아낸 물을 메스실린더에 옮긴 후 물의 양을 기록한다.
⑦ 블리딩이 정지하면 즉시 용기와 시료의 질량을 측정한다. 이때 시료의 질량은 빨아낸 블리딩에 의한 수량을 가산하여야 한다.

(2) 결과 계산

① 단위표면적당 블리딩량의 산정

$$\boxed{식}\ 블리딩량\ B_q = \frac{V}{A}\ (cm^3/cm^2)$$

여기서, V : 측정시간 동안 생긴 블리딩 물의 양(부피)[cm³]
         A : 콘크리트 윗면의 면적[cm²]

② 블리딩률의 산정

$$\text{[식] 블리딩률 } B_r = \frac{B}{W_s} \times 100(\%), \text{ 시료 중의 물의 질량 } W_s = \frac{W}{C} \times S$$

여기서, B : 블리딩에 의한 물의 질량
W_s : 시료 중의 물의 질량
W : 콘크리트 1㎥의 단위수량
C : 콘크리트의 단위용적질량
S : 시료의 질량

6 콘크리트의 응결시험

① 콘크리트에서 4.75㎜ 체를 사용하여 습윤 체가름 방법으로 모르타르 시료를 채취한다.
② 관입저항값이 <u>3.5MPa</u>이 될 때까지의 경과시간을 초결시간으로 한다.
③ 관입저항값이 <u>28.0MPa</u>이 될 때까지의 경과시간을 종결시간으로 한다.
④ 6회 이상 시험하며, 관입저항 측정값이 적어도 <u>28MPa이 될 때까지 시험을 계속한다</u>.
⑤ <u>침의 관입깊이가 25mm가 될 때까지</u> 소요된 힘을 침의 지지 면적으로 나누어 관입저항을 계산한다.
⑥ 재하장치는 침의 관입을 일으킬 수 있을 만큼의 힘을 일으킬 수 있어야 하며, 정확도는 <u>10N으로 관입력</u>(penetration force)을 잴 수 있고 <u>최소용량 600N</u>을 가진 것으로 한다.

UNIT 02 굳은 콘크리트 관련 시험

1 콘크리트 압축강도 시험

(1) 공시체의 형상과 치수

공시체의 형상과 치수에 따라 콘크리트 압축강도에 영향을 미친다.
① 표준공시체는 높이가 지름의 두 배인 원주형이며, 굵은골재 최대치수가 50㎜ 이하인 경우에는 지름 15cm, 높이 30cm의 치수(<u>ø150×300㎜ 원주형 공시체</u>)를 원칙으로 한다.
② 압축강도 시험을 위한 공시체는 지름의 2배의 높이를 가진 원기둥형으로 하며, 그 지름은 굵은골재의 최대치수의 3배 이상, <u>100mm 이상</u>으로 한다.
③ 공시체의 <u>지름은 0.1mm, 높이는 1mm까지 측정</u>한다.

④ 공시체의 지름은 높이의 중앙에서 서로 직교하는 2방향에 대하여 측정한다.
⑤ 질량의 0.25% 이하의 눈금을 가진 저울로 질량을 측정한다.
⑥ 공시체의 질량을 측정할 때 공시체를 충분히 건조시키지 않고 공시체 <u>표면의 물을 모두 닦아낸 후에 측정한다</u>.
⑦ 공시체의 <u>치수가 클수록 압축강도는 작아진다</u>.
⑧ 재하속도가 <u>빠를수록 압축강도는 커진다</u>.
⑨ 공시체는 건조상태보다 <u>습윤상태에서 압축강도가 작아진다</u>.
⑩ 공시체의 지름에 대한 높이의 비(<u>H/D)가 작을수록</u>, 또는 높이가 낮을수록 압축강도는 커진다.

(2) 공시체 제작

① 콘크리트를 몰드에 채울 때 2층 이상으로 거의 동일한 두께로 나눠서 채우며, 각 층의 두께는 160mm를 초과해서는 안 된다.
② 다짐봉을 사용하여 콘크리트를 다져 넣을 때 각 층은 적어도 <u>1,000mm²에 1회의 비율</u>로 다지도록 하고 <u>다짐봉이 바로 아래의 층까지 닿도록</u> 한다.
③ 공시체 몰드의 떼는 시기는 채우기가 끝나고 나서 16시간 이상 3일 이내로 한다.

(3) 표면처리

① 공시체 표면의 요철을 없애기 위해 캐핑(capping)을 하거나 전용 연마기로 연마하여 표면을 평면으로 만든 다음 강도시험을 한다.
② 캐핑용 재료를 사용하여 공시체의 캐핑을 할 때 캐핑층의 두께는 <u>공시체 지름의 2%를 넘어서는 안 된다</u>.

(4) 양생

① 공시체는 20±3℃의 강도시험을 할 때까지 습윤양생을 한다.
② 공시체는 소정의 양생이 끝난 직후의 상태에서 시험을 할 수 있도록 한다.

(5) 하중 재하

① 상하의 가압판의 크기는 공시체의 지름 이상으로 하고, <u>두께는 25mm 이상</u>으로 한다.
② 시험기의 가압판과 <u>공시체의 사이에 쿠션재를 넣어서는 안 된다</u>. (다만, 언본드 캐핑에 의한 경우는 제외한다)
③ 공시체를 공시체 지름의 <u>1% 이내의 오차</u>에서 그 중심축이 가압판의 중심과 일치하도록 놓고 시험을 실시한다.
④ 압축강도 실험 시 가력속도는 콘크리트의 압축강도에 크게 영향을 미치므로 <u>압축강도 시험</u>에서 공시체에 하중을 가하는 속도는 압축응력도의 증가율이 매초 <u>(0.6±0.2)MPa</u>이 되도록 한다.

(6) 압축강도 계산(σ)

$$\boxed{식}\ \sigma = \frac{P}{A}$$

여기서, P : 최대 압축력, A : 공시체 단면적

① 현장 또는 실험실에서는 지름 100mm, 높이 200mm의 원주형 공시체도 많이 사용하며, 이 경우에는 표준공시체에 비해 약 3% 정도 압축강도가 크게 나온다. 따라서 이를 보정하기 위한 <u>강도보정계수 0.97</u>을 곱하여 사용한다.
② 표준공시체 이외의 공시체를 사용하는 경우에는 적절한 강도보정이 되어야 하는데 150mm의 입방체 공시체의 경우는 <u>보정계수 0.8</u>을, 그리고 200mm의 입방체 공시체의 경우에는 <u>0.83의 보정계수</u>를 사용하여야 한다.

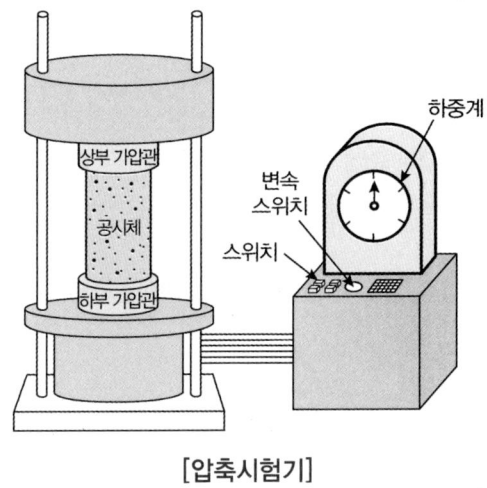

[압축시험기]

(7) 레디믹스트 콘크리트 강도

① 레디믹스트 콘크리트의 강도는 강도시험을 한 경우 다음 규정을 만족하여야 한다.
  ㉠ 1회의 강도시험 결과는 구입자가 지정한 <u>호칭강도 값의 85% 이상</u>이어야 한다.
  ㉡ 3회의 강도시험 결과의 평균치는 구입자가 지정한 <u>호칭강도 값 이상</u>이어야 한다.

② 콘크리트의 강도시험 횟수
  ㉠ 콘크리트의 강도시험 횟수는 원칙적으로 <u>1회/일, 120㎥당 1회의 비율</u>로 배합이 변경될 때마다 실시한다.
  ㉡ 1회의 시험 결과는 임의의 1개 운반차로부터 채취한 시료로 3개의 공시체를 제작하여 시험한 평균값으로 한다.

2 콘크리트 인장강도 시험

(1) 시험방법
① **직접인장강도 시험** : 조임장치에서의 오차로 인해 부정확한 결과를 얻게 되기 쉬우므로 잘 사용하지 않는다.
② **간접인장강도 시험** : 쪼갬인장강도 시험이 일반적으로 많이 사용되지만, 일종의 편법시험이므로 인장강도의 표준으로 볼 수 없다.

(2) 쪼갬인장강도 시험(Splitting Tensile Test)
① 공시체 제작
  ㉠ 압축강도 표준공시체와 동일하게 지름 150mm, 길이 300mm 크기의 원주형 공시체를 양생하여 만든다.
  ㉡ 쪼갬인장강도 시험용 공시체의 지름은 굵은골재 최대치수의 4배 이상, 150mm 이상으로 한다.
  ㉢ 공시체를 제작할 때 다짐봉에 의한 다짐 횟수는 각 층당 18회 정도로 한다.
  ㉣ 공시체를 제작할 때 몰드를 떼는 시기는 콘크리트 채우기가 끝나고 나서 16시간 이상 3일 이내로 한다.
② 공시체를 옆으로 놓은 다음 상하 방향에서 가압하여 공시체를 쪼개어 쪼개질 때의 파괴하중 P로부터 인장강도를 구한다.

$$f_{sp} = \frac{2P}{\pi dL}$$

여기서, f_{sp} : 쪼갬인장강도[MPa, N/mm²], P : 시험기에 측정된 최대하중[N]
d : 공시체 지름[mm], L : 공시체 길이[mm]

(3) 하중 재하
공시체에 하중을 가하는 속도는 인장 응력도의 증가율이 매초 0.06±0.04MPa이 되도록 한다.

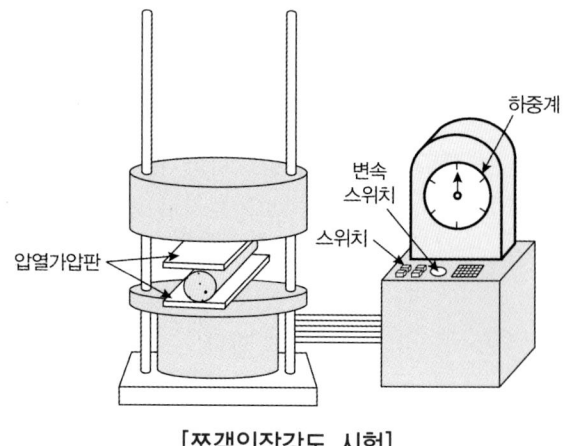

[쪼갬인장강도 시험]

(4) 푸아송비(ν)

$$\boxed{식}\ \nu = \frac{1}{m} = -\frac{\beta}{\epsilon} = -\frac{\frac{\Delta d}{d}}{\frac{\Delta L}{L}}$$

여기서, m : 푸아송수
  β : 가로 변형률
  ϵ : 세로 변형률

3 콘크리트 휨강도 시험

휨강도는 파괴계수라고도 하며 대략적인 크기는 압축강도의 1/5~1/8 정도이다.

(1) 시험 종류

① **3등분 재하법(4점 재하법)** : 휨강도 시험결과가 중앙점 재하방법보다 더 작게 나온다.
② **중앙점 재하법** : 휨강도 시험결과가 4점 재하방법보다 더 크게 나온다.

(2) 공시체 제작

① 휨강도 시험용 공시체의 한 변의 길이는 굵은골재 최대치수 4배 이상, 100㎜ 이상으로 한다.
② 휨강도 시험용 공시체의 길이는 단면의 한 변의 길이의 3배보다 80㎜ 이상 긴 것으로 한다.
③ 휨강도 시험용 공시체를 제작할 때 다짐봉을 이용하여 콘크리트를 몰드에 채울 경우는 2층 이상의 거의 같은 층으로 나누어 채운다.

(3) 시험방법

① 3등분점(4점) 재하법에 따라 공시체의 휨강도를 측정하는 방법이다.
② 3등분점(4점) 재하 장치에서 <u>지간은 공시체 높이의 3배로 한다</u>.
③ 재하 장치의 설치 면과 공시체 면과의 사이에 틈새가 생기는 경우, 접촉부의 공시체 표면을 평평하게 갈아서 잘 접촉할 수 있도록 한다.
④ 공시체에 하중을 가할 때는 공시체에 충격을 가하지 않도록 <u>일정한 속도로 하중을 가하여야 한다</u>.
⑤ **휨강도 시험**에서 공시체에 하중을 가하는 속도는 가장자리 응력도의 증가율이 매초 <u>(0.06±0.04)MPa</u>이 되도록 조정하고, 최대하중이 될 때까지 그 증가율을 유지하도록 한다.

(4) 결과 계산

① **3등분 재하법(4점 재하법)**

㉠ 공시체가 인장쪽 표면의 지간 방향 중심선의 3등분점(4점) 사이에서 파괴되었을 때는 휨강도는 다음 식으로 산출한다.

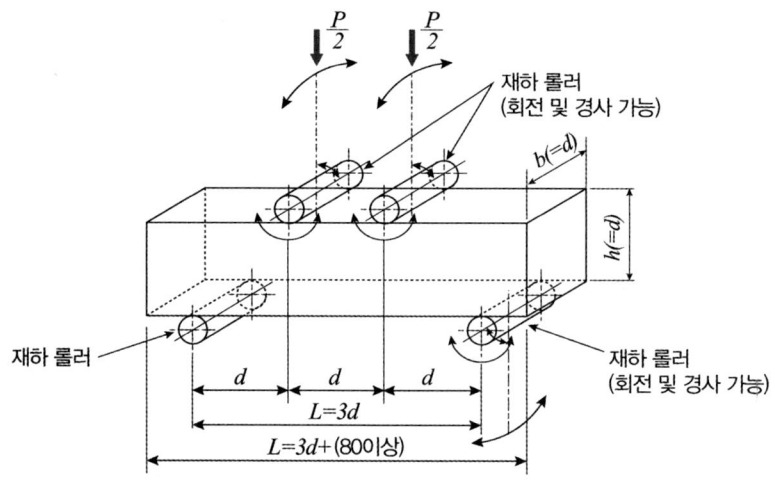

$$\boxed{식}\ f_b = \frac{M}{Z} = \frac{\frac{PL}{6}}{\frac{bd^2}{6}} = \frac{PL}{bd^2}$$

여기서, f_b : 휨강도(MPa) P : 시험기가 나타내는 최대 하중(N)
L : 지간(mm)   b : 파괴 단면의 너비(mm)
h : 파괴 단면의 높이(mm)

㉡ 공시체가 인장쪽 표면의 지간 방향 중심선의 3등분점(4점)의 바깥쪽에서 파괴된 경우는 그 시험 결과를 무효로 한다.

② **중앙점 재하법**

중앙점 재하법에 따라 경화콘크리트 공시체의 휨강도 시험을 하는 경우의 표준을 나타내는 것으로 3등분 재하법(4점 재하법)과는 산정식이 다르다.

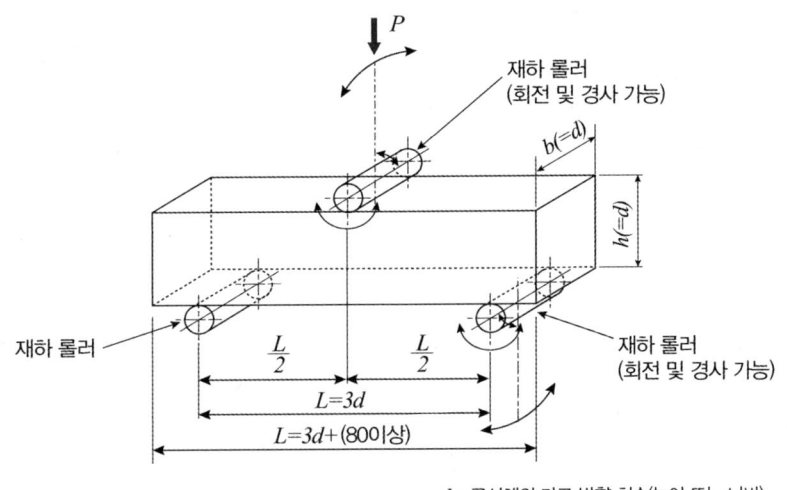

$$\boxed{식}\ f_b = \frac{M}{Z} = \frac{\frac{PL}{4}}{\frac{bd^2}{6}} = \frac{3PL}{2bd^2}$$

여기서, f_b : 휨강도(MPa)　　　　　P : 시험기가 나타내는 최대 하중(N)
　　　L : 지간(mm)　　　　　　　　b : 파괴 단면의 너비(mm)
　　　h : 파괴 단면의 높이(mm)

4 콘크리트 강도 시험용 공시체 제작 방법 비교

① **콘크리트의 압축강도 시험용 공시체 지름** : 골재 최대치수의 <u>3배 이상 & 100mm 이상</u>
② **쪼갬인장강도 시험용 공시체 지름** : 골재 최대치수의 <u>4배 이상 & 150mm 이상</u>
③ **휨강도 시험용 공시체**
　　㉠ 공시체 한 변의 길이 : 골재 최대치수의 <u>4배 이상 & 100mm 이상</u>
　　㉡ 공시체 길이 : 단면의 <u>한 변의 길이 3배보다 80mm 이상</u> 긴 것

5 콘크리트 피로강도 시험

① 콘크리트 부재가 반복하중을 받게 되면 <u>적정강도보다 낮은 응력하에서도 파괴</u>되며, 이러한 현상을 피로파괴라 한다.
② 반복하중에 의한 <u>최대응력과 최소응력의 비가 증가할수록 콘크리트의 피로강도는 감소</u>한다.

③ 굵은골재의 최대치수를 낮추면 콘크리트의 피로강도는 증가한다.
④ 콘크리트의 피로강도는 반복하중과 반복하중 사이의 휴지기간(rest periods)의 영향을 받는다.
⑤ S-N 곡선

S-N 곡선이란 반복응력(S)과 파괴까지의 반복횟수(N)의 관계 곡선을 의미하는 것으로 부재의 피로강도의 특성을 나타낸다.

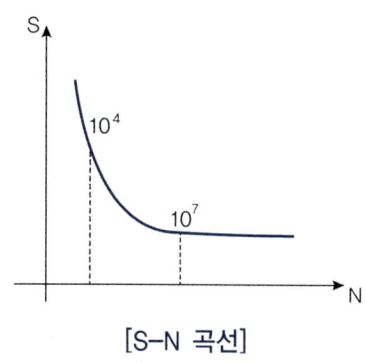

[S-N 곡선]

6 콘크리트 코어 채취와 압축강도 시험

① 작업이 용이한 곳에서 길이 100mm 이상으로 직경의 2배 정도로 콘크리트 코어를 채취하여 압축강도를 측정하는 파괴시험의 일종이다.
② 콘크리트 강도가 현저히 부족하다고 판단될 때에는, 문제된 부분에서 코어를 채취하고 채취된 코어의 시험을 KS F 2422에 따라 수행하여야 한다.

7 콘크리트의 비파괴시험의 종류

① 표면경도법(슈미트 해머법) : 재료의 반동 경도를 측정하여 강도를 추정하는 방법
② 인발법(Pull-out Test) : 콘크리트 중에 파묻힌 가력 Head를 지닌 Insert와 반력 Ring을 사용하여 원추 대상의 콘크리트 덩어리를 뽑아낼 때의 최대 내력에서 콘크리트의 압축강도를 추정하는 방법
  ㉠ preset법 : 인발용 치구를 콘크리트 타설 전에 미리 파묻어 두는 시험법
  ㉡ postset법 : 콘크리트 경화 후에 Hole-in-Insert나 Chemical Insert 등을 이용하여 인발볼트를 정착하는 시험법
③ 초음파법(초음파속도법)
  ㉠ 콘크리트 내를 관통하는 초음파의 전파속도를 측정하여 해당 물체의 압축강도나 균열깊이, 내부결함을 알아낼 수 있는 비파괴시험
  ㉡ 콘크리트 중의 음속은 측정조건, 사용 골재의 종류와 양, 콘크리트의 함수 상태, 내부 철근의 양과 배합 등 많은 요인의 영향을 받으므로 음속만으로 콘크리트 압축강도의 정도를 정확하게 추정하는 것은 어렵다.

ⓒ 측정법으로는 직접법, 표면법, 간접법 등이 있다.
② 기존 콘크리트 구조물의 구조체 콘크리트의 품질관리, 거푸집 및 동바리의 제거 시기 결정 등에 활용되고 있다.
⑩ 음속법인 경우의 적용 강도 범위는 주로 10~60MPa을 대상으로 하고 있다.

> **참고** 콘크리트 비파괴검사에 의하여 검사할 수 있는 항목
> ① 콘크리트 강도
> ② 철근부식 유무
> ③ 콘크리트 부재의 크기(치수, 두께)
> ④ 균열 깊이

8 모르타르 및 콘크리트의 길이 변화 시험

(1) 길이 변화 시험의 특성
① 콘크리트의 건조수축 특성을 평가하기 위해 실시한다.
② 공시체의 개수는 동일 조건의 시험에 대해 3개 이상으로 한다.
③ 사용하는 콘크리트 공시체의 너비는 높이와 같이 하되, 굵은골재의 최대치수의 3배 이상으로 한다.

(2) 시험 종류
① 공시체의 측면길이 변화를 측정하는 방법 : 콤퍼레이터 방법, 콘텍트 게이지 방법
② 공시체 중심축의 길이 변화를 측정하는 방법 : 다이얼 게이지 방법

(3) 길이 변화율의 산출

$$\text{길이 변화율(\%)} = \frac{(x_{01} - x_{02}) - (x_{i1} - x_{i2})}{L_o} \times 100$$

여기서, L_o : 기준길이
x_{01}, x_{02} : 기준 시점에서의 측정치
x_{i1}, x_{i2} : 측정 시점에서의 측정치

UNIT 03 | 내구성 관련 시험

1 탄산화(중성화) 판정 시험

(1) 탄산화(중성화)의 정의 및 특성

① 탄산화(중성화)란 경화한 콘크리트 중의 수산화칼슘(pH 12~13)이 공기 중의 탄산가스(이산화탄소)와 반응하여 탄산칼슘으로 변화한 부분의 pH가 8.5~10 정도로 낮아지는 현상을 말한다.

$$\text{식} \quad Ca(OH)_2 + CO_2 \rightarrow CaCO_3 + H_2O$$

② 탄산화에 의해 물리적 열화가 생기는 것은 콘크리트 내부 철근의 녹슬음에 의한 경우가 대부분이다.
③ 탄산화는 콘크리트의 <u>외부에서부터 내부를 향해 진행</u>된다.
④ 콘크리트의 탄산화 깊이 및 탄산화 속도는 구조물의 건전도 및 잔여수명을 예측하는데 중요한 판단요소가 된다.
⑤ 탄산화의 효과는 콘크리트의 <u>반발경도를 증가</u>시킨다. 따라서 재령보정계수를 사용하여 탄산화로 인한 반발경도의 변화를 보상할 수 있다.
⑥ 물-결합재비가 크면 탄산화(중성화)는 빠르게 진행된다.
⑦ 콘크리트의 탄산화가 진행되면 수축이 일어난다.
⑧ 콘크리트의 탄산화는 공기 중의 탄산가스의 농도가 높을수록 또한 <u>온도가 높을수록</u> 탄산화 속도는 빨라진다.

(2) 탄산화 시험방법

콘크리트 탄산화 깊이 측정시험 : 페놀프탈레인법, 시차열 중량 분석법에 의한 방법, X선 회절에 의한 방법, 전기화학적 방법 등 다양한 방법이 있으며 이중 <u>페놀프탈레인법</u>이 가장 많이 사용되고 있다.

① <u>페놀프탈레인법</u> : 콘크리트의 파쇄 면에 페놀프탈레인 1%의 에탄올 용액을 분사하는 방법
　㉠ 가장 간단하고 결과도 정확하다.
　㉡ 지시약(<u>페놀프탈레인 1%의 에탄올 용액</u>)은 pH 9.0 또는 10 이하 즉 중성화된 부분에서는 착색되지 않으며 그보다 높은 pH(알칼리 부분)에서는 <u>붉은 보라색 또는 적색</u>을 나타낸다.
　㉢ 페놀프탈레인 1%의 에탄올 용액을 분사시키면 <u>탄산화(중성화)된 부분은 변색하지 않지만 알칼리 부분은 붉은 보라색 또는 적색으로 변한다.</u>

② 코어 공시체 채취에 의한 방법
　㉠ 콘크리트 공시체는 압축강도기 등을 이용하여 쪼갠 뒤 그 파단면에 시험용액을 분무하는 것이 좋다.
　㉡ 코어 지름은 굵은 골재 최대 치수의 3배 이상으로 하고, 코어 길이는 철근의 피복두께 정도로 한다.

(3) 탄산화(중성화)의 산정 방법과 방지책
① **탄산화 진행 속도** : 콘크리트 표면으로부터 탄산화 부분과 비탄산화 부분의 경계면까지의 길이(A)와 경과한 시간(t)의 함수로 나타낸다.
② **탄산화 깊이 산정식** $X = A\sqrt{t}$
③ 탄산화(중성화)의 진행 속도는 시간의 제곱근에 비례한다.
④ 중성화를 방지하기 위해서는 양질의 골재를 사용하고 물-시멘트비를 작게 하는 것이 좋다.

2 동결융해 시험

(1) 급속 동결융해에 대한 콘크리트의 저항시험의 일반사항
① 동결융해 1사이클의 소요시간은 2시간 이상, 4시간 이하로 한다.
② 동결융해 1사이클은 공시체 중심부의 온도를 원칙으로 하며 원칙적으로 4℃에서 −18℃로 떨어지고, 다음에 −18℃에서 4℃로 상승하는 것으로 한다.
③ 공시체의 중심과 표면의 온도차는 항상 28℃를 초과해서는 안 된다.
④ 시험의 종료는 300사이클로 하며, 그때까지 상대동탄성계수가 60% 이하가 되는 사이클이 있으면 그 사이클에서 시험을 종료한다.
⑤ 내동해성은 동결융해를 반복한 공시체의 동탄성계수에 의해 평가할 수 있다.
⑥ 기포 간의 간격을 나타내는 기포간격계수(기포 간의 거리)가 클수록 유수압이 커서 동결 시 팽창 압력의 분산이 어려워 내동해성이 떨어진다.
⑦ 연행공기는 내동해성 향상에 효과적이다.
⑧ 흡수율이 큰 연석은 동결 시 팝 아웃(Pop-out)을 유발시킨다.

(2) 급속 동결융해에 대한 저항시험의 종류
① 수중 급속 동결융해 시험방법(A형)
② 기중 급속 동결 후 수중 융해 시험방법(B형)

(3) 내구성지수(DF)의 계산
내구성지수가 크다는 것은 동결융해의 저항성이 우수하다는 것을 말한다.

$$\boxed{식}\ DF = \frac{P \times N}{M}$$

여기서, P : 동결융해 N 사이클일 때의 상대동탄성계수[%]
N : P가 사전에 결정된 값에서의 동결융해 사이클 수
M : 동결융해 노출이 끝날 때의 사이클 수(300)

3 경화콘크리트 속에 함유된 염화물이온 함유량 측정

(1) 염화물이온 함유량 측정방법
① 흡광 광도법
② 질산은 적정법
③ 이온 크로마토그래피법(이온전극법)
④ 전위차 측정법
⑤ 염화은 침전법
⑥ 모아법

(2) 염화물이온량 측정용 지시약
① 질산은
② 티오시안산 제2수은
③ 크롬산칼륨
④ 염화은

4 철근부식 유무를 평가하는 비파괴시험

① **전기저항법** : 피복콘크리트의 전기저항을 측정함으로써 그 부식성 및 철근의 부식 속도에 관계하는 정보를 얻을 수 있으며, 일반적으로 4점 전극법을 사용하는 방법
② 자연전위법
③ 분극저항법

5 콘크리트 시료의 산-가용성 염소이온 함유량 시험

(1) 콘크리트의 질량에 대한 염화물량[%]의 산정

$$\text{염화물량 Cl}^-[\%] = \frac{3.545(V_1 - V_2)N}{W}$$

여기서, V_1 : 적정시험에 사용된 질산은 용액의 부피[mL]
V_2 : 바탕적정에 사용된 질산은 용액의 부피[mL]
N : 질산은 용액의 농도[N]
W : 콘크리트 시료의 질량[g]

(2) 콘크리트 중에 함유된 염소이온량의 산정

> [식] 콘크리트 중에 함유된 염소이온량 = 염화물량 $\times \dfrac{U}{100}$
>
> 여기서, U : 콘크리트의 단위용적질량[kg/㎥]

단원별 학습문제

01 굳지 않은 콘크리트 워커빌리티를 나타내는 하나의 지표이며, 콘크리트의 묽은 정도를 나타내는 콘크리트의 특성으로 보통 슬럼프값으로 표시되는 것은? 　　　　　　20년 3회

① 성형성　　② 수밀성
③ 마감성　　④ 반죽질기

> **[해설]**
> **반죽질기(consistency)**
> 주로 수량이 많고 적음에 따른 반죽이 되고 진 정도를 나타내는 굳지 않는 콘크리트의 성질로 보통 슬럼프값으로 표시된다.

02 다음 중 콘크리트의 공기량 측정법으로 사용되지 않는 방법은? 　　　　　　22년 2회

① 질량법　　② 초음파법
③ 수주 압력법　　④ 공기실 압력법

> **[해설]**
> • **콘크리트의 공기량 측정법** : 질량법, 수주 압력법, 공기실 압력법
> • **초음파법** : 콘크리트 내를 관통하는 초음파의 전파속도를 측정하여 해당 물체의 압축강도나 균열깊이, 내부결함을 알아낼 수 있는 비파괴시험

03 굳지 않은 콘크리트의 염화물 분석 방법이 아닌 것은? 　　　　　　19년 1회

① 분극 저항법　　② 이온 전극법
③ 흡광광도법　　④ 질산은 적정법

> **[해설]**
> • **콘크리트의 염화물 분석 방법** : 이온 전극법, 흡광광도법, 질산은 적정법, 전위차 적정법
> • **분극 저항법** : 콘크리트 구조물 중 철근의 부식속도와 밀접한 관계가 있는 내부철근의 부식, 부식에 의해 피복콘크리트에 균열 등의 상황 파악을 할 수 있다.

04 콘크리트의 슬럼프시험 방법에 대한 설명으로 틀린 것은? 　　　　　　16년 2회

① 슬럼프 콘은 뒷면의 안지름 100㎜, 밑면의 안지름이 200㎜, 높이 300㎜ 및 두께 1.5㎜ 이상인 금속재로 한다.
② 슬럼프 콘에 시료를 넣고 각 층을 다질 때 다짐봉의 깊이는 그 앞 층에 약 50㎜ 정도의 깊이로 들어가도록 다진다.
③ 슬럼프 콘에 콘크리트를 채우기 시작하고 나서 슬럼프 콘의 들어 올리기를 종료할 때까지의 시간은 3분 이내로 한다.
④ 슬럼프 콘을 들어 올리는 시간은 높이 300㎜에서 2~3초로 한다.

> **[해설]**
> 슬럼프콘에 시료를 넣고 각 층을 다질 때 다짐봉의 깊이는 그 앞 층에 거의 도달할 정도로 다진다.

정답 01. ④　02. ②　03. ①　04. ②

05 압력법에 의한 굳지 않은 콘크리트의 공기량 시험 방법(KS F 2421)에 대한 설명으로 틀린 것은? 15년 3회

① 공기량 측정기의 용적은 물을 붓고 시험하는 경우 적어도 7L로 하고, 물을 붓지 않고 시험하는 경우는 5L 정도 이상으로 한다.
② 이 시험방법은 최대치수 40mm 이하의 보통골재를 사용한 콘크리트에 대해서 적용한다.
③ 시험의 원리는 보일의 법칙을 기초로 한 것이다.
④ 시료를 용기에 채우고 다지는 방법으로는 다짐봉 또는 진동기를 사용하는 방법이 있으며, 슬럼프 8cm 이상의 경우는 진동기를 사용하지 않는다.

[해설]
공기량 측정기의 용적은 물을 붓고 시험하는 경우(주수법)는 적어도 5L로 하고, 물을 붓지 않고 시험하는 경우(무주수법)는 7L 정도 이상으로 한다.

CHAPTER 03 콘크리트의 품질

UNIT 01 콘크리트 공사의 품질관리

1 품질관리(QC)

품질관리란 작업의 결과에 대하여 <u>품질의 목표를 정하고 달성되도록 검토</u>하고 시행방법을 수정하여 문제의 재발을 방지 및 관리하는 것을 말한다.

(1) 품질관리 Cycle의 4단계

<u>계획(Plan, P) → 실시(Do, D) → 체크(Check, C) → 조치(Action, A)</u>

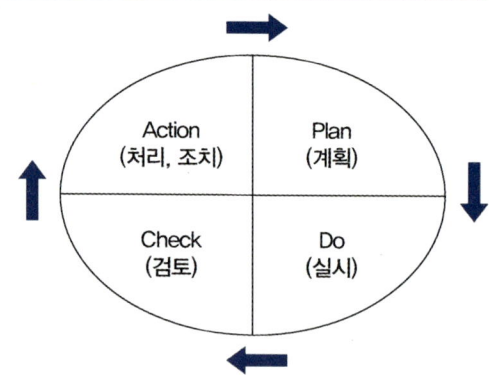

(2) 품질관리의 발전과정

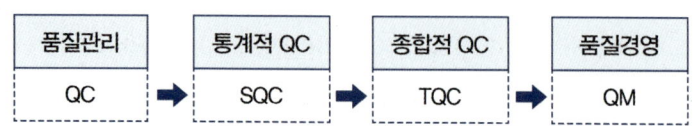

(3) 품질관리 순서

① 품질의 특성을 정한다.
② 품질의 표준을 정한다.
③ 작업의 표준을 정한다.
④ 데이터를 작성한다.
⑤ 관리도에 의한 공정의 안정 여부를 검토한다.
⑥ 관리한계로 하여 작업을 속행한다.
⑦ 공정에 이상이 생기면 수정하여 관리한계 내에 들어가게 한다.

2 통계적 품질관리

(1) 정의

통계적 품질관리(SQC; Statistical Quality Control)란 보다 유용하고 시장성 있는 제품을 보다 경제적으로 생산하기 위하여 생산의 모든 단계에서 통계적인 수법을 응용한 것을 말한다.

(2) 데이터 분석

① **평균치($\overline{x}$)** : 데이터의 평균 산술값

$$\boxed{식}\ \overline{x} = \frac{\sum X_i}{n}$$

② **편차** : 측정 데이터와 평균치와의 차

$$\boxed{식}\ \overline{x} - X_i$$

③ **편차의 제곱합(S)** : 측정 데이터와 평균치와의 차를 제곱하여 더한 값

$$\boxed{식}\ S = \sum \left(\overline{x} - X_i\right)^2$$

④ **분산(σ^2)** : 편차의 제곱합을 데이터수로 나눈 값

$$\boxed{식}\ \sigma^2 = \frac{S}{n}$$

⑤ **불편분산(V)** : 편차 제곱합을 n 대신에 (n−1)로 나눈 값

$$\boxed{식}\ V = \frac{S}{n-1}$$

⑥ **표준편차**(σ) : 분산의 제곱근

$$\text{식}\quad \sigma = \sqrt{\frac{S}{n}}$$

⑦ **불편분산의 제곱근**(σ_e ; 불편분산에 의한 표준편차)

$$\text{식}\quad \sigma_e = \sqrt{\frac{S}{n-1}}$$

⑧ **변동계수**(C_V) : 표준편차를 평균치로 나눈 값

$$\text{식}\quad C_V = \frac{\sigma}{x} \times 100\%$$

3 종합적 품질관리

(1) 정의

종합적 품질관리(TQC; Total Quality Control)란 소비자가 충분히 만족할 수 있도록 <u>좋은 품질의 제품을 보다 경제적인 수준에서 생산</u>하기 위해 사내의 각 부분에서 품질 유지와 개선 노력을 종합적으로 조정하는 효과적인 시스템을 말한다.

(2) TQC의 7도구

① <u>**히스토그램**</u> : <u>데이터가 어떤 분포</u>를 하고 있는지를 알아보기 위해 작성하는 그림을 말한다.
  ㉠ 층별의 비교가 가능하다.
  ㉡ 공정능력을 조사할 수 있다.
  ㉢ 규격 또는 표준치와 <u>비교가 가능하다</u>.
  ㉣ 분포의 모양을 조사할 수 있다.
② <u>**파레토도**</u> : <u>불량 등의 발생건수</u>를 분류항목별로 나누어 크기 순서대로 나열해 놓은 그림을 말한다.
③ <u>**특성요인도(생선뼈그림)**</u> : 어느 특성에 영향을 주는 <u>요인을 열거하여 정리하고 상호관련성을 도표화 한 것</u>을 말한다.
④ <u>**체크리스트**</u> : 계수치의 데이터가 분류 항목의 <u>어디에 집중되어 있는가</u>를 알아보기 쉽게 나타낸 그림이나 표를 말한다.
⑤ <u>**각종 그래프**</u> : 한눈에 파악되도록 한 각종 그래프를 말한다.
⑥ <u>**산점도(산포도)**</u> : <u>대응되는 두 개의 짝</u>으로 된 데이터를 그래프용지 위에 점으로 나타낸 그림을 말한다.
⑦ <u>**층별**</u> : 집단을 구성하고 있는 많은 데이터를 어떤 특징에 따라서 <u>몇 개의 부분집단</u>으로 나누는 것을 말한다.

4 관리도

관리도란 공정의 상태를 나타내는 특성치에 대하여 작성된 그래프로서 공정에 관한 데이터를 해석하여 필요한 정보를 얻고 공정을 효과적으로 관리하는 데 목적이 있다.

(1) 관리도의 분류

종류	관리도	데이터 종류	적용이론
계량값 관리도	$\bar{x} - R$ 관리도	길이, 중량, 화학성분, 압력, 강도, 슬럼프, 공기량	정규분포
	$\bar{x} - \sigma$ 관리도		
	x 관리도		
계수값 관리도	P 관리도	제품의 불량률	이항분포
	P_n 관리도	불량개수	
	C 관리도	결점수	포아송분포
	U 관리도	단위당 결점수	

(2) 정규분포의 특성

① 가운데 값은 평균이 된다.
② 좌우대칭의 종 모양 분포이다.
③ 표준편차 3배 범위 내에 있을 확률은 99.7%이며, 표준편차 2배 범위 내에 있을 확률은 94.45%이다.
④ 임의 두 점 사이의 곡선 아래의 면적은 그 구간의 값이 일어날 확률이다.

(3) 관리도의 특성

① $\bar{x}$-R 관리도는 공정의 해석에 매우 유용하다.
② $\bar{x}$ 관리도는 품질의 관리도를 보기 위한 것이다.
③ R 관리도는 품질 폭의 변화를 보기 위한 것이다.
④ 관리한계는 일반적으로 그 통계량의 평균치를 중심으로 하고, 표준편차의 3배를 취하는 방법을 사용한다.
⑤ 1개의 시험결과를 사용한 x관리도보다 n개의 시험결과 평균치를 사용한 $\bar{x}$ 관리도가 관리한계의 폭이 넓다.
⑥ $\bar{x} - R$ 관리도: 평균값과 범위를 계산하는 관리도
⑦ $\bar{x} - \sigma$ 관리도: 평균값과 표준편차를 계산하는 관리도

(4) 관리도 보는 방법

① **안정상태**
- ㉠ 연속 25점 이상이 관리한계 내에 있는 경우
- ㉡ 연속 35점 중 관리한계 밖으로 나가는 것이 1점 이내인 경우
- ㉢ 연속 100점 중 관리한계 밖으로 나가는 것이 2점 이내인 경우

② **이상 상태**
- ㉠ 관리도에서 나열된 점들이 이상이 있는 경우
    - ⓐ 점들이 <u>위로 연속적으로 이동해 가는 경우</u>
    - ⓑ 점들이 <u>중심선 인근에 연속적으로</u> 나타난 경우
    - ⓒ 점들이 <u>한계선에 접하여 자주</u> 나타나는 경우
    - ⓓ 점들이 중심선 부근에 집중하는 경우
- ㉡ 특성치가 관리한계선의 안쪽에 들어와도 <u>이상 있는 경우</u>
    - ⓐ 주기적인 파형인 경우
    - ⓑ 점이 연속적으로 상승 또는 하강하는 경우
    - ⓒ 타점이 연속하여 중심선 한쪽에 나타나는 경우

UNIT 02 | 공사 전반의 품질관리

1 재료의 품질관리시험·검사의 시기 및 횟수

(1) 시멘트의 품질 : 공사 시작 전, 공사 중 <u>1회/월 이상</u> 및 장기간 저장한 경우

(2) 굵은골재의 품질
① **내동해성** : 공사시작 전, 공사 중 <u>1회/년 이상</u> 및 산지가 바뀐 경우
② **점토덩어리** : 공사시작 전, 공사 중 <u>1회/월 이상</u> 및 산지가 바뀐 경우
③ **0.08mm체 통과량** : 공사시작 전, 공사 중 <u>1회/월 이상</u> 및 산지가 바뀐 경우
④ **알카리 실리카 반응성** : 공사시작 전, 공사 중 <u>1회/6개월 이상</u> 및 산지가 바뀌는 경우

2 콘크리트 제조의 품질관리

(1) 제조설비 검사

종류		항목	시기 및 횟수
재료 저장설비		필요한 항목	• 공사 시작 전 • 공사 중
계량설비	계량기	계량 정밀도	• 공사 시작 전 • 공사 중 1회/6개월 이상
	계량제어장치	계량 정밀도	
믹서	가경식	성능	• 공사 시작 전 • 공사 중 1회/6개월 이상
	중력식	성능	

(2) 제조공정 검사

종류	항목	시기 및 횟수
배합	시방배합	• 공사 중 적절히 실시
	잔골재 조립률	• 1회/일 이상
	잔골재 표면수율	• 2회/일 이상
	굵은골재 조립률	• 1회/일 이상
	굵은골재 표면수율	• 1회/일 이상
계량	계량설비의 계량 정밀도	• 공사시작 전 • 공사 중 1회/6개월 이상
비비기	재료 투입 순서	공사 중 적절히 실시
	비비기 시간	
	비비기량	

3 현장 품질관리

(1) 일반사항

① 완성된 구조물이 소요성능을 가지고 있다는 것을 확인할 수 있도록 합리적이고 경제적인 검사계획을 정하여 공사 각 단계에서 필요한 검사를 실시하여야 한다.
② 검사는 미리 정한 판단기준에 적합한지의 여부를 필요한 측정이나 시험을 실시한 결과에 바탕을 두어 판정하는 것에 의해 실시한다.
③ 시험 결과 불합격되는 경우에는 적절한 조치를 강구하여 소정의 성능을 만족하도록 하여야 한다.

(2) 재하시험에 의한 구조물의 성능시험을 실시하여야 하는 경우
① 공사 중에 콘크리트가 동해를 받았다고 생각되는 경우
② 공사 중 현장에서 취한 콘크리트 압축강도 시험결과를 보고 강도에 문제가 있다고 판단되는 경우
③ 공사 중 구조물의 안전에 어떠한 근거 있는 의심이 생긴 경우
④ 그 밖의 공사 중 구조물의 안전에 어떠한 의심이 생긴 경우

4 콘크리트의 품질관리

(1) 콘크리트 받아들이기 품질검사
① 콘크리트의 받아들이기 품질관리는 콘크리트를 타설하기 전에 실시하여야 한다.
② 강도 검사는 콘크리트의 배합검사를 실시하는 것을 표준으로 하며, 배합검사를 하지 않은 경우에는 압축강도시험에 의한 검사를 실시한다.
③ 내구성 검사는 공기량, 염소이온량을 측정하는 것으로 한다.
④ 공기량은 특별한 지정이 없는 한 보통콘크리트의 경우 4.5%, 경량콘크리트의 경우 5.5%로 하되, 그 허용오차는 ±1.5%로 한다.
⑤ 염소이온량은 원칙적으로 $0.3kg/m^3$ 이하여야 한다.
⑥ 펌퍼빌리티는 콘크리트 펌프의 최대 이론토출압력에 대한 최대 압송부하의 비율이 80% 이하여야 한다.
⑦ 굳지 않은 콘크리트 상태는 외관 관찰로서 판단하여 워커빌리티가 좋고, 품질이 균질하며 안정하여야 한다.
⑧ 슬럼프 시험은 압축강도 시험용 공시체 채취 시 및 타설 중에 품질변화가 인정될 때 실시한다.
⑨ 바다 잔골재를 사용할 경우 염소이온량 시험은 1일 2회 실시한다.
⑩ 펌퍼빌리티 시험은 펌프 압송 시 실시한다.
⑪ 공기량 시험은 압축강도 시험용 공시체 채취 시 및 타설 중에 품질변화가 인정될 때 실시한다.
⑫ 검사 결과 불합격으로 판정된 콘크리트는 책임기술자의 지시나 적절한 조치와 상관없이 사용해서는 안 되며, 현장에서 혼화재료 및 수량의 첨가 등 적절한 조치를 취한 후 사용하는 것을 원칙으로 한다.
⑬ 워커빌리티 검사는 굵은 골재 최대 치수 및 슬럼프가 설정치를 만족하는지의 여부를 확인함은 물론 재료분리 저항성을 외관 관찰에 의해 확인하여야 한다.

(2) 여름철에 현장에서 콘크리트를 타설하면서 받아들이기 품질검사 도중 기준에 미달되는 시험 항목에 대한 처리
① 콘크리트 제조회사에 신속하게 연락을 취하여 콘크리트 생산을 중지시킨다.

② 여름철이라도 기준에 미달되는 시험 항목이 있으면 절대 콘크리트를 타설해서는 안 된다.
③ 현장에 도착한 레미콘 트럭을 생산공장으로 돌려보내 콘크리트를 폐기 처분한다.
④ 콘크리트 받아들이기 품질검사 항목으로 슬럼프, 공기량, 염소이온량, 펌퍼빌리티 등이 있다.

(3) 콘크리트의 받아들이기 품질검사 항목

항목	판정기준
• 굳지 않은 콘크리트의 상태	워커빌리티가 좋고, 품질이 균질하며 안정할 것
• 슬럼프	• 30mm 이상 80mm 미만 : 허용오차 ±15mm • 80mm 이상 180mm 미만 : 허용오차 ±25mm
• 공기량	허용오차 ±1.5%
• 온도/단위질량	정해진 조건에 적합할 것
• 염소이온량	원칙적으로 $0.3kg/m^3$ 이하
• 배합 단위수량, 단위시멘트량, 물-결합재비, 콘크리트의 재료 단위량	허용값 내에 있을 것
• 펌퍼빌리티	콘크리트 펌프의 최대 이론 토출압력에 대한 최대 압송부하의 비율이 80% 이하

(4) 압축강도에 의한 콘크리트의 품질검사

① 압축강도에 의한 콘크리트 품질관리는 일반적인 경우 조기재령(재령 28일)에 있어서의 압축강도에 의해 실시한다.
② 검사 시기 및 횟수는 1회/일, 또는 구조물의 중요도와 공사의 규모에 따라 $120m^3$마다 1회, 배합이 변경될 때마다 실시한다.
③ 호칭강도가 35MPa 이하인 경우 연속 3회 시험값의 평균이 호칭강도 이상이어야 하고, 1회의 시험값이 (호칭강도 - 3.5MPa) 이상이어야 한다.
④ 호칭강도가 35MPa을 초과하는 경우 연속 3회 시험값의 평균이 호칭강도 이상이어야 하고, 1회의 시험값이 호칭강도의 90% 이상이어야 한다.
⑤ 호칭강도로부터 배합을 정한 경우 연속 3회 시험값의 평균이 호칭강도 이상이어야 한다.
⑥ 1회 시험값이(설계기준압축강도 - 3.5MPa) 이상이어야 한다.
⑦ 3회 연속한 압축강도 시험값의 평균이 설계기준압축강도 이상이어야 한다.

(5) 레디믹스트 콘크리트(KS F 4009)의 품질기준

① 염화물 함유량의 한도는 일반적으로 배출지점에서 염화물이온량으로 0.30kg/㎥ 이하로 하여야 한다.
② 1회의 강도시험 결과는 구입자가 지정한 호칭강도 값의 85% 이상이어야 한다.

③ 3회의 강도시험 결과의 평균치는 구입자가 지정한 호칭강도 값 이상이어야 한다.
④ 슬럼프의 허용오차

슬럼프	슬럼프 허용오차
25mm	±10mm
50mm 및 65mm	±15mm
80mm 이상	±25mm

⑤ 슬럼프 플로의 허용오차

슬럼프 플로	슬럼프 플로 허용오차
500mm	±75mm
600mm	±100mm
700mm	±100mm

⑥ 레디믹스트 콘크리트의 종류별 공기량

콘크리트의 종류	공기량	공기량의 허용오차
보통콘크리트	4.5%	±1.5
경량 콘크리트	5.5%	
포장 콘크리트	4.5%	
고강도 콘크리트	3.5%	

CHAPTER 04 콘크리트의 성질

UNIT 01 굳지 않은 콘크리트

1 관련 용어

(1) 컨시스턴시(Consistency ; 반죽질기)

① 반죽이 되고 진 정도를 나타내는 굳지 않은 콘크리트의 성질
② 일반콘크리트의 컨시스턴시 측정: 슬럼프 시험, 켈리볼 관입시험, 진동대에 의한 컨시스턴시(비비)시험, 다짐계수 시험, 리몰딩 시험 등으로 평가한다.
③ 고유동 콘크리트의 컨시스턴시 측정: V로트시험, L플로우시험, 슬럼프 플로우 시험 등으로 평가한다.

(2) 워커빌리티(Workability)

굳지 않은 콘크리트의 유동성 정도나 콘크리트를 다루는 작업들의 난이도 및 재료분리에 저항하는 정도를 나타내는 성질

(3) 성형성(Plasticity)

거푸집에 다져 넣을 수 있는 난이도와 거푸집을 제거한 후에도 재료가 분리하는 일이 없는 굳지 않은 콘크리트의 성질

(4) 피니셔빌리티(Finishability ; 마감성)

굵은골재의 최대치수, 잔골재율, 잔골재의 입도, 반죽질기 등에 따르는 마무리하기 쉬운 정도를 나타내는 굳지 않은 콘크리트의 성질

(5) 펌퍼빌리티(Pumpability ; 압송성)

① 펌프 압송에 대한 난이도를 나타내는 굳지 않은 콘크리트의 성질
② 펌퍼빌리티 시험은 펌프 압송 시 실시한다.
③ 펌퍼빌리티는 수평관 1m당 관내의 압력손실로 정할 수 있다.

④ 펌퍼빌리티는 콘크리트 펌프의 <u>최대 이론 토출압력에 대한 최대 압송부하의 비율이 80% 이하</u>여야 한다.

2 워커빌리티 및 반죽질기에 영향을 미치는 요인

(1) 골재가 미치는 영향
① 둥근 모양의 골재는 모가 난 골재보다 <u>워커빌리티를 좋게 한다</u>.
② 잔골재율이 지나치게 작으면 <u>워커빌리티가 나빠진다</u>.
③ 골재 중의 세립분, 특히 0.3mm 이하의 세립분은 콘크리트의 점성을 높이고 성형성을 좋게 한다. 그러나 <u>세립분이 많게 되면 반죽질기가 적게 되므로</u> 골재는 조립한 것부터 세립한 것까지 적당한 비율로 혼합할 필요가 있다.

(2) 시멘트가 미치는 영향
① 일반적으로 단위시멘트량이 많을수록 <u>콘크리트는 워커블해진다</u>.
② 단위시멘트량이 많아질수록 그 콘크리트의 성형성은 증가하므로, 일반적으로 <u>부배합</u> 콘크리트가 빈배합 콘크리트에 비해 <u>워커빌리티가 좋다고 할 수 있다</u>.

(3) 혼화재료가 미치는 영향
① AE제, 감수제 등의 혼화재료는 단위수량의 감소, 공기연행 등에 의해 콘크리트의 <u>워커빌리티를 크게 개선시킬 수 있으므로 영향이 크다</u>.
② 공기량 1%의 증가에 대하여 슬럼프가 <u>20mm 정도 크게</u> 되며, 이러한 공기량의 워커빌리티 개선 효과는 <u>빈배합의 경우에 현저하다</u>.

(4) 시간과 온도에 따른 영향
① 일반적으로 <u>온도가 높을수록 슬럼프는 작아진다</u>.
② 온도가 높을 때 <u>수송 시간이 길어지면 슬럼프가 현저히 감소한다</u>.

(5) 콘크리트 배합이 미치는 영향
① 단위수량이 많을수록 콘크리트의 유동성이 크게 된다.
② 그러나 단위수량을 증가시킬수록 <u>재료분리가 발생하기 쉬워지므로 워커빌리티가 좋아진다고는 말할 수 없다</u>.

3 공기량의 영향과 AE 콘크리트의 성질

(1) 노출 등급에 따른 AE 콘크리트 내 공기량의 표준값

공기연행제, 공기연행감수제 또는 고성능 공기연행감수제를 사용한 콘크리트의 공기량은 굵은 골재 최대치수와 내동해성을 고려하여 다음 표와 같이 정하며, <u>운반 후 공기량은 이 값에서 ±1.5퍼센트 이내</u>이어야 한다.

[노출 등급에 따른 공기연행콘크리트 공기량의 표준값]

굵은 골재의 최대치수(mm)	공기량(%)	
	노출등급 F_1[1]	노출등급 F_2, F_3
10.0	6.0	7.5
15.0	5.5	7.0
20.0	5.0	6.0
25.0	4.5	6.0
40.0	4.5	5.5

[주] 1) 간혹 수분과 접촉하고 동결융해의 반복작용에 노출되는 경우

(2) AE제를 사용한 AE 콘크리트의 성질

① 콘크리트의 <u>워커빌리티 개선 효과</u>가 있다.
② 공기량을 증가시키면 압축강도 및 휨강도는 저하하는 경향이 있다.
③ 콘크리트의 <u>블리딩을 감소시킨다</u>.
④ 내부 공극이 증가하여 콘크리트 내의 물분자가 팽창할 공간을 제공하여 동결융해 저항성이 <u>증대된다</u>.
⑤ 한중콘크리트에는 AE 콘크리트를 사용하는 것을 원칙으로 한다.
⑥ AE 콘크리트의 유효공기량은 <u>일반적으로 3~6%</u>이며 미세기포가 많을수록 동결융해 저항성이 크지만, <u>압축강도는 감소한다</u>.
⑦ <u>단위수량이 감소하므로 재료분리가 감소한다</u>.
⑧ <u>잔골재율이 감소한다</u>.

4 콘크리트의 재료분리

(1) 재료분리(Segregation)

① 콘크리트 재료들이 잘 혼합하지 않고 <u>비중에 따라 분리되어 콘크리트의 균일성을 잃는 현상</u>으로 보통 운반 및 타설 작업 중에 생기는 것이 일반적이다.

② 타설 작업 후에 생기는 재료분리의 일종으로 굵은골재가 국부적으로 집중되거나 수분이 콘크리트 윗면으로 보이는 현상을 블리딩(Bleeding)이라고 한다.

(2) 재료분리의 원인
① 굵은 골재의 최대치수가 지나치게 큰 경우
② 단위골재량이 너무 많은 경우
③ 단위수량이 많고 슬럼프가 클수록 재료분리가 일어나기 쉽다.
④ 입자가 거친 잔골재를 사용한 경우
⑤ 일반적으로 0.3mm 이하의 미세입자가 부족하면 콘크리트의 재료분리가 발생되기 쉽다.
⑥ 잔골재율이 너무 작으면 콘크리트는 거칠고 재료분리가 일어나는 경향이 크다.
⑦ 슬럼프가 지나치게 크면 재료분리, 블리딩 및 레이턴스가 많이 발생된다.
⑧ 콘크리트를 쳐 올라가는 속도가 너무 빠르면 재료분리가 일어나기 쉽다.

(3) 재료분리의 방지대책 또는 주의사항
① 물-결합재비를 작게 한다.
② 잔골재율이 작으면 콘크리트의 재료분리현상이 커지므로 잔골재율을 크게 해야 한다.
③ 재료분리의 발생을 방지하기 위하여 굵은골재와 잔골재가 혼합된 골재의 입도는 연속입도라야 한다.
④ 골재는 세·조립이 알맞게 혼합되어 입도분포가 양호한 것을 사용하고, 특히 잔골재는 미립분이 증가할수록 콘크리트의 점성이 증가하여 재료분리가 감소하므로 잔골재의 미립분이 적절하게 포함된 것을 사용한다.
⑤ 대규모 프리플레이스트 콘크리트에 사용하는 주입 모르타르는 시공 중에 재료분리를 적게 하기 위해 부배합으로 하여야 한다.
⑥ AE제, 감수제 등의 혼화재료를 사용하여 단위수량이 적은 된비빔의 콘크리트로 하고 또한 시멘트량이 너무 적지 않도록 한다.
⑦ 거푸집은 시멘트 풀의 누출을 방지하고 충분한 다짐 작업에 견디도록 수밀성이 높고 견고한 것을 사용한다.
⑧ 타설의 경우 높은 곳에서의 자유낙하, 거푸집 내에서 장거리 흘러내림, 특히 콘크리트에 횡방향 속도가 가해진 상태로 거푸집 속으로 부어 넣어서는 안 된다.
⑨ 1회 타설 높이를 작게 한다.

5 블리딩이 콘크리트에 미치는 영향

(1) 블리딩에 영향을 미치는 요인
① 블리딩에 가장 큰 영향을 미치는 요소는 단위수량으로 단위수량이 클수록 블리딩이 발생할 가능성이 매우 높다.
② 단위수량이 증가할수록 블리딩은 커진다.
③ 단위수량이 큰 배합일수록 블리딩이 많아진다.
④ 콘크리트 공기량이 적을수록 블리딩은 커진다.
⑤ 콘크리트 온도가 낮을수록 블리딩은 커진다.
⑥ 시멘트의 분말도가 증가하면 공극을 적당히 메워 블리딩이 감소한다.
⑦ 포졸란 반응에 의해 블리딩이 감소한다.
⑧ 콘크리트에 실리카 퓸을 혼합하면 콘크리트의 유동화 특성이 변화하여 블리딩과 재료분리를 감소시킬 수 있다.
⑨ AE제를 사용하면 단위수량을 감소시켜서 블리딩을 줄일 수 있다.
⑩ AE 콘크리트는 콘크리트의 블리딩을 감소시킨다.
⑪ 잔골재의 조립률이 작을수록 전체적으로 골재의 크기가 작아 블리딩이 작아진다.
⑫ 굵은 골재의 최대치수가 클수록 블리딩은 작아지지만, 최대치수가 지나치게 크면 블리딩은 많아진다.

(2) 블리딩이 콘크리트의 성질에 미치는 영향
① 블리딩이 많은 콘크리트는 침하량도 많다.
② 철근과 콘크리트의 부착을 나쁘게 한다.
③ 콘크리트의 강도저하 및 구조물의 내력 저하의 원인이 된다.
④ 블리딩이 큰 콘크리트일수록 침하균열이 발생할 가능성이 크다.

> **참고** 레이턴스(Laitance)
> 블리딩(Bleeding)으로 인하여 콘크리트나 모르타르의 표면에 가라앉은 백색 침전물을 말한다.

(3) 블리딩의 방지책 및 시공 시 주의사항
① 콘크리트 치기 도중 표면에 떠올라 고인 블리딩수가 있을 경우에는 콘크리트 표면에 홈을 만들어 흐르게 해서는 안 되며, 이 물을 제거한 후가 아니면 그 위에 콘크리트를 쳐서는 안 된다.
② 타설속도가 빠르면 블리딩이 많게 되므로 1회 타설 높이를 작게 한다.
③ 진동다짐이 과도하면 블리딩이 많게 되므로 다짐이 과도하게 되지 않도록 주의한다.
④ 거푸집의 치수가 크면 골재들이 가라앉는 경향이 있어 블리딩이 크게 되므로 된비빔콘크리트를 사용한다.

⑤ 물이 새지 않는 거푸집은 블리딩이 많이 발생하므로 메탈폼 거푸집, 새로운 합판형 거푸집 등을 사용할 경우에는 블리딩이 적은 콘크리트를 사용한다.

6 초기 균열

콘크리트를 거푸집에 타설한 후부터 응결이 종료할 때까지 발생하는 균열을 초기 균열이라고 한다.

(1) 초기 균열의 종류
① 침하에 의한 균열(침하수축균열, 침하균열)
② 플라스틱 수축균열(소성수축균열, 초기 건조균열)
③ 거푸집의 변형에 의한 균열
④ 시멘트의 이상응결에 의한 균열
⑤ 수화열에 의한 균열

> **참고** 균열의 종류별 특징
> ① 플라스틱 수축균열은 응결과정 중 급속한 건조를 받는 표면 부분에 발생한다.
> ② 침하균열 : 철근 위에 놓여 있는 콘크리트의 부등침하로 인해 발생되는 균열
> ③ 건조수축균열은 건조에 의한 수축변형이 내부와 외부로부터의 구속을 받아 발생한다.
> ④ 알칼리골재반응에 의한 균열은 콘크리트 표면에 불규칙하게 생긴다.

(2) 침하에 의한 균열(침하수축균열, 침하균열)

콘크리트를 타설하고 다짐하여 마감 작업을 한 이후에도 콘크리트는 계속하여 압밀되는 경향을 보이며 침하가 발생하며, 콘크리트의 침하가 철근 및 기타 매설물에 의해 국부적인 방해를 받으면 인장력 또는 전단력이 발생하게 되어 방해물의 상면 콘크리트에 균열이 발생하는데 이러한 균열을 침하(수축)균열이라 한다. 침하균열은 하중을 받아 하향으로 변위를 일으켜 균열이 생기는 것이므로 거푸집이나 지보공의 강성과는 무관한 균열이다.

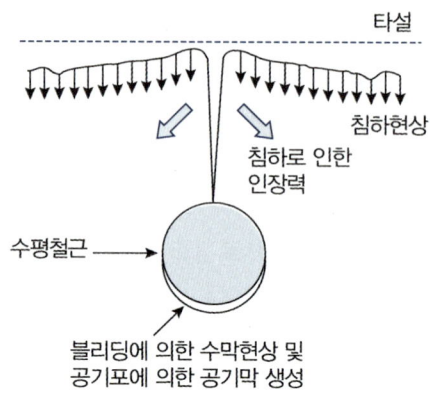

① 침하(수축)균열의 특성
  ㉠ 침하에 의한 균열은 콘크리트 치기 후 1~3시간 정도에서 보의 상단부 또는 슬래브면 등에서 철근의 위치에 따라 발생한다.
  ㉡ 철근, 입자가 큰 골재 등이 콘크리트의 침하를 국부적으로 방해하여 침하수축균열이 발생할 수 있다.
  ㉢ 보 및 바닥판의 하단에는 인장 균열이 발생하고, 슬래브 또는 보의 콘크리트가 벽 또는 기둥의 콘크리트와 연속되어 있는 경우 발생한다.
  ㉣ 블리딩이 큰 콘크리트일수록 침하균열이 발생할 가능성이 크다.
  ㉤ 슬럼프가 클수록, 콘크리트 치기속도가 빠를수록 침하균열은 증가한다.
  ㉥ 묽은 비빔 콘크리트에서는 블리딩이 크고 이것에 상당하는 침하가 발생한다.
  ㉦ 콘크리트 피복두께가 작을수록 침하균열은 증가한다.
  ㉧ 배근한 철근의 직경이 클수록 침하균열은 증가한다.
  ㉨ 누수되는 거푸집을 사용한 경우 침하균열은 증가한다.

② 침하균열 방지책 및 시공 시 주의사항
  ㉠ 슬럼프가 클수록 침하균열은 증가하므로 단위수량을 될 수 있는 한 작게 하는 것이 침하균열의 방지대책이 된다.
  ㉡ 슬래브와 보의 콘크리트가 벽 또는 기둥의 콘크리트와 연결되어 있는 경우에는 벽 또는 기둥의 콘크리트 침하가 거의 끝난 다음 슬래브, 보의 콘크리트를 타설한다.
  ㉢ 콘크리트 타설 속도를 늦추고, 1회의 타설 높이를 작게 한다.
  ㉣ 콘크리트가 굳기 전에 침하균열이 발생할 경우 즉시 다짐이나 재진동을 실시한다.
  ㉤ 콘크리트의 침하균열, 건조수축 균열로 인해 발생하는 균열은 허용균열폭 이내로 관리하여야 한다.

(3) 플라스틱 수축균열(소성수축균열, 초기 건조균열)

블리딩 발생량보다 콘크리트 표면의 물(표면수)의 증발이 빠른 경우와 같이 급속한 수분 증발이 일어나는 경우에 콘크리트 마무리 면에 생기는 가늘고 얇은 균열을 플라스틱 수축(Plastic Shrinkage) 균열이라 한다.

① 플라스틱 수축균열이 발생하기 쉬운 경우
  ㉠ 바람이 많고 기온이 높으며, 건조가 심한 경우 콘크리트 노출면의 수분 증발속도가 빠르다.
  ㉡ 콘크리트 노출면의 수분 증발속도가 블리딩 속도보다 빠른 경우
  ㉢ 시멘트의 응결·경화가 급격하게 일어나 콘크리트 내부에 물이 흡수된 경우
  ㉣ 바닥판에서 거푸집으로부터의 누수가 심하고 블리딩이 전혀 없으며 초기에 콘크리트 표면에 수분이 부족한 경우

② 콘크리트 표면의 급격한 수분 손실로 인한 균열을 방지하기 위한 방법
  ㉠ 타설 초기에 외기에 노출되지 않도록 보호한다.
  ㉡ 타설 초기의 습윤 손실을 방지하기 위해 안개 노즐을 사용하여 콘크리트 표면 위의 공기를 포화시킨다.
  ㉢ 콘크리트 타설 후 플라스틱 <u>덮개로 덮어 보호한다</u>.
  ㉣ <u>적절한 살수하는</u> 등 양생에 충분한 배려를 하며, <u>수분의 급속한 증발을 방지한다</u>.
  ㉤ 표면에 <u>급격한 온도변화가 생기지 않도록</u> 한다.
  ㉥ 직사광선을 받지 않도록 한다.

UNIT 02 | 경화콘크리트

1 콘크리트의 강도

(1) 콘크리트 강도

콘크리트의 종류	콘크리트 강도 및 재령일
일반	재령 28일 압축강도
공장제품	재령 <u>14일 압축강도</u>
포장	재령 <u>28일 휨강도</u>
숏크리트	재령 <u>28일 압축강도</u>
팽창	재령 <u>28일 압축강도</u>
댐(매스)	재령 <u>91일 압축강도</u>
고강도 프리플레이스트	재령 <u>28일 또는 91일 압축강도</u>

(2) 콘크리트 압축강도에 영향을 미치는 요인

① 재료 및 배합
  ㉠ 일반적으로 콘크리트의 강도라 하면 <u>압축강도를 말한다</u>.
  ㉡ 골재의 강도는 시멘트풀의 강도보다 <u>크므로</u> 일반적으로 골재 강도의 변화는 콘크리트 <u>강도에 좌우되지 않고 거의 영향을 미치지 않는다</u>.
  ㉢ <u>물-시멘트비가 낮을수록</u> 압축강도는 증가한다.
  ㉣ 단위수량이 동일한 경우 <u>시멘트량이 증가하면</u> 압축강도는 증가한다.

② 공기량
   ㉠ 공기량을 증가시키면 압축강도 및 휨강도는 저하하는 경향이 있다.
   ㉡ 물-시멘트비가 일정한 콘크리트에서 공기량이 증가하면 강도가 감소한다.
   ㉢ 물-결합재비가 일정한 콘크리트에서 공기량이 1% 증가하는데 따라 압축강도는 4~6% 정도 감소한다.

③ 배합 및 시공 방법
   ㉠ 혼합을 충분한 시간에 걸쳐 실시할 경우 시멘트와 물과의 접촉이 좋게 되기 때문에 일반적으로 강도는 증대한다.
   ㉡ 진동기에 의한 다짐효과는 묽은 반죽의 콘크리트보다 된반죽의 콘크리트에서 크다.

④ 양생방법
   ㉠ 일반적으로는 양생온도가 4~40℃의 범위에 있어서는 온도가 높을수록 재령 28일의 강도는 커진다.
   ㉡ 공시체는 건조상태보다 습윤상태에서 압축강도가 작아진다.
   ㉢ 습윤양생 후 공기 중에 건조시키면 일시적으로 강도는 높게 나타난다.

⑤ 시험방법
   ㉠ 시험체의 재하속도가 빠를수록 압축강도는 증가한다.
   ㉡ 공시체의 지름에 대한 높이의 비(H/D)가 작을수록, 또는 높이가 낮을수록 압축강도는 커진다.
   ㉢ 공시체의 치수가 클수록 압축강도는 작아진다.
   ㉣ 150mm 입방체 공시체는 $\phi 150 \times 300$mm 원주형 공시체의 강도보다 크다.
   ㉤ 공시체의 가압면에 요철(凹凸)이 있는 경우 강도가 작게 측정된다.
   ㉥ 콘크리트의 압축강도가 클수록 취도계수(압축강도와 인장강도의 비)는 증가한다.

(3) 콘크리트의 여러 가지 강도 비교

① 압축강도 > 전단강도 > 휨강도 > 인장강도
② 인장강도는 압축강도의 약 1/13~1/10 정도로 가장 작다.
③ 콘크리트의 휨강도는 압축강도의 약 1/7~1/5이다.
④ 콘크리트의 전단강도는 압축강도의 약 1/7~1/4이다.

(4) 콘크리트의 충격강도

① 충격강도는 말뚝의 항타, 폭발하중을 받는 방호구조 등과 같은 경우에 매우 중요하다.
② 동일한 압축강도의 콘크리트인 경우 부순 굵은골재를 사용한 콘크리트는 골재 표면이 거칠기 때문에 강자갈로 만든 콘크리트보다 충격강도가 크다.
③ 잔골재량이 증가할 경우 충격강도가 증가하는 경향이 있다.
④ 수중에 저장된 콘크리트의 충격강도는 건조상태의 것보다 낮으므로 콘크리트 말뚝을 항타 전에 습윤상태로 두는 것은 매우 불리하다.

⑤ 콘크리트의 충격강도는 압축강도보다는 인장강도와 더 밀접한 관계가 있다.
⑥ 탄성계수와 포아송비가 작은 골재를 사용한 경우 충격강도에 유리하다.
⑦ 동일한 압축강도의 콘크리트일지라도 부순골재처럼 골재 표면이 거칠수록 충격강도는 높다.
⑧ 굵은 골재 최대치수가 작은 경우 충격강도에 유리하다.

2 콘크리트의 응력-변형률 곡선(Stress-Strain Curve)의 특성

① 최대 압축응력에 대응하는 변형률은 대략 0.002 정도이다.
② 강도설계법에서 $f_{ck} \leq 40MPa$인 경우 파괴 시 극한변형률을 0.0033으로 가정한다.
③ 콘크리트의 강도가 증가할수록 취성파괴의 경향도 심해진다.

3 콘크리트의 탄성계수(E_c)

(1) 탄성계수의 종류

① **초기 접선탄성계수(Initial Tangent Modulus)**
응력-변형률 곡선에서 초기 선형상태의 접선의 기울기를 초기 접선탄성계수라 한다.

② **할선탄성계수(Secant Modulus)**
콘크리트 압축강도의 $0.5f_{ck}$에 해당하는 압축응력점과 원점을 연결한 직선의 기울기를 할선탄성계수라고 하며 일반적으로 콘크리트의 탄성계수는 이 할선탄성계수를 의미한다.

③ **전단탄성계수(G)** : $G = \dfrac{E}{2(1+v)}$

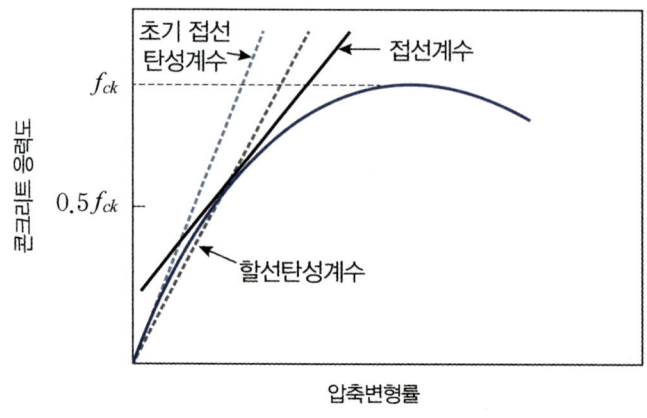

[콘크리트의 탄성계수]

(2) 콘크리트 탄성계수의 산정

보통 중량골재(m_c=2,300kg/m³일 경우)를 사용한 콘크리트의 탄성계수는 다음과 같이 산정한다.

$$\boxed{식}\ E_c = 8,500 \sqrt[3]{f_{cm}}\ (\text{MPa})$$

여기서, E_c : 콘크리트의 할선탄성계수[MPa]
f_{cm} : 콘크리트의 평균 압축강도
$f_{cm} = f_{ck} + \triangle f$ [MPa]
$\triangle f$: $f_{ck} \leq 40MPa$이면 4MPa, $f_{ck} \geq 60MPa$이면 6MPa
그 사이는 직선보간으로 구한다.

4 콘크리트의 크리프

(1) 크리프의 일반사항

① 콘크리트에 일정한 하중이 지속적으로 작용되면, 하중(응력)의 변화가 없어도 콘크리트의 변형은 시간의 경과와 함께 증가하는 콘크리트의 성질을 크리프라고 한다.
② 일정한 응력이 장시간 계속하여 작용하고 있을 때, 변형이 계속 진행되는 현상을 크리프라고 한다.
③ 재하 후 첫 28일 동안 총 크리프 변형률의 1/2 이하가 진행되며 2~5년 후에 최종값에 근접한다.
④ 크리프 시험은 콘크리트의 역학적 특성 시험으로 촉진시험이 가능하지 않다.

(2) 크리프에 영향을 미치는 요인

① 재하 하중(재하응력)이 클수록 크리프 변형은 커진다.
② 시멘트량이 많을수록 크리프가 크다.
③ 조강시멘트는 보통시멘트보다 조기강도가 크므로 크리프가 작다.
④ 보통시멘트는 조강시멘트에 비하여 크리프가 크다.
⑤ 물-시멘트비가 작을수록 크리프는 작다.
⑥ 물-결합재비가 큰 콘크리트는 물-결합재비가 작은 콘크리트보다 크리프가 크게 일어난다.
⑦ 콘크리트의 온도가 높을수록 습도가 낮을수록 크리프가 커진다.
⑧ 재하 시의 재령이 작을수록 크리프는 크다.
⑨ 하중이 실릴 때 콘크리트의 구조물의 재령이 클수록 크리프는 작게 일어난다.
⑩ 고강도의 콘크리트일수록 내구성이 커져 크리프 변형은 작아진다.
⑪ 부재치수가 작을수록 크리프가 크다.

5 콘크리트의 건조수축(Drying Shrinkage)

건조수축은 콘크리트 내의 수분이 증발하여 수축하는 체적변형 현상으로 콘크리트 타설 후부터 지속적으로 진행된다.

(1) 건조수축의 일반사항

① 콘크리트의 건조수축 특성을 평가하기 위해 <u>길이 변화 시험</u>을 실시한다.
② 건조수축의 주원인은 콘크리트가 수화작용을 하고 남은 물이 증발하기 때문이다.
③ 건조수축에 가장 큰 영향을 미치는 인자는 배합에 사용된 <u>단위수량</u>이다.
④ 콘크리트의 건조수축은 부재가 노출된 환경요인 중 특히 <u>상대습도에 직접적인 영향</u>을 받는다.
⑤ 굳지 않은 콘크리트의 건조수축은 일반적으로 <u>고온 저습한 외기</u>에 노출될 때 발생이 증가되며, <u>양생이 시작되기 전이나 마감 직전에 주로 일어난다.</u>
⑥ 골재는 체적의 변화가 다른 재료에 비하여 <u>작은</u> 편이기 때문에 콘크리트의 <u>건조수축을 억제한다.</u>

(2) 건조수축에 영향을 미치는 요인

① 굵은 골재 최대치수가 작을수록 건조수축이 증가한다.
② 단위골재량이 많을수록 <u>시멘트 페이스트가 차지하는 부피가 감소하므로 물의 부피도 함께 감소</u>하여 건조수축은 감소하게 된다.
③ <u>골재의 입자가 클수록</u> 단위수량이 감소하여 건조수축이 작아진다.
④ 부순 잔골재를 사용한 콘크리트의 <u>건조수축률은 미세한 분말량이 많아질수록 증가한다.</u>
⑤ 단위시멘트량이 증가할수록 건조수축은 커진다.
⑥ 분말도가 큰 시멘트를 사용하면 풍화하기 쉽고 <u>단위수량이 증가하므로 건조수축이 커져서</u> 균열이 발생하기 쉽다.
⑦ 시멘트의 비표면적이 클수록 건조수축은 커진다.
⑧ 시멘트의 화학성분 중에서는 C_3A의 함유량이 많은 콘크리트일수록 수축이 커진다.
⑨ 염화칼슘을 혼입한 경우에는 일반적으로 건조수축이 증가한다.
⑩ 플라이애시를 혼입한 경우는 일반적으로 건조수축이 감소한다.
⑪ 단위수량이 많은 콘크리트일수록 증발할 수 있는 잉여수가 많아 <u>건조수축이 크게 일어난다.</u>
⑫ 물-시멘트비가 클수록 건조수축이 커진다.
⑬ 습도가 적을수록 건조수축이 증가한다.
⑭ 철근량이 많을수록 <u>콘크리트량이 상대적으로 적어지므로 건조수축이 적게 발생된다.</u>
⑮ 부재의 크기가 클수록, 두께가 두꺼울수록 콘크리트의 건조수축은 감소한다.
⑯ 일반적인 경량콘크리트의 건조수축은 보통콘크리트의 <u>건조수축보다 크지만</u>, 인공경량골재콘크리트의 건조수축은 <u>골재를 거의 사용하지 않아 보통콘크리트의 건조수축보다 거의 같거나 약간 작다.</u>

6 탄산화(중성화)

(1) 탄산화(중성화)의 정의 및 특성

① 탄산화(중성화)란 경화한 콘크리트 중의 수산화칼슘(pH 12~13)이 공기 중의 탄산가스(이산화탄소)와 반응하여 탄산칼슘으로 변화한 부분의 pH가 8.5~10 정도로 낮아지는 현상을 말한다.

$$\text{식 } Ca(OH)_2 + CO_2 \rightarrow CaCO_3 + H_2O$$

② 탄산화에 의해 물리적 열화가 생기는 것은 콘크리트 내부 철근의 녹슬음에 의한 경우가 대부분이다.
③ 콘크리트의 탄산화 깊이 및 탄산화 속도는 구조물의 건전도 및 잔여수명을 예측하는데 중요한 판단요소가 된다.
④ 콘크리트의 탄산화는 공기 중의 탄산가스의 농도가 높을수록 또한 <u>온도가 높을수록</u> 탄산화 속도는 빨라진다.

(2) 탄산화(중성화)의 산정 방법과 방지책

① **탄산화 진행 속도** : 콘크리트 표면으로부터 <u>탄산화 부분과 비탄산화 부분의 경계면까지의 길이(A)와 경과한 시간(t)의 함수</u>로 나타낸다.
② **탄산화 깊이 산정식** $X = A\sqrt{t}$
③ 탄산화(중성화)의 진행 속도는 시간의 제곱근에 비례한다.
④ 중성화를 방지하기 위해서는 양질의 골재를 사용하고 물-시멘트비를 작게 하는 것이 좋다.

7 동결융해에 대한 저항성

(1) 동결융해 작용

콘크리트 내의 <u>수분이 동결하면 물이 약 9% 팽창하여 콘크리트에 팽창압을 가하게 되며</u>, 동결융해가 반복될 경우 콘크리트 구조물의 파괴를 가져올 수 있다.

(2) 동결융해에 의한 콘크리트의 열화현상

① <u>박리(Scaling)</u> : 콘크리트 표면의 모르타르에 점진적으로 미세균열이 발생하는 현상이다.
② <u>박락(Spalling)</u> : 콘크리트가 균열을 따라 원형으로 떨어져 나가 단면이 손실되는 현상으로 동결융해의 반복작용에 의해 나타나는 가장 흔한 손상 형태이다.
③ <u>팝아웃(Pop-out)</u> : 골재가 팽창하여 파괴되어 떨어져 나가거나 그 위치의 콘크리트 표면이 떨어져 나가 단면이 손실되는 현상이다.

(3) 동해 대책

① 공기연행제(AE제)를 사용하여 발생시킨 연행공기는 <u>내동해성 향상에 효과적</u>이다.
② 흡수율이 큰 연석은 <u>동결 시 팝 아웃(Pop-out)을 유발</u>시키므로 흡수율이 작은 연석을 사용한다.

8 알칼리골재반응

(1) 정의

알칼리골재반응(Alkali Aggregate Reaction)이란 <u>시멘트 중의 알칼리와 반응성을 가지는 골재가 장기간에 걸쳐 반응</u>하여 콘크리트에 팽창 균열, 불규칙한 거북등균열을 발생시키는 것을 말하며, 알칼리와 반응하는 광물의 종류에 따라 <u>알칼리 실리카 반응, 알칼리 탄산염 반응, 알칼리 실리게이트 반응</u>으로 구분한다.

(2) 알칼리 골재반응의 3조건

① 반응을 촉진하는 <u>수분의 공급</u>
② 알칼리와의 <u>반응성 골재의 존재</u>
③ 시멘트 중의 <u>알칼리(산화나트륨(Na_2O), 산화칼슘(K_2O))</u> 존재

(3) 알칼리 실리카 반응의 시험방법

① <u>모르타르봉(Mortar Bar) 법</u>
② <u>화학법</u>

(4) 알칼리골재반응의 특성

① 알칼리골재반응에 의한 균열은 콘크리트 표면에 불규칙하게 생긴다.
② 알칼리-실리카 반응을 일으키기 쉬운 광물은 오팔, 트리디마이트, 옥수 등이다.

(5) 알칼리골재반응의 방지책

① 골재는 알칼리골재반응에 대해 무해한 것을 사용해야 한다.
② 반응성 골재를 사용할 경우 전 <u>알칼리량 0.6% 이하인 저알칼리형 시멘트</u>를 사용한다.
③ 혼합시멘트를 사용한다.
④ 플라이애시, 고로슬래그 미분말 등은 <u>실리카 함량이 적기 때문에 알칼리-골재반응을 억제한다</u>.
⑤ 콘크리트 중의 알칼리 이온 총량을 규제한다.
⑥ 수분의 공급은 알칼리 골재반응의 진행에 필수적인 요소이므로 <u>반드시 수분의 공급을 막아야 한다</u>.

9 염해에 의한 철근 부식

콘크리트는 강알칼리성(pH 12~13)으로 콘크리트 내에 매입된 철근의 표면은 알칼리성 환경하에서 수화반응에 의해 생성되는 산화피막이 형성되어 부식으로부터 보호를 받는다. 그러나 콘크리트 중의 알칼리가 저하되어 탄산화(중성화)가 진행되거나 콘크리트 중에 염화물이 기준치 이상 함유되어 있으면 염소이온의 화학작용으로 산화피막이 파괴되어 염해에 의한 철근 부식이 발생한다.

(1) 철근 부식 원인 및 시험방법

① **철근부식의 원인** : 탄산화(중성화), 염화물, 화학적 침식
② 골재나 혼합수 중에 함유된 염화물은 콘크리트의 응결과 상관이 없고 콘크리트 내의 철근을 부식시킨다.
③ 바다모래를 사용하면 콘크리트 중의 철근 부식을 일으킬 수 있으므로 골재 중의 염화물 함유량 시험을 실시해야 한다.
④ 구조물의 안전조사 시 철근 내의 철근부식 유무를 평가는 비파괴시험
자연전위법, 전기저항법, 분극저항법

(2) 철근 부식의 방지책

① **방청제** : 철근콘크리트 내의 철근 부식을 방지하기 위해 사용하는 혼화제이다.
② 에폭시 수지 도포 철근 등 철근을 코팅하여 철근부식을 방지한다.
③ 콘크리트에 탄산화가 일어나지 않도록 피복두께를 늘린다.
④ 염화물의 침투가 예상되는 구조물에는 충분한 피복두께를 확보한다.
⑤ 밀실한 콘크리트를 제조하여 시공한다.
⑥ 흡수성이 낮은 콘크리트를 사용한다.
⑦ 콘크리트 표면을 코팅 처리한다.
⑧ 콘크리트를 강알칼리성으로 하여 부식으로부터 보호해야 한다.

단원별 학습문제

01 다음 중 품질관리 Cycle의 4단계에 속하지 않는 것은? 17년 3회

① Plan
② Do
③ Caution
④ Action

해설

품질관리 Cycle의 4단계
계획(Plan, P) → 실시(Do, D) → 체크(Check, C) → 조치(Action, A)

02 품질관리 7가지 관리기법 중 아래의 표에서 설명하는 것은? 18년 1회

> 어느 특성에 영향을 주는 요인을 열거하여 정리하고 상호관련성을 도표화한 것으로 일명 생선뼈 그림이라고도 한다.

① 특성요인도
② 관리도
③ 체크시트
④ 산포도

해설

TQC의 도구

구분	내용
층별	집단을 구성하고 있는 많은 데이터를 어떤 특징에 따라서 몇 개의 부분집단으로 나누는 것
히스토그램	데이터가 어떤 분포를 하고 있는지를 알아보기 위해 작성하는 그림
특성요인도	어느 특성에 영향을 주는 요인을 열거하여 정리하고 <u>상호관련성을 도표화한 것</u>
파레토도	불량 등의 발생건수를 분류항목별로 나누어 크기 순서대로 나열해 놓은 그림
체크시트	계수치의 데이터가 분류항목의 어디에 집중되어 있는가를 알아보기 쉽게 나타낸 그림
각종 그래프	한눈에 파악되도록 한 각종 그래프
산점도	대응되는 두 개의 짝으로 된 데이터를 그래프용지 위에 점으로 나타낸 그림

03 AE 콘크리트의 성질로 가장 거리가 먼 것은? 19년 3회

① 콘크리트의 블리딩을 감소시킨다.
② 콘크리트의 워커빌리티 개선 효과가 있다.
③ 내부 공극이 증가하여 동결융해 저항성이 저하한다.
④ 공기량을 증가시키면 압축강도 및 휨강도는 저하하는 경향이 있다.

해설

내부 공극이 증가하여 콘크리트 내의 물분자가 팽창할 공간을 제공하여 동결융해 저항성이 <u>증대된다</u>.

04 콘크리트 작업 중에 발생하기 쉬운 재료분리의 원인에 대한 설명으로 틀린 것은? 21년 3회

① 단위수량이 너무 많은 경우
② 단위골재량이 너무 많은 경우
③ 굵은골재의 최대치수가 작은 경우
④ 입자가 거친 잔골재를 사용한 경우

해설

재료분리의 원인
• 굵은골재의 최대치수가 <u>지나치게 큰 경우</u>
• 단위수량이 너무 많은 경우
• 단위골재량이 너무 많은 경우
• 입자가 거친 잔골재를 사용한 경우

정답 01. ③ 02. ① 03. ③ 04. ③

05 아래 표에서 설명하고 있는 콘크리트 초기균열 종류는? 17년 1회

- 묽은 비빔 콘크리트에서는 블리딩이 크고 이것에 상당하는 침하가 발생한다.
- 콘크리트의 침하가 철근 및 기타 매설물에 의해 국부적인 방해를 받으면 인장력 또는 전단력이 발생하게 되어 방해물의 상면 콘크리트에 균열이 발생한다.

① 건조수축균열 ② 소성수축균열
③ 초기 건조균열 ④ 침하균열

해설
콘크리트를 타설하고 다짐하여 마감 작업을 한 이후에도 콘크리트는 계속하여 압밀되는 경향을 보이며 침하가 발생하는데 이러한 현상에 의한 균열을 침하균열이라 한다.

06 콘크리트의 압축강도 시험값에 영향을 미치는 시험조건의 설명으로 틀린 것은? 18년 2회

① 공시체의 치수가 클수록 압축강도는 작아진다.
② 재하속도가 빠를수록 압축강도는 커진다.
③ 공시체는 건조상태보다 습윤상태에서 압축강도가 작아진다.
④ 공시체의 지름에 대한 높이의 비(H/D)가 클수록 압축강도는 커진다.

해설
공시체의 지름에 대한 높이의 비(H/D)가 작을수록, 또는 높이가 낮을수록 압축강도는 커진다.

정답 05. ④ 06. ④

 콘크리트 기사/산업기사 **필기**

콘크리트 기사/산업기사 **필기**

PART 3
콘크리트의 시공

Engineer Concrete

01 일반 콘크리트

02 특수 콘크리트

CHAPTER 01 일반 콘크리트

UNIT 01 일반 콘크리트 시공

1 일반 콘크리트의 시공에 대한 주의사항

① 콘크리트 구조물의 시공은 시공계획을 따라야 한다.
② 현장에서는 콘크리트 구조물의 시공에 관하여 충분한 지식이 있는 기술자를 배치하여야 한다.
③ 비비기로부터 타설이 끝날 때까지의 시간은 외기온도가 25℃ 이상일 때는 1.5시간을 넘어서는 안 된다.
④ 콘크리트를 2층 이상으로 나누어 타설할 경우, 상층의 콘크리트 타설은 원칙적으로 하층의 콘크리트가 굳기 시작하기 전에 해야 한다.
⑤ 타설까지의 시간이 길어질 경우에는 양질의 지연제, 유동화제 등의 사용을 사전에 검토해야 한다.
⑥ 타설이 끝난 콘크리트를 해치는 일이 없고, 콘크리트 운반로의 철거도 쉽게 하기 위해 넓은 장소에서는 콘크리트 공급원으로부터 먼 쪽에서 시작해서 가까운 쪽으로 타설한다.

(1) 콘크리트 시공 성능

① 굳지 않은 콘크리트의 워커빌리티는 운반, 타설, 다지기, 마무리 등의 작업에 적합한 것이어야 한다.
② 일반적인 경우, 워커빌리티는 굵은 골재의 최대치수와 슬럼프를 사용하여 설정하며, 골재와 시멘트의 성질에 의해서 정해진다.
③ 워커빌리티 증진을 위하여, 일반적으로 콘크리트 온도를 감소시킨다.
④ 굳지 않은 콘크리트의 펌퍼빌리티는 펌프 압송 작업에 적합한 것이어야 한다.
⑤ 일반적으로 펌퍼빌리티는 수평관 1m당 관내의 압력손실로 정할 수 있다.

(2) 콘크리트의 슬럼프

① 콘크리트 종류별 슬럼프 표준값

[슬럼프의 표준값]

구분	철근콘크리트(mm)	무근콘크리트(mm)
일반적인 경우	80~150	50~150
단면이 큰 경우	60~120	50~100

② 유동화 콘크리트의 슬럼프
  ㉠ 베이스콘크리트의 슬럼프는 콘크리트의 유동화에 지장이 없는 범위의 것이어야 한다.
  ㉡ 유동화 콘크리트의 <u>슬럼프 증가량은 100mm 이하를 원칙으로 하며, 50~80mm를 표준</u>으로 한다.
  ㉢ 유동화 콘크리트의 경우, 유동화 후 콘크리트의 워커빌리티를 고려하여 잔골재율을 결정할 필요가 있다.

2 계량 및 비비기

(1) 콘크리트 재료의 계량
① 계량은 현장배합에 의해 실시하는 것이 원칙이다.
② 각 재료는 1배치씩 <u>질량으로 계량하는 것을 원칙</u>으로 한다. 다만, 물과 혼화제 용액은 <u>용적으로 계량해도 좋다.</u>
③ 혼화제를 녹이거나 묽게 하는 데 사용하는 물은 <u>단위수량의 일부로 보아야 한다.</u>

(2) 콘크리트 비비기
① 콘크리트의 재료는 반죽된 콘크리트가 균질하게 될 때까지 충분히 비벼야 한다.
② 시험을 하지 않는 경우의 최소 비비기 시간
  ㉠ <u>가경식 믹서 : 1분 30초 이상</u>
  ㉡ <u>강제식 믹서 : 1분 이상</u>
  ㉢ 비비기는 미리 정해 둔 비비기 시간의 <u>3배 이상 계속하지 않아야 한다.</u>
③ 비비기를 시작하기 전에 미리 <u>믹서 내부를 모르타르로 부착</u>시켜야 한다.
④ 일반적으로 물은 다른 재료보다 먼저 넣기 시작하여 그 넣는 속도를 일정하게 유지하고, <u>다른 재료의 투입이 끝난 후 조금 뒤에 물의 주입을 끝내도록 한다.</u>
⑤ 연속믹서를 사용할 경우, 비비기 시작 후 <u>최초에 배출되는 콘크리트는 사용하지 않아야 한다.</u>
⑥ 강제혼합식 믹서 중 바닥의 배출구를 완전히 폐쇄시킬 수 없는 경우에는 <u>물을 다른 재료보다 일찍 주입</u>하여야 한다.

3 운반, 타설(치기) 및 다지기

(1) 콘크리트 운반 및 타설의 주의사항
① 콘크리트의 운반시간이 길어지거나 기온이 높은 경우에는 <u>슬럼프가 크게 감소</u>하므로 운반 중의 슬럼프 저하를 고려한 슬럼프값에 대하여 배합을 정해둬야 한다.

② 콘크리트 운반로의 철거를 쉽게 하기 위해 일반적으로 먼저 타설한 콘크리트에 영향을 주지 않기 위하여 <u>운반거리가 먼 장소로부터 콘크리트를 타설한다</u>.

③ 콘크리트 비빔 시작부터 타설 종료까지의 시간 한도
  ㉠ 외기 기온 <u>25°C 미만 : 120분 이하(2시간 이하)</u>
  ㉡ 외기 기온 <u>25°C 이상 : 90분 이하(1.5시간 이하)</u>

(2) 운반차

① 운반차는 혼합한 콘크리트를 충분히 균일하게 유지하여 재료분리를 일으키지 않고, 쉽고도 완전하게 배출할 수 있는 것이어야 한다.

② <u>트럭믹서 또는 트럭 애지테이터 내</u> 콘크리트의 <u>1/4과 3/4 부분</u>에서 각각 시료를 채취하여 슬럼프시험을 하였을 경우 <u>양쪽의 슬럼프 차가 30mm 이내</u>가 되어야 한다.

③ <u>덤프트럭은 포장 콘크리트 중 슬럼프 25mm의 콘크리트</u>를 운반하는 경우에 한하여 사용할 수 있다.

④ <u>덤프트럭</u>으로 운반했을 때 콘크리트의 <u>1/3과 2/3의 부분</u>에서 각각 시료를 채취하여 슬럼프시험을 하였을 경우 슬럼프의 차이가 <u>20mm 이하</u>여야 한다.

(3) 거푸집 및 동바리

① 거푸집 및 동바리의 설계
  ㉠ 거푸집은 시멘트풀의 누출을 방지하고 충분한 다짐 작업에 견디도록 <u>수밀성이 높고 견고한 것을 사용한다</u>.
  ㉡ <u>거푸집의 치수가 크면</u> 골재들이 가라앉는 경향이 있어 블리딩이 크게 되므로 된비빔콘크리트를 사용한다.

② 거푸집 및 동바리 구조계산
  ㉠ 거푸집 설계에서는 <u>굳지 않은 콘크리트의 측압을 고려해야</u> 하며, 동바리의 설계는 강도뿐만이 아니라 변형에 대해서도 고려하여야 한다.
  ㉡ 거푸집 하중은 <u>최소 0.4kN/㎡ 이상</u>을 적용하며, 특수 거푸집의 경우에는 그 <u>실제의 중량을 적용하여 설계한다</u>.
  ㉢ 고정하중은 <u>철근콘크리트와 거푸집의 중량을 합한 하중</u>이다.
  ㉣ 활하중은 구조물의 수평투영면적당 최소 <u>2.5kN/㎡ 이상</u>으로 하여야 한다.
  ㉤ 콘크리트의 단위중량은 철근의 중량을 포함하여 <u>보통콘크리트인 경우 24kN/㎡을 적용하여야</u> 한다.
  ㉥ 거푸집 및 동바리 구조계산 시 고정하중과 활하중을 합한 연직하중은 슬래브 두께에 관계없이 <u>최소 5.00kN/㎡ 이상</u>, 전동식 카트 사용 시에는 <u>최소 6.25kN/㎡ 이상</u>을 고려하여야 한다.

③ 거푸집 및 동바리의 시공
  ㉠ 특수한 경우를 제외하고 강관 동바리는 2개 이하로 연결하여 사용하여야 한다.
  ㉡ 동바리는 필요에 따라 적당한 솟음을 두어야 한다.
  ㉢ 동바리 하부의 받침판 또는 받침목은 2단 이상 삽입하지 않도록 하여야 한다.
  ㉣ 거푸집이 곡면일 경우에는 버팀대의 부착 등 당해 거푸집의 변형을 방지하기 위한 조치를 하여야 한다.
  ㉤ 콘크리트의 수분을 거푸집이 흡수할 수 있으므로 흡수의 염려가 있는 부분은 미리 습하게 해두어야 한다.
  ㉥ 경사진 경사면의 윗면은 투수 거푸집 등을 이용하여 기포의 발생을 제어한다.

④ 콘크리트 압축강도를 시험할 경우 거푸집널의 해체 시기
  ㉠ 거푸집널 존치기간 중 평균기온이 10℃ 이하인 경우에는 압축강도 시험을 수행하여 확인한 후에 해체해야 한다.
  ㉡ 슬래브 및 보의 밑면, 아치 내면의 거푸집을 해체하기 위한 콘크리트 압축강도는 설계기준압축강도의 2/3배 이상 또는 최소 14MPa 이상으로 한다.
  ㉢ 기둥, 벽 등의 수직부재의 거푸집은 보 등의 수평부재의 거푸집보다도 일찍 해체하는 것이 원칙이다.
  ㉣ 확대기초, 보 등의 측면 거푸집을 탈형하기 위해서 콘크리트 압축강도는 5MPa 이상이 되도록 하는 것이 좋다.
  ㉤ 콘크리트 내부의 온도와 표면 온도차가 크면 균열발생의 가능성이 커지므로 주의해야 한다.

⑤ 콘크리트 압축강도를 시험하지 않을 경우 거푸집널의 해체시기(기초, 보, 기둥 및 벽의 측면)

시멘트의 종류 평균기온	조강 포틀랜드 시멘트	보통 포틀랜드 시멘트 고로슬래그 시멘트(1종) 포틀랜드 포졸란 시멘트(1종) 플라이애시 시멘트(1종)	고로슬래그 시멘트(2종) 포틀랜드 포졸란 시멘트(2종) 플라이애시 시멘트(2종)
20℃ 이상	2일	4일	5일
20℃ 미만 10℃ 이상	3일	6일	8일

⑥ 거푸집에 작용하는 콘크리트의 측압
  ㉠ 타설되는 콘크리트의 온도가 증가할수록 측압은 감소한다.
  ㉡ 단위중량이 증가할수록 측압은 증가한다.
  ㉢ 타설 속도가 빠를수록 측압은 증가한다.
  ㉣ 지연제를 사용하면 거푸집 안에 물이 많이 남아있으므로 지연제를 사용하지 않은 경우보다 측압은 증가한다.
  ㉤ 콘크리트의 타설 높이가 높으면 측압은 커지게 된다.
  ㉥ 부재의 수평단면이 작을수록 측압은 작다.

(4) 콘크리트 타설(치기) 시 유의사항

① 콘크리트의 타설 작업을 할 때에는 철근 및 매설물의 배치나 거푸집이 변형 및 손상되지 않도록 주의해야 한다.
② 낙하 높이가 높은 부재는 배관을 이용하여 가능한 한 콘크리트 타설 높이를 낮게 한다.
③ 거푸집의 높이가 높을 경우 슈트, 펌프배관 등의 배출구와 타설 면까지의 높이는 1.5m 이하를 원칙으로 한다.
④ 콘크리트 타설의 1층 높이는 다짐 능력을 고려하여 이를 결정하여야 한다.
⑤ 한 구획 내의 콘크리트는 타설이 완료될 때까지 연속해서 타설해야 한다.
⑥ 콘크리트를 쳐 올라가는 속도가 너무 빠르면 재료분리가 일어나기 쉽다.
⑦ 벽체의 두께가 얇은 경우나 연속하여 긴 경우에는 기포, 곰보 등이 발생할 가능성이 있으므로 <U>콘크리트를 횡방향으로 이동하여 타설하지 않는다.</U>
⑧ 타설한 콘크리트는 거푸집 안에서 <U>내부진동기를 이용하여 횡방향으로 이동시킬 수 없다.</U>
⑨ 외기온도가 높아질수록 허용 이어치기 시간간격은 짧게 하는 것이 좋다.
⑩ 콘크리트를 2층 이상으로 나누어 타설할 경우, 상층의 콘크리트 타설은 원칙적으로 하층의 콘크리트가 굳기 시작하기 전에 해야 한다.
⑪ 콘크리트 표면에 고인 물은 홈을 만들어 <U>흐르게 해서는 안 된다.</U>
⑫ 콘크리트 치기 도중 표면에 떠올라 고인 블리딩수가 있을 경우에는 콘크리트 표면에 홈을 만들어 흐르게 해서는 안 되며, <U>이 물을 제거한 후가 아니면 그 위에 콘크리트를 쳐서는 안 된다.</U>
⑬ 이어치기 허용시간 간격 : 콘크리트를 비비기 시작하면서부터 하층 콘크리트 타설을 완료한 후, 정치시간을 포함하여 상층 콘크리트가 타설되기까지의 시간을 말한다.

외기온도	허용 이어치기 시간간격
25°C 초과	2.0시간(120분)
25°C 이하	2.5시간(150분)

(5) 콘크리트 다지기 시 주의사항

① 콘크리트는 타설 직후 바로 충분히 다져서 콘크리트가 철근 및 매설물 주위와 거푸집의 구석구석까지 잘 채워 밀실한 콘크리트가 되도록 하여야 한다.
② 콘크리트 다지기에는 내부진동기 사용을 원칙으로 하나, 얇은 벽 등 내부진동기 사용이 곤란한 장소에서는 거푸집 진동기를 사용해도 좋다.
③ 거푸집판에 접하는 콘크리트는 되도록 평탄한 표면이 얻어지도록 타설하고 다져야 한다.
④ 내부진동기는 콘크리트로부터 <U>천천히 빼내어 구멍이 남지 않도록 한다.</U>
⑤ 진동다지기를 할 때에는 내부진동기를 <U>하층의 콘크리트 속으로 0.1m 정도 찔러 넣어야 한다.</U>
⑥ 개구부 밑면은 공기가 빠져나가는 길과 콘크리트의 침하를 고려한 콘크리트 타설 및 다짐을 실시한다.
⑦ 거푸집 표면 부근의 진동다짐은 부재 표면의 기포를 증가시킬 수도 있다.

⑧ 목재 거푸집의 경우 거푸집의 표면이 건조하면 기포가 증가하고, 강재 거푸집의 경우 온도가 높으면 기포가 감소하는 경향이 있다.
⑨ 재진동을 할 경우에는 콘크리트에 균열 등의 나쁜 영향이 생기지 않도록 초결이 일어나기 전에 실시하여야 한다.

UNIT 02 | 콘크리트 양생

1 콘크리트 양생(Curing)

양생(Curing)이란 콘크리트를 타설한 후 소요 기간까지 경화에 필요한 온도, 습도조건을 유지하여 강도 발현이 잘 진행되도록 충분히 보호하는 작업을 말한다.

(1) 양생의 일반사항

① 양생의 종류에는 습윤양생, 막양생 및 촉진양생이 있다.
② 시멘트의 수화반응은 양생온도에 크게 영향을 받는다.
③ 습윤양생을 길게 하면 장기강도가 커진다.
④ 양생온도를 높게 하면 초기강도가 커진다.
⑤ 습윤양생을 길게 하면 탄산화 속도가 늦어진다.
⑥ 양생온도를 높게 하면 콘크리트 표면과 내부의 수축하는 양이 다르게 되어 표면에 인장응력이 발생하기 때문에 장기강도의 증가율이 작아진다.
⑦ 초기 재령에서의 급격한 건조는 강도발현을 지연시킬 뿐만 아니라 표면균열의 원인이 된다.
⑧ 고로슬래그 미분말을 50% 정도 치환하면 보통콘크리트에 비해서 습윤양생 기간이 길어진다.
⑨ 플라이애시 시멘트, 고로슬래그시멘트 등의 혼합시멘트를 사용한 경우 온도에 민감하므로 저온 시에는 보통포틀랜드시멘트보다 양생기간을 길게 한다.
⑩ 온도제어양생을 실시할 경우에는 부재의 크기가 크고 온도상승이 큰 경우 파이프쿨링이나 표면보온을 병용한 온도제어 양생을 실시한다.
⑪ 수밀콘크리트는 수밀성을 향상시키기 위해 습윤양생기간을 일반보다 길게 한다.
⑫ 막 양생제는 콘크리트 표면의 물빛(光)이 없어진 직후에 살포하며, 방향을 바꾸어 2회 이상 실시한다.
⑬ 습윤양생기간의 표준 : 조기강도가 클수록 양생기간이 짧으므로, 고로슬래그나 플라이애시 시멘트 등의 혼합시멘트는 양생기간이 길다.

일평균 기온	보통 포틀랜드 시멘트	고로슬래그 시멘트(2종) 플라이애시 시멘트(2종)	조강 포틀랜드 시멘트
15℃ 이상	5일	7일	3일
10℃ 이상	7일	9일	4일
5℃ 이상	9일	12일	5일

⑭ **막양생(Membrane Curing)** : 피막양생이라고도 하며 콘크리트 표면에 막을 형성하여 콘크리트 속의 수분 증발을 억제하는 방법이다.

(2) 촉진양생

일반적인 콘크리트보다 빠른 콘크리트의 경화나 강도발현을 촉진하기 위해 실시하는 양생방법

① **촉진양생 방법** : 증기양생(저압증기양생, 고압증기양생, 고온 증기양생), 전기양생, 오토클레이브양생, 온수양생, 적외선 양생, 고주파 양생 등이 있으며 일반적으로 증기양생이 널리 사용되고 있다.

② 증기양생은 높은 온도의 수증기 속에서 실시하는 촉진양생의 일종으로, 공장제품은 사용하는 거푸집의 수를 적게 하여 생산의 효율을 높이는 것이 중요하기 때문에 상압증기양생을 널리 사용되고 있다.

③ 저압증기양생(상압증기양생)에서 양생 사이클의 단계별 내용
  ㉠ 1단계 : 3시간 정도의 전 양생기간
  ㉡ 2단계 : 시간당 20℃ 이하의 온도상승 기간
  ㉢ 3단계 : 최고온도 65℃ 이후 등온 양생기간
  ㉣ 4단계 : 외기와의 온도차가 없을 때까지의 온도저하 기간

④ 공장제품 콘크리트 양생방법 중 증기양생 작업 순서
  ㉠ 거푸집과 함께 증기양생실에 넣어 양생온도를 균등하게 올린다.
  ㉡ 비빈 후 2~3시간 이상 경과 후에 증기양생을 실시한다.
  ㉢ 온도 상승속도는 1시간당 20℃ 이하로 하고, 최고온도는 65℃로 한다.
  ㉣ 양생실의 온도는 서서히 내려 외기의 온도와 큰 차가 없도록 하고 나서 제품을 꺼낸다.

⑤ 공장제품의 강도시험 재령일
  ㉠ 촉진양생을 하지 않는 공장제품이나 비교적 부재 두께가 큰 공장제품 : 재령 28일에서 압축강도 시험값을 기준으로 한다.
  ㉡ 촉진양생을 하는 일반적인 공장제품의 강도는 14일에서의 압축강도 시험값을 기준으로 한다.

⑥ 고압증기양생(오토클레이브 양생) 콘크리트의 특징
  ㉠ **오토클레이브 양생** : 고온·고압용기 증기솥 속에서 상압보다 높은 압력(1MPa)으로 고온(180℃)의 수증기를 사용하여 실시하는 양생방법
  ㉡ 오토클레이브 양생한 콘크리트 제품은 고온과 고압이 요구된다.
  ㉢ 오토클레이브 양생을 한 콘크리트의 외관은 보통 양생한 포틀랜드시멘트 콘크리트 색의 특징과 다르며, 흰색을 띤다.

ⓓ 내구성이 좋고, 황산염 반응에 대한 저항성이 크다.
　　ⓔ 용해성의 유리석회가 없기 때문에 백태현상을 감소시킨다.
　　ⓕ 표준온도로 양생한 콘크리트와 비교하여 수축률은 약 1/6~1/3 정도로 대폭 감소하는 경향이 있다.
　　ⓖ 보통 양생한 콘크리트에 비해 철근의 부착강도가 약 1/2이 되므로 철근콘크리트 부재에 적용하는 것은 바람직하지 못하다.

UNIT 03 | 이음 및 마무리

1 이음(줄눈)의 종류별 특징

(1) 시공이음(Construction Joint)의 정의 및 주의사항

① **시공이음** : 콘크리트 타설 시 경화한 콘크리트에 새로운 콘크리트를 이어칠 때 기 시공된 콘크리트와 새로운 콘크리트 사이에 발생하는 이음을 말한다.
② 시공이음을 두는 것은 일종의 불연속면을 만들게 되기 때문에 시공 중 시공이음이 발생되지 않도록 하는 것이 원칙이다.
③ 시공이음은 될 수 있는 대로 전단력이 적은 위치에 설치하고, 부재의 압축력이 작용하는 방향과 수평이 아닌 직각이 되도록 하는 것이 원칙이다.
④ 부득이 전단력이 큰 위치에 시공이음을 설치할 경우에는 시공이음에 장부(요철) 또는 홈을 두거나 적절한 강재를 배치하여 보강하여야 한다.
⑤ 시공이음에서 철근으로 보강하는 경우에 정착길이는 콘크리트와 철근의 부착강도가 충분히 크도록 철근지름의 20배 이상으로 하고, 원형철근의 경우에는 갈고리를 붙여야 한다.
⑥ 시공이음부에 다음 콘크리트를 타설하기 위해서는 물을 고압 분사시켜서 청소를 하거나 콘크리트 표면에 물을 충분히 흡수시킨 후 새로운 콘크리트를 타설하여야 한다.
⑦ 시공이음이 미리 정해져 있지 않을 경우 직선상의 이음이 얻어지도록 시공해야 한다.
⑧ 외부의 염분에 의한 피해 우려가 있는 해양 및 항만 콘크리트 구조물은 콘크리트 팽창 및 수축을 최소화할 수 있도록 시공이음부를 가능한 한 적게 두는 것이 좋다.
⑨ 해양 및 항만 콘크리트 구조물 등에 부득이 시공이음부를 설치한 경우에는 만조위로부터 위로 0.6m, 간조위로부터 아래로 0.6m 사이의 감조부분에는 시공이음이 생기지 않도록 시공계획을 세워야 한다.
⑩ 수밀을 요하는 콘크리트에 있어서는 소요의 수밀성이 얻어지도록 적절한 간격으로 시공 이음부를 두어야 한다.
⑪ 콘크리트를 이어칠 경우에는 구 콘크리트의 표면의 레이턴스를 제거해야 한다.

(2) 시공이음 종류별 특징

① 수평시공이음
- ㉠ 수평 시공이음이 거푸집에 접하는 선은 될 수 있는 대로 수평한 직선이 되도록 한다.
- ㉡ 구 콘크리트의 시공이음면의 쇠솔이나 쪼아내기 등에 의하여 거칠게 하고, 수분을 충분히 흡수시킨 후에 시멘트 페이스트 등을 바른 후 새 콘크리트를 타설하여 이어나가야 한다.
- ㉢ 역방향 타설 콘크리트의 시공 시에는 콘크리트의 침하를 고려하여 수평 시공이음이 일체가 되도록 시공방법을 선정하여야 한다.
- ㉣ **역방향 타설 콘크리트의 수평시공이음 방법** : 주입법, 직접법, 충전법

② 연직시공이음
- ㉠ 시공이음면의 거푸집을 견고하게 지지하고 이음 부분의 콘크리트는 진동기를 써서 충분히 다져야 한다.
- ㉡ 이음을 좋게 하기 위해 구 콘크리트의 시공이음면에 시멘트 페이스트, 모르타르, 습윤면용 에폭시수지 등을 바른다.
- ㉢ 새 콘크리트를 타설할 때는 신·구 콘크리트가 충분히 밀착되도록 잘 다져야 하며, 새 콘크리트를 타설한 후 적당한 시기에 재진동 다지기를 하는 것이 좋다.
- ㉣ 일반적으로 시공이음면의 거푸집 철거는 콘크리트를 타설하고 난 후 여름에는 4~6시간, 겨울에는 10~15시간 정도로 한다.
- ㉤ 시공이음면의 거푸집으로 설치되는 철망은 철근 등으로 지지시키는 것이 좋다.
- ㉥ 수밀콘크리트의 연직시공이음에는 지수판의 사용을 원칙으로 한다.

③ 바닥틀의 시공이음
- ㉠ 바닥틀의 시공이음에서 보가 그 경간 중에서 작은 보와 교차할 경우에는 작은 보폭의 2배 거리만큼 떨어진 곳에 보의 시공이음을 설치한다.
- ㉡ 바닥틀의 시공이음은 슬래브 또는 보의 경간 단부가 아닌 중앙 부근에 둔다.
- ㉢ 바닥틀과 일체로 된 기둥의 시공이음은 바닥틀과의 경계부근에 설치하는 것이 원칙이다.
- ㉣ 헌치 또는 내민 부분을 가지는 구조물에서는 바닥틀과 연속하여 콘크리트를 타설하여야 한다.

④ 아치의 시공이음은 아치 축에 직각방향이 되도록 설치한다.

(3) 신축이음(Expansion Joint)

구조물의 온도변화에 따른 수축 및 팽창, 지진, 부동침하 등의 진동에 의한 응력에 의해 구조물이 파괴되지 않도록 구속을 완화시키고 구조물의 거동이 일체가 되도록 설치하는 이음을 말한다.

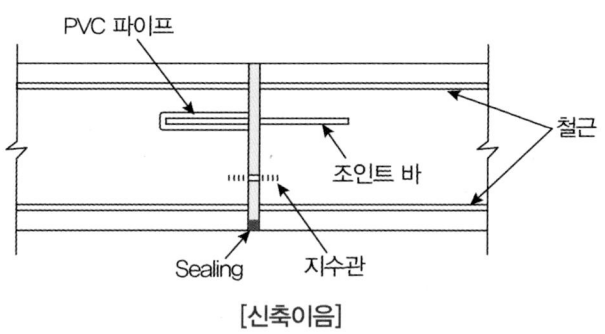

[신축이음]

① 신축이음에는 필요에 따라 이음재, 지수판 등을 배치하여야 한다.
② 신축이음의 단차를 피할 필요가 있는 경우에는 장부나 홈을 두는 것이 좋다.
③ 신축이음은 양쪽의 구조물 혹은 부재가 <u>구속되지 않는 구조</u>이어야 한다.
④ 신축이음의 단차를 피할 필요가 있는 경우에는 전단연결재를 사용하는 것이 좋다.

(4) 수축이음(Control Joint, 균열유발 이음, 수축줄눈)

① **수축이음** : 콘크리트의 수축으로 인한 균열을 방지하기 위하여(균열을 제어할 목적으로) 설치하는 이음으로, 이 중에서 댐 축에 직각으로 설치하는 수축이음을 가로수축이음, 댐 축의 평행으로 설치하는 수축이음을 세로수축이음이라 한다.

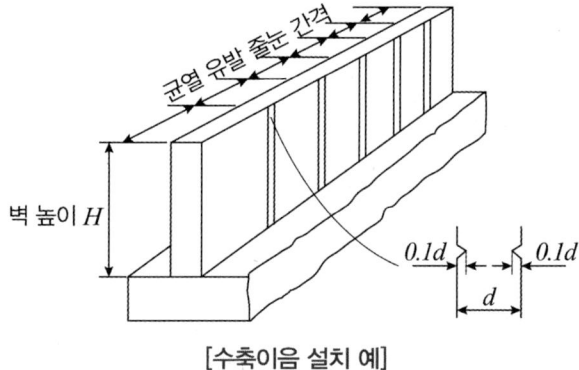

[수축이음 설치 예]

② 균열유발이음의 간격은 <u>부재 높이의 1배 이상에서 2배 이내</u> 정도로 하는 것이 좋다.
③ 균열유발이음에 의한 <u>단면 결손율은 20%를 약간 넘는 정도</u>로 하는 것이 좋다.
④ 균열유발이음은 미리 <u>정해진 장소에 균열을 집중시킬 목적</u>으로 설치한다.
⑤ 수밀 구조물에서는 지수판 설치 등의 지수대책이 필요하다.
⑥ 매스콘크리트에서 외부구속을 많이 받는 벽체구조물의 경우에는 수축이음을 설치한다.
⑦ 매스콘크리트에서 계획된 위치에서 균열발생을 확실히 유도하기 위해서는 수축이음의 단면 감소율을 <u>35% 이상</u>으로 하여야 한다.
⑧ 수축이음의 위치는 구조물의 내력에 영향을 미치지 않는 곳에 설치한다.
⑨ 벽체구조물의 경우 길이방향에 일정 간격으로 단면감소 부분을 만든다.
⑩ 수축이음의 <u>간격은 4~5m를 기준</u>으로 한다.

(5) 콜드 조인트(Cold Joint)
시공 전에 계획하지 않은 곳에서 생겨난 이음으로서, 먼저 타설된 콘크리트와 나중에 타설되는 콘크리트 사이에 완전히 일체화가 되어 있지 않음에 따라 발생하는 이음을 말한다.

2 표면 마무리

(1) 콘크리트 표면 마무리의 주의사항
① 미리 정해진 구획의 콘크리트 타설은 연속해서 일괄작업으로 끝마쳐야 한다.
② 시공이음이 미리 정해져 있지 않을 경우 직선상의 이음이 얻어지도록 시공해야 한다.
③ 노출콘크리트에서 균일한 노출면을 얻기 위해서는 동일 공장제품의 시멘트, 동일한 종류 및 입도를 갖는 골재, 동일한 배합의 콘크리트, 동일한 콘크리트 타설방법을 사용하여야 한다.
④ 거푸집판에 접하지 않은 면의 마무리 작업 후 콘크리트가 굳기 시작할 때까지의 사이에 일어나는 균열은 다짐 또는 재마무리에 의해서 제거하여야 하며, 이때 <u>재진동을 해도 무방하다</u>.
⑤ 다지기를 끝내고 거의 소정의 높이와 형상으로 된 콘크리트의 윗면은 <u>스며 올라온 물이 없어진 후 나 또는 물을 처리한 후가 아니면 마무리해서는 안 된다</u>.
⑥ 매끄럽고 치밀한 표면이 필요할 때는 작업이 가능한 범위에서 될 수 있는 대로 늦은 시기에 콘크리트 윗면을 마무리하여야 한다.

(2) 콘크리트 표면 마무리의 평탄성 표준값

콘크리트 면의 마무리	평탄성
• 마무리 두께 <u>7mm 이상</u> 또는 바탕의 영향을 많이 받지 않는 마무리의 경우	<u>1m당 10mm 이하</u>
• 마무리 두께 <u>7mm 이하</u> 또는 양호한 평탄함이 필요한 경우	<u>3m당 10mm 이하</u>
제물치장 마무리 또는 마무리 두께가 얇은 경우	3m당 7mm 이하

단원별 학습문제

01 콘크리트의 타설 작업에 대한 설명으로 틀린 것은? 18년 1회

① 콘크리트를 2층 이상으로 나누어 타설할 경우, 상층의 콘크리트 타설은 원칙적으로 하층의 콘크리트가 굳은 후 레이턴스를 모두 제거하고 타설하여야 한다.
② 타설한 콘크리트를 거푸집 안에서 횡방향으로 이동시켜서는 안 된다.
③ 한 구획 내의 콘크리트는 타설이 완료될 때까지 연속해서 타설하여야 한다.
④ 콘크리트는 그 표면이 한 구획 내에서는 거의 수평이 되도록 타설하는 것을 원칙으로 한다.

해설
콘크리트를 2층 이상으로 나누어 타설할 경우, 상층의 콘크리트 타설은 원칙적으로 하층의 콘크리트가 굳기 시작하기 전에 해야 하며, 상층과 하층이 일체가 되도록 시공한다.

02 콘크리트를 타설할 때 기포, 곰보 등이 발생하지 않도록 하기 위한 방법으로 적합하지 않은 것은? 22년 1회

① 경사진 경사면의 윗면은 투수 거푸집 등을 이용하여 기포의 발생을 제어한다.
② 낙하 높이가 높은 부재는 배관을 이용하여 가능한 한 콘크리트 타설 높이를 낮게 한다.
③ 벽체의 두께가 얇은 경우나 연속하여 긴 경우에는 콘크리트를 횡방향으로 이동하여 타설한다.
④ 개구부 밑면은 공기가 빠져나가는 길과 콘크리트의 침하를 고려한 콘크리트 타설 및 다짐을 실시한다.

해설
벽체의 두께가 얇은 경우나 연속하여 긴 경우에는 기포, 곰보 등이 발생할 가능성이 있으므로 콘크리트를 횡방향으로 이동하여 타설하지 않는다.

03 콘크리트의 경화나 강도 발현을 촉진하기 위해 실시하는 촉진양생방법에 속하지 않는 것은? 19년 2회

① 막양생
② 전기양생
③ 고온고압양생
④ 상압증기양생

해설
- **촉진양생** : 일반적인 콘크리트보다 빠른 콘크리트의 경화나 강도발현을 촉진하기 위해 실시하는 양생방법
- **촉진양생 방법** : 증기양생(저압증기양생, 고압증기양생, 고온 증기양생), 전기양생, 오토클레이브양생, 온수양생, 적외선 양생, 고주파 양생 등이 있으며 일반적으로 증기양생이 널리 사용되고 있다.

04 시공이음에 대한 설명으로 틀린 것은? 18년 2회

① 시공이음은 될 수 있는 대로 전단력이 적은 위치에 설치한다.
② 시공이음은 부재의 압축력이 작용하는 방향과 직각이 되도록 하는 것이 원칙이다.
③ 해양 및 항만 콘크리트 구조물 등에 부득이 시공이음부를 설치할 경우에는 만조위로부터 위로 0.6m와 간조위로부터 아래로 0.6m 사이인 감조부 부분을 피해야 한다.
④ 부득이 전단력이 큰 곳에 시공이음을 설치하여 철근으로 보강하는 경우 철근의 정착 길이는 철근 지름의 10배 이상으로 한다.

정답 01. ① 02. ③ 03. ① 04. ④

해설
부득이 전단력이 큰 곳에 시공이음을 설치하여 철근으로 보강하는 경우 철근의 정착 길이는 <u>철근 지름의 20배 이상</u>으로 한다.

05 먼저 타설된 콘크리트와 나중에 타설되는 콘크리트 사이에 완전히 일체화가 되어 있지 않음에 따라 발생하는 이음은? 19년 2회
① 겹침 이음
② 신축줄눈
③ 콜드조인트
④ 균열 유발 줄눈

해설
콜드조인트(cold joint)에 대한 설명

CHAPTER 02 특수 콘크리트

UNIT 01 | 한중콘크리트(Cold Weather Concrete)

1 일반사항
하루의 평균기온이 4℃ 이하가 예상되는 조건일 때는 콘크리트가 동결할 염려가 있으므로 한중콘크리트로 시공하여야 한다.

2 재료
① 비빔온도를 높게 하기 위해서 물 또는 골재를 가열할 수 있지만, 시멘트는 어떠한 경우라도 직접 가열할 수는 없다.
② 골재에 빙설이 혼입되어 있는 경우 그대로 사용하면 안 된다.
③ 초기동해를 방지하기 위해서 콘크리트에 AE제, AE감수제, 고성능 AE감수제 등을 혼입하여 초기강도를 증진시킨다.

3 배합
① 한중콘크리트의 물-결합재비는 원칙적으로 60% 이하로 하여야 한다.
② 가열한 배합재료의 투입순서는 가열한 물과 굵은 골재를 넣은 후 시멘트를 넣는 것이 좋다.
③ 가열할 재료를 믹서에 투입할 때 가열한 물과 굵은 골재, 다음에 잔골재를 넣어서 믹서 안의 재료 온도가 40℃ 이하가 된 후 최후에 시멘트를 넣는 것이 좋다.
④ 적산온도 : 배합강도 및 물-결합재비는 적산온도 방식에 의해 결정할 수 있으며, 적산온도는 콘크리트의 강도를 콘크리트 온도와 시간의 함수로서 일반적으로는 다음식으로 나타낸다.

$$식\quad M = \sum_{0}^{t}(\theta + A)\triangle t$$

여기서, M : 적산온도(℃·D(일(day))과 ℃·D)
θ : $\triangle t$시간 중의 콘크리트의 일평균 양생온도(℃)
A : 온도의 상수로서 일반적으로 10℃가 사용된다.
$\triangle t$: 시간(일)

4 비비기

① 타설 종료 후 콘크리트 온도

$$T_2 = T_1 - 0.15(T_1 - T_0) \times t$$

여기서, T_2 : 타설 종료 후 콘크리트 온도(℃)
  T_1 : 비빈 직후의 콘크리트 온도(℃)
  T_0 : 주위 온도(℃)
  t : 비빈 후부터 타설 종료 때까지 시간(hr)
  0.15 : 타설이 끝났을 때 콘크리트의 온도는 운반 및 타설 도중 열손실이 일어나므로 믹서에서 배합했을 때의 온도보다 내려가는데, 이 저하의 정도는 일반적으로 운반 및 타설시간 1시간에 대하여 콘크리트 온도와 주위 온도와의 차이는 15% 정도이다.

② 적산온도방식을 적용할 경우 5℃에서 28일간 양생한 콘크리트는 10℃에서 14일간 양생한 콘크리트와 강도가 동일하지 않다.

5 시공 및 타설 시 주의사항

① 한중콘크리트에는 AE 콘크리트(공기연행 콘크리트)를 사용하는 것을 원칙으로 한다.
② 겨울철에 물은 동결하면 부피가 팽창하여 콘크리트 내구성에 심각한 저하를 가져오므로 초기동해 방지를 위해서 단위수량을 적게 한다.
③ 콘크리트 타설 시 온도는 일반적으로 5~20℃ 범위에서 정한다.
④ 한중콘크리트의 경우 타설할 때의 콘크리트 온도는 10℃ 이상, 20℃ 미만으로 한다.
⑤ 콘크리트 타설이 종료된 후 초기동해를 받지 않도록 초기양생을 실시한다.

6 양생

① 응결 및 경화의 초기에 동결되지 않도록 주의하며 양생 종료 후 동결융해작용에 대하여 저항성을 가져야 한다.
② 응결이 시작되기 전의 초기동해는 녹는 시점에서 잘 다져주면 강도나 내구성에는 거의 문제가 없다.
③ 공사 중의 각 단계에서 예상되는 하중에 대하여 충분한 강도를 가지게 해야 한다.
④ 추위가 심한 경우 또는 부재 두께가 얇은 경우 소요의 압축강도가 얻어질 때까지 콘크리트의 양생온도는 5℃ 이상을 유지하여야 한다.
⑤ 초기양생에서 소요 압축강도가 얻어질 때까지 콘크리트의 온도를 5℃ 이상으로 유지하여야 하며, 또한 소요 압축강도에 도달한 후 2일간은 구조물의 어느 부분이라도 0℃ 이상이 되도록 유지하여야 한다.
⑥ 콘크리트가 동결하지 않더라도 5℃ 이하의 저온에 노출된 경우 응결 및 경화반응이 상당히 지연되므로 균열, 잔류변형 등의 문제가 생기기 쉽다.

⑦ 통상의 적산온도방식을 적용하면, 5℃에서 4일간 양생한 콘크리트의 강도는 10℃에서 3일간 양생한 경우와 거의 같다.
⑧ 보통의 노출상태의 경우, 콘크리트의 압축강도가 5MPa 이상에 도달한다면 초기양생을 종료해도 좋다.
⑨ 매스콘크리트, 고강도콘크리트 등은 타설 후 콘크리트에 많은 수화열이 발생하기 때문에 책임기술자의 승인을 얻어 보온 및 양생 등에 대한 규정의 일부 또는 전부를 적용하지 않을 수 있다.
⑩ 한중콘크리트의 양생 종료 때의 압축강도의 표준(MPa)

구조물의 노출 \ 단면	300mm 이하	300mm 초과 800mm 이하	800mm 초과
(1) 계속해서 또는 자주 물	15	12	10
(2) 보통의 노출상태에 있고 (1)에 속하지 않는 부분	5	5	5

⑪ 압축강도 시험의 재령일 : $Z_{20} = \dfrac{M}{30}$(일)

UNIT 02 서중콘크리트(Hot Weather Concrete)

1 일반사항

① 하루 평균기온이 25℃를 초과하는 것이 예상되는 경우 일반콘크리트가 아닌 서중콘크리트로 시공하여야 한다.
② 콘크리트를 타설할 때의 콘크리트 온도는 35℃ 이하이어야 한다.

2 재료의 배합

① 콘크리트의 온도가 높을수록 물이 증발하여 슬럼프는 감소하고 동일 슬럼프를 얻는데 필요한 단위수량은 증가한다.
② 기온 10℃의 상승에 소요 단위수량은 2~5% 증가하므로 정해진 물-시멘트비에 따라 시멘트량도 비례하여 증가시켜야 한다.
③ 서중콘크리트는 급격한 슬럼프 손실을 대비하기 위해 소요의 강도 및 워커빌리티를 얻을 수 있는 범위 내에서 단위수량 및 단위시멘트량을 가급적 적게 해야 한다.
④ 서중콘크리트는 수화열을 줄이기 위해 단위수량 및 단위시멘트량을 가능한 한 줄이는 것이 좋다.
⑤ 서중콘크리트의 배합온도는 낮게 관리하여야 한다.

3 시공 시 주의사항

① 감수제, AE감수제 및 유동화제는 지연형을 사용하는 것이 바람직하다.
② 지연형 감수제를 사용하는 등의 일반적인 대책을 강구한 경우라도 콘크리트는 비빈 후 <u>1.5시간 이내에 타설</u>하여야 한다.
③ 콘크리트를 타설하기 전에는 지반, 거푸집 등 콘크리트로부터 물을 흡수할 우려가 있는 부분을 <u>습윤 상태로 유지</u>하여야 한다.
④ 거푸집, 철근이 직사일광을 받아서 고온이 될 우려가 있는 경우에는 살수, 덮개 등의 조치를 하여야 한다.
⑤ 콘크리트 타설 후 콘크리트의 경화가 진행되어 있지 않은 시점에서 갑작스러운 건조에 의해 균열이 발생하였을 경우 즉시 재진동 다짐이나 다짐을 실시하여 이것을 없애야 한다.
⑥ 콘크리트의 비빔 온도가 높을수록 장기재령에 있어서의 강도 증진은 작다.
⑦ 시공불량에 의해 이어치기면 이외의 장소에도 불연속면이 발생하기 쉽다.

4 운반과 타설 및 양생

① 비빈 콘크리트는 가열되거나 건조해져서 슬럼프가 저하하지 않도록 적당한 장치를 사용하여 되도록 <u>빨리 운송하여 타설</u>하여야 한다.
② 콘크리트는 <u>비빈 후 즉시 타설</u>하여야 한다.
③ 펌프로 운반할 경우에는 관을 젖은 천으로 덮어야 한다.
④ 콘크리트 타설은 콜드조인트가 생기지 않도록 적절한 계획에 따라 실시하여야 한다.
⑤ 콘크리트 타설 후 콘크리트 표면이 건조해지지 않도록 한다.
⑥ 콘크리트의 표면온도를 <u>급격히 저하시켜서는 안 되며 서서히 저하시킨다</u>.
⑦ 거푸집을 떼어낸 후의 양생기간 동안은 노출면을 <u>습윤상태로 유지</u>하여야 한다.
⑧ <u>습윤양생</u>을 실시한다.
⑨ 콘크리트의 양생기간 중에 예상되는 진동, 충격, 하중 등의 유해한 작용으로부터 보호하여야 한다.
⑩ 콘크리트 타설 후 적어도 24시간은 노출면이 습윤상태를 유지하고 <u>양생은 적어도 5일 이상</u> 실시한다.

UNIT 03 | 매스콘크리트(Mass Concrete)

1 매스콘크리트로 다루어야 하는 구조물의 부재치수

① 넓이가 넓은 평판구조의 경우 두께 0.8m 이상
② 하단이 구속된 벽조의 경우 두께 0.5m 이상

2 매스콘크리트의 재료

① 매스콘크리트는 수화열을 줄이기 위해 플라이애시 등이 혼합된 혼합형 시멘트를 사용하는 것이 좋다.
② 저발열형 시멘트는 장기 재령의 강도 증진이 보통포틀랜드시멘트에 비하여 크므로, 91일 정도의 장기 재령을 설계기준압축강도의 기준 재령으로 하는 것이 좋다.
③ 혼화재료로서 고로슬래그 미분말은 온도 의존성이 크기 때문에 콘크리트의 타설 온도가 높을 경우 발열량이 증가하여 오히려 콘크리트 온도가 상승하는 경우도 있다.
④ 콘크리트의 온도상승을 감소시키기 위해 소요의 품질을 만족시키는 범위 내에서 단위시멘트량이 적어지도록 배합을 선정하여야 한다.
⑤ 일반적으로 콘크리트의 온도상승량은 단위시멘트량 10kg/㎥에 대하여 대략 1℃ 정도의 비율로 증가된다.
⑥ 수화열에 의한 균열 방지를 위해 가급적 슬럼프값을 낮게 한다.
⑦ 배합수는 특히 하절기의 경우 콘크리트의 비비기 온도를 낮추기 위해 되도록 저온의 것을 사용하여야 한다.
⑧ 굵은골재의 최대치수는 작업성이나 건조수축 등을 고려하여 되도록 큰 값을 사용하여야 한다.

3 매스콘크리트의 온도균열 방지 및 제어방법

① 팽창콘크리트의 사용에 의한 균열방지방법을 실시한다.
② 외부구속을 많이 받는 벽체구조물의 경우에는 수축이음을 설치한다.
③ 프리쿨링(Pre-cooling)과 파이프쿨링(pipe cooling)을 한다.
④ 균열제어철근의 배치에 의한 방법을 실시한다.
⑤ 콘크리트의 비비기 온도를 제어할 목적으로 얼음을 사용하는 경우에는 비빌 때 얼음덩어리가 콘크리트 속에 남아 있지 않도록 하여야 한다.

4 수축이음(균열유발 이음)

① 균열유발 이음에 따른 단면감소율은 20%를 약간 넘을 정도로 하는 것이 좋다.
② 매스콘크리트로 벽체구조물을 형성할 경우 계획된 위치에서 균열발생을 확실히 유도하기 위해서는 수축이음의 단면 감소율을 35% 이상으로 하여야 한다.
③ 벽체구조물의 경우 길이방향에 일정 간격으로 단면감소 부분을 만든다.
④ 수축이음의 간격은 4~5m를 기준으로 한다.
⑤ 균열유발 이음의 간격은 대략 콘크리트 1회 치기 높이의 1~2배 정도가 바람직하다.
⑥ 수축이음의 위치는 구조물의 내력에 영향을 미치지 않는 곳에 설치한다.
⑦ 균열유발 이음을 설치할 경우 비교적 쉽게 매스콘크리트의 균열제어를 할 수 있으나, 구조상의 취약부가 될 우려가 있으므로 구조형식 및 위치 등을 잘 선정하여야 한다.

5 온도균열 발생 검토

① 매스콘크리트의 온도균열은 콘크리트 내부와 표면부의 온도 차이가 커지는 경우에 많이 발생하므로, 거푸집은 온도 차이를 줄일 수 있도록 보온성이 좋은 것을 사용하고 존치기간을 길게 하여야 한다.
② 온도균열폭을 제어하기 위해서 온도균열지수 및 철근비를 증가하는 방법이 좋다.
③ **온도균열지수** : 임의의 재령에서의 콘크리트 인장강도와 수화열에 의한 온도응력의 비
④ 정밀한 해석방법에 의한 온도균열지수는 다음과 같이 임의 재령에서의 콘크리트 인장강도와 수화열에 의한 온도응력의 비로서 구한다.

> 식 온도균열지수 $I_{cr}(t) = \dfrac{f_{sp}(t)}{f_t(t)}$

여기서, $f_t(t)$: 재령 t일에서의 수화열에 의하여 생긴 부재 내부의 온도응력 최댓값(MPa)
$f_{sp}(t)$: 재령 t일에서의 콘크리트의 쪼갬인장강도로써, 재령 및 양생온도를 고려하여 구함(MPa)

⑤ 수화열에 의한 균열 발생 우려가 크지 않다고 판단되는 구조물의 경우에는 온도 해석만을 실시하여 다음과 같은 간이적인 방법으로 온도균열지수를 구할 수 있다.
  ㉠ 연질의 지반 위에 친 평판 등과 같이 내부구속응력이 큰 경우

> 식 온도균열지수 $= \dfrac{15}{\Delta T_i}$

여기서, ΔT_i : 내부온도가 최고일 때의 내부와 표면과의 온도차(°C)

⑥ 표준적인 온도균열지수
  ㉠ **균열발생을 방지하여야 할 경우** : 1.5 이상
  ㉡ **균열발생을 제한할 경우** : 1.2~1.5
  ㉢ **유해한 균열발생을 제한할 경우** : 0.7~1.2

6 매스콘크리트의 타설온도 및 냉각 방법

① 매스콘크리트의 타설온도는 온도균열을 제어하기 위한 관점에서 가능한 한 낮게 하여야 한다.
② 매스콘크리트는 1회에 타설할 구획과 타설 높이를 결정한다.
③ 매스콘크리트의 타설작업을 장시간 계속할 필요가 있는 경우는 응결지연제를 사용하는 것도 좋다.
④ 매스콘크리트의 냉각 방법
　㉠ 선행냉각 방법 : 혼합 전 재료를 냉각, 혼합 중 콘크리트를 냉각, 타설 전 콘크리트를 냉각
　㉡ 관로식 냉각 방법 : 콘크리트를 타설한 후 콘크리트의 내부온도를 제어하기 위해 미리 묻어둔 파이프 내부에 냉수 또는 공기를 강제적으로 순환시켜 콘크리트를 냉각하는 방법
⑤ 콘크리트의 혼합수에 얼음을 넣거나, 골재를 냉각시킨다.

7 매스콘크리트의 양생 시의 온도 제어

① 매스콘크리트의 양생은 콘크리트의 온도변화를 제어하기 위하여 적절한 방법에 따라 실시해야 하며, 콘크리트를 타설하고 있는 주변기온을 급냉시키지 않으며 콘크리트 온도를 가능한 한 천천히 외기온도에 가까워지도록 한다.
② 매스콘크리트, 고강도 콘크리트 등은 타설 후 콘크리트에 많은 수화열이 발생하기 때문에 책임기술자의 승인을 얻어 보온 및 양생 등에 대한 규정의 일부 또는 전부를 적용하지 않을 수 있다.
③ 매스콘크리트인 댐 공사에서 균열은 전체 공사에 치명적인 결과를 초래할 수 있으므로 균열이 생긴 부분을 연필 등으로 처음과 끝부분을 표시하고, 균열 발생 확인 날짜 등을 현장에 표시한 후 균열 관리대장에 기입하여 계측 관리한다.

UNIT 04　유동화 콘크리트(Plasticized Concrete)

1 일반사항

① 유동화 콘크리트는 증점제 또는 고성능 감수제를 첨가하여 시멘트풀의 소성 점도를 증대시켜 콘크리트의 유동성을 향상시킨 콘크리트를 말한다.
② 베이스콘크리트는 유동화 콘크리트 제조 시 유동화제를 첨가하기 전의 기본 배합 콘크리트로서 믹서로 일단 비비기를 완료한 콘크리트를 말한다.

2 재료 및 배합

① 유동화콘크리트의 경우, 유동화 후 콘크리트의 워커빌리티를 고려하여 잔골재율을 결정할 필요가 있다.
② 잔골재율 결정 시 베이스콘크리트의 슬럼프에 적합한 잔골재율이 아닌 유동화시킨 후의 슬럼프 상태에 적합한 잔골재율로 결정해야 유동화 후 콘크리트의 품질이 좋다.
③ 유동화제 첨가량은 보통시멘트 질량의 0.5~1% 정도이며, 유동화제량은 극소량이므로 단위수량의 일부로서 고려하지 않는다.
④ 유동화제는 원액으로 사용하고, 미리 정한 소정의 양을 나누지 않고 한 번에 모두 첨가하며, 계량은 질량 또는 용적으로 계량하고, 그 계량오차는 1회에 3% 이내로 한다.
⑤ 유동화제는 작업성을 향상시키기 위하여 사용되며 일반적으로 타설 직전 현장에서 첨가한다.
⑥ 유동화 콘크리트의 배합에서 슬럼프 증가량은 100mm 이하를 원칙으로 하며, 50~80mm를 표준으로 한다.
⑦ 베이스콘크리트의 슬럼프는 콘크리트의 유동화에 지장이 없는 범위의 것이어야 한다.
⑧ 공기연행제의 사용량은 유동화 후 목표공기량이 얻어질 수 있도록 베이스콘크리트 상태에서 약간 많은 공기량의 확보가 필요하다.

3 콘크리트의 유동화 및 시공 시 주의사항

① 유동화 콘크리트 제조방법 세 가지
  ㉠ 공장첨가 공장 유동화 방식 : 배치플랜트에서 트럭 교반기 내의 콘크리트에 유동화제를 첨가하여 즉시 고속으로 교반하여 유동화시킨다.
  ㉡ 공장첨가 현장 유동화 방식 : 배치플랜트에서 트럭 교반기 내의 유동화제를 첨가하여 저속으로 교반하면서 운반하고 공사 현장 도착 후 고속으로 교반하여 유동화시킨다.
  ㉢ 현장첨가 현장 유동화 방식 : 배치플랜트에서 운반한 콘크리트에 공사 현장에서 트럭 교반기에 유동화제를 첨가하여 균일하게 될 때까지 교반하여 유동화시키는 방법으로 가장 효과적인 방식이다.
② 유동화 콘크리트의 재유동화는 할 수 없는 것을 원칙으로 한다. 다만, 부득이한 경우 책임기술자의 승인을 받아 1회에 한하여 재유동화 할 수 있다.
③ 베이스 콘크리트 및 유동화 콘크리트의 슬럼프 및 공기량 시험은 $50m^3$마다 1회씩 실시하는 것을 표준으로 한다.

UNIT 05 | 해양콘크리트(Offshore Concrete)

1 해양콘크리트의 일반사항

① 해수는 알칼리 골재반응의 반응성을 촉진하는 경우가 있으므로 이에 대해 충분한 검토를 하여야 한다.
② 해양콘크리트는 열화 및 강재의 부식에 의해 그 기능이 손상되지 않도록 해야 한다.
③ 육상구조물 중에 해풍의 영향을 많이 받는 구조물도 해양콘크리트로 취급하여야 한다.
④ 해양콘크리트 구조물에 쓰이는 콘크리트의 설계기준강도는 30MPa 이상으로 한다.
⑤ PS강재와 같은 고장력강에 작용응력이 인장강도의 60%를 넘을 경우 응력부식 및 강재의 부식피로를 검토하여야 한다.
⑥ 강재의 방식을 위한 방법으로는 콘크리트 피복두께를 크게 하는 것, 균열폭을 작게 하는 것, 적절한 재료와 시공 방법을 사용하는 것 등이 있다.

2 재료 및 배합

① 해양콘크리트에서 시멘트는 보통포틀랜드시멘트를 사용하는 대신 염분을 함유한 해수에 저항성이 강한 고로슬래그시멘트, 중용열 포틀랜드시멘트, 플라이 애시 시멘트 등을 사용하는 것이 원칙이다.
② 물보라 지역 및 해상 대기중에서는 굵은 골재 최대치수가 25mm인 경우 단위결합재량은 330kg/㎥ 이상 사용하는 것이 좋다.
③ 동결융해작용을 받을 염려가 있는 해양콘크리트의 공기량은 굵은골재 최대치수가 25㎜인 경우 5%로 한다.
④ 해양콘크리트는 일반 콘크리트보다 적은 값의 물-결합재비를 사용하는 것이 바람직하다.
⑤ **해양콘크리트의 물-결합재비**(내구성에 의해 정해지는 물-결합재비로서 일반 현장 시공의 경우)

환경구분	최대 물-결합재비
해중	50%
해상 대기 중	45%
물보라 지역, 간만대 지역	40%

⑥ 해풍의 작용을 심하게 받는 육상구조물은 해상 대기 중에 상당하는 물-결합재비 45%를 적용한다.

3 시공 및 양생의 주의사항

① 시공할 때 강재와 거푸집판과의 간격은 소정의 피복을 확보하도록 하여야 하며, 이때 보, 슬래브에 사용하는 간격재의 개수는 4개/㎡ 이상을 표준으로 한다. 이때 기초, 기둥, 벽 및 난간 등에는 2개/㎡ 이상을 표준으로 한다.

② 외부의 염분에 의한 피해 우려가 있는 해양콘크리트 구조물은 콘크리트 팽창 및 수축을 최소화할 수 있도록 시공이음부를 가능한 한 적게 두는 것이 좋다.
③ 해양 및 항만 콘크리트 구조물 등에 부득이 시공이음부를 설치한 경우에는 만조위로부터 위로 0.6m와 간조위로부터 아래로 0.6m 사이인 감조부 부분을 피하여야 한다.
④ 해양콘크리트에 보통포틀랜드시멘트를 사용할 경우 5일간은 콘크리트가 충분히 경화되기 전에 해수에 씻기지 않도록 보호해야 한다.
⑤ 해양콘크리트에 고로 슬래그 시멘트를 사용할 경우 콘크리트가 충분히 경화되기 전에 해수에 씻기지 않도록 보호해야 하는 기간은 설계기준압축강도의 75% 이상의 강도가 확보될 때까지 연장하여야 한다.

UNIT 06 수밀콘크리트(Watertight Concrete)

1 수밀콘크리트의 일반사항

① 수밀콘크리트는 물과 접하는 지하구조물, 수리구조물과 같이 수밀을 요구하는 구조물에서 균열이 발생하지 않도록 수밀성을 높인 콘크리트를 말한다.
② 수밀콘크리트는 양질의 AE제와 고성능 감수제 또는 포졸란 등을 사용하는 것을 원칙으로 한다.
③ 콘크리트의 소요슬럼프는 되도록 작게 하여 180mm를 넘지 않도록 하며, 콘크리트 타설이 용이할 때에는 120mm 이하로 한다.

2 재료 및 배합

① 배합은 소요의 품질이 얻어지는 범위 내에서 단위수량 및 물-결합재비는 되도록 적게 한다.
② 단위굵은골재량은 되도록 크게 한다.
③ 콘크리트의 수밀성을 기준으로 물-결합재비를 정할 경우 그 값은 50% 이하로 한다.
④ 수밀콘크리트의 물-결합재비는 50% 이하, 공기량은 4% 이하를 표준으로 한다.
⑤ 워커빌리티를 개선시키기 위해 AE제, AE감수제 등을 사용하는 경우라도 공기량은 4% 이하가 되도록 한다.

3 시공 및 양생의 주의사항

① 콜드조인트(cold joint)가 발생하지 않도록 타설구획 내에서 연속적으로 타설한다.
② 연속타설 시간간격은 외기온도가 25℃를 넘었을 경우에는 1.5시간, 25℃ 이하일 경우에는 2시간을 넘어서는 안 된다.

③ 수밀을 요하는 콘크리트에 있어서는 소요의 수밀성이 얻어지도록 적절한 간격으로 시공이음부를 두어야 한다.
④ 연직 시공이음에는 지수판 등의 물의 통과 흐름을 차단할 수 있는 방수처리재 등의 사용을 원칙으로 한다.
⑤ 수밀콘크리트는 수밀성을 향상시키기 위해 습윤양생기간을 일반보다 길게 한다.
⑥ 혼화재료로서 팽창재는 콘크리트의 누수 원인이 되는 건조수축균열 방지를 하여 수밀성을 향상시킨다.

UNIT 07 | 수중콘크리트(Underwater Concrete)

1 수중콘크리트의 일반사항

① 콘크리트는 공기 중에서 타설하는 것이 일반적이지만, 부득이 수중에서 타설하는 콘크리트를 수중콘크리트라 한다.
② 종류는 일반 수중콘크리트, 수중불분리성 콘크리트, 현장타설말뚝 및 지하연속벽에 사용하는 수중콘크리트로 구분하며 각각의 콘크리트에 대하여 구조물의 요구 성능 등을 검사하여야 한다.
③ 수중콘크리트에 프리플레이스트 콘크리트 공법을 적용할 경우에는 프리플레이스트 콘크리트 규정에 따라야 한다.
④ **수중콘크리트의 타설장비**

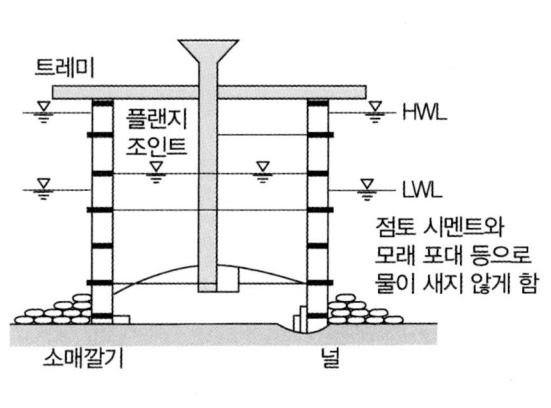

[트레미]

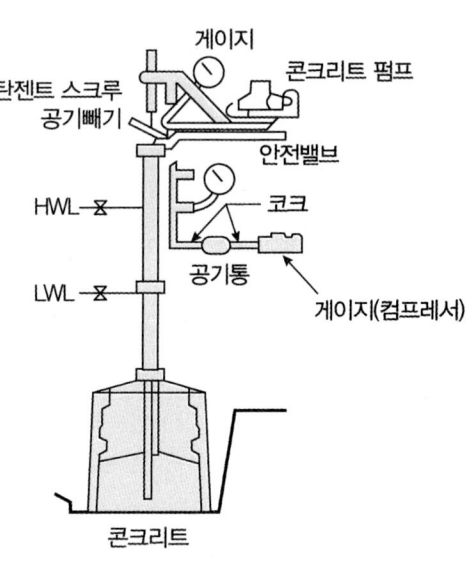

[콘크리트 펌프]

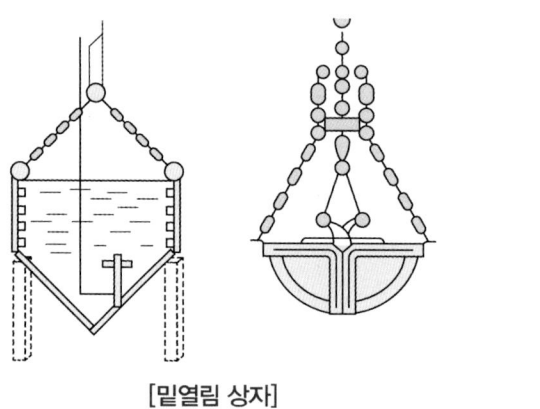
[밑열림 상자]

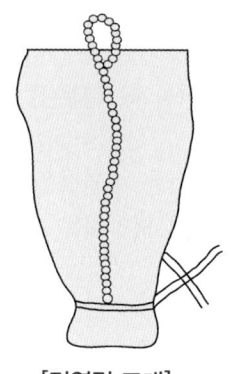
[밑열림 포대]

2 재료 및 배합

(1) 물-결합재비와 단위시멘트량

① 수중콘크리트의 물-결합재비 및 단위시멘트량의 표준은 다음과 같다.

종류	일반 수중콘크리트	현장타설말뚝 및 일반 수중콘크리트 지하연속벽에 사용하는 수중콘크리트
물-결합재비	50% 이하	55% 이하
단위시멘트량	370kg/㎥ 이상	350kg/㎥ 이상

② 지하연속벽에 사용하는 수중콘크리트의 경우, 지하연속벽을 가설만으로 이용할 경우에는 단위시멘트량은 300kg/㎥ 이상으로 하여야 한다.

③ 내구성으로부터 정해진 수중불분리성 콘크리트의 최대 물-결합재비

환경 \ 콘크리트의 종류	무근콘크리트	철근콘크리트
담수 중·해수 중	55%	50%

(2) 수중불분리성 콘크리트의 굵은골재의 최대치수

① 40mm 이하를 표준으로 한다.
② 현장타설말뚝 및 지하연속벽에 사용하는 콘크리트의 경우는 25mm 이하를 표준으로 한다.
③ 부재 최소치수의 1/5을 초과해서는 안 된다.
④ 철근의 최소 순간격의 1/2을 초과해서는 안 된다.
⑤ 굵은 골재의 최대치수 시험·검사 방법은 배합시험에 의한다.

(3) 혼화제와 배합

① 수중불분리성 콘크리트는 혼화제의 증점효과와 소정의 유동성을 확보하기 위하여 일반 수중콘크리트보다도 단위수량이 크게 요구되므로 감수제, 공기연행감수제 또는 고성능감수제를 사용하여야 한다.
② 일반 수중콘크리트는 수중에서 시공할 때의 강도가 표준공시체 강도의 0.6~0.8배가 되도록 배합강도를 설정하여야 한다.
③ 현장타설콘크리트말뚝 및 지하연속벽에 사용하는 수중에서 시공할 때 강도가 대기 중에서 시공할 때 강도의 0.8배, 안정액 중에서 시공할 때 강도가 대기 중에서 시공할 때 강도의 0.7배로 하여 배합강도를 설정하여야 한다.
④ 가경식 믹서를 이용하는 경우 콘크리트가 드럼 내부에 부착되어 충분히 비벼지지 못할 경우가 있기 때문에 믹서는 강제식 배치믹서를 사용하여야 한다.
⑤ 수중불분리성 콘크리트는 일반 콘크리트에 비하여 믹서에 걸리는 부하가 크기 때문에 소요품질의 콘크리트를 얻기 위하여 1회 비비기 양은 믹서의 공칭용량의 80% 이하로 하여야 한다.
⑥ 수중불분리성 콘크리트의 비비기는 제조설비가 갖추어진 배치플랜트에서 물을 투입하기 전 건식으로 20~30초를 비빈 후 전 재료를 투입하여 비비기를 하여야 한다.
⑦ 비비는 시간은 시험에 의해 콘크리트 소요의 품질을 확인하여 정하여야 하며, 강제식 믹서의 경우 비비기 시간은 90~180초를 표준으로 한다.
⑧ 현장타설말뚝 및 지하연속벽에 사용하는 수중콘크리트에서 설계기준압축강도가 50MPa을 초과하는 경우는 높은 유동성이 요구되므로 슬럼프 플로의 범위는 500~700mm로 하여야 한다.

3 시공 및 양생의 주의사항

(1) 일반적인 수중콘크리트

① 수중콘크리트는 물을 정지시킨 정수 중에 타설하여야 한다.
② 콘크리트가 경화될 때까지 물의 유동을 방지하여야 한다.
③ 한 구획의 콘크리트 타설을 완료한 후 레이턴스를 모두 제거하고 다시 타설하여야 한다.
④ 콘크리트 타설은 일반적으로 안정액 중에서 시행하여야 한다.
⑤ 콘크리트 타설에서 완전히 물막이를 할 수 없는 경우 유속은 1초간 50mm 이하로 하여야 한다.
⑥ 콘크리트를 수중에 낙하시키면 재료분리가 일어나므로 콘크리트는 수중에 낙하시켜서는 안 된다.
⑦ 진흙 제거는 굴착 완료 후와 콘크리트 타설 직전에 2회 실시하여야 한다.
⑧ **일반 수중콘크리트의 슬럼프의 표준값(mm)**

시공방법	일반 수중콘크리트
트레미	130~180
콘크리트 펌프	130~180
밑열림 상자, 밑열림 포대	100~150

⑨ 일반 수중콘크리트는 다짐이 불가능하기 때문에 일반콘크리트와 비교하여 높은 유동성이 필요하다.

(2) 수중불분리성 콘크리트
① 타설은 콘크리트 <u>펌프 또는 트레미 사용을 원칙으로 한다</u>.
② 일반 수중콘크리트보다 트레미 및 콘크리트 펌프 1개당 타설 면적을 크게 할 수 있다.
③ 수중불분리성 콘크리트를 타설할 때 수중 유동거리가 길면 품질 저하 및 불균일성이 발생할 위험이 있으므로 수중 유동거리는 <u>5m 이하</u>로 하여야 한다.
④ 수중 불분리성 콘크리트의 타설은 유속이 50mm/s 정도 이하의 정수 중에서 <u>수중 낙하높이 0.5m 이하</u>여야 한다.
⑤ 수중 불분리성 콘크리트의 펌프 시공 시 압송압력은 보통콘크리트의 2~3배, 타설 속도는 1/2~1/3 정도이다.
⑥ 수중불분리성 콘크리트는 유동성이 크고 유동에 따른 품질변화가 적기 때문에 일반 수중콘크리트보다 트레미 1개 및 콘크리트펌프 배관 1개당 콘크리트 타설 면적을 크게 할 수 있다.
⑦ 수중불분리성 콘크리트의 공기량은 4% 이하를 표준으로 한다.

(3) 트레미를 사용한 수중콘크리트 시공
① 트레미는 수밀성을 가지며 콘크리트가 자유롭게 낙하할 수 있는 크기를 가져야 한다.
② 트레미의 안지름
　㉠ <u>굵은골재 최대치수의 8배 이상</u>이 되도록 하여야 한다.
　㉡ <u>수심 3m 이내 : 250mm 정도가 좋다</u>.
　㉢ 수심 3~5m : 300mm 정도가 좋다.
　㉣ <u>수심 5m 이상 : 300~500mm 정도가 좋다</u>.
③ 트레미의 하단에서 유출되는 콘크리트를 수중에서 멀리 유동시키면 품질이 저하되므로 트레미 1개로 타설할 수 있는 면적이 지나치게 크지 않도록 하여야 하며, <u>30㎡ 이하</u>로 하여야 한다.
④ 트레미는 콘크리트를 타설하는 동안 <u>하반부가 항상 콘크리트로 채워져 트레미 속으로 물이 침입하지 않도록</u> 하여야 하며, 트레미는 콘크리트를 타설하는 동안 <u>수평 이동시켜서는 안 된다</u>.
⑤ 콘크리트를 수중 낙하시키면 재료분리가 심하게 생기기 때문에 콘크리트를 타설할 때에 트레미의 선단 부분에 밑 뚜껑이 있는 것을 사용하거나 플란저를 설치하는 등의 대책을 취하여야 한다.

UNIT 08 | 프리플레이스트 콘크리트(Preplaced Concrete)

1 프리플레이스트 콘크리트의 일반사항

① 프리플레이스트(프리팩트) 콘크리트란 특정한 입도를 가진 굵은 골재를 미리 거푸집에 채워 넣고, 그 간극에 특수한 모르타르를 적당한 압력으로 주입하여 만든 콘크리트를 말한다.

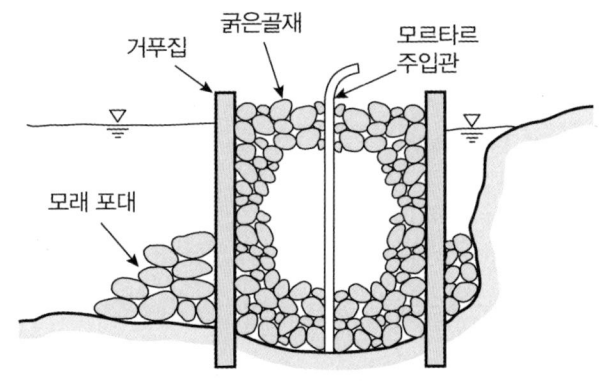

[프리플레이스트 콘크리트 예]

② 고강도 프리플레이스트 콘크리트라 함은 고성능감수제에 의하여 주입모르타르의 물-결합재비를 40% 이하로 낮추어 재령 91일에서 압축강도 40MPa 이상이 얻어지는 프리플레이스트 콘크리트를 말한다.
③ 프리플레이스트 콘크리트의 강도는 원칙적으로 재령 28일 또는 재령 91일의 압축강도를 기준으로 한다.

2 재료 및 배합의 주의사항

① 프리플레이스트 콘크리트용 잔골재의 조립률은 1.4~2.2의 범위로 한다.
② 굵은 골재 최소치수란 프리플레이스트 콘크리트에 사용되는 굵은 골재에 있어서 질량이 적어도 95% 이상 남는 체중에서 최대치수의 체눈의 호칭치수로 나타낸 굵은 골재의 치수를 말한다.
③ 굵은 골재의 최소치수는 15mm 이상으로 하여야 한다.
④ 굵은 골재의 최대치수는 부재단면 최소치수의 1/4 이하, 철근콘크리트의 경우 철근 순간격의 2/3 이하로 하여야 한다.
⑤ 일반적으로 굵은 골재의 최대치수는 최소치수의 2~4배 정도로 한다.
⑥ 굵은 골재의 최대치수와 최소치수와의 차이를 적게 하면 굵은 골재의 실적률이 낮아지므로 주입모르타르의 소요량이 많아진다.
⑦ 대규모 프리플레이스트 콘크리트를 대상으로 할 경우, 굵은골재의 최소치수를 크게 하는 것이 효과적이다.
⑧ 조립률이 지나치게 크면 주입모르타르의 재료분리가 발생하기 쉽다.

⑨ 물-결합재비가 일정한 경우 조립률이 크면 같은 유동성을 얻기 위한 단위결합재량과 단위수량이 감소한다.
⑩ 일반 콘크리트에서 사용하는 것보다 조립률이 적은 가는 잔골재를 사용하는 것이 일반적이다.
⑪ 프리플레이스트 콘크리트의 주입모르타르에 사용되는 혼화재료는 유동성을 좋게 하고, 보수성을 향상시키고, 재료분리를 방지하고 팽창성을 가지는 혼화재료 등을 사용할 수 있으며, 고로슬래그 및 알루미늄 미분말, 고성능 감수제, 응결 조절제, 팽창재 등을 사용하는 것이 보통이다.
⑫ 대규모 프리플레이스트 콘크리트에 사용하는 주입모르타르는 시공 중에 재료분리를 적게 하기 위해 부배합으로 하여야 한다.
⑬ 잔골재의 표면수율 변화는 주입모르타르의 유동성이나 압축강도에 주는 영향이 크기 때문에 주의를 요한다.
⑭ **프리플레이스트 콘크리트의 최대 측압**

식 $P_{\max} = \left(K_s W_a h_a + \dfrac{2 W_m R t V}{100}\right) \times 10^{-3}$

여기서, $P_{\max}$: 프리플레이스트 콘크리트의 최대 측압(MPa)
K_a : 굵은골재의 측압계수, 보통의 경우 $K_a=1$
h_a : 굵은골재층 상면으로부터의 깊이(m)
W_a : 굵은 골재의 단위용적질량(t/㎥)
W_m : 모르타르의 단위용적질량(t/㎥)
R : 모르타르의 상승 속도(m/h)
t : 모르타르의 초결시간(h)
V : 굵은 골재의 공극률(%), 보통의 경우 40~48%
응결의 영향이 없을 경우 $2Rt$를 모르타르의 상면으로부터의 깊이(m)로 한다.

3 주입모르타르의 품질

① 모르타르가 굵은골재의 공극에 주입될 때 재료분리가 적고, 주입되어 경화되는 사이에 블리딩이 적어야 한다.
② 주입모르타르는 공사의 규모 등을 고려하여 유동성 및 유동성 유지시간을 갖는 것이어야 한다.
③ 주입모르타르의 유동성은 유하시간에 의해 설정하는데, 고강도 프리플레이스트 콘크리트에 사용되는 주입모르타르의 유하시간은 25~50초를 표준으로 한다.
④ 프리플레이스트 콘크리트에 사용되는 주입모르타르의 블리딩률 설정값은 시험 시작 후 3시간에서의 값이 3% 이하가 되는 것으로 한다.
⑤ 팽창률의 설정값은 시험 시작 후 3시간에서의 값이 5~10%인 것을 표준으로 한다.
⑥ 팽창률은 블리딩의 2배 정도 이상이 바람직하며, 팽창률이 매우 크면 강도저하 등을 일으키는 경우도 있으므로 주의해야 한다.

⑦ 깊은 해수 중에 시공할 경우에는 압력을 받는 모르타르의 팽창률이 적정 값이 되도록 보일의 법칙에 의하여 팽창재의 혼입량을 증가시켜야 한다.

4 시공 및 주입의 주의사항

① 일반 프리플레이스트 콘크리트에서는 콘크리트의 품질을 높이기 위해 주입관의 간격을 작게 하는 시공방법을 채용하고 있다.
② 시공능률을 중시하는 대규모 프리플레이스트 콘크리트에서는 굵은골재의 최소치수를 크게 하고, 또, 주입모르타르를 부배합으로 하여 재료분리 저항성을 증대시켜 주입관의 간격을 크게 하는 방법이 사용되고 있다.
③ 프리플레이스트 콘크리트는 보통콘크리트와 비교해서 콘크리트의 품질을 확인하기 어렵고, 시공 시 적절하지 못할 경우에는 결함을 일으키기 쉬우므로, 모르타르의 배합설계를 결정하고 나서 안전한 시공방법을 채택해야 한다.
④ 수송관을 통과하는 모르타르의 평균유속은 0.5~2.0m/sec 정도가 되도록 한다.
⑤ 시공이음을 두는 것은 일종의 불연속면을 만들게 되기 때문에 시공 중 시공이음이 발생되지 않도록 하는 것이 원칙이다.
⑥ 수송관의 연장은 짧게 하여야 하며, 연장이 100m 이상일 경우에는 중계용 애지테이터와 펌프를 사용한다.
⑦ 연직주입관 및 수평주입관의 수평간격은 2m 정도를 표준으로 한다.

UNIT 09 | 경량골재콘크리트(Lightweight Aggregate Concrete)

1 경량골재콘크리트의 일반사항

① 경량골재는 일반 골재보다 낮은 밀도를 가지는 골재를 말한다.
② 경량골재 콘크리트는 골재의 전부 또는 일부를 인공 경량골재를 써서 만든 콘크리트로서 기건단위질량은 1,400~2,000kg/m³이다.
③ 경량골재콘크리트의 설계기준압축강도는 15MPa 이상, 24MPa 이하로 강도가 27MPa 이상인 경우 고강도 경량골재 콘크리트로 구분한다.
④ 설계기준압축강도가 15MPa 이상으로 기건단위질량이 2,100kg/m³ 이하의 범위에 해당하는 것으로 한다.
⑤ 경량콘크리트는 경량골재콘크리트, 경량기포콘크리트, 무잔골재콘크리트 등으로 분류된다.

⑥ 인공경량골재를 사용한 콘크리트의 경우 하천 골재를 사용한 경우보다 **동결융해에 대한 저항성능이 떨어지므로** 혼화재, 혼화제의 사용으로 탄산화 등의 내구성에 대해 대비해야 한다.
⑦ 경량골재 콘크리트의 공기량은 일반 골재를 사용한 콘크리트보다 **1% 크게** 하여야 한다.
⑧ 경량골재 콘크리트는 **공기연행 콘크리트로 하는 것을 원칙**으로 한다.
⑨ 슬럼프는 일반적인 경우 **50~180mm를 표준**으로 한다.
⑩ 일반적인 경량콘크리트의 건조수축은 보통콘크리트의 **건조수축보다 크지만**, 인공경량골재콘크리트의 건조수축은 **골재를 거의 사용하지 않아 보통콘크리트의 건조수축보다 거의 같거나 약간 작다**.

2 재료 및 배합의 주의사항

(1) 경량골재

① 경량골재인 **잔골재는 절건밀도가 0.0018g/㎣ 미만, 굵은골재는 절건밀도가 0.0015g/㎣ 미만**인 것을 말한다.
② 경량골재의 **잔골재는 절건밀도가 1,800kg/㎥ 미만, 굵은골재는 절건밀도가 1,500kg/㎥ 미만**인 것을 말한다.
③ 경량골재는 보통골재에 비하여 물을 흡수하기 쉬우므로 이를 건조한 상태로 사용하면 비비기, 운반, 타설 중에 품질이 변동하기 쉽다.
④ 경량골재의 경량성을 보다 효과적으로 발휘시키기 위해서는 **잔골재와 굵은 골재 모두 경량골재로 하는 것이 좋다**.
⑤ 골재의 안정성은 황산나트륨에 의한 시험을 실시하도록 하지만, **인공경량골재의 경우는 실시하지 않는다**.
⑥ 천연 경량 잔골재 및 굵은 골재 혼합물의 건조 최대 단위용적질량은 $1,040kg/m^3$ 이하로 한다.
⑦ 인공. 천연 경량 잔골재의 경우 $1,120kg/m^3$ 이하의 최대 단위용적질량을 가져야 한다.
⑧ 경량골재의 입도는 KS F 2527의 표준입도를 만족해야 한다.
⑨ 단위용적질량은 제시된 값에서 **10% 이상 차이가 나지 않도록** 하여야 한다.
⑩ 경량 굵은 골재의 최대치수는 원칙적으로 **20mm로 한다**.
⑪ 경량 굵은 골재의 부립률은 10%를 최대한도로 한다.
⑫ 경량골재의 씻기시험에 의해 손실되는 양은 10% 이하로 한다.
⑬ 경량골재는 함수율이 일정하도록 저장하여야 하며, 저장 장소는 빗물이 들어가지 않고 물이 잘 빠지며 햇빛이 들지 않도록 한다.
⑭ 경량골재에 포함된 잔 입자 중 굵은 골재는 1% 이하이어야 한다.

(2) 배합

① 골재를 사용하기 전에 미리 흡수시키는 프리웨팅을 한다.
② 경량골재 콘크리트의 <u>최대 물-결합재비는 60%를 원칙</u>으로 한다.
③ 경량골재 콘크리트의 수밀성을 기준으로 물-결합재비를 정할 경우에는 <u>50% 이하를 표준</u>으로 한다.

3 제조 및 시공의 주의사항

① 경량골재 콘크리트의 공기량은 보통골재를 사용한 콘크리트에 비해 크게 하는 것을 원칙으로 한다.
② 경량골재 콘크리트는 내부진동기로 다질 때 보통골재콘크리트에 비해 진동기를 찔러 넣는 <u>간격을 작게 하거나 진동시간을 약간 길게</u> 해야 한다.
③ 경량골재 콘크리트는 일반 골재를 사용한 콘크리트보다 가볍기 때문에 동일한 반죽질기를 갖는 일반 콘크리트에 비하여 <u>슬럼프가 작아지는 경향</u>이 있으므로 단위수량을 약간 높여 <u>슬럼프를 크게 하는 것이 일반적이다.</u>
④ <u>경량골재 콘크리트의 비비기 시간은 강제식 믹서를 사용하는 경우 1분 이상, 가경식 믹서일 때는 2분 이상</u>을 표준으로 한다.

UNIT 10 | 고강도 콘크리트(High Strength Concrete)

1 고강도 콘크리트의 일반사항

① 고강도 콘크리트의 설계기준강도는 일반적으로 <u>40MPa 이상</u>으로 하며 고강도 경량콘크리트는 <u>27MPa 이상</u>으로 한다.
② 고성능 감수제(고유동화제)의 개발로 인해 고강도 콘크리트의 제조가 가능해졌다.
③ 보통 강도를 갖는 콘크리트에 비해 재령에 따른 강도 발현이 빠르게 나타나면서 늦게까지 강도 증진이 이루어진다.
④ 고강도 콘크리트는 설계기준압축강도와 <u>내구성이 모두 높아 해양콘크리트 구조물에 사용하기에 적절하다.</u>
⑤ 고강도의 콘크리트일수록 내구성이 커져 <u>크리프 변형은 작아진다.</u>
⑥ 고강도 콘크리트는 일반콘크리트에 비해 비빈 후 시간 경과함에 따라 <u>슬럼프값 저하가 크다.</u>
⑦ 고강도 콘크리트는 일반콘크리트에 비해 타설 시 <u>유동성이 좋다.</u>
⑧ 고강도 콘크리트는 일반콘크리트에 비해 <u>점성이 높다.</u>
⑨ 고강도 콘크리트는 일반콘크리트에 비해 <u>재료분리 발생 가능성이 낮다.</u>

2 재료 및 배합의 주의사항

(1) 골재

① 고강도 콘크리트에 사용되는 굵은 골재는 콘크리트 강도 및 워커빌리티 등에 미치는 영향이 크므로 선정에 세심한 주의를 하여야 한다.
② 고강도 콘크리트는 사용되는 굵은골재의 최대치수가 작을수록 강도 면에서 유리하므로 굵은 골재의 최대치수는 40mm 이하로서 가능한 한 25mm 이하로 한다.
③ 굵은골재의 최대치수는 철근 최소 수평 순간격의 3/4 이내의 것을 사용하도록 한다.
④ 굵은 골재의 입도 분포는 굵고 가는 골재가 골고루 섞여 공극률을 줄임으로써 시멘트 페이스트가 최소가 되도록 한다.
⑤ 잔골재는 크고 작은 알갱이가 골고루 혼합된 것을 사용한다.
⑥ 고강도 콘크리트용 골재의 품질기준

항목 종류	절건밀도(g/㎤)	흡수율(%)	실적률(%)	염화물이온량(%)
굵은 골재	2.5 이상	2.0 이하	59 이상	–
잔골재	2.5 이상	3.0 이하		0.02 이하

(2) 기타 재료

① 시멘트는 1종 보통 포틀랜드 시멘트 사용이 원칙이지만 3종 조강시멘트도 사용이 가능하다.
② MDF(macro defect free) 시멘트는 시멘트에 수용성 폴리머를 혼합하여 시멘트 경화체의 공극을 채우는 원리를 이용해서 수밀하고 결함이 적은 콘크리트를 만들 수 있으며 고강도 콘크리트를 제조할 때 사용이 가능하다.
③ 고강도 콘크리트는 부배합, 즉 단위시멘트량이 많기 때문에 시멘트 대체 재료인 플라이애시, 고로슬래그 미분말 등을 쓰기도 하고, 높은 강도를 내기 위해 실리카 퓸을 시멘트 대신 대체 재료를 사용한다.
④ 고강도 콘크리트는 부배합이므로 시멘트 대체 재료인 플라이애시, 고로슬래그 분말 등을 같이 사용하는 경우가 많다.
⑤ 플라이애시, 실리카 퓸 등의 혼화재 등은 시험배합을 거쳐 확인한 후 사용해야 한다.
⑥ 고성능 감수제는 고강도 콘크리트를 제조하는데 적절한 것인가를 시험배합을 거쳐 확인한 후 사용하여야 한다.
⑦ 고성능 감수제의 사용은 고강도나 유동성 증가를 위해 필수 불가결하다.
⑧ 고성능 감수제는 콘크리트 비빔이 끝난 후 타설 직전에 첨가하여 다시 비벼 사용하는 것이 좋다.
⑨ 물에 희석하여 사용하는 감수제의 경우 희석 시 사용하는 물은 배합수 계산에 포함시켜야 한다.

(3) 배합의 주의사항

① 단위시멘트량은 소요의 워커빌리티 및 강도를 얻을 수 있는 범위 내에서 가능한 한 적게 되도록 시험에 의해 정한다.
② 단위수량은 소요의 워커빌리티를 얻을 수 있는 범위 내에서 가능한 한 적게 되도록 시험에 의해 정한다.
③ 유동성을 향상시키고 배합 시의 단위수량을 줄이기 위해 고성능 감수제를 사용한다.
④ 잔골재율은 소요의 워커빌리티를 얻도록 시험에 의하여 결정하여야 하며, 가능한 한 적게 하도록 한다.
⑤ 플라이애시를 사용한 고강도 콘크리트의 강도는 비교적 초기 재령에서는 일반콘크리트보다는 낮지만 장기 재령에는 포졸란 반응의 증가에 의해 장기강도는 증가한다.
⑥ 기상의 변화가 심하거나 동결융해에 대한 대책이 필요한 경우를 제외하고는 공기연행제를 사용하지 않는 것을 원칙으로 한다.
⑦ 고강도 콘크리트의 물-결합재비는 소요의 강도와 내구성을 고려하여 정한다.
⑧ 물-결합재비는 45% 이하, 단위수량은 최대 180kg/m^3 이하로 한다.
⑨ 고강도 콘크리트는 응집력이 강한 부배합 콘크리트이므로 재료들을 잘 섞을 수 있는 믹서사용이 효과적이며, 일반적으로 가경식 믹서보다는 강제식 믹서가 더 좋다.
⑩ 믹서에 재료를 투입할 때 고성능 감수제는 혼합수와 동시에 투여하지 않는다.
⑪ 비비기 시간은 시험에 의해서 정하는 것을 원칙으로 한다.

3 제조 및 시공의 주의사항

(1) 타설 전 준비과정

① 고강도 콘크리트는 유동성이 좋아 타설 시 거푸집 변형에 주의한다.
② 고강도 콘크리트는 믹서에 재료를 투입하는 순서에 따라서 강도 발현이 달라진다.
③ 콘크리트의 운반 시간 및 거리가 긴 경우에 사용하는 운반차는 트럭믹서, 트럭 애지테이터 혹은 건비빔 믹서로 하여야 한다.
④ 운반시간이 길어지거나 운반거리가 멀 때에는 트럭믹서를 이용하는 것이 좋다.
⑤ 교통체증 등으로 지연 도착이 예상되는 경우 운반 중에 고성능 감수제를 투여해서는 안 되며, 현장에서 콘크리트 타설 직전에 고성능 감수제를 투여해야 한다.

(2) 타설 및 다짐

① 부재가 바뀌는 위치에서는 콘크리트가 침하한 후 연속해서 타설한다.
② 고강도 콘크리트에서 수직부재에 타설하는 콘크리트 강도와 슬래브나 보와 같은 수평부재에 타설하는 콘크리트의 강도가 1.4배 이상 차이가 생길 경우에는 수직부재에 사용한 콘크리트가 수평부

재의 접합면에서 0.6m 정도 충분히 수평부재 쪽으로 안전한 내민 길이를 확보하여서 콘크리트를 타설하여야 한다.
③ 고강도 콘크리트의 경우 기둥과 벽체 부재와 보와 슬래브 부재를 일체로 하여 타설할 경우에는 <u>연속해서 타설하지 않으며</u>, 보 아랫면에서 타설을 중지한 다음 기둥과 벽에 타설한 콘크리트가 침하한 후에 보와 슬래브의 콘크리트를 타설해야 한다.
④ 콘크리트 타설 <u>낙하고는 1m 이하</u>로 하는 것이 좋다.
⑤ 다짐시간 및 진동기의 삽입간격은 사전에 다짐 성상을 확인하여 계획하여야 한다.

(3) 양생
① 내부 수화온도가 증가되어 수화 균열 가능성이 있으므로 양생에 세심한 주의가 필요하다.
② 콘크리트를 타설한 후 경화할 때까지 충분한 수화작용을 할 수 있도록 직사광선이나 바람에 의해 수분이 증발하지 않도록 하여야 한다.
③ 철저히 <u>습윤양생</u>을 하여야 하며, 부득이한 경우 현장봉함양생 등을 실시할 수 있다.

UNIT 11 | 숏크리트(Shotcrete, Sprayed Concrete)

1 숏크리트의 일반사항

① 숏크리트란 컴프레서 혹은 펌프를 이용하여 노즐 위치까지 호스 속으로 운반한 <u>콘크리트를 압축공기에 의해 시공 면에 뿜어서 만든 콘크리트</u>를 말한다.
② **숏크리트의 종류** : 건식 및 습식 숏크리트
③ **섬유 뭉침(fiber-ball) 현상**이란 <u>굵은골재의 최대치수가 증가함에 따라</u> 숏크리트 내의 <u>강섬유는 서로 겹쳐서 뭉치는 현상이 증가</u>하는데 이러한 현상을 말한다.
④ **숏크리트의 기능**
  ㉠ 강지보재 또는 록볼트에 지반 압력을 전달하는 기능을 발휘하도록 하여야 한다.
  ㉡ 굴착면을 피복하여 풍화 방지, 지수, 세립자 유출 등을 방지하도록 한다.
  ㉢ 비탈면, 법면 또는 벽면 보호공법으로 적용되어 숏크리트 설치로 인한 <u>추가 안전성 확보가 필요하다</u>.
  ㉣ 지반과의 부착 및 자체 전단저항 효과로 숏크리트에 작용하는 외력을 지반에 분산시키고, 터널 주변의 붕락하기 쉬운 암괴를 지지하며, 굴착면 가까이에 지반 아치가 형성될 수 있도록 한다.
⑤ 숏크리트는 <u>평활한 마무리 면을 얻기 어려우며</u>, 시공조건, 노즐 작업자의 기술에 의하여 시공성, <u>품질 변동이 크다는 단점이 있다</u>.
⑥ 일반 숏크리트의 장기설계기준압축강도는 재령 28일인 경우 <u>21MPa 이상</u>으로 한다.

⑦ 영구지보재 개념으로 숏크리트를 타설할 경우에는 설계기준압축강도를 35MPa 이상으로 한다.
⑧ 영구지보재로 숏크리트를 적용할 경우 재령 28일 부착강도는 1.0MPa 이상이 되도록 관리하여야 한다.
⑨ 숏크리트의 초기강도 표준값

재령	숏크리트의 초기강도
24시간	5.0~10.0MPa
3시간	1.0~3.0MPa

⑩ 분진농도의 표준값

환기 및 측정 조건	분진농도
• 환기조건 : 갱내 환기를 정지한 환경 • 측정방법 : 뿜어붙이기 작업 개시 5분 후로부터 2회 측정 • 측정위치 : 뿜어붙이기 작업 개소로부터 5m 지점	5mg/m³

2 재료 및 배합의 주의사항

① 시멘트는 보통포틀랜드시멘트를 사용하는 것을 표준으로 한다.
② 철망을 사용할 경우에는 원칙적으로 용접철망으로 사용한다.
③ 배합수는 상수도수를 사용하면 무방하다.
④ 골재는 알칼리골재반응에 대해 무해한 것을 사용해야 한다.
⑤ 급결제 : 응결시간을 매우 촉진하여 순간적인 응결과 경화가 요구되는 숏크리트 공법 및 누수방지 공법 등에 사용된다.
⑥ 일반 숏크리트의 장기 설계기준 압축강도는 재령 28일로 설정한다.
⑦ 굵은 골재에는 부순돌 및 강자갈이 사용되고, 굵은 골재의 최대치수는 구조물의 용도에 따라 8~20mm 의 것을 사용한다.
⑧ 굵은골재의 최대치수가 커질수록 섬유뭉침현상이 증가한다.
⑨ 강섬유 혼입률

식 강섬유 혼입률 $V_{sf} = \dfrac{W_{sf}}{V \times \rho_{sf}} \times 100 = \dfrac{\text{코어 공시체 강섬유 부피}}{\text{코어 공시체 부피}}$

여기서 W_{sf} : 강섬유의 질량
V : 코어 공시체의 부피
ρ_{sf} : 강섬유의 밀도

3 제조 및 시공의 주의사항

(1) 숏크리트 작업

① 숏크리트의 뿜어붙이기 성능평가항목 : 숏크리트의 초기강도, 반발률, 분진농도
② 건식법의 압송거리는 습식법에 비하여 장거리 수송이 용이하여 수평거리 500m까지 가능하다.
③ 시공 도중에 분진 발생이 많고 골재가 튀어나오는 등의 단점이 있다.
④ 습식법에 비하여 작업원의 능력과 숙련도에 따라 품질이 크게 좌우된다.
⑤ 건식법은 시멘트와 골재를 건비빔(dry mix)시켜서 노즐까지 보내어 여기서 물과 합류시키는 공법이다.
⑥ 건식 숏크리트는 배치 후 45분 이내에 뿜어붙이기를 실시하여야 하며, 습식 숏크리트는 배치 후 60분 이내에 뿜어붙이기를 실시하여야 한다.
⑦ 숏크리트는 타설되는 뿜어붙일 면의 온도가 38℃ 이상이 되면 건식 및 습식 숏크리트 모두 뿜어붙이기를 할 수 없다.
⑧ 숏크리트 재료의 온도가 10℃보다 낮거나 32℃보다 높을 경우 적절한 온도 대책을 세워 재료의 온도가 10℃~32℃ 범위에 있도록 한 후 뿜어붙이기를 실시하여야 한다.
⑨ 숏크리트는 대기 온도가 10℃ 이상일 때 뿜어붙이기를 실시하며, 그 이하의 온도일 때는 적절한 온도대책을 세운 후 뿜어붙이기를 실시한다.
⑩ 숏크리트는 뿜어붙인 콘크리트가 흘러내리지 않는 범위의 적당한 두께를 뿜어붙이고, 소정의 두께가 될 때까지 반복해서 뿜어붙여야 한다.
⑪ 뿜어붙일 면에 용수가 있을 경우에는 상대적으로 습식 숏크리트보다 건식 숏크리트가 우수하다.
⑫ 건식 숏크리트는 습식 숏크리트에 비해 시공능력이 떨어진다.
⑬ 숏크리트 작업 시 반발량이 최소가 되도록 하고 리바운드된 재료가 다시 혼입되지 않도록 해야 한다.
⑭ 뿜어 붙인 콘크리트가 소정의 두께가 될 때까지 반복해서 뿜어 붙인다.
⑮ 강재 지보공을 설치한 곳에서는 숏크리트와 강재 지보공이 일체가 되도록 한다.
⑯ 노즐은 항상 뿜어붙일 면에 직각이 되도록 유지하고 적절한 뿜는 압력을 유지하여야 한다.
⑰ 숏크리트 타설 시 뿜어 붙일 면에 용수가 있을 경우의 대책
  ㉠ 사면에 용수가 있을 경우에는 필터재, 시트를 부착하여 용수의 배수처리를 한다.
  ㉡ 부분적으로 용수가 있을 때는 염화비닐 파이프, 비닐호스 등으로 용수를 처리한다.
  ㉢ 암반의 절리 등에 용수가 있을 때는 배수구 등으로 용수를 처리한다.
  ㉣ 뿜어 붙일 면에서 소량의 침출수가 있을 때는 건식 숏크리트 공법으로 급결제를 혼입한 건비빔 재료를 뿜어 붙이고 천천히 물을 가한다.
⑱ 아치 및 측벽부의 숏크리트 작업
  ㉠ 노즐은 항상 뿜어 붙일 면에 직각이 되도록 유지한다.
  ㉡ 소정의 두께가 될 때까지 반복해서 뿜어 붙여야 한다.
  ㉢ 타설작업은 하부로부터 상부로 진행하되 강지보재 부분을 먼저 타설하여야 한다.
  ㉣ 숏크리트의 1회 타설두께는 100㎜ 이내가 되도록 타설하여야 한다.

(2) 분진과 리바운드량의 저감

① 유사 시공사례가 없으며 반발률과 분진농도의 관계가 불명확하고 새로운 혼화재료를 사용하여 숏크리트를 시공하려고 할 경우에는 분진농도와 초기강도 이외에 뿜어붙이기 성능의 하나로서 반발률의 상한치를 설정하여야 하는데 일반적으로 20~30퍼센트의 값을 표준으로 한다.
② 숏크리트 작업 시 분진 및 반발량에 대한 대책
  ㉠ 액체급결제, 분진저감제 등 분진 발생을 적게 하는 재료를 선택하고 관리한다.
  ㉡ 분진 발생을 적게 하는 습식 숏크리트 방식을 채용한다.
  ㉢ 환기에 의해 분진 확산을 희석시킨다.
  ㉣ 집진장치를 설치하고 숏크리트 작업 시 발생하는 리바운드된 재료를 경화 전에 제거한다.
③ 숏크리트의 리바운드량을 저감시키는 방법
  ㉠ 굵은 골재 최대치수를 작게 한다.
  ㉡ 단위시멘트량을 크게 한다.
  ㉢ 호스의 압력을 일정하게 유지한다.
  ㉣ 벽면과 직각으로 분사시킨다.

UNIT 12 | 고유동(High Fluidity) 콘크리트

1 고유동 콘크리트의 일반사항

① 고유동 콘크리트란 굳지 않은 상태에서 재료분리 없이 높은 유동성을 가지면서 다짐 작업이 필요하지 않고 자기충전성이 가능한 콘크리트를 말한다.
② **슬럼프 플로** : 슬럼프 플로 시험을 실시하고 난 후 원형으로 넓게 퍼진 콘크리트의 지름으로 굳지 않은 콘크리트 유동성을 나타낸 값
③ **유동성** : 중력이나 밀도에 따라 유동하는 정도를 나타내는 굳지 않은 콘크리트의 성질
④ **고유동성** : 굳지 않은 상태에서 재료분리 없이 높은 유동성을 가지면서 다짐 작업 없이 자기 충전성이 가능한 콘크리트 성질
⑤ **자기 충전성** : 콘크리트를 타설할 때 다짐 작업 없이 자중만으로 철근 등을 통과하여 거푸집의 구석구석까지 균질하게 채워지는 정도를 나타내는 굳지 않은 콘크리트의 성질
⑥ 고유동 콘크리트는 보통콘크리트로는 충전이 곤란한 구조체인 경우 사용하면 효과적이다.
⑦ 고유동 콘크리트는 균질하고 정밀도가 높은 구조체에 적합하다.
⑧ 다짐작업에 따르는 소음, 진동의 발생을 피해야 하는 현장에서 사용하면 효과적이다.
⑨ 다짐공의 숙련도에 의존하지 않으면서 소요의 역학적 특성을 만족하는 균질한 콘크리트 구조체를 만들 수 있다.

2 배합 및 거푸집의 주의사항

① 고유동 콘크리트의 유동성 및 재료분리 저항성에는 사용할 결합재 용적의 영향이 크므로, 물-결합재비 이외에 물-결합재 용적비도 함께 표시한다.
② 거푸집에 작용하는 고유동 콘크리트의 측압은 원칙적으로 액압이 작용하는 것으로 보아야 한다.
③ 폐쇄공간에 고유동 콘크리트를 타설하는 경우에는 거푸집 상면의 적절한 위치에 공기빼기 구멍을 설치하여야 한다.

3 시공의 주의사항 및 자기 충전성 등급

(1) 시공의 주의사항

① 굳지 않은 콘크리트의 유동성은 슬럼프 플로 600mm 이상으로 하고, 슬럼프 플로 시험 후 콘크리트 중앙부에는 굵은 골재가 모여 있지 않아야 한다.
② 펌프의 압송조건으로서 100mm 또는 125mm 관을 사용할 경우 그 길이는 300m 이하를 표준으로 한다.
③ 슬럼프 플로 도달시간은 콘크리트가 유동하기 시작하는 시점으로부터 500mm에 도달하는 시간으로 3~20초 범위를 만족하여야 한다.

(2) 자기 충전성 등급

① 고유동 콘크리트의 자기 충전성 등급은 거푸집에 타설하기 직전의 콘크리트에 대하여 타설 대상 구조물의 형상, 치수, 배근 상태를 고려하여 적절히 설정한다.
② 고유동 콘크리트의 자기 충전성 등급은 비빈 직후의 콘크리트에 대하여 설명하며, 1등급부터 3등급까지 3가지 등급으로 구분한다.
③ 고유동 콘크리트의 자기 충전성 등급

등급	내용
1등급	최소 철근 순간격 35~60mm 정도의 복잡한 단면형상, 단면치수가 작은 부재 또는 부위에서 자기 충전성을 가지는 성능
2등급	최소 철근 순간격 60~200mm 정도의 철근콘크리트 구조물 또는 부재에서 자기 충전성을 가지는 성능
3등급	최소 철근 순간격 200mm 정도의 단면치수가 크고 철근량이 적은 부재 또는 부위, 무근콘크리트 구조물에서 자기 충전성을 가지는 성능

④ 일반적인 콘크리트 구조물 또는 부재는 자기충전성 등급을 2등급으로 정하는 것을 표준으로 한다.

UNIT 13 | 방사선 차폐용(Radiation Shielding) 콘크리트(중량 콘크리트)

1 방사선 차폐용 콘크리트의 일반사항

① 주로 생물체의 방호를 위하여 x선, γ선 및 중성자선을 차폐할 목적으로 사용되는 콘크리트를 방사선 차폐용 콘크리트라 한다.
② 차폐용 콘크리트로서 필요한 성능인 밀도, 압축강도, 설계허용온도, 결합수량, 붕소량 등을 확보하여야 한다.
③ 시공 시 설계에 정해져 있지 않은 이음은 설치할 수 없다.
④ **방사선 차폐용 콘크리트의 차폐 성능**
   ㉠ 감마선의 차폐 성능은 차폐체의 밀도와 두께에 비례한다.
   ㉡ 두께가 일정하다면 밀도가 클수록 차폐 성능은 향상된다.
   ㉢ 방사선 차폐용 콘크리트 타설 시 이어치기 형상은 평면이 아닌 요철면으로 하는 것이 차폐 성능에 유리하다.

2 재료 및 배합의 주의사항

(1) 재료

① 수화발열량을 줄이기 위한 혼화재를 사용하기도 한다.
② 방사선 차폐용 콘크리트는 부재단면이 큰 편이므로 중용열 시멘트, 플라이애시 시멘트, 내황산염 시멘트와 같이 수화열 발생이 적은 시멘트를 선정하는 것이 좋다.
③ 그러나 알루미나 시멘트는 수화작용이 매우 빠르므로 높은 수화열이 발생하여 방사선 차폐용 콘크리트의 제조에 부적합하다.
④ 시멘트는 수화열 발생이나 건조수축이 작은 종류를 선택하여 사용한다.
⑤ 콘크리트의 단위질량을 크게 하기 위하여 중정석이나 철광석 등의 미분말을 사용하기도 한다.
⑥ 방사선 차폐효과를 높일 수 있도록 알칼리 농도가 낮은 고로슬래그시멘트, 포틀랜드 포졸란시멘트, 플라이애시 시멘트 등을 사용하는 것을 원칙으로 한다.
⑦ 광물질 혼화재가 혼합된 고로시멘트, 실리카 시멘트, 플라이애시시멘트를 사용해도 무방하다.
⑧ 실험용 원자로의 관망용 창문이나 차폐구조물의 두께를 작게 해야 할 경우에는 중량골재를 사용한다.
⑨ 방사선 차폐용 콘크리트는 공기량이 증가할수록 강도가 저하되기 때문에 AE제를 사용하지 않는 것을 원칙으로 한다.
⑩ 화학혼화제는 콘크리트의 단위수량이나 단위시멘트양을 적게 할 목적으로 감수제나 고성능 공기연행 감수제를 사용할 수 있다.

(2) 배합의 주의사항

① 콘크리트 배합은 소요의 성능이 얻어지도록 시험비비기를 실시한 후 정한다.
② 소요의 밀도를 확보하기 위해서 일반 콘크리트보다 슬럼프는 가능한 한 적은 값이어야 하며, 일반적인 경우 150mm 이하로 하여야 한다.
③ 물-결합재비는 50% 이하를 원칙으로 하고, 워커빌리티 개선을 위하여 혼화재료를 사용할 수 있다.

3 제조 및 시공의 주의사항

(1) 제조 및 시공

① 이어치기에 주의를 기울이지 않을 경우 방사선 유출의 위험성이 상존한다.
② 콘크리트의 슬럼프는 작업에 알맞은 범위 내에서 가능한 한 작은 값이어야 한다.
③ 콘크리트 타설 시 재료분리가 발생되지 않도록 과도한 진동기 사용은 자제한다.
④ 차폐용 콘크리트 경화 후의 밀도와 결합수량은 차폐설계 상 최고온도조건 하에서 규정값을 만족해야 한다.

(2) 이음 및 이어치기

① 이어치기의 경우 미리 계획을 세워 책임기술자의 승인을 얻을 필요가 있다.
② 이어치기 형상은 방사선의 영향을 고려하여 가능한 평면이 아닌 요철면으로 하는 것이 방사선 유출을 방지하는 데 효과적이다.
③ 시공이음 및 이어치기는 차폐 측면에서 결함이 되기 때문에 가능한 실시하지 않도록 한다.
④ 이어치기 위치는 선원에서의 방사선이 인체 혹은 측정기구가 있는 장소 등으로 직진하지 않도록 계획한다.

UNIT 14 섬유보강 콘크리트(Steel Fiber Reinforced Concrete)

1 섬유보강 콘크리트의 일반사항

① 보강용 섬유를 혼입하여 주로 인성, 균열억제, 내충격성 및 내마모성 등을 높인 콘크리트를 섬유보강 콘크리트라고 한다.
② 섬유보강 콘크리트는 인장강도와 균열에 대한 저항성이 높다.

③ 강섬유보강 콘크리트의 보강 효과는 강섬유가 길수록 크다.
④ 섬유보강 콘크리트용 섬유의 탄성계수는 시멘트 결합재 탄성계수의 1/5 이상이며, 형상비가 50 이상이어야 한다.

2 재료

(1) 강섬유
① 사용되는 섬유에는 대표적으로 강섬유, 내알칼리성 유리섬유, 폴리프로필렌섬유, 탄소섬유, 아라미드섬유 및 여러 가지 합성섬유 등이 있다.
② 공장제품에 사용되는 섬유보강재는 주로 강섬유와 합성 수지계 섬유를 사용하며, 일부의 경우 카본섬유나 아라미드 등의 고성능 섬유를 사용하기도 한다.
③ 강섬유 혼입률은 일반적으로 콘크리트 용적에 대한 백분율로 나타낸다.
④ 강섬유보강 콘크리트의 압축강도는 일반콘크리트와 같이 주로 물-결합재비에 의해 결정되고 강섬유의 혼입률에 따라 크게 좌우되지 않는다.
⑤ 강섬유의 길이는 굵은골재 최대치수의 1.5배 이상으로 할 필요가 있다.

(2) 배합의 주의사항
① 배합을 정할 때에는 일반 콘크리트의 배합을 정할 때의 고려사항과 콘크리트의 휨강도 및 인성이 소요의 값으로 되도록 고려할 필요가 있다.
② 강섬유보강 콘크리트의 경우, 소요 단위수량은 강섬유의 혼입률에 거의 비례하여 증가한다.
③ 콘크리트에 대한 강섬유의 혼입률은 일반적으로 용적백분율(%)로 0.5~2.0% 정도이다.
④ 강섬유의 혼입률을 높이면 휨강도, 부착강도, 인성은 증대된다.
⑤ 일반 콘크리트의 압축강도는 물-결합재비로 결정되나, 섬유보강 콘크리트는 섬유 혼입률에 의해 결정되지 않는다.
⑥ 강섬유보강 콘크리트에서 강섬유 혼입률 및 강섬유의 형상비가 증가될 경우 잔골재율은 크게 하여야 한다.
⑦ 믹서에 투입된 섬유의 분산에 필요한 비비기 시간은 섬유의 종류나 혼입률에 따라 다르다.
⑧ 섬유가 혼입되면 보통의 콘크리트보다 비비기에 큰 힘이 필요하기 때문에 믹서는 가경식 믹서가 아닌 강제식 믹서를 사용하는 것을 원칙으로 한다.

3 섬유보강 콘크리트의 현장 품질관리
① 강섬유 혼입률에 대한 품질검사 중 강섬유 혼입률의 판정기준은 허용오차 ±0.5%이다.
② 강섬유 혼입률에 대한 품질검사 중 강섬유 혼입률(숏크리트)의 판정기준은 허용오차 ±0.5%이다.

③ 휨강도 및 인성에 대한 품질검사 중 압축인성의 판정기준은 설계할 때에 고려된 압축인성 값에 미달할 확률이 5% 이하이다.
④ 휨강도 및 인성에 대한 품질검사 중 휨강도 및 휨인성계수의 판정기준은 설계할 때에 고려된 휨인성지수 값에 미달할 확률이 5% 이하이다.

UNIT 15 | 팽창 콘크리트(Expansive Concrete)

1 팽창 콘크리트의 일반사항

① 팽창재(Expansive Additive)란 시멘트와 물을 혼합할 때 수화반응에 의하여 에트린자이트를 생성하고 모르타르 또는 콘크리트를 팽창시키는 작용을 하는 혼화재료를 말한다.
② 팽창 콘크리트(Expansive Concrete)란 팽창재 또는 팽창 시멘트의 사용에 의해 팽창하는 콘크리트를 말한다.

2 재료 및 배합의 주의사항

(1) 재료의 취급과 저장

① 포대 팽창재는 12포대 이하로 쌓아야 한다.
② 포대 팽창재는 지상 0.3m 이상의 마루 위에 쌓아 운반이나 검사에 편리하도록 배치하여 저장하여야 한다.
③ 3개월 이상 장기간 저장된 팽창재는 저장기간이 길어진 경우에는 시험을 실시하여 소요의 품질을 갖고있는 지를 확인한 후에 사용하여야 한다.
④ 벌크 상태의 팽창재 및 팽창재와 시멘트를 미리 혼합한 것은 양호한 밀폐상태에 있는 사일로 등에 저장하여 다른 재료와 혼합되지 않도록 하여야 한다.

(2) 배합의 주의사항

① 팽창재는 시멘트와 혼합하지 않고 별도로 질량으로 계량하며, 그 오차는 1회 계량분량의 1% 이내로 하여야 한다.
② 팽창 콘크리트를 제조할 때 팽창재는 원칙적으로 다른 재료를 투입할 때 동시에 믹서에 투입한다.
③ 제조 시 포대 팽창재를 사용하는 경우에는 포대수로 계산해도 되나, 1포대 미만의 것을 사용하는 경우에는 반드시 질량으로 계량하여야 한다.

3 제조 및 시공의 주의사항

① 팽창 콘크리트를 한중 콘크리트로 시공할 경우 타설할 때의 콘크리트 온도는 10°C 이상, 20°C 미만으로 한다.
② 팽창콘크리트의 비비기 시간은 강제식 믹서를 사용하는 경우에는 1분 이상으로 하고 가경식 믹서를 사용하는 경우에는 1분 30초 이상으로 하여야 한다.
③ 콘크리트를 비비고 나서 타설을 끝낼 때까지의 시간은 기온·습도 등의 기상 조건과 시공에 관한 등급에 따라 1~2시간 이내로 하여야 한다.
④ 내·외부 온도차에 의한 온도균열의 우려가 있으므로 팽창 콘크리트에 급격하게 살수할 수 없다.

4 팽창 콘크리트의 팽창률 및 압축강도의 품질검사

① 수축보상용 콘크리트의 팽창률은 150×10^{-6} 이상, 250×10^{-6} 이하인 값을 표준으로 한다.
② 화학적 프리스트레스용 콘크리트의 팽창률은 200×10^{-6} 이상, 700×10^{-6} 이하이어야 한다.
③ 공장제품에 사용하는 화학적 프리스트레스용 콘크리트의 팽창률은 200×10^{-6} 이상, $1,000 \times 10^{-6}$ 이하를 표준으로 한다.
④ 팽창 콘크리트의 팽창률은 일반적으로 재령 7일에 대한 시험값을 기준으로 한다.
⑤ 팽창 콘크리트의 강도는 일반적으로 재령 28일의 압축강도를 기준으로 한다.
⑥ **압축강도를 근거로 물-결합재비를 정한 경우**
  ㉠ 3회 연속한 압축강도의 시험값에 평균이 설계기준압축강도에 미달하는 확률이 1% 이하이어야 한다.
  ㉡ 설계기준압축강도보다 3.5MPa을 미달하는 확률이 1% 이하이어야 한다.

UNIT 16 | 포장(Pavement) 콘크리트

1 포장콘크리트의 일반사항

① 포장 콘크리트는 콘크리트 슬래브의 내구성을 증대하고 신축을 줄이며, 운반 중의 재료분리를 줄이기 위해 AE(공기연행) 콘크리트를 사용하는 것을 원칙으로 한다.
② 포장콘크리트의 강도는 재령 28일에서 휨강도를 기준으로 한다.

2 재료 및 배합의 주의사항

(1) 거푸집 및 보강재
① 인력포설 구간의 거푸집 재료는 강재로서 <u>두께 6mm 이상, 길이 3m 이하, 깊이는 포장두께 이상</u>이어야 한다.
② 거푸집의 측면은 브레이싱으로 저판에 지지되어야 하고, 이때 저판에서의 브레이싱 지지점은 측면으로부터 높이의 <u>3분의 2 지점 이상</u>으로 하여야 한다.
③ 거푸집은 콘크리트를 치기 전에 깨끗이 닦고 유지류를 발라 두어야 한다.
④ 거푸집은 윗면의 높이 변화가 길이 3m당 3mm 이하이어야 하며, 측면의 변화는 6mm 이하이어야 한다.
⑤ 곡선반경 50m 이하의 곡선부에는 목재 거푸집을 사용할 수 있으며, <u>600mm마다 강재 지지말뚝을 설치</u>하여야 한다.

(2) 포장용 콘크리트의 배합기준

항목	기준
설계기준 휨 호칭강도(f_{28})	4.5MPa 이상
단위수량	150kg/m³ 이하
굵은 골재의 최대치수	40mm 이하
슬럼프	40mm 이하
공기연행 콘크리트의 공기량 범위	4 ~ 6%

① 슬럼프는 <u>25~65mm 범위 내</u>에서 한다.
② 휨호칭강도는 <u>4.0~4.5MPa 범위 내</u>에서 한다.
③ 굵은 골재의 최대치수는 <u>40mm 이하</u>이어야 한다.
④ <u>공기량은 4.5% 이하</u>로 하되, 허용오차 범위는 ±1.5%로 한다.

3 제조 및 시공의 주의사항

(1) 콘크리트 타설
① 비빈 후 경화되기 시작한 콘크리트를 되비벼 사용할 수 없으며, 또한 믹서 내에서 <u>30분 이상이 경과한 콘크리트도 사용할 수 없다</u>.
② 콘크리트를 비빈 후부터 치기가 끝날 때까지 시간은 <u>1시간</u>을 초과하지 않아야 하며, 애지테이터가 붙은 트럭으로 운반하는 경우는 <u>90분</u>을 초과하지 않아야 한다.
③ 기층표면에 분리막을 설치할 경우에는 가능한 한 전 폭으로 깔아 겹침이음부가 없도록 하여야 한다.

④ 슬래브 하단과 기층면과 사이의 마찰저항이 구조적으로 필요한 연속철근 콘크리트 포장에는 <u>분리막을 설치해서는 안 된다</u>.

(2) 포장콘크리트의 이음

① 가로팽창이음의 이음판은 일직선으로 곧게 슬래브 면과 연직의 깊이 방향으로 설치하여야 하며, 슬래브 전폭에 걸쳐서 양쪽 슬래브가 분리되도록 설치하여야 한다.
② 연속철근 콘크리트 포장의 경우라도 가로수축이음을 <u>생략할 수 있다</u>.
③ 가로수축이음은 이음이 설치될 위치를 한 칸씩 건너면서 절단을 한 후 나머지를 절단하는 방법으로 1차 절단하여야 한다.
④ 세로이음은 홈이음 및 맞댐이음으로 하며, 슬래브면과 연직으로 정해진 깊이의 홈을 만들고 주입이음재로 홈을 채워야 한다.

(3) 포장콘크리트의 시공에 사용되는 이음판의 필요한 성질

① 콘크리트 슬래브의 팽창을 어느 정도까지는 허용하나, 콘크리트를 다질 때 현저하게 줄어들 정도로 압축저항이 작지 않을 것
② 콘크리트 슬래브가 수축할 때는 가능한 원래의 두께로 되돌아올 것
③ 일반적으로 콘크리트와 물은 상극의 관계이므로 <u>흡수성과 투수성이 작을 것</u>
④ 휘어지거나 비틀어지지 않고 시공이 간편할 것

(4) 포장콘크리트의 습윤양생 기간

① 습윤양생 기간은 시험에 의해서 정해야 하며, 현장양생을 시킨 공시체의 휨강도가 배합강도의 <u>70%에 도달할 때까지의 기간</u>으로 한다.
② <u>보통</u> 포틀랜드 시멘트를 사용한 경우 습윤양생 기간은 <u>14일간</u>을 표준으로 한다.
③ <u>조강</u> 포틀랜드 시멘트를 사용한 경우 습윤양생 기간은 <u>7일간</u>을 표준으로 한다.
④ <u>중용열</u> 포틀랜드 시멘트를 사용한 경우 습윤양생 기간은 <u>21일간</u>을 표준으로 한다.

UNIT 17 | 댐 콘크리트

1 댐 콘크리트의 일반사항

① 댐 콘크리트는 많은 양의 콘크리트를 연속적으로 시공하므로 매스콘크리트의 일종으로 취급하여야 한다.
② 댐 콘크리트의 용어 정의
  ㉠ 선행냉각 : 콘크리트의 타설온도를 낮추기 위하여 타설 전에 콘크리트용 재료의 일부 또는 전부를 냉각시키는 방법
  ㉡ RI 시험 : 방사선 투과를 통해 콘크리트의 밀도를 계산하는 시험방법으로 진동롤러로 다짐한 후 콘크리트의 다짐 정도를 판단하기 위한 시험법
  ㉢ 콜드조인트 : 계속해서 콘크리트를 칠 때, 예기하지 않은 상황으로 인하여 먼저 친 콘크리트와 나중에 친 콘크리트 사이에 완전히 일체가 되지 않은 이음
  ㉣ 수축이음 : 콘크리트의 수축으로 인한 균열을 방지하기 위하여 설치하는 이음으로, 이 중에서 댐 축에 직각으로 설치하는 수축이음을 가로수축이음, 댐 축의 평행으로 설치하는 수축이음을 세로수축이음이라 함
  ㉤ 그린 컷(green cut) : 이미 타설된 콘크리트 위에 새로운 콘크리트 표면에 블리딩에 의해 발생한 레이턴스를 제거하기 위해 타설이음 면에 고압살수 청소, 진공흡입 청소 등을 실시하는 것

2 재료 및 배합의 주의사항

(1) 시멘트
① 댐 콘크리트용 시멘트는 저발열형, 장기강도 증진형이 바람직하다.
② 댐 콘크리트에는 수화열이 낮은 중용열포틀랜드시멘트와 플라이애시시멘트를 사용하는 것이 원칙이다.

(2) 배합의 주의사항
① 댐 콘크리트는 일반적으로 단위시멘트량이 낮은 빈배합으로 한다.
② 콘크리트는 작업에 알맞은 범위에서 될 수 있는 대로 된 반죽이어야 한다.

3 제조 및 시공의 주의사항

(1) 반죽질기
① 롤러다짐 콘크리트의 반죽질기는 VC시험으로 20±10초를 표준으로 한다.

② 콘크리트의 반죽질기를 슬럼프로 측정하는 경우, 타설 장소에서 측정한 슬럼프는 체가름을 하여 40mm 이상의 굵은 골재를 제거하고 측정한 값으로 20~50mm를 표준으로 한다.

(2) 관로식 냉각(Pipe-cooling)
① 냉각관은 보통 바깥지름 25mm 정도의 강관을 주로 사용한다.
② 통수기간은 일반적으로 2~4주 정도이다.
③ 일반적으로 냉각관 1코일의 길이는 200~300m 정도로 한다.
④ 냉각효율의 증대를 위해 통수량은 1코일당 매분 13~16L 정도로 한다.

UNIT 18 프리스트레스트 콘크리트(Prestressed Concrete)

1 프리스트레스트 콘크리트의 일반사항
① 프리스트레스(Prestress)는 하중의 작용에 의해 단면에 생기는 응력을 일정 부분 상쇄할 수 있도록 미리 계획적으로 콘크리트에 가하는 응력을 말한다.
② 프리스트레스트 콘크리트(Prestressed Concrete)는 외력에 의하여 일어나는 응력을 일정 부분 상쇄할 수 있도록 미리 인위적으로 그 응력의 크기를 반대 방향으로 내력을 준 콘크리트를 말하며, 줄여서 PSC라고 쓰기도 한다.

단원별 학습문제

01 한중콘크리트에 대한 일반적인 설명으로 틀린 것은? 　　　　　　　　　　　15년 3회

① 하루의 평균기온이 4℃ 이하가 예상되는 조건일 때는 한중콘크리트로 시공하여야 한다.
② 한중콘크리트에는 AE 콘크리트를 사용하는 것을 원칙으로 한다.
③ 물-결합재비는 원칙적으로 50% 이하로 하여야 한다.
④ 재료를 가열할 경우, 물 또는 골재를 가열하는 것으로 하며, 시멘트 어떠한 경우라도 직접 가열할 수 없다.

[해설] 한중콘크리트의 물-결합재비는 원칙적으로 60% 이하로 하여야 한다.

02 서중콘크리트의 시공은 일평균 기온이 몇 ℃를 초과하는 것이 예상되는 경우에 실시하는가? 　　　　　　　　　　　18년 2회

① 15℃ 　　② 20℃
③ 25℃ 　　④ 30℃

[해설] 하루 평균기온이 25℃를 초과하는 것이 예상되는 경우 서중콘크리트로 시공하여야 한다.

03 매스콘크리트에 대한 아래 표의 설명에서 ( )에 들어갈 알맞은 수치는? 　　　　　　　　　　　16년 2회

| 매스콘크리트로 다루어야 하는 구조물의 부재 치수는 일반적인 표준으로서 넓이가 넓은 평판구조의 경우 두께 (A)m 이상, 하단이 구속된 벽조의 경우 두께 (B)m 이상으로 한다. |

① A : 0.5, B : 0.8　② A : 0.5, B : 1.0
③ A : 0.8, B : 0.5　④ A : 1.0, B : 0.8

[해설] 매스콘크리트로 다루어야 하는 구조물의 부재 치수는 일반적인 표준으로서 넓이가 넓은 평판구조의 경우 두께 0.8m 이상, 하단이 구속된 벽조의 경우 두께 0.5m 이상으로 한다.

04 유동화콘크리트 제조에 관한 설명으로 틀린 것은? 　　　　　　　　　　　17년 3회

① 배치플랜트에서 운반한 콘크리트에 공사 현장에서 트럭 교반기에 유동화제를 첨가하여 균일하게 될 때까지 교반하여 유동화시킨다.
② 배치플랜트에서 트럭 교반기 내의 콘크리트에 유동화제를 첨가하여 즉시 고속으로 교반하여 유동화시킨다.
③ 배치플랜트에서 트럭 교반기 내의 유동화제를 첨가하여 저속으로 교반하면서 운반하고 공사 현장 도착 후 고속으로 교반하여 유동화시킨다.
④ 유동화제는 원액으로 사용하고 미리 정한 소정량을 콘크리트 플랜트와 공사 현장 도착 후 각각 나누어 첨가한다.

[해설] 유동화제는 원액으로 사용하고, 미리 정한 소정의 양을 나누지 않고 한 번에 모두 첨가하여 유동화시킨다.

정답　01. ③　02. ③　03. ③　04. ④

05 수밀콘크리트의 배합에 대한 설명으로 옳은 것은?
19년 3회

① 단위굵은골재량은 되도록 작게 한다.
② 물-결합재비는 50% 이하를 표준으로 한다.
③ 콘크리트의 소요 슬럼프는 되도록 적게 하여 100mm를 넘지 않도록 한다.
④ 공기연행제, 공기연행감수제 등을 사용하는 경우라도 공기량은 6% 이하가 되게 한다.

해설
① 단위굵은골재량은 되도록 크게 한다.
③ 콘크리트의 소요 슬럼프는 되도록 적게 하여 180mm를 넘지 않도록 한다.
④ 공기연행제, 공기연행감수제 등을 사용하는 경우라도 공기량은 4% 이하가 되게 한다.

06 프리플레이스트 콘크리트에 대한 설명으로 틀린 것은?
18년 1회

① 고강도 프리플레이스트 콘크리트라 함은 고성능감수제에 의하여 주입 모르타르의 물결합재비를 40% 이하로 낮추어 재령 91일에서 압축강도 40MPa 이상이 얻어지는 프리플레이스트 콘크리트를 말한다.
② 굵은 골재 최소 치수란 프리플레이스트 콘크리트에 사용되는 굵은 골재에 있어서 질량이 적어도 90% 이상 남는 체중에서 최소치수의 체눈의 호칭치수로 나타낸 굵은 골재의 치수를 말한다.
③ 프리플레이스트 콘크리트란 미리 거푸집 속에 특정한 입도를 가지는 굵은 골재를 채워놓고 그 간극에 모르타르를 주입하여 제조한 콘크리트를 말한다.
④ 프리플레이스트 콘크리트의 강도는 원칙적으로 재령 28일 또는 재령 91일의 압축강도를 기준으로 한다.

해설
굵은 골재 최소치수란 프리플레이스트 콘크리트에 사용되는 굵은 골재에 있어서 질량이 적어도 95% 이상 남는 체중에서 최대치수의 체눈의 호칭치수로 나타낸 굵은 골재의 치수를 말한다.

정답 05. ② 06. ②

온라인 교육의 명품브랜드 www.edupd.com

콘크리트 기사/산업기사 **필기**

콘크리트 기사/산업기사 필기

PART 4
콘크리트용 구조 및 유지관리

Engineer Concrete

01 일반사항
02 구조설계 일반사항
03 보의 휨해석 및 설계
04 전단
05 철근 상세
06 철근의 정착과 이음
07 사용성 검토
08 기둥
09 슬래브
10 옹벽
11 확대 기초
12 프리스트레스트 콘크리트
13 구조물의 진단 및 유지관리
14 보수공법과 보강공법

CHAPTER 01 일반사항

UNIT 01 철근콘크리트

1 콘크리트 구조물의 종류

(1) 철근콘크리트(RC: Reinforced Concrete)
일반적으로 가장 많이 사용되는 콘크리트 구조물로 압축력은 콘크리트가 부담하고 인장력은 철근이 부담한다.

(2) 프리스트레스트 콘크리트(PSC: Prestressed Concrete)
콘크리트 인장부에 미리 압축응력을 가해 인장균열을 방지한 콘크리트이다.

2 철근콘크리트의 일반사항 및 재료적 특성

(1) 철근콘크리트가 성립되는 조건
① 콘크리트 속에 묻힌 철근은 녹이 슬지 않는다.
② 철근의 탄성계수(E_s)와 콘크리트의 탄성계수(E_c)는 탄성계수비 n배만큼의 차이가 있다.

$$식\quad n = \frac{E_s}{E_c} = 7 \sim 13(보통\ 10배\ 차이)$$

③ 철근과 콘크리트는 부착강도가 커서 합성체를 이루고, 콘크리트 속의 철근은 이동하지 않는다.
④ 콘크리트와 철근은 온도에 의한 선팽창계수(열팽창계수)가 거의 같아 내화성이 우수하다.
⑤ 철근은 인장에 강하고, 콘크리트는 압축에 강하다.

(2) 콘크리트의 응력-변형률 곡선과 탄성계수

① 콘크리트의 응력-변형률 곡선(Stress-Strain Curve)
  ㉠ 최대 압축응력에 대응하는 변형률 : 대략 0.002
  ㉡ $f_{ck} \leq 40MPa$인 경우 파괴 시 극한변형률 : 0.0033
  ㉢ 콘크리트가 고강도일수록 취성파괴를 나타내며, 파괴 시 변형률이 작다.

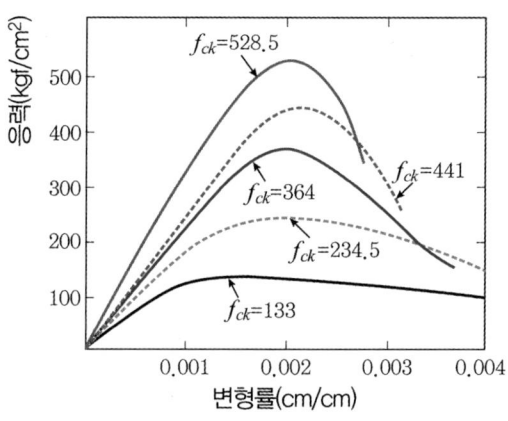

[콘크리트의 응력-변형률 곡선]

② 콘크리트의 탄성계수 : E_c
  ㉠ 탄성계수의 종류
    ⓐ 초기 접선탄성계수: 콘크리트의 응력-변형률 곡선에서 초기 선형상태의 기울기를 말한다.
    ⓑ 할선탄성계수 : 일반적인 콘크리트의 탄성계수로서 콘크리트의 응력-변형률 곡선에서 콘크리트의 압축강도 $0.5f_{ck}$에 해당하는 압축응력의 점과 원점을 연결한 직선의 기울기를 말하며 <u>콘크리트의 단위중량에 따라 두 가지 공식으로 산정한다.</u>
  ㉡ 콘크리트구조설계기준에 따른 콘크리트 탄성계수

콘크리트의 단위중량	m_c=2,300kg/㎥일 경우	m_c=2,300kg/㎥이 아닌 경우
E_c [MPa]	$E_c = 8,500 \sqrt[3]{f_{cm}}$ [MPa]	$E_c = 0.077(m_c)^{1.5}(\sqrt[3]{f_{cm}})$

여기서, f_{cm} : 콘크리트의 압축강도 $f_{cm} = f_{ck} + \triangle f$(MPa)

$\triangle f$: f_{cm}이 40MPa 이하이면 4MPa, 60MPa 이상이면 6MPa 그 사이는 직선보간으로 구한다.

m_c : 콘크리트의 단위중량[kg/㎥]

E_c : 콘크리트의 할선탄성계수[MPa]

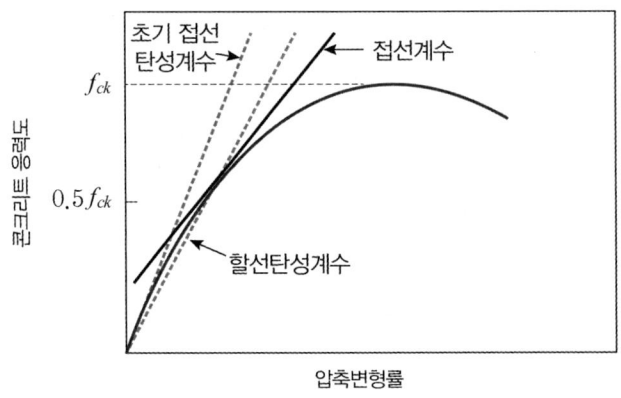

[콘크리트의 탄성계수]

(3) 철근의 응력-변형률 곡선

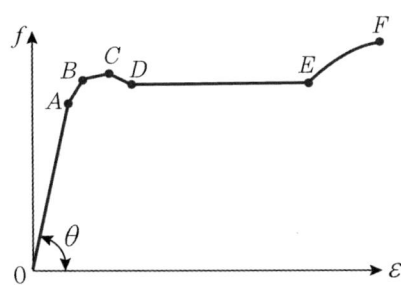

[구조용 강재를 인장시험했을 때의 응력-변형률 선도]

① 철근의 응력-변형률 곡선의 중요점
  ㉠ 비례한도(Proportional Limit; A점) : 응력과 변형률이 비례하는 한도
  ㉡ 탄성한도(Elasticity Limit; B점) : 탄성의 특성을 나타내는 한도
  ㉢ 상항복점(Upper Yielding Point; C점)
  ㉣ 하항복점(Lower Yielding Point; D점) : 항복강도로 간주되는 응력
  ㉤ 극한강도(Ultimate Strength; E점)
  ㉥ 파괴강도(Breaking Strength; F점)

② 철근의 탄성계수 : $E_s = 2.0 \times 10^5$ MPa

③ 형강의 탄성계수 : $E_{ss} = 2.1 \times 10^5$ MPa

(4) 철근과 콘크리트의 탄성계수비

① 콘크리트의 탄성계수에 대한 철근의 탄성계수의 비를 말하며 반올림 정수로 나타낸다.

② 보통 콘크리트의 탄성계수비 : $n = \dfrac{E_s}{E_c} \to 7 \sim 13$(보통 10배 차이)

(5) 피복두께

피복두께란 콘크리트 표면에 가장 가까운 철근의 표면에서 콘크리트 표면까지의 최단 거리를 말하며, 순수한 콘크리트만의 두께를 의미한다.

① 철근콘크리트의 피복두께 역할
  ㉠ 철근의 부식방지
  ㉡ 내화성 확보
  ㉢ 콘크리트와의 부착강도 확보

② 프리스트레스 하지 않는 부재의 현장치기 콘크리트의 최소 피복두께

철근의 외부 조건			최소 피복두께
수중에서 치는 콘크리트			100mm
흙에 접하여 콘크리트를 친 후에 영구히 흙에 묻혀 있는 콘크리트			75mm
흙에 접하거나 옥외의 공기에 직접 노출되는 콘크리트		D19 이상의 철근	50mm
		D16 이하의 철근, 지름 16mm 이하의 철선	40mm
옥외의 공기나 흙에 직접 접하지 않은 콘크리트	슬래브, 벽체, 장선	D35를 초과하는 철근	40mm
		D35 이하인 철근	20mm
	쉘, 절판부재		20mm
	보, 기둥	f_{ck}가 40MPa 이상인 경우는 규정된 값에서 10mm 저감	40mm

UNIT 02 | 콘크리트 제품

1 프리캐스트 콘크리트(PC: Precast Concrete)

공장에서 제작한 일종의 프리스트레스트 콘크리트를 말한다.

2 FRP 콘크리트(섬유강화 폴리머 콘크리트, Fiber Reinforced Polymer Concrete)

철근 대신 FRP(Fiber Reinforced Polymer, 섬유강화 폴리머) 보강근을 사용하여 콘크리트의 인장력을 보강한 콘크리트를 말한다.

CHAPTER 02 구조설계 일반사항

UNIT 01 구조설계 방법

1 구조설계의 종류

① 허용응력설계법
② 강도설계법
③ 한계상태설계법

2 허용응력설계법

철근콘크리트를 탄성체로 가정하고 탄성이론에 의해 구한 철근과 콘크리트의 응력이 각각 그 허용응력을 초과하지 않도록 설계하는 방법이다.

3 강도설계법

(1) 철근콘크리트의 역학적 해석에 관한 기본 가정

① 철근콘크리트 구조물 내에서 철근의 변형률은 철근을 둘러싸고 있는 콘크리트의 변형률과 같다.
② 철근콘크리트 구조물에서 하중을 받기 전에 평면인 단면은 하중을 받은 후에도 평면을 유지한다.
③ 콘크리트는 인장강도가 철근에 비하여 작기 때문에 콘크리트에는 <u>균열이 많이 발생하므로 인장강도가 큰 철근을 적절히 배치</u>하여야 한다.
④ 허용응력설계법과 극한강도설계법에서는 콘크리트의 응력과 거동에 관한 기본 가정이 다르다.
⑤ 콘크리트의 인장강도는 <u>휨강도 계산에서 무시</u>하며, 처짐 계산에는 고려한다.
⑥ 철근의 응력이 설계기준항복강도 f_y 이하일 때, 철근의 응력은 그 변형률에 E_s를 곱한 값으로 하고, 철근의 변형률이 f_y에 대응하는 변형률보다 큰 경우 철근의 응력은 변형률에 관계없이 f_y로 하여야 한다.

- $f_s \leq f_y$ 일 때 $f_s = \epsilon_s \times E_s$
- $f_s > f_y$ 일 때 $f_s = f_y$

⑦ 철근 및 콘크리트의 변형률은 중립축으로부터의 거리에 비례한다.
⑧ 철근콘크리트 보는 사용하중에 의해 휨을 받아 변형한 후에는 균열이 발생한다.
⑨ 콘크리트의 압축응력의 분포와 콘크리트변형률 사이의 관계는 직사각형, 사다리꼴, 포물선형 또는 강도의 예측에서 광범위한 실험의 결과와 실적으로 일치하는 어떤 형상으로도 가정할 수 있다.
⑩ 휨모멘트 또는 휨모멘트와 축력을 동시에 받는 부재의 콘크리트 압축연단의 극한변형률은 콘크리트의 설계기준압축강도가 40MPa 이하인 경우에는 0.0033으로 가정한다.
⑪ 단면의 가장자리와 최대 압축변형률이 일어나는 연단으로부터 $a = \beta_1 c$ 거리에 있고 중립축과 평행한 직선에 의해 이루어지는 등가압축영역에 $\eta(0.85f_{ck})$인 콘크리트 응력이 등분포하는 것으로 가정한다.
⑫ 계수 η와 β_1은 다음 표의 값을 적용한다.

f_{ck}[MPa]	≤40	50	60	70	80	90
ε_{cu}	0.0033	0.0032	0.0031	0.003	0.0029	0.0028
η	1.0	0.97	0.95	0.91	0.87	0.84
β_1	0.80	0.80	0.76	0.74	0.72	0.70

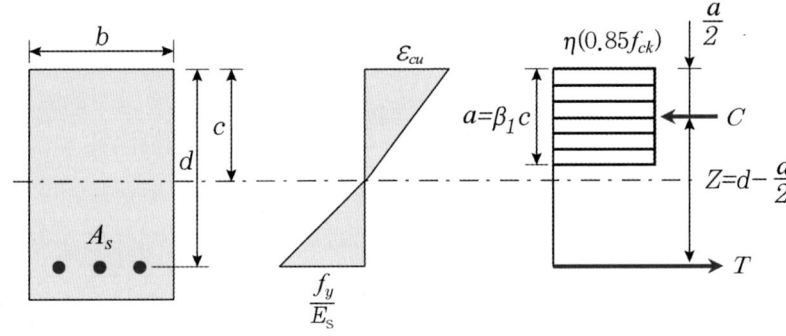

[강도설계법에 의한 보의 변형률과 응력]

(2) 설계 개념

$$\boxed{식}\ M_u \leq M_D = \phi \times M_n$$

여기서, M_u : 계수하중을 사용한 소요강도(계수하중 $1.2D + 1.6L$을 이용한 소요강도)
　　　　M_D : 설계강도 = 설계휨강도, 설계전단강도, 설계축강도
　　　　M_n : 공칭강도 = 공칭휨강도, 공칭전단강도, 공칭축강도
　　　　ϕ : 강도감소계수

(3) 강도감소계수

① 설계강도에 강도감소계수를 사용하는 이유
- ㉠ 구조 및 부재의 중요도
- ㉡ 설계 가정 등의 불확실성
- ㉢ 시공기술 등에 관련된 오차

② 강도감소계수(ϕ)

부재 또는 하중의 종류		ϕ
① 인장지배 단면		0.85
② 압축지배 단면	나선철근으로 보강된 철근콘크리트 부재	0.70
	그 외의 철근콘크리트 부재	0.65
③ 포스트텐션 정착구역		0.85
④ 전단력과 비틀림 모멘트		0.75
⑤ 콘크리트의 지압력(포스트텐션 정착부나 스트럿-타이 모델은 제외)		0.65
⑥ 스트럿-타이 모델에서 타이		0.85
⑦ 스트럿-타이 모델에서 스트럿, 절점부 및 지압부		0.75
⑧ 무근콘크리트의 휨모멘트, 압축력, 전단력, 지압력		0.55

③ 철근의 인장변형률을 이용한 변화구간 단면의 강도감소계수
- ㉠ 사각 단면 : $\phi = 0.65 + (\epsilon_t - 0.002) \times \left(\dfrac{200}{3}\right)$
- ㉡ 원형 단면 : $\phi = 0.70 + (\epsilon_t - 0.002) \times 50$

④ 철근의 c/d_t의 값을 이용한 변화구간 단면의 강도감소계수
- ㉠ 사각 단면 : $\phi = 0.65 + 0.2\left(\dfrac{1}{\dfrac{c}{d_t}} - \dfrac{5}{3}\right)$
- ㉡ 원형 단면 : $\phi = 0.70 + 0.15\left(\dfrac{1}{\dfrac{c}{d_t}} - \dfrac{5}{3}\right)$

4 한계상태 설계법

구조물의 파괴 확률 또는 신뢰성 이론에 근거하여 안전성과 사용성을 하나의 설계체제 안에서 합리적으로 다루려는 설계법으로 설계원리는 강도설계법과 거의 유사하다.

① **강도 한계상태** : 안정성과 최대하중 지지력에 대한 한계상태
② **사용성 한계상태** : 구조물의 외형, 유지관리, 내구성, 사용자의 안락감 또는 기계류의 정상적인 기능 등을 유지하기 위한 구조물의 능력에 영향을 미치는 한계상태

CHAPTER 03 보의 휨해석 및 설계

UNIT 01 | 단철근 직사각형 보

1 단철근 직사각형 보의 설계휨강도

(1) 단철근 직사각형 보의 변형률 및 실제 응력분포

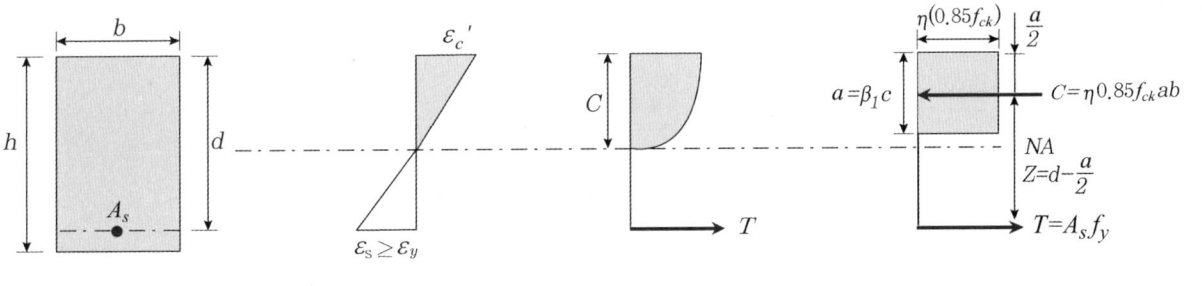

(a) 단철근 직사각형 보 (b) 변형률 (c) 실제 응력분포 (d) 등가 응력분포

[등가직사각형 응력분포의 가정]

[단철근 직사각형 보의 계수]

f_{ck}[MPa]	≤40	50	60	70	80	90
ε_{cu}	0.0033	0.0032	0.0031	0.003	0.0029	0.0028
η	1.0	0.97	0.95	0.91	0.87	0.84
β_1	0.80	0.80	0.76	0.74	0.72	0.70

(2) 등가응력블록의 깊이(a) 계산

① 휨을 받는 보의 한 점에서 모멘트는 일정하므로 압축력 C와 인장력 T는 우력으로 작용해야만 한다.

$$C = T \rightarrow \eta 0.85 f_{ck}\, ab = A_s f_y$$

$$\therefore \text{등가응력블록의 깊이 } a = \frac{A_s f_y}{\eta 0.85 f_{ck} b}$$

② 등가응력블록의 깊이는 다음과 같은 관계식으로 구할 수도 있다.

$$\boxed{식}\ a = \beta_1 c$$

여기서, a : 등가응력블록의 깊이, c : 압축연단에서 중립축까지의 거리

(3) 단철근 보의 공칭휨강도

단철근 보의 공칭휨강도는 단면이 저항할 수 있는 공칭모멘트를 의미하는데, 우력으로 작용하고 있는 압축력과 인장력 사이의 직각거리를 곱해 다음과 같이 산정할 수 있다.

$$\boxed{식}\ M_n = T \times z = C \times z = A_s f_y \left(d - \frac{a}{2}\right) = \eta 0.85 f_{ck} ab \left(d - \frac{a}{2}\right)$$

(4) 단철근 보의 설계휨강도

$$\boxed{식}\ M_d = \phi M_n = \phi T \times z = \phi C \times z = \phi A_s f_y \left(d - \frac{a}{2}\right) = \phi \eta 0.85 f_{ck} ab \left(d - \frac{a}{2}\right)$$

(5) 단철근 보의 단면설계

$$\boxed{식}\ M_u \leq M_D = \phi \times M_n$$

여기서, M_u : 계수하중을 사용한 소요강도(계수하중 $1.2D + 1.6L$을 이용한 소요강도)
M_D : 설계강도 = 설계휨강도, 설계전단강도, 설계축강도
M_n : 공칭강도 = 공칭휨강도, 공칭전단강도, 공칭축강도
ϕ : 강도감소계수

2 균형보

균형보란 콘크리트의 압축연단의 변형률이 극한변형률(ϵ_{cu})에 도달함과 동시에 인장철근이 설계기준항복강도 f_y에 도달하는 보를 말한다.

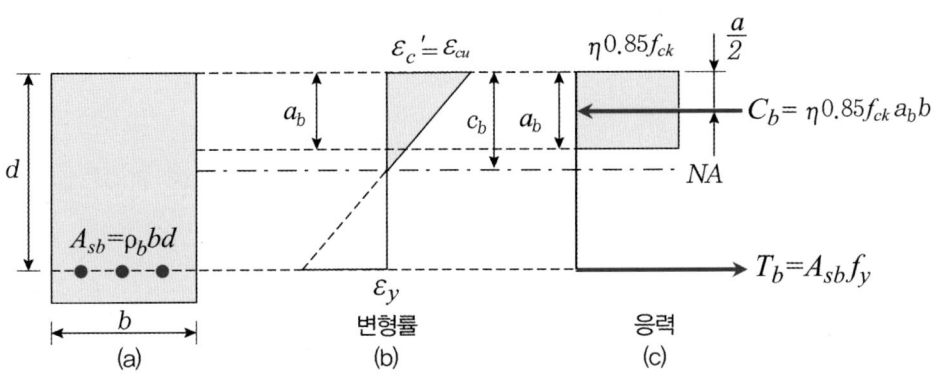

[단철근 직사각형 보의 균형보 개념]

(1) 균형단면에서의 중립축 위치(c_b) 산정

$$\epsilon_c : (\epsilon_c + \epsilon_s) = c_b : d$$

$$\epsilon_{cu} : (\epsilon_{cu} + \frac{f_y}{E_s}) = c_b : d$$

$$\therefore c_b = \frac{\epsilon_{cu}}{\epsilon_{cu} + \frac{f_y}{E_s}} d = \frac{\epsilon_{cu}}{\epsilon_{cu} + \frac{f_y}{200,000}} d = (\frac{660}{660 + f_y}) d = \frac{a}{\beta_1}$$

(2) 단철근 직사각형 보의 균형철근비(ρ_b) 산정

$$\rho_b = \frac{\eta(0.85f_{ck})\beta_1}{f_y}(\frac{c}{d}) = \frac{\eta(0.85f_{ck})\beta_1}{f_y}\left(\frac{\epsilon_{cu}}{\epsilon_{cu} + \frac{f_y}{200,000}}\right) = \frac{\eta(0.85f_{ck})\beta_1}{f_y}(\frac{660}{660 + f_y})$$

(3) 단철근 직사각형 보의 균형철근량(A_{sb}) 산정

$$\rho_b = \frac{A_{sb}}{bd} \rightarrow A_{sb} = \rho_b bd$$

3 단철근 직사각형 보의 주철근의 철근량 제한

(1) 철근비(ρ)

$$\boxed{식}\ \rho = \frac{A_s}{bd}$$

(2) 최외단 인장철근의 순인장변형률(ε_t)

부재의 지배 단면은 최외단 인장철근의 순인장변형률(ε_t)을 기준으로 판정한다.

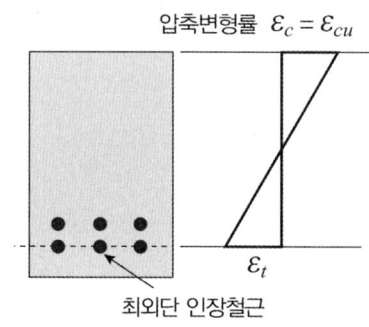

[단철근 직사각형 보의 최외단 인장철근]

(3) 지배 단면과 최대 철근비

① 지배 단면의 종류와 강도감소계수

구분	순인장변형률(ε_t) 조건	강도감소계수
압축지배단면	ϵ_y 이하	0.65
변화구간 단면	$\epsilon_y \sim 0.005$(또는 $2.5\epsilon_y$)	0.65~0.85
인장지배단면	0.005 이상 ($f_y > 400$MPa인 경우 $2.5\epsilon_y$이상)	0.85

② 지배 단면의 변형률 한계 및 해당 철근비

철근의 설계기준 항복강도(f_y)	압축지배 변형률 한계(ϵ_y)	인장지배 변형률 한계
300MPa	0.0015	0.005
350MPa	0.00175	0.005
400MPa	0.0020	0.005
500MPa	0.0025	0.00625($2.5\epsilon_y$)
600MPa	0.0030	0.0075($2.5\epsilon_y$)

③ 압축지배단면
  ㉠ 철근의 순인장 변형률이 압축지배변형률 한계값 이하인 경우 압축지배단면으로 정의한다. 이때 압축지배변형률 한계값은 항복변형률 ϵ_y로 한다.
  ㉡ 파괴 징후가 없이 급격히 파괴되는 취성파괴가 발생한다.
④ 변화구간 단면 : 순인장 변형률 ϵ_t가 압축지배 변형률 한계와 인장지배 변형률 한계 사이인 단면을 변화구간 단면이라 한다.
⑤ 인장지배단면
  ㉠ 철근의 순인장변형률이 인장지배변형률 한계값 이상인 경우 인장지배단면으로 정의한다. 이때 인장지배변형률 한계값은 $f_y \leq 400 MPa$인 경우는 0.005, $f_y > 400 MPa$인 경우는 $2.5\epsilon_y$로 한다.
  ㉡ 파괴 징후를 쉽게 알 수 있는 연성파괴가 발생한다.
⑥ 최소 허용변형률에 따른 최대 철근비(인장철근비의 상한)

철근의 설계기준 항복강도	휨부재 허용값	
	최소 허용변형률($\epsilon_{a,min}$)	해당 철근비(ρ_{max})
300MPa	0.004	$0.658\rho_b$
350MPa	0.004	$0.692\rho_b$
400MPa	0.004	$0.726\rho_b$
500MPa	$0.005(2\epsilon_y)$	$0.699\rho_b$

(4) 휨부재의 최소철근량

철근비가 매우 작은 경우에는 인장측에 배근된 철근량이 너무 적어 콘크리트가 취성파괴될 우려가 있어 이를 피하기 위해 인장철근의 하한치를 제한하고 있다.
① 최소 철근량은 기능조건상 단면의 치수가 크게 설계되는 경우 너무 적은 철근이 배근되는 것을 막기 위함이다.
② 일반적인 휨 부재의 최소 철근량은 설계휨강도가 $\phi M_n \geq 1.2 M_{cr}$을 만족하여야 한다.
③ 해석상 요구되는 철근량보다 1/3 이상 인장철근이 더 배근된 경우에는 최소 철근량의 규정을 적용하지 않는다.
④ 두께가 균일한 구조용 슬래브와 기초판에 대하여 경간방향으로 보강되는 휨 철근의 단면적은 수축·온도철근 기준에 규정한 값 이상이어야 한다.

(5) 보의 파괴 형태

① **균형파괴** : 콘크리트와 철근이 동시에 파괴되는 이상적인 파괴이다($\rho = \rho_b$).

② 연성파괴(인장파괴)
  ㉠ 철근비가 평형철근비보다 작은 과소철근보에서 발생한다.
  ㉡ 콘크리트 압축연단의 변형률이 ϵ_{cu}에 도달하기 전에 철근의 인장응력이 f_y에 도달하는 사전 붕괴 징후를 보이며 점진적으로 파괴되며, 가장 바람직한 파괴 형태이다.
  ㉢ 과소철근보에서 중립축은 위로 이동하면서 연성파괴된다.

③ 취성파괴(압축파괴)
  ㉠ 철근비가 평형철근비보다 많은 과다철근보에서 발생한다.
  ㉡ 철근의 인장응력이 f_y에 도달하기 전에 콘크리트 압축연단의 변형률이 먼저 ϵ_{cu}에 도달하여 사전 징후 없이 갑자기 파괴되며, 파괴예측이 불가하기 때문에 매우 위험하다.
  ㉢ 과소철근보에서 중립축은 아래로 이동하면서 취성파괴된다.

UNIT 02 복철근 직사각형 보

1 일반사항

(1) 복철근 보

일반적으로 철근콘크리트 보에서 철근은 인장력을 담당하고 콘크리트는 압축력을 담당하여 역할이 분담되어 있는데, 압축응력이 작용하고 있는 부위에 철근을 배근한 것을 압축철근이라고 하며 이렇게 압축철근이 배근된 보를 복철근 보라고 한다.

(2) 복철근 보를 사용하는 이유

① 층고 제한 등으로 인해 단면의 치수(특히 유효높이)가 일정한 값 이하로 제한되어 설계모멘트가 소요모멘트보다 작은 경우 $(M_d < M_u)$
  ㉠ 복철근 보로 제작하여 설계모멘트를 증가시켜 보 강성을 증대시킨다.
  ㉡ 연성을 증가시켜 취성파괴의 가능성을 줄인다.
② 정(+) · 부(-)의 휨모멘트를 교대로 받는 경우 : 부의 휨모멘트 작용 시 복철근 보로 하여 압축철근이 인장철근의 역할을 하도록 하여야 한다.
③ 처짐을 작게 해야 하는 경우
④ 건조수축과 크리프의 영향을 감소시키기 위해

(3) 압축철근의 배치 효과

① 연성을 증가시킨다.
② 지속하중에 의한 처짐을 감소시킨다.
③ 압축철근을 배치하면 콘크리트가 파괴되기 전에 인장철근이 먼저 항복하여 연성파괴의 양상을 가지므로 파괴모드를 압축파괴에서 인장파괴로 변화시킨다.
④ 스터럽 철근 고정과 같이 철근의 조립을 쉽게 한다.

2 복철근 직사각형 보의 설계휨강도(압축철근이 항복할 경우 $f_s' = f_y$)

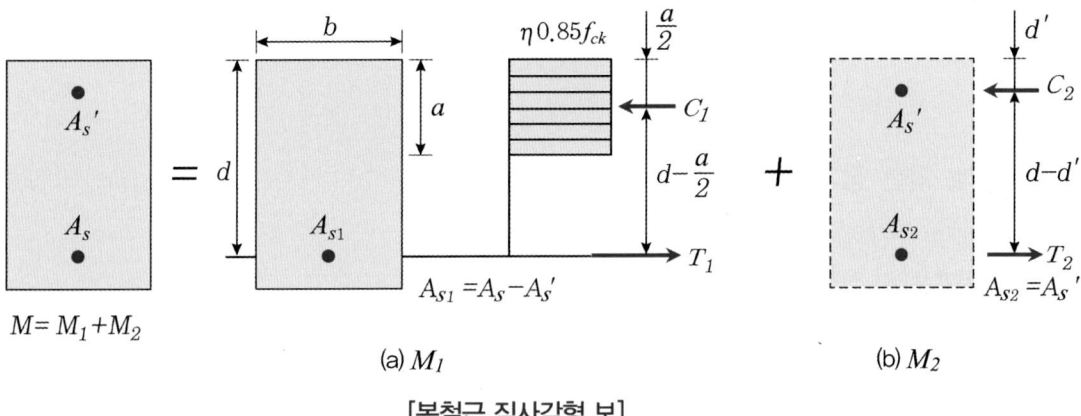

[복철근 직사각형 보]

(1) 복철근 보에서 등가응력블록의 깊이(a) 산정

$$C_1 = T_1 \rightarrow \eta 0.85 f_{ck} ab = (A_s - A_s')f_y$$

$$\therefore a = \frac{(A_s - A_s')f_y}{\eta 0.85 f_{ck} b}$$

$$A_s = \rho bd \quad A_s' = \rho' bd$$

> **참고** 복철근 보에서 콘크리트의 압축력 및 인장철근의 인장력
> $C = C_1 + C_2 = \eta 0.85 f_{ck} ab + A_s' f_y$
> $T = T_1 + T_2 = (A_s - A_s')f_y + A_s' f_y$

(2) 복철근 보의 공칭휨강도; M_n

$$M_n = M_{n1} + M_{n2} = C_1 \times z_1 + C_2 \times z_2 = T_1 \times z_1 + T_2 \times z_2$$
$$= (A_s - A_s')f_y\left(d - \frac{a}{2}\right) + A_s'f_y(d - d')$$

(3) 복철근 보의 설계휨강도; M_d

$$M_d = M_{d1} + M_{d2} = \phi(A_s - A_s')f_y\left(d - \frac{a}{2}\right) + \phi A_s'f_y(d - d')$$
$$= \phi\left[(A_s - A_s')f_y\left(d - \frac{a}{2}\right) + A_s'f_y(d - d')\right]$$

3 압축철근에 의한 장기처짐 산정

① **장기처짐** = 순간처짐(탄성침하) × 장기처짐계수(λ)
② **장기처짐계수(λ) 산정식**

$$\boxed{식}\quad \lambda = \frac{\xi}{1 + 50\rho'}$$

여기서, ξ: 시간경과계수, ρ': 압축철근비

③ **시간경과계수(ξ)**

> 5년 이상: 2.0, 12개월: 1.4, 6개월: 1.2, 3개월: 1.0

UNIT 03 단철근 T형 보

1 일반사항

슬래브에 단철근 직사각형 보가 붙어있는 구조물에서 상부 슬래브의 일정한 유효폭만큼의 플랜지와 하부 보를 통합하여 T형 보라고 한다.

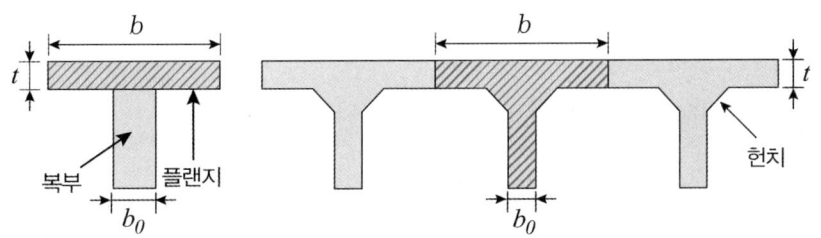

[T형 보의 단면]

(1) T형 보의 명칭

T형 보는 플랜지와 복부로 구성된다.

① **플랜지** : 휨에 저항하며, 플랜지 폭은 적당해야 한다.

② **복부(웨브)** : 전단에 저항한다.

(2) T형 보의 유효폭

① 대칭 T형 보의 유효폭 산정(다음 중 가장 작은 값 이하)
   ㉠ $16t_f + b_w$
   ㉡ 좌우 슬래브의 중심 간 거리
   ㉢ 보 경간의 1/4

② 비대칭 T형 보(반 T형 보)의 유효폭 산정(다음 중 가장 작은 값 이하)
   ㉠ $6t_f + b_w$
   ㉡ 인접보와의 내측거리(l_o)의 $1/2 + b_w$
   ㉢ 보 경간의 $1/12 + b_w$

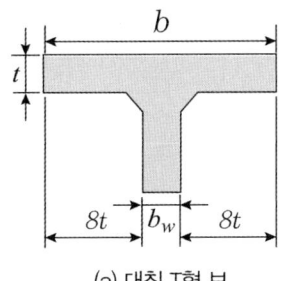 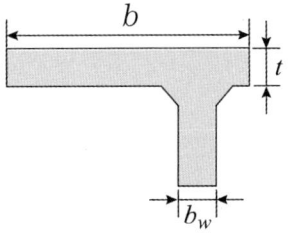

(a) 대칭 T형 보   (b) 비대칭 T형 보

[플랜지의 유효폭]

2 T형 보의 판별

(1) T형 보와 직사각형 보의 구분

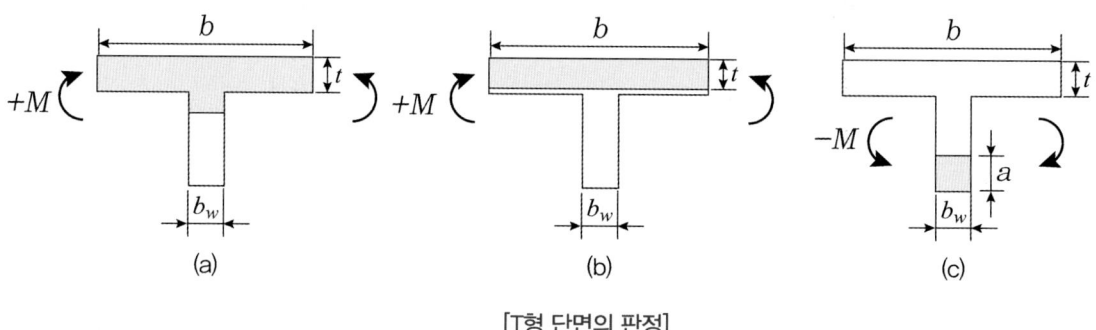

[T형 단면의 판정]

- **그림 (a)** : 정(+)모멘트가 작용하고 있는 경우로서 중립축이 복부 내에 있으므로 압축응력이 작용하고 있는 압축측 콘크리트의 모양이 T형이므로 T형 보로 설계한다.
- **그림 (b)** : 정(+)모멘트가 작용하고 있는 경우로서 중립축이 플랜지 내에 있으므로 압축측 콘크리트의 모양이 직사각형이므로 폭 b인 직사각형 보로 설계한다.
- **그림 (c)** : 부(−)모멘트가 작용하고 있는 경우로서 중립축이 복부 내에 있으므로 압축측 콘크리트의 모양이 아래쪽 직사각형이므로 보의 폭 b_w인 직사각형 보로 설계한다.

(2) T형 보와 직사각형 보의 판별

등가응력블록의 깊이 a를 이용하는 방법

① 폭을 b로 하는 단철근 직사각형 보의 등가응력블록의 깊이 ; a

$$a = \frac{A_s f_y}{\eta(0.85 f_{ck})b}$$

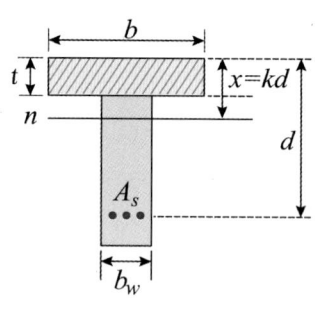

[T형보의 판별]

② a에 의한 T형 보와 직사각형 보의 판별
  ㉠ $a \leq t$: 폭 b인 직사각형 보로 설계
  ㉡ $a > t$: T형 보로 설계
    여기서, t : 플랜지 두께

3 단철근 T형 보의 설계휨강도

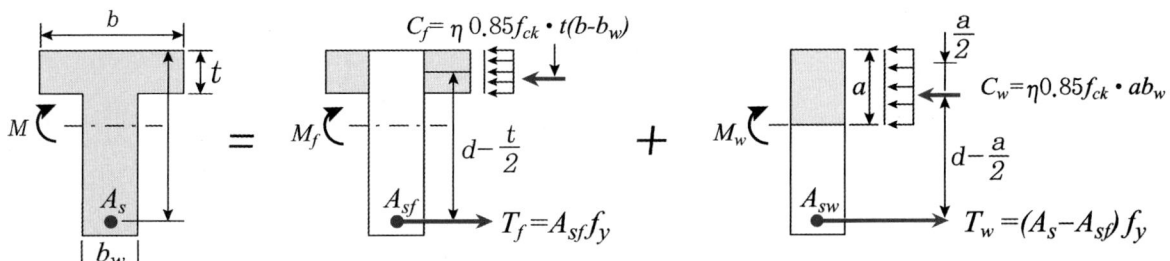

[T형 단면 보의 해석]

(1) 플랜지의 내민 부분에 작용하는 콘크리트 압축력(C_f)과 대응하는 철근 단면적: A_{sf}

플랜지의 내민 부분에 작용하는 콘크리트 압축력(C_f)에 대응하는 인장력(T_f)은 크기가 같고 방향이 반대인 우력이다.

$C_f = T_f$

$\eta 0.85 f_{ck}(b - b_w)t_f = A_{sf}f_y$ 에서

$$\boxed{식}\ A_{sf} = \frac{\eta(0.85f_{ck})(b-b_w)(t_f)}{f_y}$$

(2) 복부에 작용하는 콘크리트 압축력(C_w)에 대응하는 인장력(T_f)

복부에 작용하는 콘크리트 압축력(C_w)에 대응하는 인장력(T_f)은 크기가 같고 방향이 반대인 우력이다.

$C_w = T_w$

$\eta 0.85 f_{ck}ab_w = (A_s - A_{sf})f_y$ 에서

$$\boxed{식}\ a = \frac{(A_s - A_{sf})(f_y)}{\eta(0.85f_{ck})(b_w)}$$

(3) 단면의 공칭휨강도; M_n

$$\boxed{식}\ M_n = M_{nf} + M_{nw} = T_f \times z_f + T_w \times z_w = A_{sf}f_y\left(d - \frac{t_f}{2}\right) + (A_s - A_{sf})f_y\left(d - \frac{a}{2}\right)$$

여기서, M_{nf} : 내민 플랜지 콘크리트의 설계휨강도
M_{nw} : T 단면에서 내민 플랜지 콘크리트 부분을 뺀 복부만의 콘크리트의 설계휨강도

(4) 단면의 설계휨강도 ; M_d

> 식 $M_d = \phi M_{nf} + \phi M_{nw} = \phi T_f \times z_f + \phi T_w \times z_w$
> $= \phi A_{sf} f_y \left(d - \dfrac{t_f}{2}\right) + \phi (A_s - A_{sf}) f_y \left(d - \dfrac{a}{2}\right)$

CHAPTER 04 | 전단

UNIT 01 | 전단응력

1 전단응력의 일반사항

철근콘크리트 보의 전단응력은 단면의 위치에 따라 일정하지 않고 일반적으로 중립축에 가까울수록 최댓값을 가진다.

(1) 보의 전단응력

① 철근콘크리트 보의 전단응력(부재의 유효높이 d가 일정한 경우)

㉠ 최대 전단응력 $v_{\max} = \dfrac{V}{b\left(d - \dfrac{x}{3}\right)}$

㉡ 평균 전단응력 $v_{aver} = \dfrac{V}{bd} = \dfrac{V}{b_w d}$

여기서,
V : 전단력
b : 폭
b_w : T형 보의 복부 폭
x : 압축측 콘크리트 상단으로부터 도심까지의 거리
d : 유효깊이

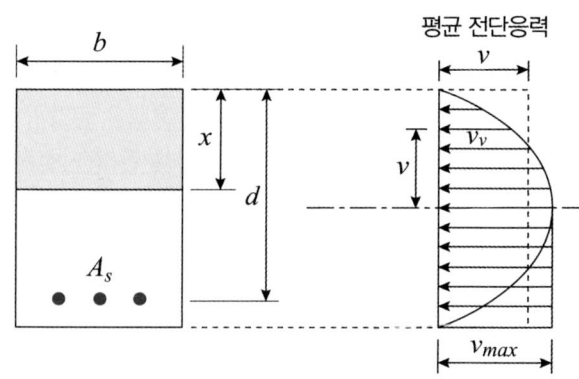

[직사각형 보의 전단응력]

(2) 단철근 T형보의 전단응력 분포

단철근 T형보의 전단응력 분포는 직사각형 보의 전단응력 분포와 다른 형태를 갖는다.

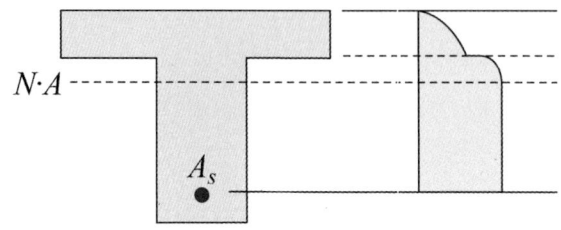

(3) 전단에 대한 위험단면

전단설계를 위한 위험단면은 보와 기초의 경우 서로 다르게 적용하며 전단에 대해 가장 위험한 단면은 다음과 같다.
① 보 : 지점에서 d만큼 떨어진 위치
② 기초의 1방향 전단 : 기둥의 전면에서 d만큼 떨어진 곳
③ 기초의 2방향 전단 : 기둥의 전면에서 d/2만큼 떨어진 곳

2 전단응력에 대한 설계

① 부재에 발생하는 전체의 전단응력은 콘크리트와 철근이 분담하게 되는데 먼저 콘크리트에 많은 부분의 전단응력을 분담시키고 남은 부분은 전단철근이 저항하도록 설계한다.
② 따라서 콘크리트와 철근이 분담하고 있는 전단응력의 크기에 따라 전단철근의 간격이 결정되며 많은 실험을 통해 구조기준이 확립되었다.

UNIT 02 | 전단철근

1 전단철근의 일반사항

① 보의 전단 저항 능력의 일부분을 분담한다.
② 경사균열의 폭을 제한하여, 골재의 맞물림에 의한 전단저항력을 증진시킨다.
③ 종방향 철근의 다우얼력을 증진시킨다.
④ 철근콘크리트 보에 전단철근 양은 많을수록 콘크리트가 저항하는 전단강도가 작아지므로 거동에 불리하다.

2 전단철근의 종류

전단철근은 전단보강철근 또는 사인장철근, 복부철근이라고 하며, 사인장 응력에 저항하고 사인장 균열(경사균열) 또는 전단균열을 제어하기 위하여 사용한다.

(1) 전단철근의 종류

① 주철근에 직각 방향으로 배치한 스터럽
② **경사 스터럽** : 주철근에 45° 이상의 경사로 배치한 스터럽
③ 주철근을 30° 이상의 경사로 구부린 굽힘철근
④ **용접철망** : 부재의 축에 직각으로 배치
⑤ 나선철근, 원형 띠철근, 후프철근

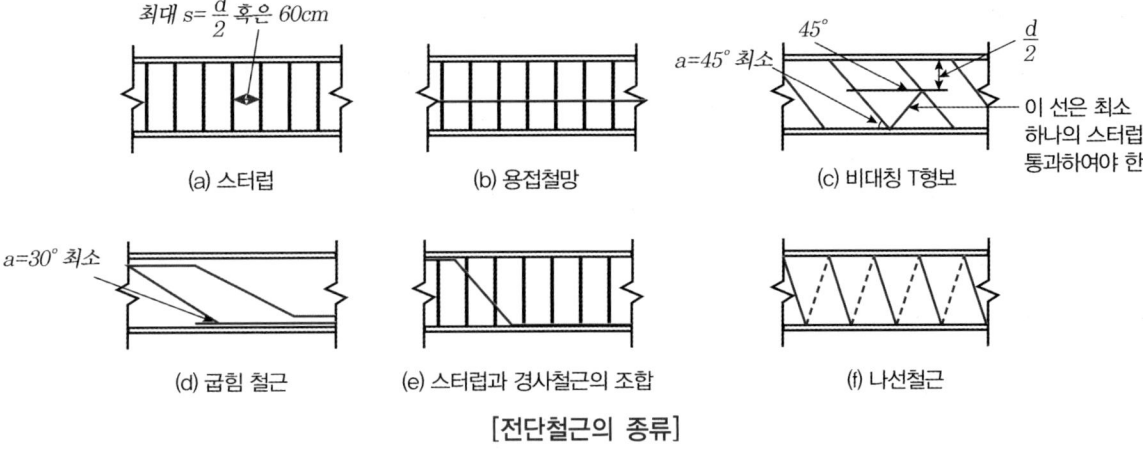

[전단철근의 종류]

(2) 형태에 따른 스터럽의 종류

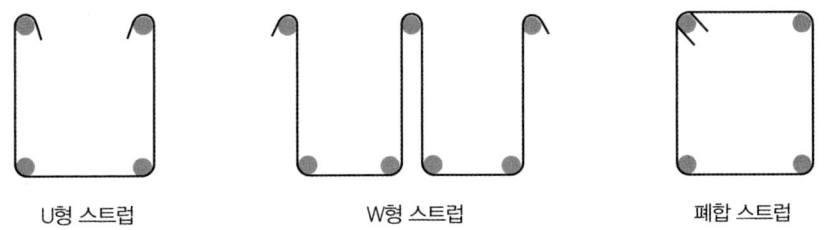

U형 스터럽   W형 스터럽   폐합 스터럽

① 형태에 따른 스터럽의 종류
  ㉠ U형 스터럽
  ㉡ W형 스터럽
  ㉢ 폐합 스터럽(후프 철근)

② 전단설계 시 전단철근의 단면적 계산
  ㉠ U형 스터럽의 단면적 = $2A_s$ (U형 스터럽 단면적은 철근이 2가닥으로 되므로)

      ⓒ W형 스터럽의 단면적 = $4A_s$ (W형 스터럽 단면적은 철근이 4가닥으로 되므로)

      ⓔ 폐합 스터럽(후프 철근)의 단면적 = $2A_s$ (폐합 스터럽 단면적은 철근이 2가닥으로 되므로)

$$\boxed{식}\ A_s = \frac{\pi d^2}{4}$$

여기서, A_s : 스터럽의 단면적
            d : 스터럽의 직경

UNIT 03 | 강도설계법에 의한 전단설계

1 전단설계의 원칙

(1) 전단설계 일반식

$$\boxed{식}\ V_u \leq V_D = \phi \times V_n = \phi(V_c + V_s)$$

여기서, V_u: 계수전단력 V_D: 설계전단강도 V_n: 공칭전단강도
        V_c: 콘크리트의 전단력 V_s: 철근의 전단력 ϕ: 강도감소계수

(2) 전단설계의 구조제한

① 콘크리트가 담당하는 전단강도; V_c

    ㉠ <u>일반식</u>

$$\boxed{식}\ V_c = \frac{1}{6}\lambda\sqrt{f_{ck}}\,b_w d\,[N]$$

        여기서, λ: 경량 콘크리트 계수

    ㉡ <u>정밀식(두 값 중 작은 값 선택)</u>

$$\boxed{식}\ V_c = \left(0.16\sqrt{f_{ck}} + 17.6\rho_w\frac{V_u d}{M_u}\right)b_w d < 0.29\sqrt{f_{ck}}\,b_w d$$

        여기서, V_u: 계수전단력, M_u: 계수휨모멘트

> **참고** 설계기준강도(f_{ck})의 제한
> ① 전단과 정착 및 이음에서는 고강도 콘크리트의 사용으로 콘크리트의 강도가 과대평가되는 것을 방지하기 위하여 설계기준강도(f_{ck})를 제한한다.
> ② $f_{ck} \leq 70 MPa$, $\sqrt{f_{ck}} \leq 8.4 MPa$

② 전단철근이 담당하는 전단강도; V_s

㉠ 수직 스터럽을 배치한 경우

$$\text{식} \quad V_s = \frac{A_v f_{yt} d}{s}$$

여기서, A_v : 거리 s내의 스터럽의 전체 단면적
f_{yt} : 스터럽의 설계기준항복강도
d : 보의 유효깊이 ≥ 0.8h
s : 전단철근의 간격

㉡ 여러 개의 경사 스터럽 또는 여러 개의 굽힘철근을 배치한 경우

$$\text{식} \quad V_s = \frac{A_v f_{yt} d}{s}(\sin\alpha + \cos\alpha)$$

③ 보의 전단에 대한 <u>위험단면은 받침부 내면에서 경간 중앙쪽으로 유효깊이(d)만큼 떨어진 단면으로서 V_u는 이 위험단면의 전단력을 사용한다.</u>

2 전단철근의 설계

(1) 이론상 전단철근이 필요 없는 경우

① $V_u \leq \phi V_c = \phi \frac{1}{6} \lambda \sqrt{f_{ck}} b_w d [N]$ 인 경우

② 그러나 ①항의 경우에도 실제로는 <u>V_u가 ϕV_c의 $\frac{1}{2}$ 초과이면 최소 전단철근을 배치해야 한다.</u>

(2) 최소 전단철근

① <u>$\frac{1}{2}\phi V_c < V_u \leq \phi V_c$인 경우 즉, 소요 전단강도가 콘크리트만의 설계 전단강도의 1/2 초과인 경우 만일을 대비해 최소 전단철근을 배치한다.</u>

② 최소 전단철근의 단면적

$$A_{v,\min} = 0.0625\sqrt{f_{ck}}\frac{b_w s}{f_y} \geq 0.35\frac{b_w s}{f_y} \text{(두 값 중 큰 값 선택)}$$

여기서, $A_{v,\min}$: 최소 전단철근 단면적
 b_w : 폭
 s : 전단철근의 간격

③ 최소 전단철근을 적용하지 않아도 되는 예외 규정
 ㉠ 슬래브와 기초판
 ㉡ 전체 깊이가 250mm 이하인 보
 ㉢ 교대 벽체 및 날개벽과 같이 휨이 주거동인 판부재
 ㉣ T형보에서 그 깊이가 플랜지 두께의 2.5배 또는 복부판의 1/2 중 큰 값 이하인 보

참고
전단철근의 설계기준항복강도 f_y는 500MPa을 초과할 수 없으며, 용접이형철망을 사용한 경우 f_y는 600MPa을 초과할 수 없다.

3 전단철근의 간격

전단균열을 방지하기 위해 스터럽이나 전단철근의 간격은 아래와 같은 규정에 의해 배근한다.

(1) 수직 스터럽의 간격; s

① $V_s \leq \frac{1}{3}\lambda\sqrt{f_{ck}}b_w d$[N]인 경우

 ㉠ **철근콘크리트**

 수직 스터럽의 간격은 $\frac{d}{2}$ 이하 또한 600mm 이하

 ㉡ **프리스트레스트 부재**

 수직 스터럽의 간격은 0.75h 이하, 600mm 이하

② $V_s > \frac{1}{3}\lambda\sqrt{f_{ck}}b_w d$[N]인 경우

 $V_s \leq \frac{1}{3}\lambda\sqrt{f_{ck}}b_w d$[N]인 경우에 규정된 최대 간격을 $\frac{1}{2}$로 감소시켜야 하므로, 철근콘크리트구조의 경우 수직 스터럽의 간격은 $\frac{d}{4}$ 이하 또한 300mm 이하

(2) 경사 스터럽과 굽힘철근의 간격; s

① $V_s \leq \dfrac{1}{3}\lambda\sqrt{f_{ck}}\,b_w d$ [N]인 경우

부재의 중간높이 $\dfrac{d}{2}$ 에서 반력점 방향으로 주인장철근까지 연장된 45°선과 한 번 이상 교차되도록 배치해야 한다. 따라서 간격은 $\dfrac{3d}{4}$ 이하(0.75d 이하)로 한다.

② $V_s > \dfrac{1}{3}\lambda\sqrt{f_{ck}}\,b_w d$ [N]인 경우

부재의 중간높이 $\dfrac{d}{2}$ 에서 반력점 방향으로 주인장철근까지 연장된 45°선과 두 번 이상 교차되도록 배치해야 한다. 따라서 간격은 $\dfrac{3d}{4}$ 이하(0.375d 이하)로 한다.

CHAPTER 05 철근 상세

UNIT 01 | 철근의 배근 시 연장 길이

1 표준 갈고리의 연장 길이

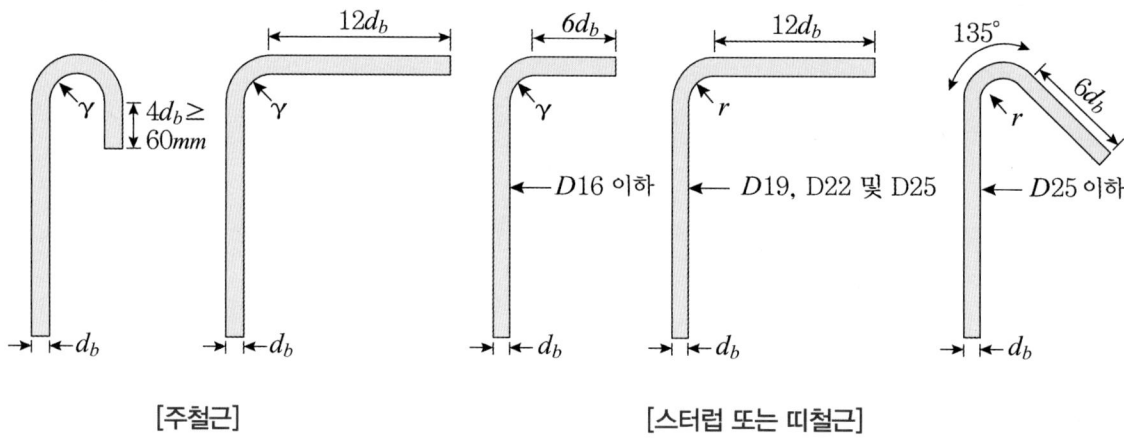

[주철근]　　　　　　　　　　　　　[스터럽 또는 띠철근]

(1) 주철근의 연장 길이(d_b: 철근의 공칭직경)
① 180° 표준 갈고리 : 구부린 반원 끝에서 $4d_b$ 이상 또한 60mm 이상 더 연장
② 90° 표준 갈고리 : 구부린 끝에서 $12d_b$ 이상 더 연장

(2) 스터럽과 띠철근의 연장 길이(d_b: 철근의 공칭직경) – D25 이하의 철근만 해당
① 90° 표준 갈고리
　㉠ D16 이하인 철근 : 구부린 끝에서 $6d_b$ 이상 더 연장
　㉡ D19, D22와 D25인 철근 : 구부린 끝에서 $12d_b$ 이상 더 연장
② 135° 표준 갈고리 : 구부린 끝에서 $6d_b$ 이상 더 연장

UNIT 02 | 철근의 간격 제한

1 보의 주철근

① **수평 순간격** : 동일 평면에서 평행하는 철근 사이의 수평 순간격
  ㉠ 25mm 이상
  ㉡ 철근의 공칭지름 이상
  ㉢ 굵은골재의 공칭 최대치수의 4/3배 이상

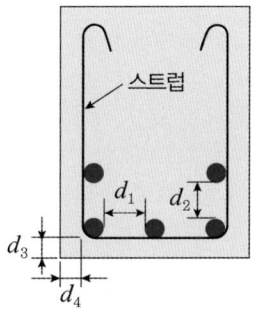

d_1 : 수평 순간격
d_2 : 수직 순간격
d_3, d_4 : 덮개

> **참고** 굵은골재의 공칭 최대치수 규정
> ① 거푸집 양 측면 사이 최소 거리의 1/5 이하
> ② 슬래브 두께의 1/3 이하
> ③ 개별철근, 다발철근, PS 긴장재 또는 덕트 사이 최소 순간격의 3/4 이하

② **연직 순간격** : 상단과 하단에 2단 이상으로 배근된 경우
  ㉠ 상하 철근은 동일 연직면 내에 배근
  ㉡ 25mm 이상

2 기둥(나선철근, 띠철근)

① 나선철근과 띠철근 기둥에서 종방향 철근의 순간격
  ㉠ 40mm 이상
  ㉡ 철근 지름의 1.5배 이상
  ㉢ 굵은골재 최대치수의 4/3배 이상
② 나선철근의 최소 순간격 : 25~75mm

> **참고**
> 철근의 순간격에 대한 규정은 서로 접촉된 겹침이음 철근과 인접된 이음철근 또는 연속철근 사이의 순간격에도 적용하여야 한다.

3 벽체 또는 슬래브에서 휨주철근의 간격

① 벽체나 슬래브 <u>두께의 3배 이하 또한 450mm 이하</u>
② 위험단면 : 벽체나 슬래브 <u>두께의 2배 이하, 300mm 이하</u>
③ 수축 및 온도철근(배력철근) : 슬래브 <u>두께의 5배 이하, 450mm 이하</u>

4 다발철근

① 2개 이상의 철근을 묶어서 사용하는 다발철근은 이형철근으로, 그 <u>개수는 4개 이하</u>이어야 한다.
② 스터럽이나 띠철근으로 둘러싸여져야 한다.
③ 휨부재의 경간 내에서 끝나는 한 다발철근 내의 개개 철근은 $40d_b$ 이상 서로 엇갈리게 끝나야 한다.
④ 다발철근의 간격과 최소 피복두께를 철근 지름으로 나타낼 경우, 다발철근의 지름은 등가 단면적으로 환산된 한 개의 철근 지름으로 보아야 한다.
⑤ 보에서 <u>D35를 초과하는 철근은 다발로 사용할 수 없다</u>.

CHAPTER 06 철근의 정착과 이음

UNIT 01 철근의 부착

1 부착과 정착

(1) 부착(Bond)

부착이란 철근과 콘크리트와의 사이가 밀착되어 하나의 부재로 움직이는 것을 말한다.

(2) 정착(Anchorage)

정착이란 철근의 끝부분이 콘크리트 속으로 묻혀 있어 빠져나오지 않도록 고정하는 것을 말한다.

2 철근과 콘크리트의 부착에 영향을 미치는 요인

(1) 철근의 표면 상태

① 리브와 마디가 있는 이형철근이 원형철근보다 부착강도가 좋다.
② 철근 표면에 있는 약간의 부식은 부착강도를 높인다.

(2) 콘크리트의 강도

① 콘크리트의 압축강도와 인장강도가 클수록 부착강도가 크다.
② 특히 콘크리트의 인장강도가 부착과 밀접한 관계가 있다.

(3) 철근의 지름

철근의 동일한 단면적에 대해서 적은 양의 굵은 철근보다는 가는 철근을 여러 개 사용하는 것이 부착강도가 크다.

(4) 철근의 배근 방향 및 위치

① 수평철근의 부착강도는 수막현상 때문에 수직철근 부착강도의 $\frac{1}{2} \sim \frac{1}{4}$ 정도로 작다.

② 수평철근의 경우 상부철근의 부착강도는 공기방울 때문에 하부철근의 부착강도보다 작다.

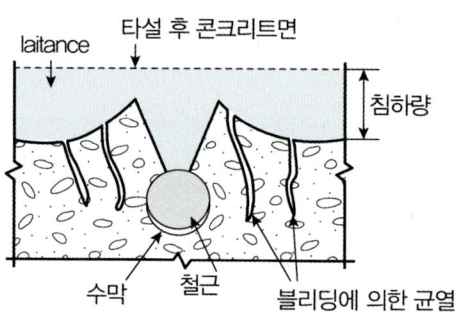
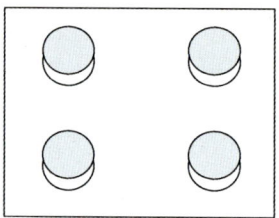

[수막현상]

(5) 콘크리트의 피복두께

부착강도를 충분히 발휘하기 위해서는 충분한 두께의 콘크리트가 필요하다.

UNIT 02 | 철근의 정착

1 인장이형철근 및 이형철선의 정착

정착길이란 부재의 위험단면에서 철근이 설계기준항복강도를 발휘하는데 필요한 최소 묻힘 길이를 의미한다.

(1) 인장이형철근 및 이형철선의 기본정착길이; l_{db}

$$\boxed{식}\ l_{db} = \frac{0.6\, d_b f_y}{\lambda \sqrt{f_{ck}}}$$

(2) 인장이형철근 및 이형철선의 정착길이; l_d

$$\boxed{식}\ l_d = l_{db} \times \sum 보정계수 = \frac{0.6\, d_b f_y}{\lambda \sqrt{f_{ck}}} \times \sum 보정계수 \geq 300mm$$

(3) 보정계수

① 보정계수는 일반적으로 1보다 큰 값이다.
② 초과 철근량에 대한 보정계수 $\left(\dfrac{\text{소요}\,A_s}{\text{배근}\,A_s}\right)$는 1보다 작은 값이다.
③ **철근배근 위치계수**(α) : 상부철근의 위치에 따른 불리한 영향을 반영한 계수
  (상부철근: 1.3, 기타 철근: 1.0)
④ **철근 도막계수**(β) : 도막을 하는 경우 도막의 영향을 반영한 계수
⑤ **경량콘크리트계수**(λ) : 지름이 작은 철근이 정착에 대해 유리하다는 영향을 반영한 계수
⑥ 기본 정착길이에 곱해주는 보정계수는 둘 이상 적용될 경우 <u>모든 보정계수를 적용하여야</u> 한다.

(4) 인장철근은 구부려서 복부를 지나 정착하거나 부재의 반대측에 있는 철근 쪽으로 연속하여 정착시켜야 한다.

2 압축이형철근의 정착

(1) 압축이형철근의 기본정착길이; l_{db}

$$l_{db} = \frac{0.25\,d_b f_y}{\lambda \sqrt{f_{ck}}} \geq 0.043 d_b f_y$$

(2) 압축이형철근의 정착길이; l_d

$$l_d = l_{db} \times \text{보정계수} = \frac{0.25\,d_b f_y}{\lambda \sqrt{f_{ck}}} \times \text{보정계수} \geq 200\text{mm}$$

3 표준갈고리를 갖는 인장이형철근의 정착

(1) 표준갈고리의 기본정착길이; l_{hb}

$$l_{hb} = \frac{0.24\beta d_b f_y}{\lambda \sqrt{f_{ck}}}$$

(2) 단부에 표준갈고리가 있는 인장이형철근의 정착길이; l_{dh}

$$\boxed{식}\ l_{dh} = l_{db} \times 보정계수 = \frac{0.24\beta d_b f_y}{\lambda\sqrt{f_{ck}}} \times 보정계수 \geq 8d_b \text{ 또한 } 150\text{mm}$$

① 갈고리는 압축철근의 정착에 유효하지 않은 것으로 보아야 한다.
② 기본 정착길이에 곱해주는 보정계수는 둘 이상 적용될 경우 큰 값 하나만 적용하여야 한다.

4 확대머리 이형철근의 인장에 대한 정착

(1) 확대머리 이형철근의 인장에 대한 정착길이; l_{dt}

$$\boxed{식}\ l_{dt} = \frac{0.19\beta d_b f_y}{\sqrt{f_{ck}}}$$

(2) 단부에 표준갈고리가 있는 인장이형철근의 정착길이; l_{dh}

$$\boxed{식}\ l_d = l_{dt} \times 보정계수 = l_{dt} = \frac{0.19\beta d_b f_y}{\sqrt{f_{ck}}} \times 보정계수 \geq 8d_b \text{ 또한 } 150\text{mm}$$

① 철근의 설계기준항복강도는 <u>400MPa 이하</u>이어야 한다.
② 콘크리트의 설계기준압축강도는 <u>40MPa 이하</u>이어야 한다.
③ 철근의 지름은 <u>35mm 이하</u>이어야 한다.
④ 경량콘크리트에는 적용이 불가능하므로 <u>보통중량콘크리트를 사용한다</u>.

5 다발철근의 정착

① <u>3개의 철근</u>으로 구성된 다발철근의 정착길이는 다발이 아닌 경우의 각 철근의 정착길이에 <u>20%를 증가</u>시킨다.
② <u>4개의 철근</u>으로 구성된 다발철근의 정착길이는 다발이 아닌 경우의 각 철근의 정착길이에 <u>33%를 증가</u>시킨다.

UNIT 03 | 철근의 이음

철근의 이음은 휨응력이 가장 작은 곳에서 실시한다.

1 이음의 구조제한

(1) 겹침이음
① D35를 초과하는 철근은 겹침이음을 할 수 없다. 겹침이음을 허용하는 경우는 다음과 같다.
  ㉠ D35 이하의 철근
  ㉡ 서로 다른 크기의 철근을 압축부에서 겹침이음하는 경우 D35 이하의 철근과 D35를 초과하는 철근
② 다발철근의 겹침이음
  ㉠ 겹침이음 길이는 겹침이음하지 않는 철근의 이음길이에 다음과 같이 증가시켜야 한다.

다발철근 개수	이음 길이 증가량
3개	20%
4개	33%

  ㉡ 두 다발철근을 개개 철근처럼 겹침이음하지 않아야 한다.
③ **휨부재에서 서로 직접 접촉되지 않게 겹침이음된 철근**
  횡방향으로 소요 겹침이음 길이의 1/5 또는 150mm 중 작은 값 이상 떨어지지 않아야 한다.

(2) 용접이음과 기계적 이음
용접이음과 기계적 이음은 모두 철근의 설계기준 항복강도 f_y의 125% 이상을 발휘할 수 있는 완전용접이어야 한다.

2 인장이형철근 및 이형철선의 이음

① 최소 이음길이는 300mm 이상이어야 한다.
② **A급 이음** : 배치된 철근량이 이음부 전체 구간에서 해석 결과 요구되는 소요 철근량의 2배 이상이고 소요 겹침이음길이 내 겹침이음된 철근량이 전체 철근량의 1/2 이하인 경우
③ **B급 이음** : A급 이음에 해당하지 않는 경우
④ **A급 이음의 이음길이** : $1.0 l_d$ (l_d는 인장 이형철근의 정착길이)

⑤ B급 이음의 이음길이 : $1.3l_d$
⑥ 서로 다른 크기의 철근을 인장 겹침이음하는 경우, 이음길이는 크기가 큰 철근의 정착길이와 크기가 작은 철근의 겹침이음 길이 중 큰 값 이상이어야 한다.

3 압축이형철근의 이음

(1) 압축이형철근의 이음길이의 구조제한

① 최소 이음길이는 <u>300mm 이상이어야 한다</u>.
② $f_y \leq 400 MPa$일 때 $l_s = 0.072 d_b f_y$
③ $f_y > 400 MPa$일 때 $l_s = (0.13 f_y - 24) d_b$
④ 콘크리트의 <u>설계기준압축강도가 21MPa 미만인 경우는 겹침이음길이를 1/3 증가시켜야 한다</u>.

(2) 서로 다른 크기의 철근을 압축부에서 겹침이음하는 경우

① 이음길이는 크기가 큰 철근의 정착길이와 크기가 작은 철근의 겹침이음길이 중 큰 값 이상이어야 한다.
② D41과 D51 철근은 D35 이하 철근과의 겹침이음이 허용된다.
  겹침이음은 D35보다 큰 철근에 대해서 일반적으로 금지되지만, 압축측에서만은 D35 이하의 철근과 이보다 큰 철근과 겹침이음하는 것을 허용한다.

단원별 학습문제

01 프리스트레스 하지 않는 부재의 현장치기 콘크리트에 대한 철근의 최소 피복두께 규정으로 틀린 것은? 21년 3회

① 수중에서 치는 콘크리트는 최소 100mm의 피복두께를 요구한다.
② 흙에 접하여 콘크리트를 친 후 영구히 흙에 묻혀 있는 콘크리트의 최소 피복두께는 75mm이다.
③ 옥외의 공기나 흙에 직접 접하지 않는 콘크리트로서 f_{ck}가 40MPa 미만인 보의 경우 최소 피복두께는 40mm이다.
④ 흙에 접하거나 옥외의 공기에 직접 노출되는 콘크리트로서 D16 이하의 철근을 사용하는 경우 최소 피복두께는 60mm이다.

해설

프리스트레스 하지 않는 부재의 현장치기 콘크리트의 최소 피복두께

철근의 외부 조건			최소 피복두께
수중에서 치는 콘크리트			100mm
흙에 접하여 콘크리트를 친 후에 영구히 흙에 묻혀 있는 콘크리트			75mm
흙에 접하거나 옥외의 공기에 직접 노출되는 콘크리트		D19 이상의 철근	50mm
		D16 이하의 철근, 지름 16mm 이하의 철선	40mm
옥외의 공기나 흙에 직접 접하지 않은 콘크리트	슬래브, 벽체, 장선	D35를 초과하는 철근	40mm
		D35 이하인 철근	20mm
	쉘, 절판부재		20mm
	보, 기둥	f_{ck}가 40MPa 이상인 경우는 규정된 값에서 10mm 저감	40mm

02 철근콘크리트 부재의 강도설계법 기본 가정에 대한 설명 중 옳지 않은 것은? 16년 3회

① 콘크리트의 인장강도는 휨계산에서 고려한다.
② 항복강도 f_y 이하에서 철근의 응력은 그 변형률의 E_s배로 본다.
③ 휨모멘트 또는 휨모멘트와 축력을 동시에 받는 부재의 콘크리트 압축연단의 극한변형률은 콘크리트의 설계기준압축강도가 40MPa 이하인 경우에는 0.0033으로 가정한다.
④ 철근 및 콘크리트의 변형률은 중립축으로부터의 거리에 비례한다.

해설

콘크리트의 인장강도는 휨강도 계산에서 무시하며, 처짐 계산에는 고려한다.

03 강도설계법에서 강도감소계수에 대한 설명으로 틀린 것은? 21년 2회

① 포스트텐션 정착구역에 사용하는 강도감소계수는 0.85이다.
② 나선철근 부재는 띠철근 기둥보다 더 큰 강도감소계수를 적용한다.
③ 압축지배단면의 강도감소계수는 인장지배단면의 강도감소계수보다 더 큰 값을 적용한다.
④ 스트럿-타이 모델에서 절점부에 적용하는 강도감소계수는 전단에 사용된 값과 동일한 값을 사용한다.

∴ 흙에 접하거나 옥외의 공기에 직접 노출되는 콘크리트로서 D16 이하의 철근을 사용하는 경우 최소 피복두께는 40mm이다.

정답 01. ④ 02. ① 03. ③

해설

강도감소계수 ϕ

부재		강도감소계수
인장지배단면		0.85
압축지배단면	나선철근으로 보강된 철근콘크리트 부재	0.70
	그 외의 철근콘크리트 부재	0.65
전단 및 비틀림		0.75
포스트텐션 정착구역		0.85
스트럿-타이 모델에서 타이		0.85
스트럿-타이 모델에서 스트럿, 절점부, 지압부		0.75

04 슬래브 두께가 100mm이고, 양쪽 슬래브의 중심 간 거리가 2.5m, 보의 경간이 6.5m인 대칭 T형보가 있다. 유효깊이가 500mm, 복부폭이 300mm일 때, 플랜지의 유효 폭은 얼마인가?

① 1,900mm
② 2,500mm
③ 800mm
④ 1,625mm

해설

T형보의 유효폭은 다음 값 중 가장 작은 값

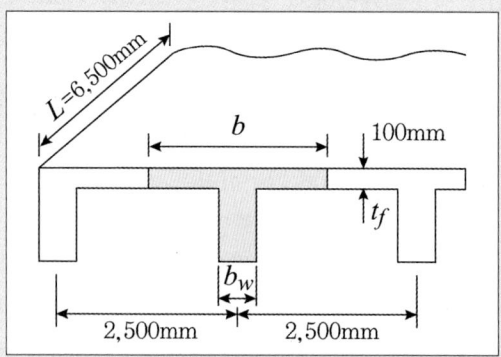

- (양쪽으로 각각 내면 플랜지 두께의 8배씩)
  : $16t_f + b_w$
  $16t_f + b_w = 16(100) + 300 = 1,900$mm
- 양쪽 슬래브의 중심 간 거리 : 2,500mm
- 보의 경간(L)의 1/4 : $\dfrac{1}{4} \times 6,500 = 1,625$mm

∴ 유효폭 $b = 1,625$mm

CHAPTER 07 사용성 검토

UNIT 01 | 일반사항

1 사용성 검토의 항목

(1) 사용성(Serviceability)
  사용하기에 불편함 또는 불안감 등을 해소할 수 있는 정도를 말하는 것으로 진동, 균열, 처짐, 피로의 영향 등으로 검토할 수 있다.

(2) 내구성(Durability)
  구조물의 본래 기능을 지속적으로 유지할 수 있는 정도를 말한다.

2 구조물의 사용성 평가항목

① 변형 및 변위의 육안 관찰
② 고유진동수 계측
③ 외벽 균열의 누수성 검토
④ 내구성에 관련된 조사항목

3 구조물의 사용성 평가 조사항목과 방법

① **잔류처짐, 최대처짐** : 재하시험에 의해 최대처짐과 재하 후의 잔류처짐을 측정
② **균열길이** : 스케일, 화상처리, 초음파법, 코어채취
③ **내수성** : 배합표, 코어채취에 의한 물-시멘트비(시멘트량, 밀도의 측정)

UNIT 02 | 균열

콘크리트에 발생하는 균열은 구조물의 사용성, 내구성 및 미관 등 사용 목적에 손상을 주지 않도록 제한해야 한다.

1 균열의 검증

(1) 노출 환경에 따른 강재의 부식
① 콘크리트에 침투하는 염화물의 양이 많을수록 강재 부식은 커진다.
② 습기와 산소의 양이 많을수록 강재 부식은 커진다.
③ 콘크리트의 침투성이 클수록 강재 부식은 커진다.

(2) 허용균열폭

[철근콘크리트 구조물의 내구성 확보를 위하여 허용되는 균열폭 w_a(mm)]

강재의 종류	강재의 부식에 대한 환경조건			
	건조 환경	습윤환경	부식성 환경	고부식성 환경
철근	0.4mm와 0.006c_c중 큰 값	0.3mm와 0.005c_c중 큰 값	0.3mm와 0.004c_c중 큰 값	0.3mm와 0.0035c_c중 큰 값
긴장재	0.2mm와 0.005c_c중 큰 값	0.2mm와 0.004c_c중 큰 값	–	–

(3) 콘크리트 균열에 대한 검토사항
① 미관이 중요한 구조는 미관상의 허용균열폭이 없어도 균열 검토를 해야 한다.
② 콘크리트에 발생하는 균열은 구조물의 사용성, 내구성 및 미관 등 사용 목적에 손상을 주지 않도록 제한하여야 한다.
③ 균열 제어를 위한 철근은 필요로 하는 부재 단면의 주변에 분산시켜 배치하여야 하고, 이 경우 철근의 지름은 가능한 한 작게 하여야 한다.
④ 내구성에 대한 균열의 검토는 콘크리트 표면의 균열 폭을 환경조건, 피복두께, 공용기간 등에 의해 정해지는 허용 균열폭 이하로 제어하는 것을 원칙으로 한다.

2 균열폭의 영향 요인

(1) 균열폭에 영향을 미치는 요인
① 균열폭은 철근의 응력에 비례한다.
② 균열폭은 철근의 지름에 비례한다.
③ 균열폭은 철근비에 반비례한다.
④ 균열폭은 부착력에 반비례한다.
⑤ 균열폭은 피복두께에 비례한다.

(2) 균열폭을 줄일 수 있는 방법(균열을 허용균열폭 이하로 제어하는 방법)
① 같은 철근량을 사용할 경우 굵은 철근을 사용하기보다는 가는 철근을 많이 사용한다.
② 철근에 발생하는 응력이 커지지 않도록 충분하게 배근한다.
③ 콘크리트 표면의 균열폭은 철근에 대한 콘크리트 피복두께에 비례하므로 <u>균열폭을 줄이기 위해서 피복두께를 얇게 한다.</u>
④ 콘크리트의 인장구역에 철근을 골고루 배치한다.
⑤ 원형철근보다 이형철근을 사용한다.

3 균열모멘트 산정

(1) $\sigma = \dfrac{M}{Z}$ → $f_r = \dfrac{M_{cr}}{Z}$ → $M_{cr} = f_r \times Z$

여기서, M_{cr} : 균열모멘트
f_r : 파괴계수
Z : 단면계수

(2) **파괴계수** $f_r = 0.63\lambda\sqrt{f_{ck}}$

여기서, 경량콘크리트 계수 $\lambda = \dfrac{f_{sp}}{0.56\sqrt{f_{ck}}}$

UNIT 03 | 처짐

1 처짐의 종류

(1) 즉시 처짐
탄성상태에서의 처짐값으로 탄성 처짐 또는 순간 처짐이라고도 한다.

(2) 장기 처짐
장기 처짐은 주로 콘크리트의 크리프와 건조수축으로 인하여 시간이 지남에 따라 진행되어 증가하는 처짐이다.

① 장기 처짐의 산정

> [식] 장기 처짐 = 즉시 처짐 × λ

여기서, λ : 실험에 근거한 장기 처짐 계수

$$\lambda = \frac{\xi}{1+50\rho'}$$

ξ : 시간경과계수, ρ' : 압축철근비

구분	3개월	6개월	12개월	5년 이상
ξ	1.0	1.2	1.4	2.0

(3) 총 처짐(최종 처짐)
총 처짐 = 즉시 처짐 + 장기 처짐

(4) 크리프로 인한 변형량 산정
① 콘크리트의 변형량 : $\Delta L = \epsilon_c L$

② 콘크리트의 탄성변형률 $\epsilon_\phi = \dfrac{f_c}{8500\sqrt[3]{f_{ck}+\Delta f}}$

③ 콘크리트의 크리프 변형률 $\epsilon_c = \phi \times \epsilon_\phi$ (ϕ : 크리프 계수)

2 1방향 구조의 처짐

(1) 1방향 구조의 최소 두께

[처짐을 계산하지 않는 경우의 보 또는 1방향 슬래브의 최소 두께]

부재	최소 두께(h)			
	캔틸레버	단순 지지	1단 연속	양단 연속
• 1방향 슬래브	$\dfrac{l}{10}$	$\dfrac{l}{20}$	$\dfrac{l}{24}$	$\dfrac{l}{28}$
• 보 • 리브가 있는 1방향 슬래브	$\dfrac{l}{8}$	$\dfrac{l}{16}$	$\dfrac{l}{18.5}$	$\dfrac{l}{21}$

이 표의 값은 보통콘크리트(w_c=2,300kg/㎥)와 설계기준항복강도 400MPa 철근을 사용한 부재에 대한 값이다.

① f_y가 400MPa 이외인 경우 최소 두께의 수정

위의 표에서 구한 최소 두께 $h \times \left(0.43 + \dfrac{f_y}{700}\right)$

UNIT 04 | 피로

1 피로에 대한 검토사항

① 하중 중에서 변동하중이 차지하는 비율이 크거나 작용빈도가 클 경우 피로에 대한 검토를 한다.
② 보 및 슬래브의 피로는 휨 및 전단에 대하여 검토하여야 한다.
③ 기둥은 휨과 압축을 일정하게 받기 때문에 피로는 검토할 필요가 없다.
④ 피로의 검토가 필요한 구조 부재는 높은 응력을 받는 부분에서 철근을 구부리지 않도록 하여야 한다.
⑤ 피로를 검토하지 않아도 되는 철근의 응력범위

강재의 종류	설계기준항복강도 혹은 위치	철근 및 긴장재의 응력범위(MPa)
이형철근	300MPa	130
	350MPa	140
	400MPa 이상	150
긴장재	연결부 또는 정착부	140
	기타 부위	160

⑥ 충격을 포함한 사용 활하중에 의한 철근의 응력범위가 <u>SD300의 경우 130MPa 이내</u>, SD350의 경우 140MPa 이내, SD400의 경우 150MPa 이내일 경우에는 피로에 대하여 검토할 필요가 없다.

2 콘크리트 구조물의 수명

① 구조물에 반복적으로 하중이 작용하면 사용시간이 길어짐에 따라 피로가 쌓여 <u>재료의 강도가 감소하고 수명에 치명적인 영향을 미친다.</u>
② 구조물을 보수하면 수명의 연장이 가능하다.
③ 피로현상과 열화현상은 구조물의 수명에 영향을 미친다.
④ 기본 내구수명에 도달하면 구조물의 보수·보강이 필요하다.

CHAPTER 08 기둥

UNIT 01 일반사항

1 기둥(Column)

(1) 용어 정의

① **기둥** : 압축력을 받는 연직 또는 연직에 가까운 부재로서 그 높이가 단면 최소치수의 3배 이상인 것을 말한다.
② **주각(pedestal)** : 기초 위에 돌출된 압축부재(주로 기둥)로서 단면의 평균 최소치수에 대한 높이의 비율이 3 이하인 부재를 말한다.

(2) 기둥의 종류

① 횡방향 철근(띠철근 또는 나선철근) 형태에 따른 종류

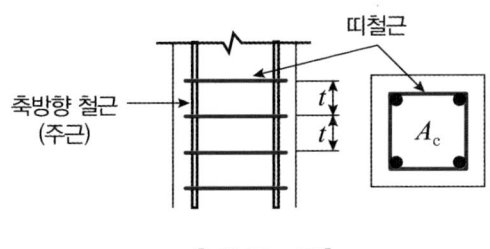

[띠철근 기둥]

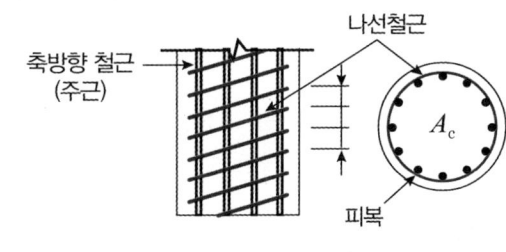

[나선철근 기둥]

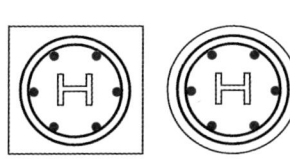

[합성 기둥(철골)]

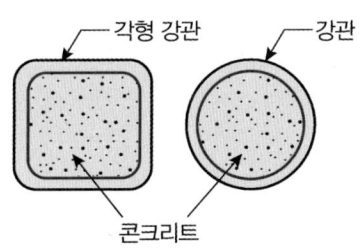

[합성 기둥(강관)]

② 단부 구속 조건 및 세장비에 따른 종류
  ㉠ 단주(Short Column)
    ⓐ 세장비가 일정 값 미만으로 좌굴이 발생하지 않으며, 압축력에 의해 지배를 받는다.
    ⓑ 축응력 또는 편심하중에 의한 응력과 힘에 의하여 파괴된다.
  ㉡ 장주(Long Column)
    ⓐ 세장비가 일정 값 이상으로 압축력이 아닌 좌굴에 의해 지배를 받는다.
    ⓑ 주로 좌굴에 의하여 파괴된다.

(3) 단주와 장주의 구별

① 세장비

$$\boxed{식}\ 세장비 = \frac{kl_u}{r}$$

여기서, k : 압축부재에서 유효 좌굴길이 계수
  l : 압축부재의 비지지 길이
  r : 압축부재의 단면 회전반경(직사각형의 $r = 0.3h$)

$$r = \sqrt{\frac{I}{A}}$$

I : 부재 단면의 단면 2차 모멘트
A : 단면적

② 유효길이계수(k)
  ㉠ 일단 자유, 타단 고정인 경우 : $k = 2$
  ㉡ 양단 힌지인 장주 : $k = 1$
  ㉢ 일단 힌지, 타단 고정 : $k = 0.7$
  ㉣ 양단 고정 : $k = 0.5$

③ 횡방향 상대변위가 구속되지 않는 경우 단주의 세장비

$$\boxed{식}\ \frac{kl_u}{r} \leq 22\ :\ 단주로\ 간주할\ 수\ 있는\ 조건(장주효과\ 무시)$$

2 구조제한

(1) 압축부재 단면의 구조제한

구분	띠철근 압축부재	나선철근 압축부재
단면치수	단면의 최소치수는 200mm 이상	단면의 심부 지름은 200mm 이상
단면적	60,000㎟ 이상	–
콘크리트 설계기준강도	–	21MPa 이상

※ 심부 지름 : 나선철근의 중심선이 그리는 원의 지름

(2) 철근의 구조제한

① 압축부재의 철근량 제한

구분	띠철근 기둥	나선철근 기둥
축방향 철근의 최소 개수	직사각형 단면 : 4개 원형 단면 : 4개	원형 단면 : 6개
축방향 철근비 ρ_g	1~8%(0.01~0.08)	

비합성 압축부재의 축방향 주철근 단면적은 전체 단면적 A_g의 0.01배 이상, 0.08배 이하 ($A_{s\min} = 0.01 A_g$, $A_{s\max} = 0.08 A_g$)로 하여야 한다. 축방향 주철근이 겹침 이음되는 경우의 철근비는 0.04를 초과하지 않도록 하여야 한다.

② 축방향 철근비; ρ_g

$$\boxed{식}\ \rho_g = \frac{축방향철근\ 단면적(A_{st})}{기둥\ 총\ 단면적(A_g)} = 0.01 \sim 0.08$$

㉠ 축방향 철근비의 최소한계를 두는 이유
ⓐ 압축 단면을 보강하기보다는 휨강도를 증진시킨다.
ⓑ 시공 시 재료분리로 인한 부분적 결함을 보완한다.
ⓒ 콘크리트 크리프 및 건조수축의 영향을 감소시킨다.
ⓓ 예상외의 편심하중이 작용하여 생기는 휨모멘트에 저항한다.

㉡ 축방향 철근비의 최대한계를 두는 이유
ⓐ 철근이 너무 많으면 철근콘크리트 시공에 어려움이 있다.
ⓑ 철근이 너무 많으면 재료비가 올라가 비경제적이다.
ⓒ 철근 간의 적절한 간격 유지로 철근과 콘크리트 간의 부착력을 확보한다.

㉢ 축방향 철근의 순간격
ⓐ 40mm 이상
ⓑ 축방향 철근 지름의 1.5배 이상

ⓒ 굵은골재 최대치수의 4/3배 이상
ⓔ 띠철근 및 나선철근의 구조제한
  ⓐ 띠철근
   • 띠철근의 지름

축방향 철근의 직경	띠철근의 직경
D32 이하	D10 이상
D35 이상	D13 이상

   • 띠철근의 수직 간격(200mm 이상)
    - 축방향 철근 지름의 16배 이하
    - 띠철근 지름의 48배 이하
    - 단면 최소치수의 1/2 이하
  ⓑ 나선철근
   • 나선철근의 지름 : 현장치기 콘크리트인 경우, 10mm 이상
   • 나선철근의 수직 순간격 : 25mm 이상 75mm 이하
   • 나선철근의 항복강도 f_{yt}는 700MPa 이하로 해야 한다.
   • 나선철근은 정착을 위해서 나선철근 끝에서 추가로 1.5회전 이상 더 연장해야 한다.
   • 나선철근의 이음은 철근의 설계기준항복강도 f_y의 125% 이상을 발휘할 수 있는 완전 기계적 이음이나 완전용접이음으로 한다.
   • 나선철근비 : ρ_s

   식 $0.01 \leq \rho_s \leq 0.08 \rightarrow 0.01 \leq 0.45\left(\dfrac{A_g}{A_{ch}} - 1\right)\dfrac{f_{ck}}{f_y} \leq 0.08$

   여기서, A_{ch} : 심부 단면적
        A_g : 총 단면적
        f_{ck} : 콘크리트의 설계기준압축강도
        f_y : 나선철근의 설계기준항복강도(700MPa 이하)

UNIT 02 단주의 설계

1 강도설계법에 의한 단주의 설계

(1) 중심축 하중을 받는 경우

$$\boxed{식}\ P_u \leq P_d = \phi P_n = \alpha\phi\left[0.85 f_{ck}(A_g - A_{st}) + A_{st} f_y\right]$$

여기서, P_u : 계수축강도
P_d : 설계축강도
P_n : 공칭축강도
α : 수정계수(띠철근: $\alpha=0.80$, 나선철근: $\alpha=0.85$)
ϕ : 강도감소계수(띠철근: $\phi=0.65$, 나선철근: $\phi=0.70$)

(2) 편심 축하중을 받는 경우

$$\boxed{식}\ P_n = C_c + C_s - T_s$$
$$P_u \leq P_d = \phi P_n = \phi(C_c + C_s - T_s)$$

여기서, C_c : 콘크리트 압축력
C_s : 압축철근의 압축력
T_s : 인장철근의 압축력
P_n : 공칭편심하중
ϕ : 강도감소계수(띠철근: $\phi=0.65$, 나선철근: $\phi=0.70$)

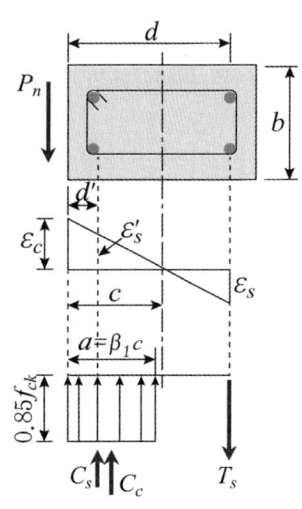

[편심 축하중을 받는 단주]

(3) 하중의 위치에 따른 기둥의 파괴양상

① **인장파괴** : $e > e_b$, $P_u < P_b$인 경우
② **압축파괴** : $e < e_b$, $P_u > P_b$인 경우
③ **균형파괴** : $e = e_b$, $P_u = P_b$인 경우

여기서, e : 편심거리, e_b : 균형편심
P_u : 계수축력, P_b : 균형축강도

UNIT 03 | 장주의 설계

1 오일러의 좌굴 공식

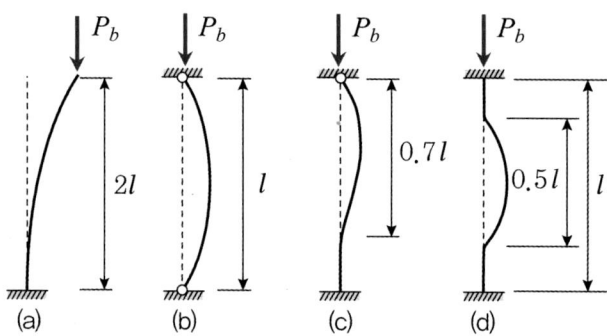

[오일러의 장주 유형]

종류	(a)	(b)	(c)	(d)
① 좌굴길이(유효길이, kl)	$2l$	l	$0.7l$	$0.5l$
② 좌굴성능비(n)	1/4	1	2	4
좌굴성능비 계산	\multicolumn{4}{l}{$n = \dfrac{l^2}{(kl)^2} = \dfrac{1}{k^2}$ (a) : $n = \dfrac{1}{(2)^2} = \dfrac{1}{4}$ (b) : $n = \dfrac{1}{(1)^2} = \dfrac{1}{1}$ (c) : $n = \dfrac{1}{(0.7)^2} \approx 2$ (d) : $n = \dfrac{1}{(0.5)^2} = 4$}			

(1) 좌굴하중(P_{cr})

$$\boxed{식}\ P_{cr} = \frac{\pi^2 EI}{(kl)^2} = \frac{n\pi^2 EI}{l^2}$$

여기서, kl : 유효좌굴길이
　　　　n : 지지조건에 따른 좌굴성능비

(2) 좌굴응력(f_b)

$$\boxed{식}\ f_{cr} = \frac{P_{cr}}{A} = \frac{\pi^2 E}{\lambda_k^2} = \frac{n\pi^2 E}{\lambda^2}$$

CHAPTER 09 슬래브

UNIT 01 | 일반사항

1 용어 정의
슬래브(Slab)는 일반적으로 두께에 비해 폭이나 길이가 매우 큰 판 모양의 바닥판 구조물을 말한다.

2 슬래브의 종류

(1) 경간의 길이에 따른 분류(하중의 경로에 의한 분류)

$$\text{변장비}(\lambda) = \frac{\text{장변 경간길이}(L)}{\text{단변 경간길이}(B)}$$

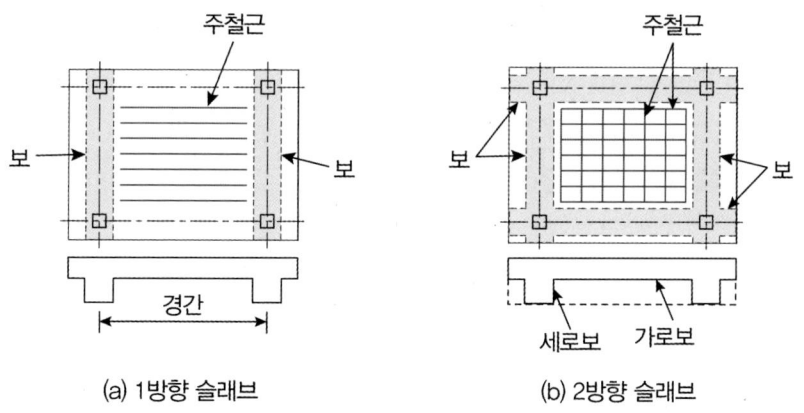

[슬래브 종류]

① 1방향 슬래브(One-way Slab)
  1방향 슬래브의 두께는 최소 100mm 이상으로 해야 한다.

$$\lambda = \frac{\text{장변 경간길이}(L)}{\text{단변 경간길이}(B)} > 2$$

㉠ 슬래브 하중의 94% 정도가 단변방향으로 전달되는 구조로, 전체 하중이 단변방향으로만 전달되는 것으로 보고 설계한다.
㉡ 주철근을 단변에 평행하게 배근하고 장변 방향으로는 수축·온도철근을 배근한다.

② 2방향 슬래브(Two-way Slab)

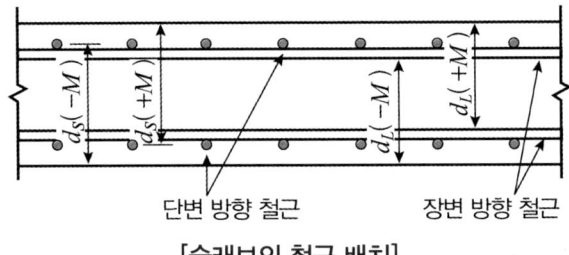

㉠ 슬래브 하중이 단변과 장변의 2방향으로 전달된다.
㉡ 슬래브 평면이 직사각형인 경우 장변 방향보다 단변 방향에 더 많은 주철근을 배근한다.
㉢ 2방향 슬래브에서 단변의 하중 분담률이 장변에 비해 크고 슬래브 표면의 균열을 방지하기 위해 단변 방향의 철근을 슬래브 표면 가까이에 배치한다.

[슬래브의 철근 배치]

UNIT 02 | 1방향 슬래브의 설계

1 설계 방법과 근사해법의 적용 조건

(1) 설계 방법
단변을 경간으로 하는 단위 폭(b = 1m)의 직사각형 보로 보고 설계한다.

(2) 근사해법의 적용 조건
근사해법을 사용하여 1방향 슬래브를 설계하려면 다음의 규정을 만족해야 한다.
① 2경간 이상인 경우
② 인접 2경간의 차이가 짧은 경간의 20% 이하인 경우
③ 등분포 하중이 작용하는 경우
④ 활하중이 고정하중의 3배를 초과하지 않는 경우
⑤ 부재 단면 크기가 일정한 경우

2 1방향 슬래브의 구조상세

① 1방향 슬래브의 두께는 최소 100mm 이상으로 하여야 한다.
② 슬래브의 정모멘트 철근 및 부모멘트 철근의 중심 간격은 위험단면에서는 슬래브 두께의 2배 이하이어야 하고, 또한 300mm 이하로 하여야 한다.
③ 1방향 슬래브에서는 정모멘트 철근 및 부모멘트 철근에 직각방향으로 수축·온도 철근을 배치하여야 한다.
④ 슬래브의 단변방향 보의 상부에 부모멘트로 인해 발생하는 균열을 방지하기 위하여 슬래브의 장변방향으로 슬래브 상부에 철근을 배치하여야 한다.

UNIT 03 | 2방향 슬래브의 설계

1 2방향 슬래브의 일반사항

(1) 2방향 슬래브의 종류

① 2방향 슬래브는 장변 경간이 단변 경간의 2배 이하인 4변이 지지된 직사각형 슬래브
② 무량판구조(보가 없는 슬래브 구조)
  ㉠ 보나 지판이 없이 기둥으로 하중을 전달하는 2방향으로 철근이 배치된 콘크리트 슬래브 : 플랫 플레이트 슬래브
  ㉡ 보 없이 지판에 의해 하중이 기둥으로 전달되며, 2방향으로 철근이 배치된 콘크리트 슬래브 : 플랫 슬래브

(2) 2방향 슬래브의 설계 방법

① **등가골조법** : 매우 복잡하며 모든 슬래브의 설계가 가능한 정확한 설계법이다.
② **직접 설계법** : 일종의 약산법으로 일정 조건에 해당하는 2방향 슬래브만 설계할 수 있다.

2 직접설계법(Direct Design Method)

(1) 적용 조건·범위 검토

직접설계법을 사용하여 2방향 슬래브를 설계하려면 다음의 규정을 만족해야 한다.

① 각 방향으로 <u>3경간 이상이</u> 연속되어야 한다.
② 슬래브판들은 <u>단변 경간에 대한 장변 경간의 비가 2 이하인</u> 직사각형이어야 한다.
③ 각 방향으로 연속한 받침부 중심간 경간 길이의 차이는 <u>긴 경간의 1/3 이하</u>여야 한다.
④ 연속한 기둥 중심선으로부터 기둥의 어긋남은 그 방향 경간의 최대 <u>10% 이하</u>이어야 한다.
⑤ 모든 하중은 슬래브판 <u>전체에 등분포된 연직하중</u>이어야 하며, <u>활하중은 고정하중의 2배 이하</u>여야 한다.

(2) 설계 모멘트

① **Span의 연속성이 없을 때** : 이론적이며 현실에는 존재하기 어렵다.
② **Span의 연속성이 있을 때** : 일반적인 철근콘크리트 구조물이 이 경우에 해당된다.
  ㉠ 내부 경간에서의 계수휨모멘트의 분배율
    전체 정적계수 휨모멘트 M_0를 다음과 같은 비율로 분배하여야 한다.
    ⓐ 내부 패널의 양단 <u>부계수휨모멘트 : 0.65</u>
    ⓑ 내부 패널의 중앙 <u>정계수휨모멘트 : 0.35</u>

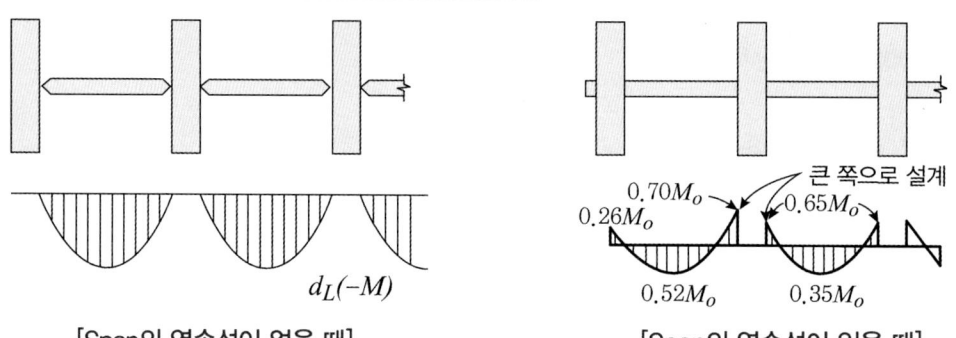

[Span의 연속성이 없을 때]   [Span의 연속성이 있을 때]

(3) 2방향 슬래브의 전단 설계

① **보 또는 벽체에 지지되는 경우**
  전단응력이 작아서 보의 경우에 준해서 설계하며, <u>전단보강이 거의 필요 없다</u>.

② **4변이 지지된 슬래브**
  <u>전단보강이 거의 필요 없다</u>.

③ **전단에 대한 위험단면**
  <u>지지면 둘레에서 d/2만큼 떨어진 주변의 단면을 전단에 대한 위험 단면으로 보고 전단을 고려한다</u>.
  여기서, d는 유효깊이

3 2방향 슬래브의 하중 분담

2방향 슬래브의 중앙에서의 처짐은 단변과 장변이 길이는 다르지만 하나의 부재이므로 모두 동일하다는 것을 이용하여 하중을 분배한다.

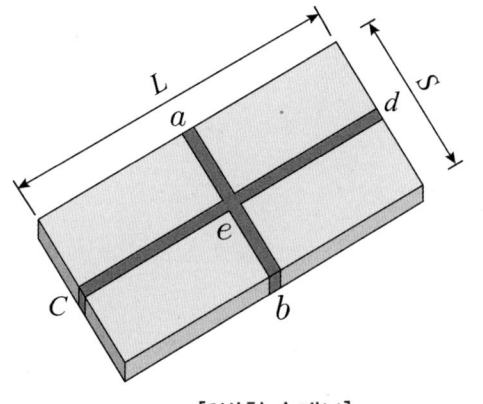

[2방향 슬래브]

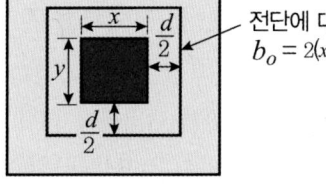

[2방향 슬래브의 위험단면]

(1) 집중 하중이 작용하는 경우

① 장경간이 부담하는 하중(L 방향 또는 cd 방향 부담하중)

$$P_L = \frac{S^3}{L^3 + S^3} P$$

② 단경간이 부담하는 하중(S 방향 또는 ab 방향 부담하중)

$$P_S = \frac{L^3}{L^3 + S^3} P$$

(2) 등분포 하중이 작용하는 경우

① 장경간이 부담하는 하중(L 방향 또는 cd 방향 부담하중)

$$w_L = \frac{S^4}{L^4 + S^4} w$$

② 단경간이 부담하는 하중(S 방향 또는 ab 방향 부담하중)

$$w_S = \frac{L^4}{L^4 + S^4} w$$

4 2방향 슬래브의 구조제한

(1) 주철근(축방향철근)의 간격
① 일반적인 단면 : 슬래브 두께의 3배 이하, 450mm 이하
② 위험 단면 : 슬래브 두께의 2배 이하, 300mm 이하

(2) 수축 및 온도 철근(배력철근, 배력근)
① 정철근 및 부철근에 직각방향으로 배치한다.
② 콘크리트 전체 단면적에 대한 수축·온도철근비는 다음 값 이상으로 하여야 하며, 어떤 경우라도 철근비는 $\rho_{\min} \geq 0.0014$이어야 한다.
  ㉠ $f_y \leq$ 400MPa인 이형철근을 사용한 1방향 슬래브 : $\rho_{\min} = 0.002$
  ㉡ 철근의 설계기준항복강도 $f_y > 400 MPa$인 슬래브 : $\rho_{\min} = 0.002 \times \dfrac{400}{f_y}$
  ㉢ 슬래브의 최소 수축·온도철근량 산정 : $A_{s,\min} = \rho \times bh$
③ **수축·온도 철근의 간격** : 슬래브 두께의 5배 이하, 또한 450mm 이하
④ 수축·온도 철근비에 전체 콘크리트 단면적을 곱하여 계산한 수축·온도 철근 단면적을 단위 m당 $1,800mm^2$보다 크게 취할 필요는 없다.

CHAPTER 10 옹벽

UNIT 01 | 일반사항

1 옹벽의 정의
① 배면 토사의 붕괴를 막는 구조물
② 배면 토사에서 작용하는 토압에 대해 옹벽의 자중으로 저항하는 구조물

2 옹벽의 종류

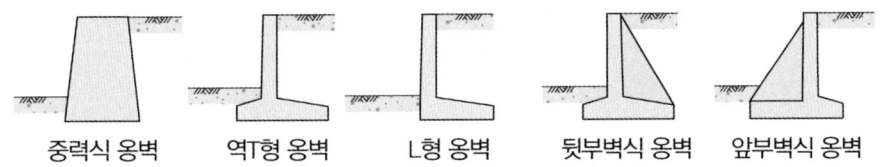

중력식 옹벽   역T형 옹벽   L형 옹벽   뒷부벽식 옹벽   앞부벽식 옹벽

3 옹벽의 구조해석

(1) 캔틸레버식 옹벽(역T형 옹벽)

① 저판의 뒷굽판은 정확한 방법이 사용되지 않는 한, 뒷굽판 상부에 재하되는 모든 하중을 지지하도록 설계하여야 한다.
② 캔틸레버식 옹벽의 저판은 전면벽과의 접합부를 고정단으로 간주한 캔틸레버 보로 가정하여 단면을 설계할 수 있다.
③ 전면벽은 저판에 지지된 캔틸레버로 설계할 수 있는데 자중은 고려하지 않고 토압의 수평분력을 고려해서 설계해야 한다.
④ 높이가 대략 3~6m인 경우에 캔틸레버식 옹벽이 가장 경제적이다.
⑤ 토압은 공인된 공식으로 산정하되 필요한 계수는 측정을 통해 정해야 한다.

⑥ 역T형 옹벽에 작용하는 수평력의 합

$$P_H = \frac{1}{2}K_a\gamma H^2 + K_a qH$$

여기서, K_a : 흙의 주동토압계수
　　　　γ : 흙의 단위중량
　　　　H : 옹벽의 높이
　　　　q : 상재하중

(2) 부벽식 옹벽

① 부벽식 옹벽의 저판은 정밀한 해석이 사용되지 않는 한, 부벽 사이의 거리를 경간으로 가정한 고정보 또는 연속보로 설계할 수 있다.
② 부벽식 옹벽의 전면벽은 3변 지지된 2방향 슬래브로 설계하여야 한다.

(3) 기타 옹벽

① 뒷부벽은 T형보로 설계하여야 하며, 앞부벽은 직사각형보로 설계하여야 한다.
② 무근콘크리트 옹벽은 자중에 의하여 저항력을 발휘하는 중력식 형태로 설계하여야 한다.
③ 반중력식 옹벽은 지형 및 기타 물리적 제약에 의해 중력식 옹벽의 경우보다 벽체 두께를 얇게 해야 하는 경우에 적용해야 한다.

(4) 철근 배근 위치

역T형 옹벽의 인장 측인 벽체의 후면, 압굽판의 하면, 뒷굽판의 상면에 인장 철근을 배근한다.

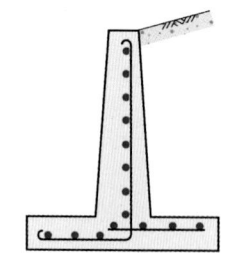

[역T형 옹벽의 철근 배치]

UNIT 02 | 옹벽의 외적 안정 조건

1 옹벽의 안정성 검토의 일반사항

① 옹벽의 안정에 대한 계산은 사용하중에 의한다.
② 옹벽의 기준안전율 검토항목은 활동, 전도, 지지력, 전체 안전성이다.

2 옹벽의 안정성 검토

(1) 용어 정의

① **지반의 극한지지력** : 구조물을 지지할 수 있는 최대 저항력
② **지반의 허용지지력** : 지반의 극한지지력을 적정의 안전율(보통 3)로 나눈 값

$$\text{식} \quad q_e = \frac{q_u}{3}$$

여기서, q_a : 지반의 허용지지력
q_u : 지반의 극한지지력

(2) 안정성 검토

① 전도에 대한 저항휨모멘트는 횡토압에 의한 전도휨모멘트의 2.0배 이상이어야 한다.
② 활동에 대한 저항력은 옹벽에 작용하는 수평력에 1.5배 이상이어야 한다.
③ 전도 및 지반지지력에 대한 안정조건은 만족하지만, 활동에 대한 안정조건만을 만족하지 못할 경우에는 활동 방지벽 혹은 횡방향 앵커 등을 설치하여 활동 저항력을 증대시킬 수 있다.
④ 지반에 유발되는 최대 지반반력이 지반의 허용지지력을 초과하지 않아야 한다.

CHAPTER 11 확대 기초

UNIT 01 일반사항

1 확대 기초의 종류

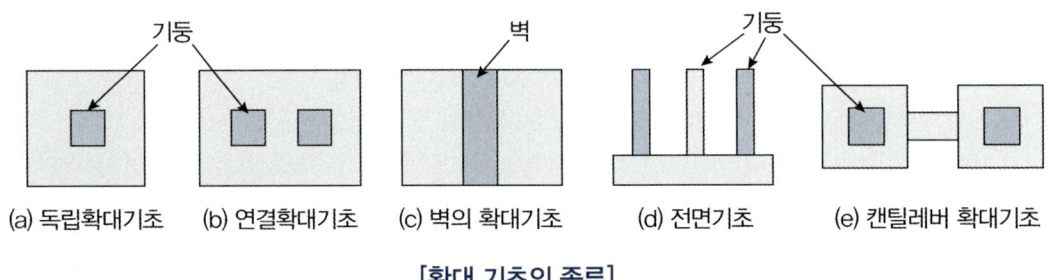

[확대 기초의 종류]

2 확대 기초의 저면적 산정

(1) 기초판의 설계 일반

① 기초판은 계수하중과 그에 의해 발생되는 반력에 견디도록 설계하여야 한다.
② 기초판의 밑면적은 기초판에 의해 지반에 전달되는 힘과 휨모멘트, 그리고 지반의 허용지지력을 사용하여 산정하여야 하며, 이때 힘과 휨모멘트는 <u>하중계수를 곱하지 않은 사용하중을 적용</u>하여야 한다.
③ 기초판에서 휨모멘트, 전단력 그리고 철근정착에 대한 위험단면의 위치를 정할 경우, 원형 또는 정다각형인 콘크리트 기둥이나 주각은 같은 면적의 정사각형 부재로 취급할 수 있다.
④ 기초판 윗면부터 하부철근까지 깊이는 <u>직접기초의 경우는 150mm 이상</u>, <u>말뚝기초의 경우는 300mm 이상</u>으로 하여야 한다.

(2) 확대 기초의 저면적 산정

$$\boxed{식}\ q = \frac{P}{A} \leq q_a \rightarrow A \geq \frac{P}{q_a}$$

여기서, P : 총 수직하중(확대 기초에 작용하는 하중)
 q_a : 지반의 허용지지력
 A : 기초판의 저면적(최소 면적)

UNIT 02 | 확대 기초의 설계

1 휨모멘트에 대한 설계

(1) 휨모멘트에 대한 위험단면

콘크리트 기둥, 주각 또는 벽체를 지지하는 기초판의 경우
① 기둥, 주각 또는 벽체의 외면(전면)을 위험단면으로 본다.
② 기둥의 단면이 원형 또는 정다각형일 때는 같은 단면적의 정사각형으로 고쳐서 그 단면의 앞면(전면)을 위험단면으로 본다.

(2) 콘크리트 기둥의 휨모멘트 계산

① a-a 단면의 휨모멘트 : M_a

$$\boxed{식}\ M_a = q_u \left[\frac{1}{2}(L-t)(S) \right] \times \frac{1}{4}(L-t)$$
$$= \frac{1}{8} q_u \times S \times (L-t)^2$$

② 지압력(수직응력) : q_u

$$\boxed{식}\ q_u = \frac{P}{A} = \frac{P}{S \times L}$$

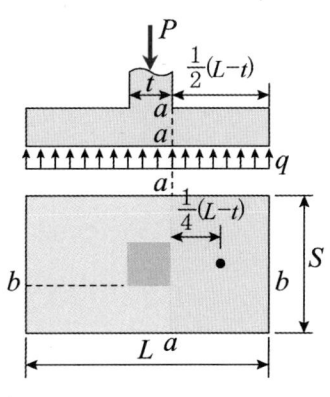

[휨모멘트 계산]

2 전단에 대한 설계

(1) 전단력에 대한 위험단면

① 1방향 전단

기둥 또는 벽면에서 d만큼 떨어진 곳을 위험단면으로 본다.

② 2방향 전단(뚫림 전단)

d/2만큼 떨어진 곳을 위험단면으로 보며, 펀칭전단의 우려가 있다.

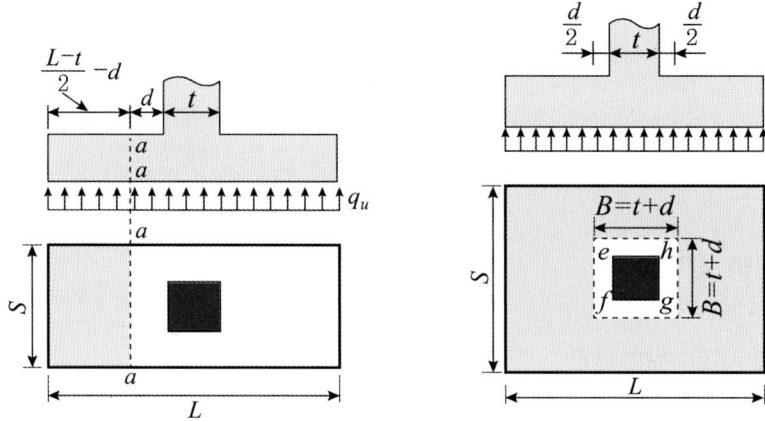

[전단에 대한 위험단면]

단원별 학습문제

01 계수전단력 V_u가 콘크리트에 의한 설계전단강도 ϕV_c의 1/2을 초과하는 철근콘크리트 및 프리스트레스트 콘크리트 휨부재에는 최소전단철근을 배치하여야 한다. 이 때 이 규정을 적용하지 않아도 되는 경우에 속하지 않는 것은? 18년 2회

① 슬래브와 기초판
② 전체 깊이가 450mm 이하인 보
③ T형보에서 그 깊이가 플랜지 두께의 2.5배 또는 복부폭의 1/2 중 큰 값 이하인 보
④ 교대 벽체 및 날개벽, 옹벽의 벽체, 암거 등과 같이 휨이 주거동인 판부재

해설
최소 전단철근 규정에 제외되는 경우
• 슬래브와 기초판
• 전체 깊이가 250mm 이하인 보
• 교대 벽체 및 날개벽과 같이 휨이 주거동인 판부재
• T형보에서 그 깊이가 플랜지 두께의 2.5배 또는 복부판의 1/2 중 큰 값 이하인 보

02 D16 이하인 스터럽과 띠철근의 90° 표준갈고리의 연장길이에 대한 기준으로 옳은 것은? (단, d_b는 철근의 공칭 지름을 의미한다.) 20년 4회

① 구부린 끝에서 $6d_b$, 이상 더 연장해야 한다.
② 구부린 끝에서 $8d_b$, 이상 더 연장해야 한다.
③ 구부린 끝에서 $10d_b$, 이상 더 연장해야 한다.
④ 구부린 끝에서 $12d_b$, 이상 더 연장해야 한다.

해설
스터럽과 띠철근의 90° 표준갈고리의 연장길이
• D16 이하의 철근 : 구부린 끝에서 $6d_b$ 이상 더 연장해야 한다.
• D19, D22, D25 철근 : 구부린 끝에서 $12d_b$ 이상 더 연장해야 한다.

03 철근 간격 및 사용에 대한 설명으로 틀린 것은? (단, d는 보의 유효깊이(mm)이다.) 16년 1회

① 전단철근의 수직 스터럽의 간격은 0.5d 이하, 또 600mm 이하여야 한다.
② 상단과 하단에 2단 이상으로 배치할 경우 상하 철근의 순간격은 25mm 이상이어야 한다.
③ 나선철근과 띠철근 기둥에서 축방향 철근의 순간격은 40mm 이상이어야 한다.
④ 여러 개의 철근을 묶어서 사용하는 다발철근은 이형철근으로서, 그 개수는 5개 이상이어야 한다.

해설
여러 개의 철근을 묶어서 사용하는 다발철근은 이형철근으로서, 그 개수는 4개 이하이어야 한다.

04 단부에 표준갈고리가 있는 인장철근 D25(공칭지름 25.4mm)를 정착시키는 데 필요한 기본 정착길이(l_{hb})는? (단, f_{ck}=24MPa, f_y=400MPa, 도막되지 않은 철근이며, 보통중량콘크리트의 경우이다.) 16년 2회

① 498mm
② 519mm
③ 584mm
④ 647mm

해설
표준갈고리를 갖는 인장이형철근의 정착
• 철근의 설계기준 항복강도가 400MPa인 경우 기본 정착길이는 다음 식으로 구한다.

정답 01. ② 02. ① 03. ④ 04. ①

$$l_{hb} = \frac{0.24\beta d_b f_y}{\lambda \sqrt{f_{ck}}} = \frac{0.24(1)(25.4)(400)}{1(\sqrt{24})}$$
$$= 497.7mm$$

05 복철근 콘크리트 단면에 압축철근비 $\rho' = 0.015$가 배근된 경우 순간처짐이 30mm일 때, 1년이 지난 후의 전체 처짐량은? (단, 작용하중은 지속하중이며 시간경과계수 $\xi = 1.4$임)

17년 1회

① 24mm ② 30mm
③ 42mm ④ 54mm

해설

복철근보의 전체 처짐량 계산
- $\lambda = \dfrac{\xi}{1+50\rho'} = \dfrac{1.4}{1+50(0.015)} = 0.8$
- 장기처짐 = 순간처짐 × 장기처짐계수(λ)
  = 30 × 0.8 = 24mm
- ∴ 전체 처짐량 = 순간처짐 + 장기처짐 = 30 + 24
  = 54mm

06 콘크리트구조기준에서 처짐 계산을 하지 않아도 되는 경우의 보 또는 1방향 슬래브의 최소두께 규정은 설계기준항복강도 400MPa의 철근에 대한 값에 대해 규정한다. 설계기준항복강도가 400MPa이 아닌 경우에 최소두께 산정에 사용하는 계수의 식으로 옳은 것은?

17년 2회

① $0.43 + \dfrac{f_y}{700}$ ② $\dfrac{660}{660+f_y}$

③ 0.85 ④ $\dfrac{\eta(0.85f_{ck})\beta_1}{f_y}$

해설

f_y가 400MPa 이외인 경우는 계산된 최소두께에 $0.43 + \dfrac{f_y}{700}$를 곱해야 한다.

CHAPTER 12 프리스트레스트 콘크리트

UNIT 01 일반사항

1 PSC의 특징

(1) 용어 정의
① **프리스트레스(Prestress)** : 외력에 의하여 일어나는 인장응력의 일정 부분을 상쇄할 수 있도록 미리 계획적으로 콘크리트에 주는 응력
② **프리스트레싱(Prestressing)** : 프리스트레스를 가하는 작업

(2) RC와 비교한 PSC의 특징
① PSC는 RC에 비해 고강도 콘크리트 및 고장력강을 유효하게 이용할 수 있다.
② RC는 콘크리트의 인장측 단면을 무시하지만 PSC는 콘크리트 전단면을 유효하게 이용할 수 있다.
③ RC에 비해 일반적인 과대하중을 받은 후의 잔류변형이 적다.
④ RC에 비해 보 단면을 적게 할 수 있고 장경간 제조에 적당하다.
⑤ RC 부재에 비하여 단면이 작기 때문에 강성이 작아 변형이 크게 발생하고 진동이 크다.

(3) PSC의 장점
① 충격하중이나 반복하중에 저항력이 크고 내구성이 좋다.
② 도입된 프리스트레스는 콘크리트의 크리프(Creep) 및 건조수축에 의해 감소한다.
③ PSC는 사용하중 하에서는 균열이 발생하지 않으며, 초과하중에 의해 균열이 발생되더라도 초과하중이 제거되면 균열은 복원되어 사라진다.
④ 전단면의 콘크리트가 유효하고 부재의 자중이 경감되므로 경량구조와 장대구조에 적합하고 외관이 양호하다.

(4) PSC의 단점
① PSC는 RC에 비해 강성이 작으므로 진동하기 쉽고 변형되기 쉽다.

② PS 강재는 고강도 강재로서 고온하에서 강도가 급격히 감소하며 내화성이 적다.
③ PSC는 RC에 비해 고강도 콘크리트와 고강도 강재 등 재료의 단가가 비싸고 정착 장치, 시스, 기타 부수장치와 그라우팅 비용이 추가된다.

2 프리스트레싱 방법

① <u>파셜</u> 프리스트레싱 : 사용하중 재하 시 부재 내에 <u>휨인장응력의 작용을 허용</u>하는 프리스트레싱 방법
② <u>풀</u> 프리스트레싱 : 사용하중 재하 시 부재 내에 <u>휨인장응력이 전혀 발생하지 않도록</u> 하는 프리스트레싱 방법
③ <u>외적</u> 프리스트레싱 : 긴장재를 콘크리트 <u>부재 밖에 배치</u>하여 긴장하여 정착시키는 방법
④ <u>내적</u> 프리스트레싱 : 긴장재를 콘크리트 <u>부재 내에 배치</u>하여 긴장하여 정착시키는 방법

3 프리텐션(Pre-tension) 방식과 포스트텐션(Post-tension) 방식

(1) PS 강재 긴장 시기에 따른 분류

프리텐션(Pre-tension) 방식	포스트텐션(Post-tension) 방식
<u>콘크리트 타설 이전</u>에 PS 강재를 긴장시킨다.	<u>콘크리트 타설 이후</u>에 PS 강재를 긴장시킨다.

(2) 부재의 제작 과정

프리텐션(Pre-tension) 방식	포스트텐션(Post-tension) 방식
① 지주와 인장대 설치 ② 거푸집 조립 ③ PS 강재 긴장 ④ 콘크리트 타설(양생 → 응결 → 경화) ⑤ PS 강재의 긴장력 이완	① 거푸집 조립 및 <u>시스의 배치 및 조립</u> ② 시스 속에 PS 강재 삽입 후 <u>콘크리트 타설</u> ③ PS 강재 긴장 후 정착 ④ <u>프리스트레스의 도입</u> ⑤ 시스 속에 <u>그라우팅</u>

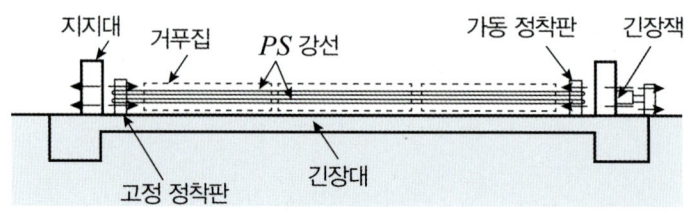

[프리텐션 방식]

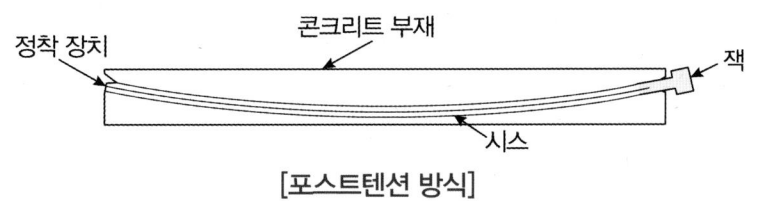

[포스트텐션 방식]

4 프리스트레스트 콘크리트 휨부재의 비균열등급, 부분균열등급 및 완전균열등급

다음과 같이 세 가지 균열등급으로 구분한다.
① 비균열등급 : $f_t \leq 0.63\sqrt{f_{ck}}$
② 부분균열등급 : $0.63\sqrt{f_{ck}} < f_t \leq 1.0\sqrt{f_{ck}}$
③ 완전균열등급 : $f_t > 1.0\sqrt{f_{ck}}$

UNIT 02 | PSC의 기본 개념

- **정밀 해석** : 균등질 보개념(응력 개념법, 기본 개념법), 강도법(내력모멘트법, C-선법)
- **근사 해석** : 하중 평형법(등가 하중법)

1 균등질 보 개념 : 응력 개념법, 기본 개념법

콘크리트에 프리스트레스가 가해지면 콘크리트가 탄성재료로 전환됨에 따라 탄성이론에 의한 해석이 가능하다는 개념으로서 우리나라에서 가장 널리 통용되는 개념이다.

(1) 긴장재를 직선으로 도심축과 일치시킨 경우

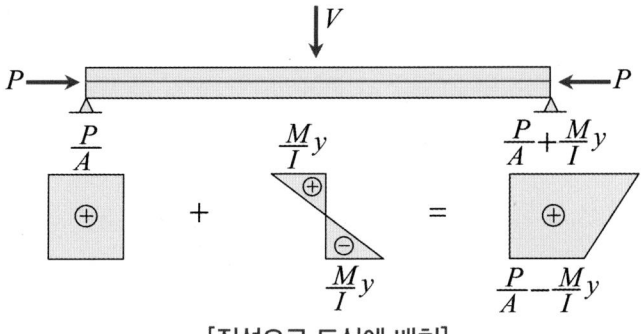

[직선으로 도심에 배치]

① 프리스트레스(압축력)에 의한 콘크리트의 응력

$$\boxed{식}\ f_c = \frac{P}{A}$$

② 외력(하중)이 작용하여 모멘트 M이 발생할 때의 콘크리트의 응력

$$\boxed{식}\ f_c = \pm \frac{M}{I} y$$

③ 프리스트레스를 가한 보에 모멘트 M이 동시에 작용할 때의 응력

$$\boxed{식}\ f_c = \frac{P}{A} \pm \frac{M}{I} y$$

(2) 긴장재를 직선으로 편심에 배치시킨 경우

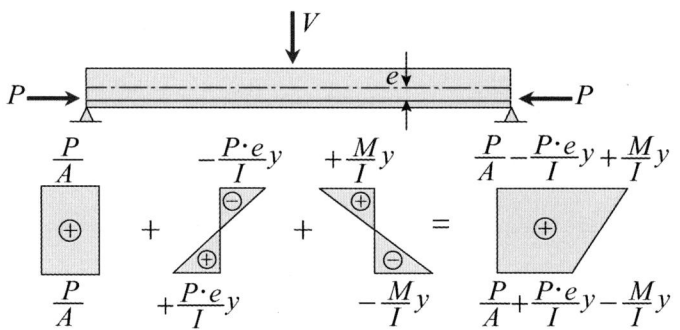

[직선으로 편심에 배치]

① 단면 도심에서 e만큼 편심이 작용하는 점에 PC 강선을 배치할 때의 응력

$$\boxed{식}\ f = \frac{P}{A} \mp \frac{Pe}{I} y$$

② 프리스트레스를 도심에서 e만큼 편심에 배치한 보에 모멘트 M이 동시에 작용할 때의 응력

$$\boxed{식}\ f_{\substack{\text{상연응력(압축측)} \\ \text{하연응력(인장측)}}} = \frac{P}{A} \mp \frac{Pe}{I} y \pm \frac{M}{I} y$$

2 하중 평형법(Load Balancing Method) : 등가 하중법

프리스트레싱의 작용과 부재에 작용하는 하중이 평형을 이루는 개념의 설계법이다.

(1) PS 강재를 대칭 포물선 모양으로 배치한 경우

① 부재 중앙에서의 평형방정식 적용

$$\Sigma M = 0 \quad \rightarrow \quad \frac{ul^2}{8} = P \times s$$

$$\therefore u = \frac{8Ps}{l^2}$$

여기서, P : 프리스트레스 크기
       s : 포물선의 sag
       u : 프리스트레스에 의한 <u>등분포상향력</u>

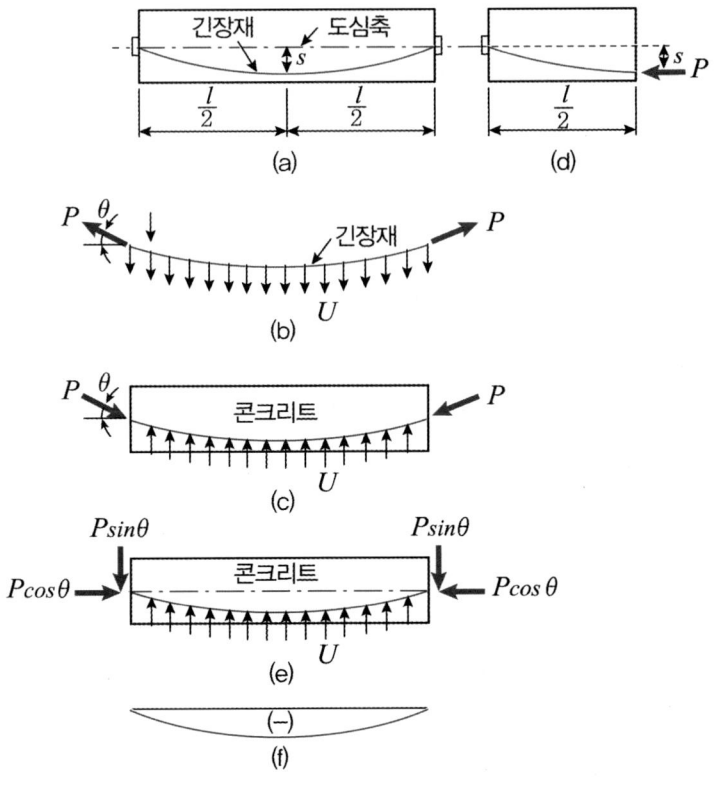

[곡선 배치시 등가하중 개념도]

② 순하향분포하중 산정

$$\text{순하향분포하중} = w - u$$

여기서, w : 설계하중(등분포하중)

$w = u$이면 단순보에서는 $f = \dfrac{P}{A}$

$w \neq u$이면

$M = \dfrac{u(w-u)l^2}{8}$ 에 의해 모멘트를 구한 후 $f_c = \dfrac{P}{A} \pm \dfrac{M}{I}y$에 의해 구한다.

UNIT 03 | 프리스트레스의 손실

1 프리스트레스 도입 후 도입 시 손실(즉시 손실)

① 정착장치의 활동
② 포스트텐션 긴장재와 덕트 사이의 마찰(포스트텐션 방식에만 발생)
③ 콘크리트의 탄성변형

2 프리스트레스 도입 후 시간적 손실

① 콘크리트의 크리프
② 콘크리트의 (건조)수축
③ PS 강재의 릴랙세이션(Relaxation)

단원별 학습문제

01 아래 그림과 같은 띠철근 기둥이 있다. 축방향 철근은 D35(공칭지름 34.9mm)를 사용하고 띠철근은 D13(공칭지름 12.7mm)을 사용할 때 띠철근의 수직간격으로 옳은 것은?

22년 1회

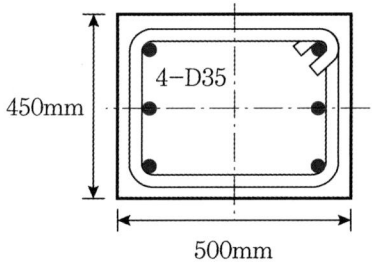

① 225mm ② 500mm
③ 559mm ④ 610mm

[해설]
띠철근의 수직간격(가장 작은 값 & 200mm 이상) – 최근 기준 개정
- 축방향 지름의 16배 이하 : 16×34.9 = 559mm
- 띠철근 지름의 48배 이하 : 48×12.7 = 610mm
- 기둥단면의 최소치수의 1/2 이하
  : 1/2×450 = 225mm
∴ 띠철근의 수직간격 : 225mm

02 1방향 슬래브의 구조상세에 대한 설명으로 틀린 것은?

19년 1회

① 1방향 슬래브의 두께는 최소 200mm 이상으로 하여야 한다.
② 수축·온도철근의 간격은 슬래브 두께의 5배 이하, 또한 450mm 이하로 하여야 한다.
③ 슬래브의 정모멘트 철근 및 부모멘트 철근의 중심 간격은 위험단면에서는 슬래브 두께의 2배 이하이어야 하고, 또한 300mm 이하로 하여야 한다.
④ 슬래브의 정모멘트 철근 및 부모멘트 철근의 중심 간격은 위험단면이 아닌 기타의 단면에서는 슬래브 두께의 3배 이하이어야 하고, 또한 450mm 이하로 하여야 한다.

[해설]
1방향 슬래브의 두께는 최소 100mm 이상으로 하여야 한다.

03 옹벽의 안정에 대한 설명으로 틀린 것은?

18년 1회

① 전도에 대한 저항휨모멘트는 횡토압에 의한 전도모멘트의 1.5배 이상이어야 한다.
② 활동에 대한 저항력은 옹벽에 작용하는 수평력에 1.5배 이상이어야 한다.
③ 전도 및 지반지지력에 대한 안정조건은 만족하지만, 활동에 대한 안정조건만을 만족하지 못할 경우에는 활동 방지벽 혹은 횡방향 앵커 등을 설치하여 활동 저항력을 증대시킬 수 있다.
④ 지반에 유발되는 최대 지반반력이 지반의 허용 지지력을 초과하지 않아야 한다.

[해설]
전도에 대한 저항휨모멘트는 횡토압에 의한 전도휨모멘트의 2.0배 이상이어야 한다.

정답 01. ① 02. ① 03. ①

04 콘크리트 기초판의 설계 일반 내용으로 틀린 것은?
21년 1회

① 기초판은 계수하중과 그에 의해 발생되는 반력에 견디도록 설계하여야 한다.
② 기초판 윗면부터 하부철근까지 깊이는 직접기초의 경우는 150mm 이상, 말뚝기초의 경우는 300mm 이상으로 하여야 한다.
③ 기초판의 밑면적은 기초판에 의해 지반에 전달되는 힘과 휨모멘트, 그리고 지반의 허용지지력을 사용하여 산정하여야 하며, 이때 힘과 휨모멘트는 하중계수를 곱한 계수하중을 적용하여야 한다.
④ 기초판에서 휨모멘트, 전단력 그리고 철근정착에 대한 위험단면의 위치를 정할 경우, 원형 또는 정다각형인 콘크리트 기둥이나 주각은 같은 면적의 정사각형 부재로 취급할 수 있다.

해설
기초판의 밑면적은 기초판에 의해 지반에 전달되는 힘과 휨모멘트, 그리고 지반의 허용지지력을 사용하여 산정하여야 하며, 이때 힘과 휨모멘트는 하중계수를 곱하지 않은 사용하중을 적용하여야 한다.

05 프리스트레스트 콘크리트 휨부재의 비균열등급, 부분균열등급 및 완전균열등급에 대한 설명으로 틀린 것은?
19년 2회

① 완전균열등급은 인장연단응력 f_t가 $1.0\sqrt{f_{ck}}$를 초과하는 경우이다.
② 비균열등급은 인장연단응력 f_t가 $1.0\sqrt{f_{ck}}$ 이하인 경우이다.
③ 2방향 프리스트레스트 콘크리트 슬래브는 비균열등급으로 설계한다.
④ 부분균열등급 휨부재의 사용하중에 의한 응력은 비균열단면을 사용하여 계산한다.

해설
- 비균열등급 : $f_t \leq 0.63\sqrt{f_{ck}}$
- 부분균열등급 : $0.63\sqrt{f_{ck}} < f_t \leq 1.0\sqrt{f_{ck}}$
- 완전균열등급 : $f_t > 1.0\sqrt{f_{ck}}$

CHAPTER 13 구조물의 진단 및 유지관리

UNIT 01 | 구조물의 점검 및 유지관리 시설물

1 시설물의 조사 및 안전성 평가 방법

(1) 정기점검
① 일상 점검에서 파악하기 어려운 구조물의 세부에 대하여 정기적으로 열화 및 하자의 발생 부위를 파악하기 위해 실시한다.
② 경험과 기술을 갖춘 사람에 의한 세심한 외관조사 수준의 점검으로서 시설물의 기능적 상태를 판단하고 시설물이 현재의 사용요건을 계속 만족시키고 있는지 확인하기 위한 점검이다.

(2) 긴급점검
지진이나 풍수해 등과 같은 천재, 화재 및 차량이나 선박의 충돌 등 긴급사태에 대해 구조물의 손상 여부에 관한 정보를 얻기 위하여 고도의 전문적 지식을 기초로 실시한다.

(3) 정밀점검
① 시설물의 현 상태를 정확히 판단하고 최초 또는 이전에 기록된 상태로부터의 변화를 확인하며 구조물이 현재의 사용요건을 계속 만족시키고 있는지 확인하기 위하여 면밀한 외관조사와 간단한 측정·시험장비로 필요한 측정 및 시험을 실시한다.
② 건축물은 3년에 1회 실시한다.

(4) 정밀안전진단
안전점검 과정을 통해서는 쉽게 발견하지 못하는 결함 부위를 발견하기 위해 행해지는 정밀한 육안 검사 및 검사측정장비에 의한 측정을 포함하는 근접 점검이다.

2 유지관리 시설물

(1) 1종 유지관리 시설물

① 연장 500m 이상의 교량
② 연장 500m 이상의 지하차도
③ 연장 1,000m 이상의 터널
④ 상부 구조형식이 사장교, 아치교인 교량
⑤ 수원지시설을 포함한 광역상수도
⑥ 20만톤 이상 선박의 하역시설
⑦ 총 저수용량 1천만톤 이상의 용수 전용댐

(2) 2종 유지관리 시설물

① 연장 100m 이상의 교량
② 연장 100m 이상의 지하차도
③ 연장 500m 이상의 터널
④ 1만톤 이상 선박의 하역시설
⑤ 총 저수용량 1백만톤 이상의 용수 전용댐

UNIT 02 | 구조물의 열화조사 및 진단

1 외관조사

(1) 개요

외관조사는 구조물의 표면에 나타나는 열화 등을 조사하는 방법을 말한다.

(2) 외관조사 시 관찰할 항목

항목	내용
콘크리트의 변색, 얼룩	• 표면부의 녹 발생 • 백화 • 콘크리트 자체의 변색
콘크리트의 균열	• 균열의 양상과 개수 • 균열의 발생 위치와 규모 • 균열의 폭과 깊이 • 구조물 전체의 침하 등의 변형상황
철근의 노출, 부식	• 개소와 깊이 • 부식 정도

(3) 교량 외관검사에서 PSC 주거더의 평가항목

① 진동 처짐
② 균열 및 강재 노출
③ 박리 및 파손
※ 포장 요철은 PSC 주거더가 아닌 도로포장 공사의 평가항목에 해당된다.

2 구조물의 강도 평가

(1) 강도 평가의 방법

① **코어의 압축강도** : 콘크리트 코어를 채취하여 압축강도를 측정하는 것으로 콘크리트 압축강도 평가법 중 가장 신뢰성이 높다.
② **표면경도법(슈미트 해머법)** : 일반적으로 슈미트 해머를 사용하며, 일정한 충격에너지로 충격을 가하여 움푹 패거나 또는 되밀어치는 크기를 측정하는 비파괴 시험방법이다.
③ **초음파 속도법(초음파법)** : 콘크리트의 밀도와 탄성의 정도에 따라 초음파의 투과속도가 달라지는 것을 이용하여 콘크리트 강도를 추정하는 방법이다.
④ **관입저항법** : 탐침을 정교하게 조정된 일정량의 화약 폭발력에 의해 콘크리트 표면에 관입시킨 후 그 관입깊이를 측정하여 콘크리트 압축강도를 추정하는 방법이다.
⑤ **Break-off법** : 휨강도가 압축강도와 양호한 상관관계가 있다는 가정하에 원주 시험체에 휨하중을 가하여 콘크리트의 압축강도를 추정하는 방법
⑥ **Pull-off법** : 원주 시험체에 인장하중을 가하고, 그때의 인장강도로부터 콘크리트 압축강도를 추정하는 방법이다. 이 방법은 보수재의 부착강도를 측정할 때 주로 사용된다.

⑦ Tc-To법 : 전파시간법으로 1진동자 종파 탐촉자를 2개 사용하여 송신한 종파에 의해 균열 끝에서 산란하는 종파를 수신했을 때의 <u>전파시간으로부터 균열깊이를 환산하는 방법</u>이다.
⑧ 인발법(Pull-out법, Pull-out Test) : 콘크리트 표면에 미리 매립된 앵커를 인발하여 인발할 때의 하중을 측정하여 콘크리트의 강도를 추정하는 방법이다.

(2) 기존 구조물의 강도 평가

① 구조물이나 부재의 안전도에 대한 우려가 있어도 <u>경미한 손상으로서 재하시험에 의해 모든 응답이 허용규정을 만족한다면</u>, 구조물이나 구조부재는 <u>정해진 기간 동안에 계속적으로 사용할 수 있다</u>.
② 구조물 또는 부재의 안전이 의문시되는 경우, 해당 구조물의 안전도 및 내하력의 조사를 실시하여야 한다.
③ 강도 부족에 대한 요인을 잘 알 수 있거나 해석에서 요구되는 부재 크기 및 단면의 특성을 측정할 수 있다면 해석적 평가가 가능하다.
④ 강도 부족에 대한 원인을 알 수 없거나 해석적 평가가 불가능할 경우, 재하시험을 실시하여야 한다.

UNIT 03 | 콘크리트 결함조사 및 대책

1 콘크리트 구조물의 결함

(1) 종류
① 콘크리트의 균열
② 구조물의 변위 및 변형
③ 탄산화
④ 구조물의 강도 부족
⑤ 철근 부식

(2) 결함조사 및 점검 방법
① 내부균열 - 음향방출법
② 피복두께 - 전자파 레이더법(철근의 위치와 <u>피복두께 조사</u>)
③ 탄산화 - 페놀프탈레인법
④ 철근 내의 철근부식 유무를 평가하는 비파괴시험 - <u>자연전위법, 전기저항법, 분극저항법</u>

(3) 콘크리트에 대한 비파괴 현장시험의 종류

① <u>레이더 시험</u> : 지표면 침투 레이더는 시설물 바닥판의 노후화, 공동 및 층 분리를 발견하기 위하여 사용된다.
② <u>초음파 시험</u> : 콘크리트를 통과하는 초음파진동의 속도와 파형을 측정하여 <u>콘크리트의 강도, 균열 심도, 내부결함</u> 등을 검사한다.
③ <u>내시경 시험</u> : 내시경은 콘크리트 시설물에 천공된 구멍 내부로 삽입된 관찰 튜브를 이용하여 구조물 내부에 대한 정밀한 검사를 할 수 있다.
※ 콘크리트 코어 압축강도시험 : 작업이 용이한 곳에서 길이 100mm 이상으로 직경의 2배 정도로 콘크리트 코어를 채취하여 압축강도를 측정하는 <u>파괴시험의 일종</u>이다.

(4) 콘크리트 타설 후의 결함과 그 대책

① 초기강도 부족 – 타설 후 콘크리트에 충분한 수분을 공급하고, 시트를 덮어 일정한 온도를 유지한다.
② 콜드조인트 – 콘크리트 타설을 가능한 중단하지 않고 연속적으로 타설한다.
③ 침강 균열 – 콘크리트의 <u>단위수량을 작게 하고 타설속도를 느리게 한다.</u>
④ 골재노출콘크리트의 재료가 분리되지 않도록 낮은 위치에서 평균적으로 낙하시킨다.

(5) 손상의 범위 및 정도에 따른 토목구조물의 상태평가 5등급

① A : 문제점이 없는 최상의 상태
② B : 보조 부재에 경미한 결함이 발생하였으나 기능 발휘에는 지장이 없으며 경미한 보수가 필요한 상태
③ C : 주요 부재에 경미한 결함이나 보조 부재에 광범위한 결함이 있으나 전체적인 안전에는 지장이 없는 상태
④ D : 주요 부재에 결함이 발생하여 <u>긴급한 보수보강이 필요하며 사용제한 여부를 결정해야 하는 상태</u>
⑤ E : 주요 부재에 발생한 심각한 결함으로 인해 시설물의 안전에 위험이 있어서 <u>시설물을 즉각 사용금지하고 보강 또는 개축을 해야 하는 상태</u>

(6) 상세 조사

① 표준조사의 자료로부터 원인추정, 보수보강 여부의 판정과 보수보강공법 선정이 <u>불가능한 경우에 실시한다.</u>
② **상세 조사의 시험항목** : <u>강도시험, 콘크리트 분석, 탄산화 깊이 시험</u>

(7) 콘크리트 코어 채취로 알 수 있는 항목

① <u>탄산화 깊이</u>   ② <u>콘크리트 강도(인장강도)</u>   ③ <u>염화물이온 함유량</u>

UNIT 04 | 콘크리트 열화현상

콘크리트 구조물의 성능이 물리적, 화학적, 생물학적 요인에 의하여 저하되는 현상을 열화라고 한다.

1 열화의 일반사항

(1) 열화 현상의 결과
① 균열 : 팽창 또는 수축에 의해서 발생된 결과
② 백화 : 콘크리트의 변질이나 열화가 발생 원인으로 벽돌 표면에 나타나는 백색 가루
③ 탄산화 : 알칼리성을 잃게 되는 현상

(2) 각 열화 과정과 잠복기
① 동해 : 열화가 나타나지 않은 상태
② 염해 : 강재의 피복 위치에서 염화물이온 농도가 임계염분량에 달할 때까지의 기간
③ 탄산화 : 탄산화의 진행상태가 철근 위치까지 도달하지 않은 상태
④ 화학적 부식 : 콘크리트의 변상이 나타날 때까지의 기간

(3) 콘크리트의 내구성을 저하시키는 열화 요인
① 화학적 요인 : 알칼리골재반응, 염해, 화학적 침식, 탄산화
② 물리적 요인 : 동해, 수분의 흡수

2 탄산화(중성화)

(1) 정의 및 특성
탄산화(중성화)란 경화한 콘크리트 중의 수산화칼슘(pH 12~13)이 공기 중의 탄산가스(이산화탄소)와 반응하여 탄산칼슘으로 변화한 부분의 pH가 8.5~10 정도로 낮아지는 현상을 말한다.

식 $Ca(OH)_2 + CO_2 \rightarrow CaCO_3 + H_2O$

① 탄산화에 의해 물리적 열화가 생기는 것은 콘크리트 내부 철근의 녹슬음에 의한 경우가 대부분이다.
② 콘크리트의 탄산화 깊이 및 탄산화 속도는 구조물의 건전도 및 잔여수명을 예측하는데 중요한 판단요소가 된다.

③ 탄산화 진행 속도 : 콘크리트 표면으로부터 탄산화 부분과 비탄산화 부분의 경계면까지의 길이(A)와 경과한 시간(t)의 함수로 나타낸다.

식 **탄산화 깊이 산정식** $X = A\sqrt{t}$

여기서, X : 탄산화 깊이
A : 탄산화 속도계수
t : 경과년수

(2) 탄산화 속도에 영향을 미치는 요인
① 밀도가 작은 골재를 사용한 콘크리트는 탄산화가 빨라진다.
② 조강 포틀랜드 시멘트를 사용한 콘크리트는 보통 포틀랜드 시멘트를 사용한 콘크리트에 비해 탄산화가 느리다.
③ 경량 골재 콘크리트는 보통 중량 골재 콘크리트보다 탄산화가 빠르다.
④ 옥내는 옥외의 경우보다 탄산화(중성화)가 더 빠르게 진행된다.
⑤ 탄산화는 콘크리트 내부의 화학성분과 탄산가스와 반응하여 발생하는데, 실외보다 실내의 탄산가스 농도가 높기 때문에 실내 구조물의 탄산화 속도가 빠르게 진행된다.

(3) 여러 가지 조건에서의 콘크리트의 탄산화 속도
① 혼합시멘트는 보통 포틀랜드 시멘트보다 탄산화 속도가 빠르다.
② 콘크리트에 사용한 골재의 밀도가 클수록 탄산화 속도가 느리다.
③ 탄산화 속도는 물-시멘트비와 비례관계에 있으므로 물-결합재비가 높을수록 빨라진다.
④ 온도가 높은 쪽이 온도가 낮은 쪽보다 탄산화 진행이 빠르다.
⑤ 탄산화 깊이는 일반적으로 구조물의 사용기간이 길어짐에 따라 깊어진다.
⑥ 수중의 콘크리트보다 습윤의 영향을 받는 콘크리트가 탄산화 진행이 빠르다.

(4) 탄산화(중성화)에 대한 대책
① 양질의 골재를 사용하고 물-시멘트비를 적게 한다.
② 콘크리트의 충분히 다지기를 하여 밀실한 콘크리트로 타설한 후 습윤양생을 한다.
③ 충분한 철근의 피복두께를 확보한다.
④ 탄산화 억제효과가 큰 투기성이 낮은 마감재를 사용한다.

(5) 탄산화 시험만을 목적으로 코어를 채취하는 경우의 코어의 치수
코어 지름은 굵은골재 최대치수의 3배 이상으로 하고, 코어 길이는 철근의 피복두께 정도로 한다.

3 염해

(1) 정의 및 특성

① 정의

콘크리트 중의 강재 부식이 염화물이온에 의해 촉진되어 <u>부식 결과물의 체적팽창이 콘크리트에 균열이나 박리를 일으키고, 강재의 단면감소에 의한 구조물의 성능저하 등을 초래하는 현상을</u> 콘크리트 구조물의 염해라 한다.

② 염해 열화의 진행 과정

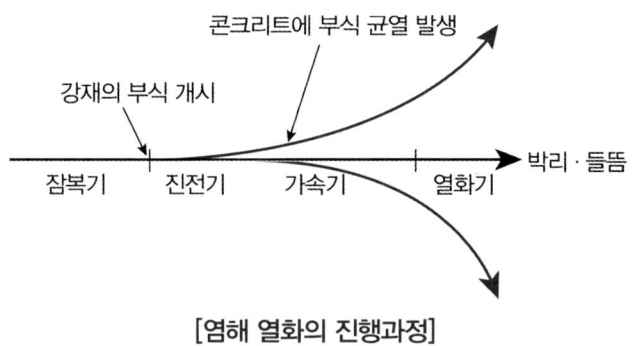

[염해 열화의 진행과정]

(2) 철근콘크리트의 염해를 방지하기 위한 방법

① <u>물-결합재비를 낮게 한다</u>.
② 수분, 산소 및 Cl^- 등의 <u>부식성 물질을 제거한다</u>.
③ 부식성 물질의 피복 콘크리트 속으로 <u>침입, 확산을 방지한다</u>.
④ 외부로부터의 전류에 의하여 <u>강재의 전위를 변화시켜 방식 영역에 포함시킨다</u>.

(3) 염화물 침투에 따른 철근 부식으로 발생하는 균열을 억제하기 위한 방법

① 밀실한 콘크리트를 제조하여 시공한다.
② <u>콘크리트를 강알칼리성으로 하여</u> 부식으로부터 보호해야 한다.
③ 염화물의 침투가 예상되는 구조물에는 충분한 피복두께를 확보한다.
④ 에폭시 수지 도포 철근 사용하여 철근부식을 방지한다.

(4) 콘크리트에서 철근부식을 일으키는 임계 염화물이온 농도

$$C_{\lim} = 0.004\,C_{bind}$$

여기서, C_{bind} : 단위시멘트량

4 알칼리골재반응

알칼리골재반응(Alkali Aggregate Reaction)이란 시멘트 중의 알칼리와 반응성을 가지는 골재가 장기간에 걸쳐 반응하여 콘크리트에 팽창 균열, 불규칙한 거북등균열을 발생시키는 것을 말하며, 알칼리와 반응하는 광물의 종류에 따라 알칼리 실리카 반응, 알칼리 탄산염 반응, 알칼리 실리케이트 반응으로 구분한다.

(1) 알칼리골재반응의 종류
① **알칼리-실리카 반응** : 알칼리와 실리카의 화학반응에 의해 생성된 알칼리 실리카겔은 주위의 물을 흡수하여 콘크리트의 내부에 국부적 팽창압을 일으켜 콘크리트의 강도를 저하시켜 균열이 발생하는 반응
② **알칼리-탄산염 반응** : 돌로마이트 질 석회암과 알칼리와의 반응에 의하여 팽창되는 현상
③ **알칼리-실리케이트 반응** : 알칼리 - 실리카 반응보다도 천천히 장시간 계속되며, 생성되는 겔의 양도 적은 것이 특징이다.

(2) 알칼리-실리카 반응으로 인한 현상
① 알칼리-실리카 겔이 표면으로 흘러나오기도 하고 균열 및 공극에 충전되기도 한다.
② 표면에 일정한 방향이 아닌 불규칙한 균열이 발생한다.
③ 부재단부의 균열이나 팽창조인트부의 파손을 일으킨다.
④ 골재입자의 둘레에 검은색의 반응환이 생긴다.

(3) 알칼리골재반응과 관련된 기타 시험
① **잔존 팽창량 시험** : 구조물로부터 채취한 코어 샘플에 대해서 팽창반응을 가열·습윤에 의해 촉진해, 앞으로 발생할 팽창을 단기간으로 일으켜, 향후 팽창량을 예측하기 위한 시험
② **골재의 반응성 유무** : 주사전자현미경(SEM)에 의한 관찰

5 동해

(1) 용어 정의
① **동해** : 콘크리트 중의 수분이 0℃ 이하로 되어 동결하여 부피가 팽창한 것으로 장기간에 걸쳐 동결과 융해의 반복에 의해 콘크리트가 서서히 열화된다.
② **팝아웃(pop-out)** : 내동해성이 작은 골재를 콘크리트에 사용하는 경우 동결융해작용에 의해 골재가 팽창하여 파괴되어 떨어져 나가거나 그 위치의 콘크리트 표면이 떨어져 나가는 현상

(2) 콘크리트의 동결융해의 특징

① 초기동해는 일반적으로 콘크리트 타설 후 시멘트의 수화가 충분히 진행되지 않아 콘크리트의 강도가 5MPa에 도달하기 이전에 발생되는 것이다.
② 동결융해작용에 의하면 표면 모르타르나 페이스트가 작은 조각상으로 떨어져 나가는 스케일링(scaling) 현상이 발생할 수 있다.
③ 일반 콘크리트의 동결융해 저항성을 확보하기 위해서 기포간격계수가 $200\mu m$ 이하로 되도록 AE제를 사용하는 것이 좋다.
④ 내동해성이 적은 골재를 콘크리트에 사용하는 경우 동결 융해 작용에 의해 골재가 팽창하여 파괴되어 떨어져 나가는 팝아웃(pop-out) 현상이 발생할 수 있다.
⑤ 콘크리트의 품질이 나빠도 환경이 온화하거나 물의 공급이 없으면 동해의 정도는 적다.
⑥ 기포간격계수가 $250\mu m$ 정도 이하에서는 동결융해의 위험성이 없으므로 기포간격계수가 작을수록 동해의 위험성이 적다.
⑦ 콘크리트 내 수분이 결빙점 이상과 이하를 반복하여 발생한다.

(3) 스켈링 깊이의 진행예측의 상태

① **잠복기** : 동해깊이율이 작고, 강성이 거의 변화가 없으며, 철근의 부식이 없는 단계
② **가속기** : 동해깊이율이 1.0까지 도달하며, 변형과 철근의 부식이 심해지는 단계
③ **진전기** : 동해깊이율이 크게 되고, 미관 등에 의한 주변 환경으로의 영향이 일어나고, 철근부식이 발생하는 단계
④ **열화기** : 동해깊이율이 1.0 이상이 되며, 급속한 변형이 크게 되는 동시에 부재로의 내하력에 영향을 미치는 단계

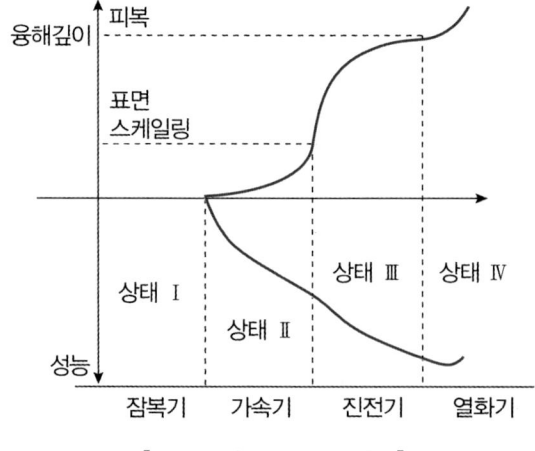

[동해열화 과정의 개념도]

6 화학적 부식

(1) 용어정의
① 화학적 부식이란 콘크리트가 외부로부터의 화학작용을 받아 시멘트 경화체를 구성하는 수화생성물이 변질 또는 분해하여 결합능력을 잃는 열화현상을 총칭하는 것이다.
② 질산암모늄 : 콘크리트 수화생성물인 수산화칼슘과 반응하여 가용성의 질산칼슘을 생성하여 침식 정도가 극히 심한 침식을 일으킨다.

(2) 콘크리트 구조물의 성능을 저하시키는 화학적 부식
① 일반적으로 산은 다소 정도의 차이는 있으나 시멘트 수화물 및 수산화칼슘을 분해하여 침식한다. 침식의 정도는 무기산(황산, 염산, 질산, 탄산 등)이 유기산(수산, 글루콘산, 초산, 익산, 유산, 스테아린산 등)보다 심하다.
② 콘크리트는 그 자체가 강알칼리이며, 알칼리에 대한 저항력은 상당히 크다. 그러나, 매우 높은 정도의 NaOH에는 침식된다.
③ 콘크리트가 외부로부터의 화학작용을 받아 그 결과 시멘트 경화체를 구성하는 수화생성물이 변질 또는 분해하여 결합능력을 잃는 열화현상을 총칭하여 화학적 부식이라 한다.
④ 염류에 의한 화학적 부식의 대표적인 것은 황산염에 의한 화학적 부식이다. 황산염에 의한 시멘트 콘크리트의 열화기구는 일반적인 황산염, 황산마그네슘 및 해수에 의한 작용으로 분류할 수 있다.
⑤ 철근부식의 원인 : 탄산화(중성화), 염화물, 화학적 침식

(3) 콘크리트의 화학적 침식 중 황산염에 의한 침식
① 물에 녹은 황산염은 시멘트 수화물 중 $Ca(OH)_2$와 반응하여 석고를 생성하여 콘크리트의 성능을 저하시킨다.
② 유류 중 동식물유(황산염이 아님)의 주성분은 고급 지방산과 글리세린의 에스테르에서 소량의 유리 지방산을 함유하는데, 유리지방산은 산으로서 직접 콘크리트를 침식한다.
③ 에트린자이트 등을 생성하여 큰 팽창압을 일으키기 때문에 콘크리트의 팽창균열 및 조직붕괴를 유발한다.
④ 황산염은 시멘트 경화체 중의 성분과 반응하여 이수석고를 생성하며, 이때 생성된 이수석고는 수용성이기 때문에 용출하여 조직이 다공화되어 침식이 가속된다.

(4) 황산염 침투에 의한 열화 방지방법
① C_3A 함량이 낮은 내황산염시멘트를 사용한다.
② 적절한 공기연행제 첨가

③ 플라이애시 첨가
④ 고로슬래그 첨가

7 풍화 및 노화

풍화 및 노화는 해양환경, 화학적 환경 혹은 동결융해 작용을 받는 환경 등의 특별한 열화촉진 인자 환경을 제외하고 일반적인 사용조건에서 콘크리트가 변질·열화해가는 현상을 말한다.

8 화재

(1) 화재에 의한 콘크리트 구조물의 열화현상
① 콘크리트는 화재로 인해 고온에 노출되면 시멘트 모르타르의 탈수와 골재의 온도가 상승함에 따라 팽창함으로써 골재별 체적변화의 차이로 <u>강도 및 탄성계수가 감소하며</u> 철근과 콘크리트 사이의 <u>부착력도 감소한다</u>.
② 콘크리트는 <u>약 500°C</u>에서 탄산화되기 쉽다.
③ 급격한 가열 시 피복콘크리트의 폭렬이 발생하기 쉽다.
④ 콘크리트는 탈수나 단면 내의 열응력에 의해 균열이 생긴다.
⑤ 콘크리트를 가열하면 정탄성계수의 감수에 의하여 바닥 슬래브나 보의 처짐이 증대한다.

(2) 콘크리트가 화재를 받아 피해를 받았을 때의 온도별 열화 특징
① 500~580°C의 가열온도에서 <u>수산화칼슘이 분해되어 산화칼슘이 된다</u>.
② 750°C 이상의 가열온도에서 <u>탄산칼슘이 분해되고 탈수되어 산화칼슘이 된다</u>.
③ 고온에 의해 변질한 콘크리트는 냉각 후 수분이 보급되면 손상은 대부분 회복되지만 <u>500°C 이상</u>으로 가열된 경우에는 내부 조직까지 손상되기 때문에 강도가 회복되지 않는다.
④ 안산암질 골재와 경량골재는 석영질이나 석회암질 골재에 비해 고온까지 안정한 성상을 유지한다.

9 콘크리트의 진단 시험의 종류

(1) 콘크리트의 진단 시험의 종류
① <u>화학적 성질을 알기 위한 시험</u> : 알칼리골재반응, 염화물, 탄산화, 화학적 침식
② <u>물리적 성질을 알기 위한 시험</u> : 코아 추출시험, 반발경도시험, 투수성 시험

(2) 콘크리트에 대한 비파괴 현장시험의 종류

① <u>레이더 시험</u> : 지표면 침투 레이더는 시설물 바닥판의 노후화, 공동 및 층 분리를 발견하기 위하여 사용된다.
② <u>초음파 시험</u> : 콘크리트 내를 관통하는 초음파의 <u>전파속도</u>를 측정하여 해당 물체의 <u>압축강도나 균열깊이</u>, 내부결함을 알아낼 수 있는 비파괴시험이다.
③ <u>내시경 시험</u> : 내시경은 콘크리트 시설물에 천공된 구멍 내부로 삽입된 관찰 튜브를 이용하여 구조물 내부에 대한 정밀한 검사를 할 수 있다.
※ 콘크리트 코어 압축강도시험 : 작업이 용이한 곳에서 길이 100mm 이상으로 직경의 2배 정도로 콘크리트 코어를 채취하여 압축강도를 측정하는 <u>파괴시험의 일종</u>이다.

UNIT 05 내하력 평가

1 내하력에 관해 의문시되는 기존 구조물의 강도 평가

① 구조물이나 부재의 안전도에 대한 우려가 있어도 <u>경미한 손상으로서 재하시험에 의해 모든 응답이 허용규정을 만족한다면</u>, 구조물이나 구조부재는 <u>정해진 기간 동안에 계속적으로 사용할 수 있다</u>.
② 구조물 또는 부재의 안전이 의문시되는 경우, 해당 구조물의 안전도 및 내하력의 조사를 실시하여야 한다.
③ 강도나 내하력 부족에 대한 요인을 잘 알 수 있거나 해석에서 요구되는 부재 크기 및 단면의 특성을 측정할 수 있다면 이러한 <u>측정값을 근거로 내하력 해석에 의한 평가를 실시할 수 있다</u>.
④ 강도나 내하력 부족의 원인을 알 수 없거나 해석에서 요구되는 부재 치수 및 재료 특성을 측정할 수 없는 경우, 사용하중 상태에서 구조물이 유지될 수 있는지를 판단하기 위하여 <u>재하시험을 실시하여야 한다</u>.

2 교량의 안전성 평가

① 교량의 내하력평가를 실시하는 주된 이유 : 교량이 저항할 수 있는 <u>활하중의 지지능력을 평가</u>하기 위해 실시한다.
② 동적 재하시험의 측정 및 결과 분석항목 : <u>충격계수, 감쇠비, 고유진동수 및 진동모드</u>

UNIT 06 | 콘크리트의 압축강도 측정

1 반발경도법(표면경도법)

(1) 일반사항
① **정의** : 슈미트 해머를 사용하며, 일정한 충격에너지로 충격을 가하여 움푹 패거나 또는 되밀어치는 크기를 측정하는 비파괴 시험방법
② **테스트 앤빌(test anvil)** : 테스트 해머를 교정하거나 비교검사를 할 때 사용하는 장비로 해머 사용 전에 검·교정을 위해 사용하는 기구이다.

(2) 콘크리트 압축강도 추정을 위한 반발경도 시험 [실기 작업형]
① 시험할 콘크리트 부재는 두께가 100mm 이상이어야 하며, 하나의 구조체에 고정되어야 한다.
② 시험할 때 타격 위치는 가장자리로부터 100mm 이상 떨어지고, 서로 30mm 이내로 근접해서는 안 된다.
③ 슈미트 해머는 수평 타격 시험값이 가장 안정된 값을 나타내기 때문에 수평 타격을 원칙으로 한다.
④ 측정값 20개의 평균으로부터 오차가 20% 이상이 되는 경우의 측정값은 버리고 나머지 측정값의 평균을 구한다.

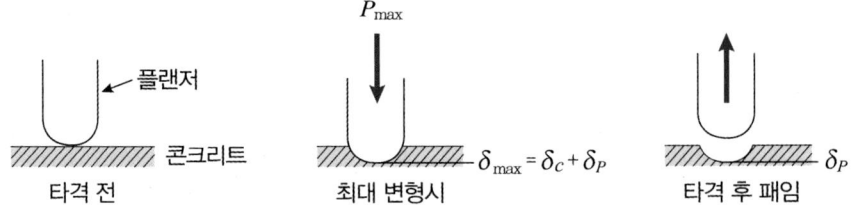

[타격에 의한 플랜저와 콘크리트의 접촉]

(3) 반발경도시험에서 반발경도에 영향을 미치는 요인
① 0℃ 이하의 온도에서 콘크리트는 정상보다 높은 반발경도를 나타낸다. 이러한 경우는 콘크리트 내부가 완전히 융해된 후에 시험해야 한다.
② 탄산화의 효과는 콘크리트의 반발경도를 증가시킨다. 따라서 재령보정계수를 사용하여 탄산화로 인한 반발경도의 변화를 보상할 수 있다.
③ 콘크리트는 함수율이 증가함에 따라 강도가 감소하므로 표면이 건조한 상태에서 시험을 해야 한다.
④ 서로 다른 종류의 테스트 해머를 이용할 경우 시험값은 ±1~3 정도의 차이를 나타내므로 동일한 테스트 해머를 사용하여 압축강도를 추정한다.
⑤ 탄산화가 진행된 콘크리트의 경우 정상보다 높은 반발경도를 나타낸다.

(4) 슈미트 해머의 종류

기종	적용 콘크리트	비고
N형	보통 콘크리트	직독식
NR형	보통 콘크리트	자기기록식
L형	경량 콘크리트	직독식
LR형	경량 콘크리트	자기기록식
M형	매스 콘크리트	직독식
P형	저강도 콘크리트	진자식

(5) 슈미트 해머시험에서 재령에 의한 압축강도 보정

콘크리트의 압축강도는 재령 28일을 기준으로 하므로 재령 28일의 재령계수는 1.00을 사용한다.

$$F_c = \alpha_t \times F$$

여기서, F_c : 보정된 압축강도
α_t : 재령계수
F : 반발경도법에 의한 압축강도

2 초음파속도법(초음파법)

송신 탐촉자로부터 발생된 초음파가 발생된 균열을 따라 수신 탐촉자까지 도달된 시간을 측정하여 전파속도로 해당 물체의 압축강도나 균열깊이, 내부 결함 등을 알아낼 수 있는 비파괴시험이다.

(1) 초음파속도법의 종류

① 측정법은 표면법, 대칭법(직접법), 사각법(간접법), 투과법, 펄스 반사법, 공진법 등이 있다.
② 대칭법(직접법), 사각법(간접법)

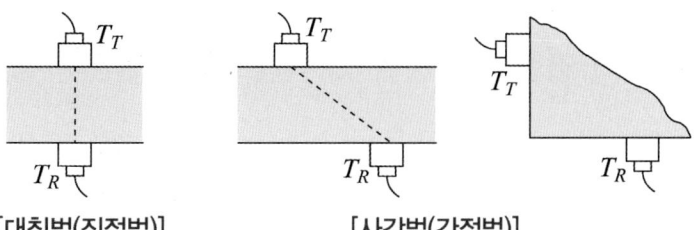

[대칭법(직접법)]　　　[사각법(간접법)]

③ 표면법

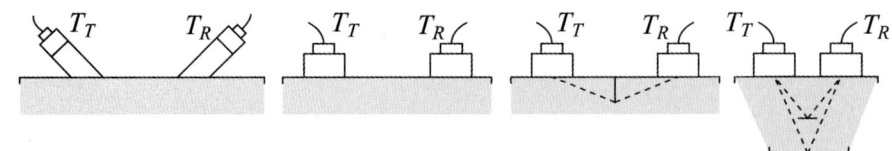

[표면법]

(2) 초음파속도법의 종류와 특징
① 콘크리트의 균질성, 내구성 등의 판정에 이용된다.
② 콘크리트 중의 음속은 측정조건, 사용 골재의 종류와 양, 콘크리트의 함수 상태, 내부 철근의 양과 배합 등 <u>많은 요인의 영향을 받으므로</u> 음속만으로 콘크리트 압축강도의 정도를 정확하게 추정하는 것은 어렵다.
③ 콘크리트의 종류, 측정대상물의 형상·크기 등에 대한 적용상의 제약이 비교적 적다.
④ 기존 콘크리트 구조물의 구조체 콘크리트의 품질관리, 거푸집 및 동바리의 제거 시기 결정 등에 활용되고 있다.
⑤ 음속법인 경우의 적용 강도 범위는 <u>주로 10~60MPa을 대상</u>으로 하고 있다.

3 콘크리트 강도 시험용 시료채취에 대한 규정
① 하루에 1회 이상
② <u>120m³당 1회</u> 이상
③ 배합이 변경될 때마다 1회 이상
④ 슬래브나 벽체의 <u>표면적 500m²마다 1회</u> 이상

UNIT 07 | 콘크리트 내의 결함 탐지(균열 및 박리, 공동, 철근 측정)

1 탄성파법

(1) 일반사항
탄성파를 이용하여 콘크리트 내의 결함을 탐지하는 방법으로 콘크리트 내의 균열, 박리, 공동 등에 존재하는 <u>공기층과의 경계에서 탄성파의 대부분이 반사되는 성질</u>을 이용한다.

(2) 탄성파에 의해 결함 탐지의 원리

① 초음파법

투과파와 반사파, 회절파의 전파시간 측정에 의한 방법으로 탄성파가 공동이나 균열을 우회하는 성질을 이용한다.

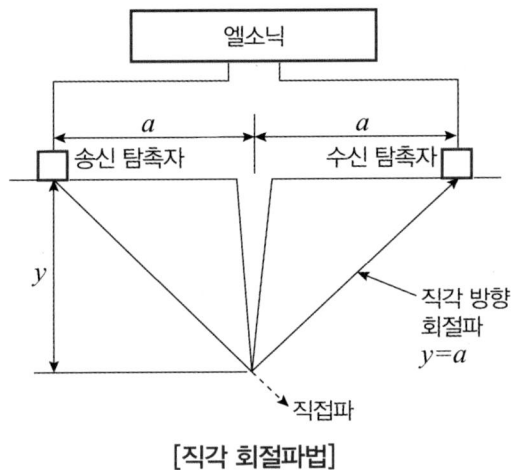

[직각 회절파법]

② 전파시간법 : $T_c - T_o$법

㉠ 1진동자 종파 탐촉자를 2개 사용하여 송신한 종파에 의해 균열 끝에서 산란하는 종파를 수신했을 때의 전파시간으로부터 균열깊이로 환산하는 방법이다.

㉡ 기준 음속은 건전부에서 표면법에 의해 구한다. 즉, 그림과 같은 시험체의 건전부 표면에서 탐촉자 2개를 2a의 간격으로 배치하여 전파시간 $T_0[\mu s]$를 구한다.

㉢ 균열을 사이에 두고 측정한 전파시간을 측정 후 다음 식에 의해서 균열깊이 d를 구한다.

식 $d = L\sqrt{\left(\dfrac{T_c}{T_o}\right)^2 - 1}$

여기서,
- d : 균열깊이[mm]
- a : 송·수양 탐촉자의 거리[mm]
- t_c : 균열을 사이에 두고 측정한 전파시간[µs]
- t_o : 건전부 표면에서의 전파시간[µs]

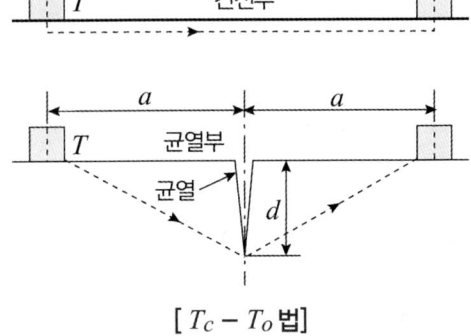

[$T_c - T_o$법]

2 음향방출(Acoustic Emission; AE)법

(1) 정의

① 하중에 의해 물체가 변형되면서 발생하는 에너지가 재료 내부를 전파하는 탄성파의 형태로 주변에 전달되는 것을 전기 음향학적 방법을 이용하여 센서로 계측하는 비파괴 시험법의 일종으로 AE법이라고도 한다.
② 콘크리트 결함 평가 방법으로 결함 부위에서 방출되는 에너지 중 청각적인 효과를 평가하여 콘크리트 내부결함을 측정하는 방법이다.

(2) 음향방출(Acoustic Emission)법의 특징

① 재료의 동적인 변화를 파악하는 것이 가능하다.
② 구조물의 사용을 중단하지 않고도 검사가 가능하다.
③ Kaiser 효과로 인해 검사 횟수에 제한적이다.
④ 기존 구조물에 하중을 가해야만 검사가 가능하므로 하중을 가하지 않은 상태에서는 검사가 불가능하다.

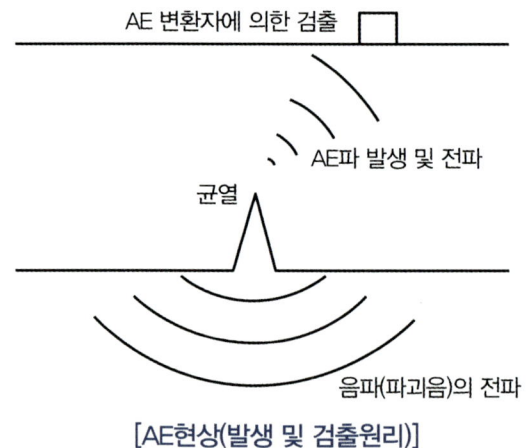

[AE현상(발생 및 검출원리)]

3 전자파 레이더법

(1) 정의

콘크리트 표면에서 내부로 전자파를 보내 대상물로부터 반사되는 신호를 받아 분석하여 피복두께, 철근의 위치나 공동 등의 위치 및 깊이를 화상으로 표시하는 비파괴시험의 일종이다.

(2) 반사물체까지의 거리(D)의 산정

$$식\quad D = \frac{V \times T}{2}$$

여기서, D : 반사물체까지의 거리(m)
V : 콘크리트 내의 전자파 속도(m/s)
T : 입사파와 반사파의 왕복전파시간

(3) 전자파 레이더법의 특징

① 부재 두께를 조사할 수 있다.
② 철근 위치를 조사할 수 있다.
③ 골재노출(충전 불량)의 결함부를 파악할 수 있다.

UNIT 08 | 철근부식 측정

1 철근의 부식으로 인해 콘크리트에 나타나는 박리의 원인

① 철근의 지름
② 콘크리트의 인장강도
③ 철근을 피복하고 있는 콘크리트의 품질

2 철근부식 여부의 조사 방법

철근부식 여부를 조사하는 방법에는 자연전위법, 분극저항법, 전기저항법 등 3가지가 있다.

(1) 자연전위법(자연전위 측정법)

① 대기 중에 있는 콘크리트 구조물의 철근 등 강재가 부식환경에 있는지의 여부, 즉 조사 시점에서의 부식 가능성에 대하여 진단하는 것이다.
② 구조물 내에서 부식가능성이 높은 위치를 찾아내는 것을 목적으로 사용되고 있다.
③ 구조물이 사용되는 시점부터 내부 철근이 부식함에 따라 피복콘크리트에 균열이 발생하기까지의 콘크리트 구조물이 열화하는 초기 단계 진단에 유효한 방법이다.

④ 자연전위법 사용 시 철근 부식등급 3가지 평가기준
  ㉠ -200mV < 자연전위(E) : 90% 이상 부식 없음
  ㉡ -300mV < 자연전위(E) ≤ -200mV : 부식 불확실
  ㉢ <u>자연전위(E) ≤ -350mV : 90% 이상 부식 있음</u>
⑤ 콘크리트 표면이 건조한 경우에는 물을 뿌려 표면을 습윤상태로 만든 후 전위측정을 한다.
⑥ 염화물의 침투와 중성화로 철근이 활성상태로 되어 부식이 진행하면 그 전위는 마이너스(-) 방향으로 변화된다.

(2) 전기저항법

<u>피복콘크리트의 전기저항을 측정함</u>으로써 그 부식성 및 철근의 부식 속도에 관계하는 정보를 얻을 수 있으며, 일반적으로 4점 전극법을 사용하는 방법이다.

(3) 분극저항법

분극저항법은 자연전위법과는 달리 콘크리트 구조물 중 <u>철근의 부식 속도에 관계하는 정보를 얻을 수 있어</u> 부식의 가능성은 물론 연속 측정을 함으로써 그 시간 적분값으로 부식량을 추정할 수 있는 방법이다.

단원별 학습문제

01 다음 중 시험 항목에 따른 점검방법으로 옳지 않은 것은?   19년 1회

① 내부균열 – 음향방출법
② 피복두께 – 열적외선법
③ 탄산화 – 페놀프탈레인법
④ 철근부식 – 분극저항 측정방법

해설

피복두께 – 전자파 레이더법(철근의 위치와 피복두께 조사)
• 구조물의 안전조사 시 철근 내의 철근부식 유무를 평가하는 비파괴시험 : 자연전위법, 전기저항법, 분극저항법

02 구조물의 콘크리트에 대한 비파괴 현장시험이 아닌 것은?   19년 3회

① 내시경 시험
② 레이더 시험
③ 초음파 시험
④ 콘크리트 코어 압축강도 시험

해설

콘크리트에 대한 비파괴 현장시험의 종류
• 레이더 시험 : 지표면 침투 레이더는 시설물 바닥판의 노후화, 공동 및 층 분리를 발견하기 위하여 사용된다.
• 초음파 시험 : 콘크리트를 통과하는 초음파진동의 속도와 파형을 측정하여 콘크리트의 강도, 균열심도, 내부결함 등을 검사한다.
• 내시경 시험 : 내시경은 콘크리트 시설물에 천공된 구멍 내부로 삽입된 관찰 튜브를 이용하여 구조물 내부에 대한 정밀한 검사를 할 수 있다.

• 콘크리트 코어 압축강도시험 : 작업이 용이한 곳에서 길이 100mm 이상으로 직경의 2배 정도로 콘크리트 코어를 채취하여 압축강도를 측정하는 파괴시험의 일종이다.

03 철근콘크리트의 열화 요인은 크게 물리적 요인과 화학적 요인으로 나눌 수 있다. 이중 화학적 요인에 속하지 않는 것은?   16년 2회

① 동해
② 알칼리골재반응
③ 중성화
④ 염해

해설

콘크리트의 내구성을 저하시키는 열화 요인
• 화학적 요인 : 알칼리골재반응, 염해, 화학적 침식, 탄산화
• 물리적 요인 : 동해, 수분의 흡수

04 $\sqrt{t}$ 법칙을 이용하여 탄산화 깊이를 산정하고자 한다. 준공 후 25년 경과한 콘크리트 구조물의 탄산화 깊이가 15mm이라고 할 때, 준공 후 100년 된 시점의 탄산화 깊이는 얼마인가?   17년 2회

① 15mm
② 20mm
③ 25mm
④ 30mm

해설

탄산화 깊이 산정식
$$C = A\sqrt{t} = 15 \times \sqrt{\frac{100}{25}} = 30mm$$

정답   01. ②   02. ④   03. ①   04. ④

05 알칼리골재반응은 콘크리트 내부에 국부적인 팽창압력을 발생시켜 구조물에 균열을 발생시킬 수 있다. 이러한 알칼리골재반응의 대부분을 차지하는 반응은? 21년 2회
① 알칼리-실리카 반응
② 알칼리-탄산염 반응
③ 알칼리-황산염 반응
④ 알칼리-실리케이트 반응

> 해설
> - **알칼리-실리카 반응** : 알칼리와 실리카의 화학 반응에 의해 생성된 알칼리 실리카겔은 주위의 물을 흡수하여 콘크리트의 내부에 국부적 팽창압을 일으켜 콘크리트의 강도를 저하시켜 균열이 발생하는 반응
> - **알칼리-탄산염 반응** : 돌로마이트 질 석회암과 알칼리와의 반응에 의하여 팽창되는 현상
> - **알칼리-실리케이트 반응** : 알칼리 - 실리카 반응보다도 천천히 장시간 계속되며, 생성되는 겔의 양도 적은 것이 특징이다.

정답 05. ①

CHAPTER 14 보수공법과 보강공법

UNIT 01 균열

1 균열의 종류

(1) 굳지 않은 콘크리트에 발생하는 균열의 종류
① **침하(수축)균열** : 발생 즉시 나무흙손이나 고무망치를 이용하여 두들겨서 균열을 제거해야 한다.
② **소성수축균열** : 블리딩 속도보다 콘크리트 표면수의 증발속도가 빠를 경우와 같이 급속한 수분 증발이 일어날 때 콘크리트 마무리 면에 생기는 가늘고 얇은 균열을 말한다.
③ **그물눈 균열(crazing)** : 장시간의 비비기 등에 의해 전체 면에 그물눈 모양으로 또는 짧고 불규칙하여 발생하는 균열
④ **기타 수축균열**

(2) 경화콘크리트에 발생하는 균열의 종류
① 철근의 부식으로 인한 균열
② 화학적 반응으로 인한 균열
③ 건조수축으로 인한 균열

(3) 콘크리트의 재료적 원인에 의한 균열
① **수축성** : 시멘트의 수화열, 콘크리트의 경화
② **팽창성** : 원재료의 특성에 의한 것, 골재에 함유되어 있는 이분, 반응성골재 또는 풍화암의 사용, 철근을 녹슬게 함
③ **침하성** : 블리딩에 의한 것

2 균열의 정의 및 특징

(1) 침하(수축)균열의 정의
① 콘크리트 타설 후 콘크리트의 표면 가까이에 있는 철근 또는 입자가 큰 골재 등이 <u>콘크리트의 침하를 국부적으로 방해해서 발생하는 균열</u>을 말한다.
② 콘크리트를 타설하고 다짐하여 마감작업을 한 이후에도 <u>콘크리트는 계속하여 압밀되는 경향</u>을 보이는데 이러한 현상으로 발생하는 굳지 않은 콘크리트의 균열이다.
③ 묽은 비빔 콘크리트에서는 블리딩이 크고 이것에 상당하는 침하가 발생하는데, <u>콘크리트의 침하가 철근 및 기타 매설물에 의해 국부적인 방해를 받으면</u> 인장력 또는 전단력이 발생하게 되어 방해물의 상면 콘크리트에 발생하는 균열이다.

(2) 침하균열이 증가하는 경우
① <u>콘크리트의 피복두께가 작을수록</u>
② 슬럼프가 클수록
③ 철근 직경이 클수록
④ 누수되는 거푸집을 사용한 경우
⑤ 충분한 다짐을 못한 경우

(3) 소성수축균열을 방지하는 방법
① 타설 초기에 외기에 노출되지 않도록 <u>표면을 덮개로 보호</u>하고 표면에 <u>급격한 온도변화가 생기지 않도록 한다</u>.
② 타설종료 후 콘크리트 표면을 피복하고 여름철에는 <u>일광의 직사광선이나 바람을 받지 않도록 한다</u>.
③ 타설 초기의 습윤 손실을 방지하기 위해 안개 노즐을 사용하여 콘크리트 표면 위의 공기를 포화시킨다.

(4) 콘크리트 자체의 변형으로 인해 생기는 수축균열의 원인
① 건조수축
② 수화열 발생
③ 외부의 기온 변화

(5) 콘크리트 수축균열 원인
① **화학적 반응** : <u>탄산화</u>, 알칼리골재반응, 철근의 부식
② **물리적 반응** : 건조수축, 수축 및 팽창성 골재, 크레이징

(6) 콘크리트 균열의 특징

① 플라스틱 수축균열은 응결과정 중 급속한 건조를 받는 표면 부분에 발생한다.
② 침하균열은 철근 위에 놓여 있는 <u>콘크리트의 부등침하로 인해 발생되는 균열</u>이다.
③ 건조수축균열은 건조에 의한 수축변형이 내부와 외부로부터의 구속을 받아 발생한다.
④ 알칼리골재반응에 의한 균열은 콘크리트 표면에 불규칙하게 생긴다.
⑤ 철근, 입자가 큰 골재 등이 콘크리트의 침하를 국부적으로 방해하여 침하수축균열이 발생할 수 있다.
⑥ 단위수량을 적게 하고, <u>슬럼프가 작은 콘크리트를 사용</u>하여 침하수축균열을 방지할 수 있다.
⑦ 콘크리트 표면에서 물의 증발속도가 블리딩 속도보다 빠른 경우 플라스틱 수축균열이 발생할 수 있다.
⑧ 표면의 수분 증발을 방지하고, 필요 마무리 작업을 최소화함으로써 플라스틱 수축균열을 방지할 수 있다.

(7) 균열의 원인과 봉합재료

① 다음과 같이 폭이 크며 <u>길이가 짧은 균열이 조기에 불규칙하게 발생할 때의 원인</u> : <u>시멘트 이상응결</u>

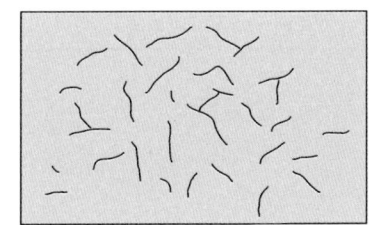

② 콘크리트에 발생한 미세한 균열은 여러 재료를 주입하여 실(seal, 봉합)할 수 있는데, 이때 콘크리트 내부의 수분을 확인할 수 있을 경우 가장 많이 사용되는 봉합재료 : <u>에폭시 수지</u>
③ 단면 복구재로서 폴리머 시멘트계 재료의 내화 내열성 : 일반 콘크리트와 유사하지만, 폴리머의 혼입량이 많으면 <u>내화성은 떨어진다</u>.

UNIT 02 | 구조물의 열화에 대한 보수공법

1 보수의 정의

① 보수란 열화된 구조물이나 <u>부재의 성능과 기능을 원상복구시키거나 사용상 지장이 없도록 회복시키는 것</u>을 말한다.
② 철근부식으로 인한 <u>부재의 변형과 내하력의 저하를 초기 상태로 회복시키는 것</u>을 말한다.

2 보수공법에 사용하는 재료를 선정할 때 고려하여야 할 사항

① 기존 콘크리트 구조물과 확실하게 일체화시키기 위해서는 경화 시나 경화 후에 수축을 일으키지 않는 재료를 사용하는 것이 좋다.
② 노출 철근을 보수하는 경우는 전도(傳導)성을 갖는 재료로 수복하는 것이 바람직하다.
③ 기존 콘크리트와 유사한 탄성계수를 갖는 재료를 선정하는 것이 좋다.
④ 기존 콘크리트의 열팽창·수축을 제어할 수 있도록 <u>열팽창계수가 유사한 재료를 사용</u>해야 한다.

3 열화원인에 따른 보수방법

열화원인	보수방법
탄산화	단면복구공법, 표면보호공법, 재알칼리화공법
염해	단면복구공법, 표면보호공법, 탈염공법
알칼리골재반응	<u>균열주입공법</u>, 표면보호공법
동해	단면복구공법, 표면보호공법, <u>균열주입공법</u>
화학적 침식	단면복구공법, 표면보호공법

4 보수공법과 보강공법의 종류

① 콘크리트 구조물의 <u>보수공법</u> : 균열주입공법, 표면처리공법, 충전공법, 치환공법
② 콘크리트 구조물의 <u>보강공법</u> : 단면증설공법(두께 증설공법), <u>FRP 접착공법, 프리스트레스 도입공법</u>, 라이닝공법, 강판 보강공법, 외부 케이블공법, 교체공법, 앵커 공법

5 동결융해의 반복작용에 노출되는 콘크리트

(1) 동해를 입은 콘크리트의 보수방침

① 열화한 콘크리트의 제거
② 보수 후의 수분 침입 억제
③ 콘크리트의 동결융해 저항성의 향상

(2) 동해저항 콘크리트에 대한 전체공기량

굵은골재의 최대치수(mm)	공기량(%)	
	노출등급 F_1	노출등급 F_2, F_3
10.0	6.0	7.5
15.0	5.5	7.0
20.0	5.0	6.0
25.0	4.5	6.0
40.0	4.5	5.5

6 보수공법별 특징

(1) 저압·저속식 주입공법

① 저압이므로 실(seal)부 파손이 작고 정확성이 높아 시공관리가 용이하다.
② 주입기에 여분의 주입재료가 남아있으므로 재료손실이 크다.
③ 주입되는 수지는 동심원상으로 확산되므로 주입압력에 의한 균열이나 들뜸이 확대되지 않는다.
④ 주입재는 에폭시 수지 이외에도 무기질계의 슬러리도 사용할 수 있기 때문에 습윤부에도 사용이 가능하다.
⑤ 저압·저속식 주입공법에서 이용되는 재료
 : 플라스틱제 실린더, 주입용 에폭시 수지, 에폭시 실링제(Sealing)

(2) 에폭시 수지 등을 수동식으로 주입하는 수동식 주입법

① 주입 시 압력펌프를 필요로 한다.
② 주입용 수지의 점도에 제약을 받지 않는다.
③ 다량의 수지를 단시간에 주입할 수 있다.
④ 균열 폭 0.5mm 이하의 경우에는 주입이 곤란하다.

(3) 짜깁기법

균열의 양측에 어느 정도 간격을 두고 구멍을 뚫어 철쇠를 박아 넣는 방법으로 균열 직각 방향의 인장 강도를 증강시키고자 할 때 사용되며 구조물을 보강하는 효과가 있다.

(4) 드라이 패킹

물-시멘트비가 아주 작은 모르타르를 손으로 채워넣는 방법으로, 정지하고 있는 균열에 효과적이다. 따라서, 계속 진전하고 있는 균열에는 적합하지 않다.

(5) stop-hole 공법

강교에서 피로균열의 진전을 일시적으로 방지하고 선단부의 국부적인 응력집중을 해소하기 위한 보수공법

(6) 표면처리공법

균열이 발생한 부위에 에폭시수지 등의 피복재료 도막을 형성하는 공법으로 균열의 폭이 좁고 경미한 잔균열 보수에 적용한다.

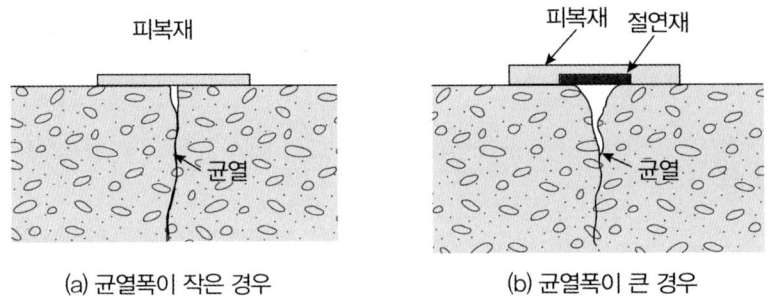

[표면처리공법]

(7) 주입공법

균열폭이 0.2mm 이상의 경우에 사용되며 균열 내부에 점성이 낮은 수지계 또는 시멘트계의 재료를 주입하여 방수성과 내수성을 향상시키는 공법으로 비교적 단기간에 접착강도가 발현된다.

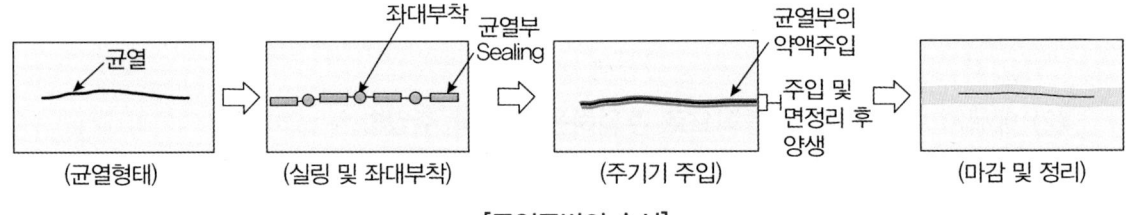

[주입공법의 순서]

(8) 외부 전원방식에 의한 충전공법

① **티탄 메시방식** : 고순도의 티탄을 판상으로 가공하여 리타늄 등의 희귀금속 산화물을 녹여 붙여 코팅한 메시를 전극으로 하는 방식이다.

② **도전성 도료방식** : 외부 전원에서 방식전류를 1차 전극인 백금피복 티탄선으로 전달하고, 1차 전극과 접촉하는 2차 전극인 도전성 도료에 전달하여 2차 전극에서 콘크리트를 통해 철근에 방식전류를 공급한다.

③ **내부 양극방식** : 콘크리트 면에 뚫은 직경 12mm의 구멍에 백필재와 전극봉을 삽입하고 별도의 폴리머 모르타르 또는 시멘트 모르타르층을 필요로 하지 않으므로 전위 측정 시 영향을 받지 않는다.

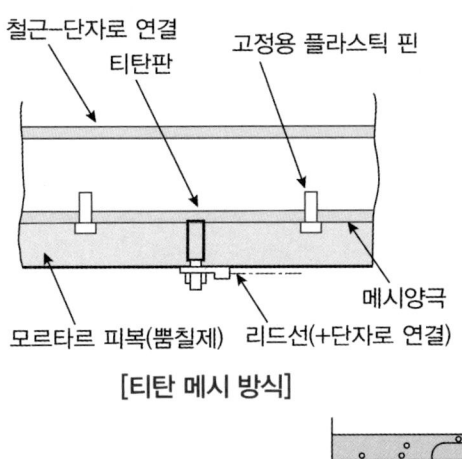

[티탄 메시 방식]

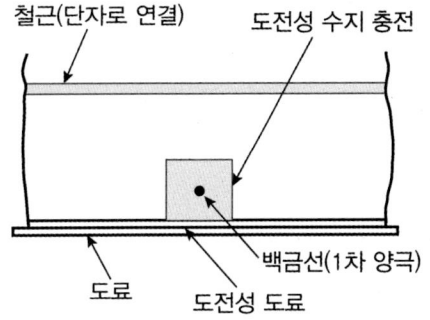

[도전성 도료방식]

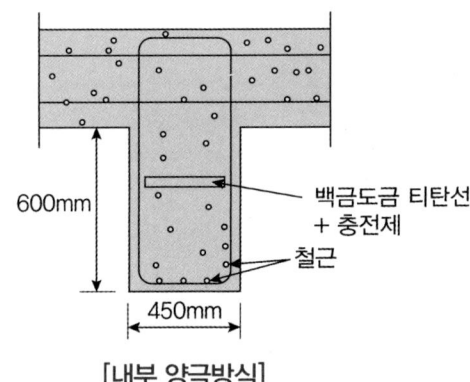

[내부 양극방식]

(9) 콘크리트의 단면복구처리

① 단면복구 규모가 비교적 작은 경우 – 미장공법

: <u>폴리머 시멘트 모르타르 또는 경량 에폭시 수지 모르타르</u>가 사용된다.

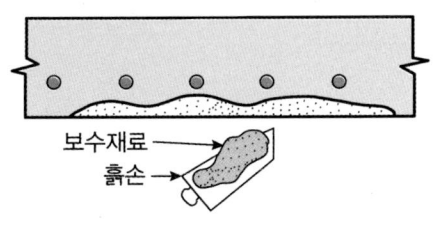

[미장공법]

② 단면복구 규모가 비교적 큰 경우
- ㉠ 콘크리트 재타설 공법
- ㉡ 드라이팩 콘크리트 공법
- ㉢ 콘크리트 이어치기 공법
- ㉣ 프리팩트 콘크리트 공법
- ㉤ 습식 뿜어붙이기 공법
- ㉥ 건식 뿜어붙이기 공법
- ㉦ 모르타르 주입공법

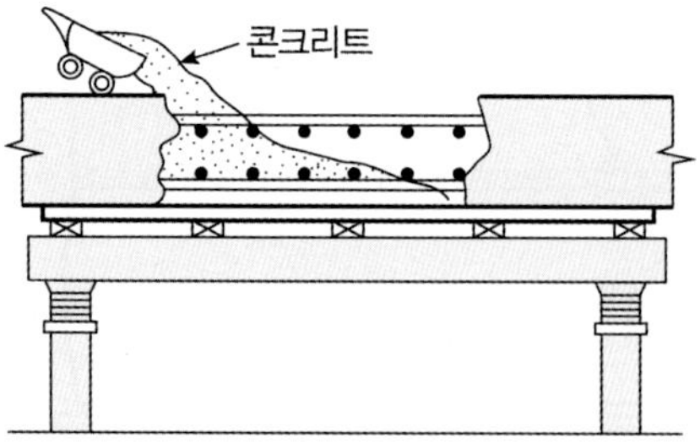

[콘크리트 재타설 공법]

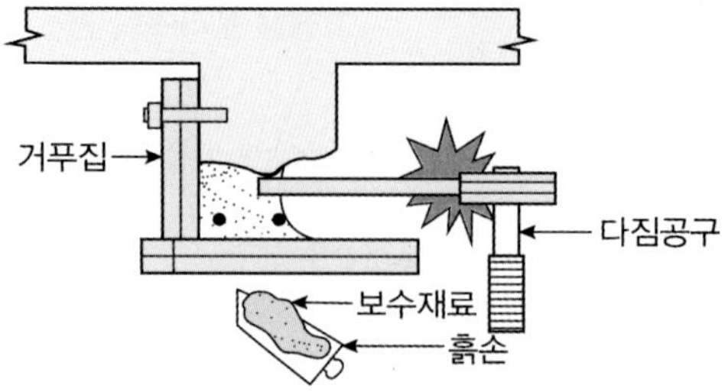

[드라이팩 콘크리트 방법]

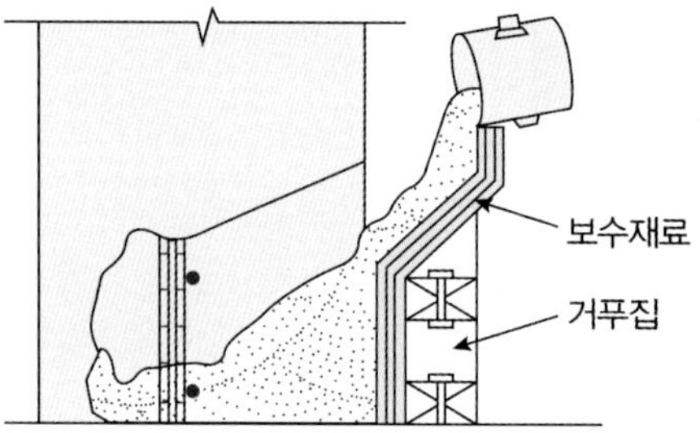

[콘크리트 이어치기 공법]

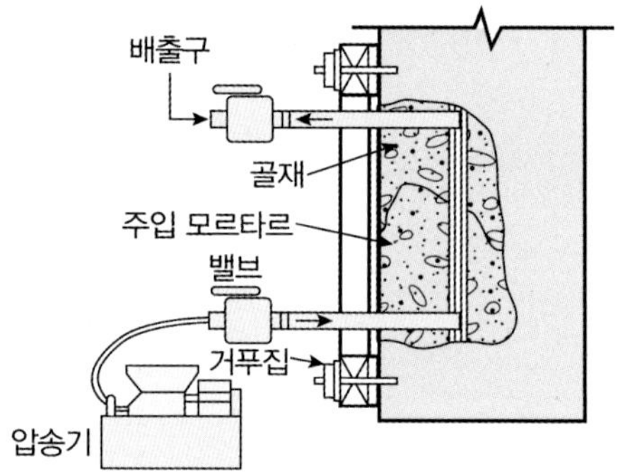

[프리팩트 공법(워트믹스 숏크리트)]

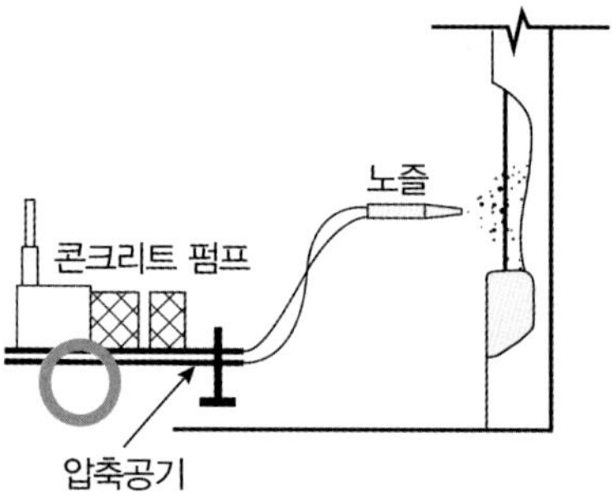

[습식 뿜어붙이기 공법 단면복구]

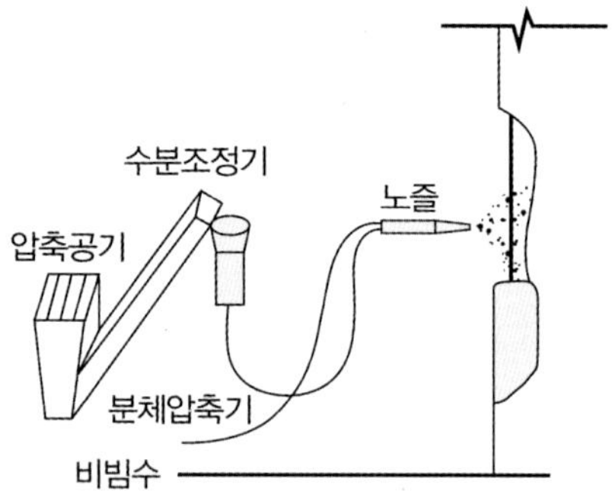

[건식 뿜어붙이기 공법]

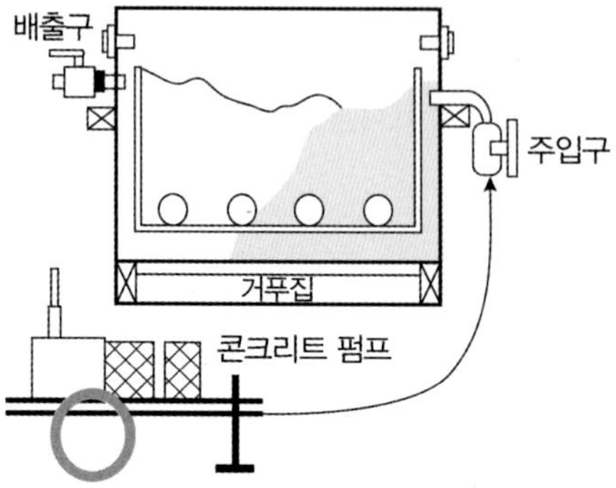

[모르타르 주입공법에 의한 단면복구]

7 보수공법의 기타사항

(1) 열화된 콘크리트의 단면보수공법 재료로서 사용되는 폴리머 시멘트 모르타르의 부착강도 품질

항목조건	규정치
표준조건	1MPa 이상
온냉 반복 후	1MPa 이상

(2) 콘크리트 보수 시 기존 콘크리트와 보수재료의 부착이 잘 되기 위한 조치

① 부착면을 깨끗하게 한다.
② 바탕 표면을 거칠게 한다.
③ 보수재료를 충분히 압착한다.
④ 바탕의 미세한 구멍은 부착력을 높일 수 있으므로 바탕의 <u>미세한 구멍이 메워지지 않도록 한다</u>.

UNIT 03 | 구조물의 열화에 대한 보강공법

1 보강의 정의

① 보강은 역학적인 열화를 일으킨 구조물이나 부재의 내하력이나 강성 등의 회복 또는 향상시키는 것이다.
② 역학적인 열화는 주로 재료의 손상이나 과대한 하중의 재하에 의해서 발생한다.

2 열화 요인(환경적 요인)과 보강 방법

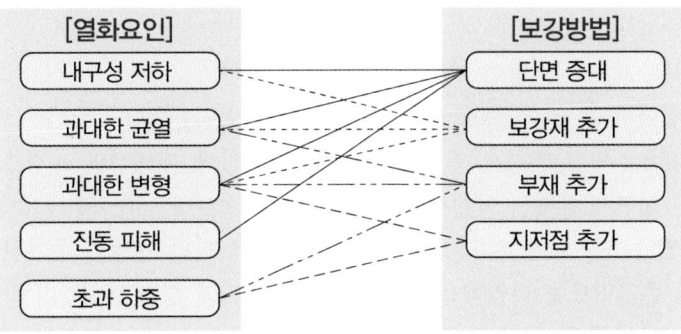

3 적용 부재별 보강공법의 종류

(1) 콘크리트보의 보강공법
① 강판접착공법
② 단면증설공법
③ 탄소섬유 시트에 의한 보강공법

(2) 철근콘크리트 교량의 슬래브에 균열 보강공법
① 강판접착공법
② 탄소섬유 시트에 의한 보강공법
③ FRP 접착공법
④ 세로보 추가 설치공법

(3) 보강에 관련된 공법의 사용 부재

적합 공법	보	기둥	슬래브
보의 증설	◎		◎
강판 접착	◎		◎
강판 라이닝 보강		◎	
탄소섬유시트 접착	◎		◎

4 보강공법의 종류와 특징

(1) 두께 증설공법
① **상면 두께 증설공법** : 상판 콘크리트 상면을 절삭·연마한 후 강섬유 보강콘크리트 등으로 상면의 두께를 증설하는 공법이다.
  ㉠ 일반포장용 기계로 시공이 가능하고, 공기가 짧다.
  ㉡ 상판 상면에서의 작업이므로 비계 등을 구성할 필요가 없다.
  ㉢ 상판의 유효두께가 커져서 휨, 전단 및 비틀림 등에 대해서도 보강효과가 얻어진다.
  ㉣ 증가되는 상판의 두께는 제한적이므로, 기존 구조물보다 내하력이 저하될 수 있다.
② **단면증설 공법** : 도로교와 철도교 등에서 피로열화에 따라 변형이 증가하여 기능이 저하한 경우에 상부면에 콘크리트를 타입함으로써 상판 두께를 크게 하여 내하력과 강성을 회복시키는 공법으로 보강 후 재하시험을 통해 평가한다.

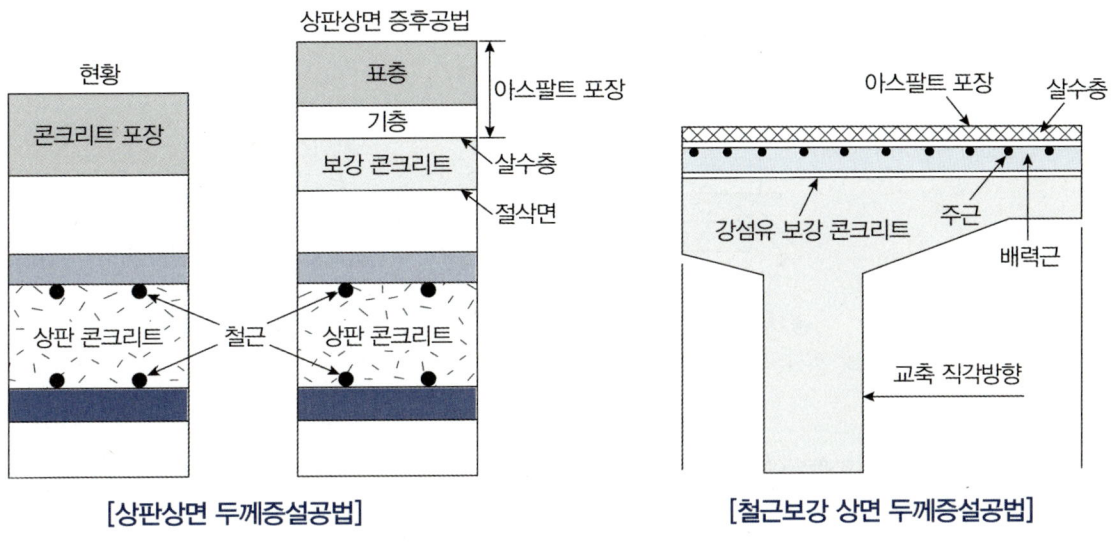

[상판상면 두께증설공법]　　　　[철근보강 상면 두께증설공법]

③ **하면 두께증설공법** : 주로 상판의 상면이 아닌 하면에 철근 등의 보강재를 배치하여 증설 재료에 부착성이 높은 모르타르를 타설하거나 뿜어붙이기로 단면을 증가시켜 성능을 향상시키는 공법이다.

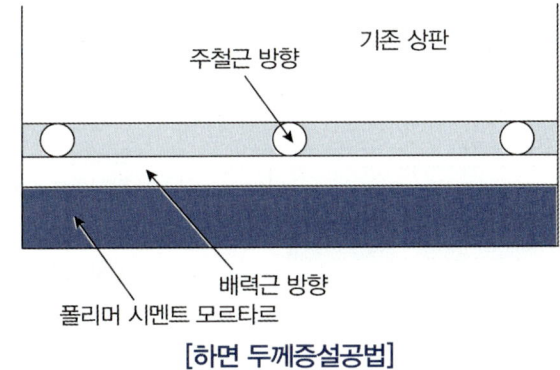

[하면 두께증설공법]

(2) 접착공법

① **강판접착공법** : 콘크리트 구조물의 인장측 표면에 강판을 접착시켜 기존 구조물과 일체화시킴으로써 내력 향상을 도모하는 공법
  ㉠ 강판을 사용하므로 모든 방향의 인장력에 대응할 수 있다.
  ㉡ 시공이 간단하고, 강판의 제작, 조립도 쉬워서 현장 작업은 복잡하지 않다.
  ㉢ 현장타설콘크리트, 프리캐스트 부재 모두에 적용할 수 있으므로 응용범위가 넓다.
  ㉣ 접착제의 내구성, 내피로성의 확인이 어려운 단점이 있다.

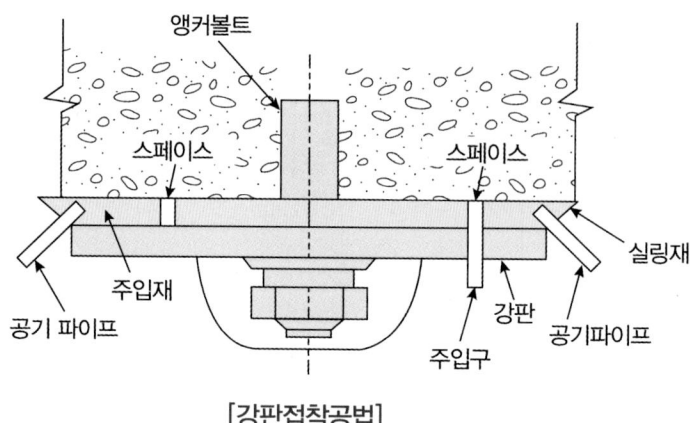

[강판접착공법]

② **연속섬유 시트감기(연속섬유 시트접착) 공법** : T형교나 박스 거더교 복부 면에 적용함으로써 부재의 전단보강 효과가 있는 공법

㉠ 내식성이 우수하고, 염해 지역의 콘크리트 구조물 보강에도 적용할 수 있다.
㉡ 다른 보강공법과 비교하여 단면강성의 증가가 작다.
㉢ 일정한 격자 모양으로 부착함으로써 발생된 균열의 진전 상태 관찰이 가능하다.
㉣ 섬유시트는 현장 성형이 용이하기 때문에 작업공간이 한정된 장소에서 작업이 편리하다.
㉤ 보강 효과로서 균열의 구속 효과와 내하 성능의 향상 효과가 기대된다.

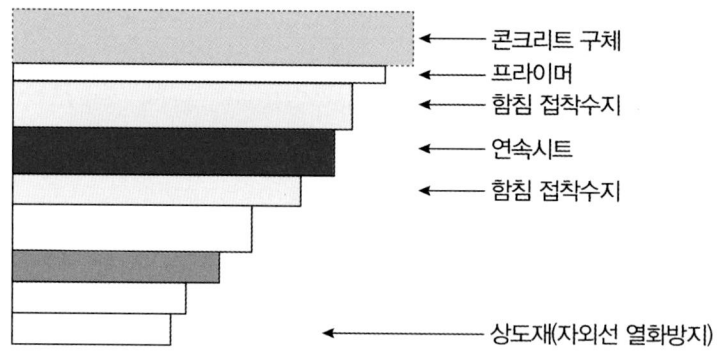

[연속섬유 시트접착공법]

(3) 라이닝공법

① **강판 라이닝 공법**

㉠ 강판을 교각과 간격을 유지하여 배치하고 강판의 세로방향으로 연결한 후 교각 구체와 강판 사이에 시멘트 그라우트나 시멘트 모르타르를 주입한다.
㉡ 원래 원형 단면의 교각에 대해서 개발된 것이다. 단면에서 12.5~25mm 정도의 큰 반지름으로 강판을 셸(shell) 모양으로 형성하여 세로로 절반 쪼갠 강판을 교각과의 사이에 틈을 조금 내서 배치하고 세로방향의 이음매를 용접한다.

② 콘크리트 라이닝공법 : 교각의 내하력, 연성도, 전단강도를 향상시키기 위해 교각 주위에 띠철근을 배근하고 콘크리트를 덧씌우는 공법

(4) 외부 케이블공법

긴장재를 구조물의 외부에 배치하여 정착부 또는 편향부를 끼워서 부재의 긴장력을 미리 도입하여 필요한 성능을 향상시키는 공법으로, 프리스트레스를 도입하여 콘크리트 교량의 휨 및 전단 보강을 목적으로 하는 보강공법이다.
① 콘크리트의 강도 부족이나 열화에 대해서 효과가 매우 작다.
② 보강효과가 역학적으로 명확하다.
③ 보강 후의 유지·관리가 비교적 용이하다.
④ 편향부를 전단보강부에 설치하고, 외부 케이블의 연직분력을 고려함으로써 설계전단력을 크게 감소시킬 수 있다.

(5) stop-hole 공법

피로균열 선단에 구멍을 설치하여 선단부의 국부적인 응력집중을 해소하고, 균열의 진전을 일시적으로 방지하는 공법

(6) 콘크리트 구조물의 보수 보강공법

① 전기를 이용한 공법에는 탈염공법과 전착공법이 있다.
② 강판 접착 공법은 내하력을 향상시키기 위한 보강공법이다.
③ 탄소섬유는 강재보다 인장강도가 8~10배 높고, 무게는 강재보다 적다.
④ 콘크리트 탄산화로 강재 부식이 나타나 재가설이 불가능한 경우는 재알칼리화공법을 사용한다.

(7) 보강에 사용되는 재료인 유리섬유의 특징

① 유리섬유의 가장 큰 특징은 <u>높은 인장강도</u>이다.
② 흡수성이 없고, 전기 절연성이 크다.
③ 탄소섬유와 비교하여 큰 밀도를 가진다.
④ 고온에 견디며 불에 타지 않는다.

(8) 섬유보강콘크리트용 섬유가 갖추어야 할 조건

① 섬유의 <u>인장강도가 충분히 클 것</u>
② <u>섬유와 시멘트 결합재와의 부착력이 우수할 것</u>
③ 시공이 어렵지 않고 가격이 저렴할 것
④ <u>내구성, 내열성 및 내후성이 우수할 것</u>
⑤ 섬유의 탄성계수는 시멘트 결합재 탄성계수의 1/5 이상일 것
⑥ 형상비가 50 이상일 것

5 건축구조물의 보강

(1) 슬래브의 보강

슬래브를 보수, 보강하는 목적은 슬래브에 발생한 균열에 의한 처짐이나 진동을 감소시키기 위한 것이다.

① 보의 증설

큰 균열이 발생하여 과도한 처짐이 발생한 바닥 슬래브 및 설계하중을 초과하는 하중이 작용하고 있는 바닥 슬래브는 철골조 보를 신설하면 큰 보강 효과를 기대할 수 있다.

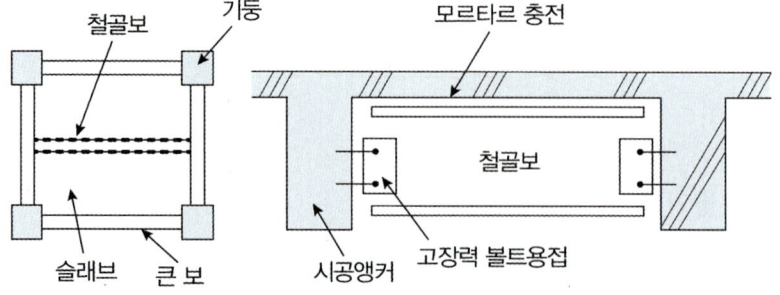

[철골조 보 증설에 의한 앵커 슬래브 보강]

② **강판의 부착**
큰 균열이 발생하여 내하 성능의 부족이 우려되는 슬래브 및 열화가 진행되어 철근의 부식으로 인해 콘크리트의 박락이 나타난 바닥 슬래브의 상면 또는 하면에 얇은 강판을 부착하여 보강하면 효과적이다.

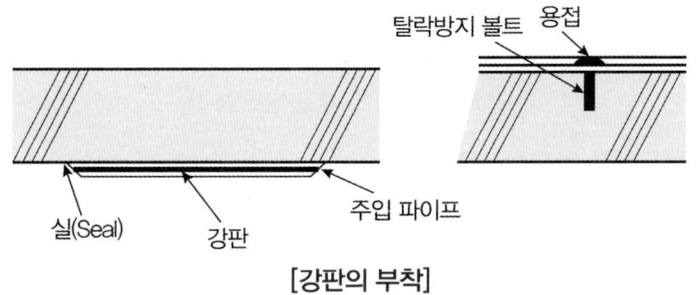

[강판의 부착]

③ **증타 보강**
열화가 심한 바닥 슬래브 및 설계하중을 초과하는 큰 하중이 작용하고 있는 바닥 슬래브는 증타 보강에 의해 보강하면 효과적이다.

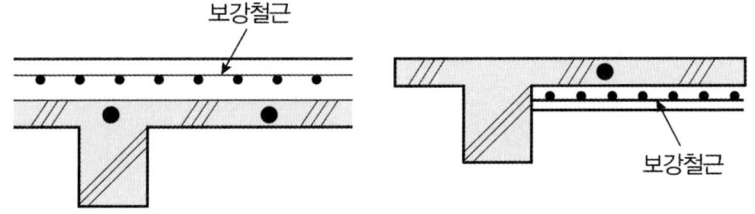

[바닥 슬래브 증타 보강]

④ **철근접착**
슬래브의 열화 및 균열의 발생이 국부적인 경우에 사용하는 공법으로 이형철근을 수지접착하여 보강하는 방법이다.

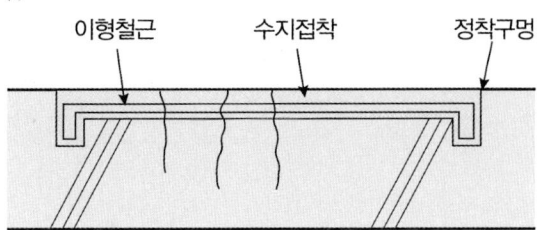

[철근접착에 의한 슬래브 보강]

⑤ **탄소섬유 시트에 의한 보강**
슬래브의 열화가 경미한 경우에 사용하는 공법으로 균열에 직교하는 방향으로 탄소섬유 시트 등의 연속섬유를 수지접착하여 보강한다.

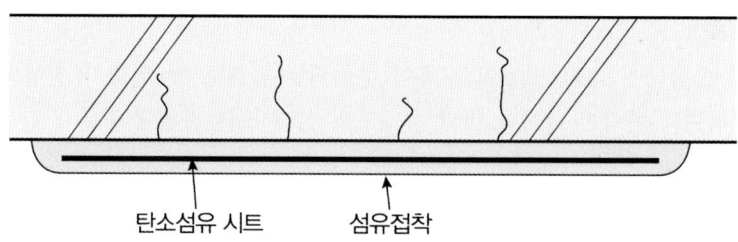

[탄소섬유 시트에 의한 슬래브 보강]

⑥ **접착제 주입에 의한 강판보강공법**

콘크리트 부재의 인장연단에 강판을 에폭시 계통의 접착제를 주입하여 기존의 콘크리트와 강판을 일체화시킴으로써 강판에 의한 단면보강효과는 물론이고, 콘크리트의 열화와 철근의 부식방지 효과를 기대하는 보수·보강공법이다.

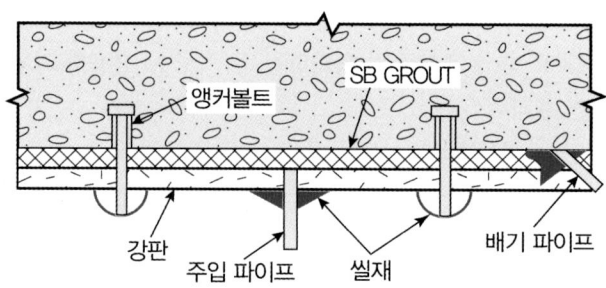

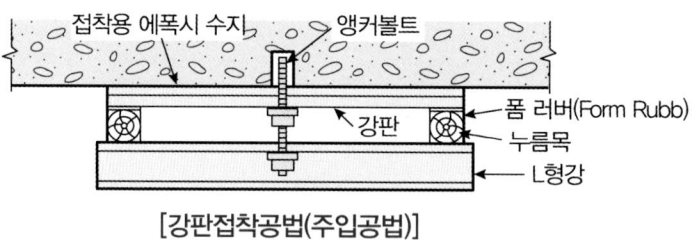

[강판접착공법(주입공법)]

(2) 보의 보강

① **강판의 부착**

열화가 진행되어 철근의 부식에 의한 콘크리트의 박락이 발견되거나 설계하중을 초과하는 과도한 하중이 작용해서 큰 균열이 발생하고 있는 보는 강판을 부착하여 보강하는 것이다.

② **증타 보강**

열화가 심한 큰 보 및 설계하중을 초과하는 과도한 하중이 작용하고 있는 보는 증타에 의한 보의 단면을 증대시켜서 보강하면 효과적이다.

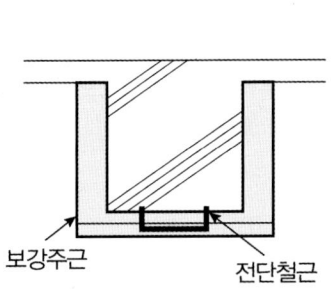 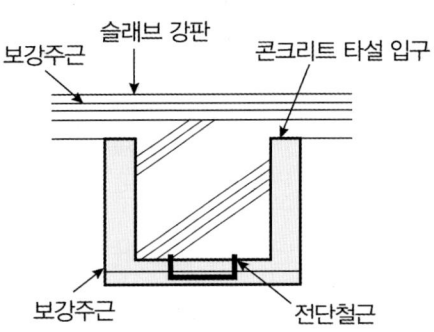

[증타에 의한 보의 보강]

③ **연속섬유 시트감기(연속섬유 시트접착)**
열화나 균열이 경미한 보에서는 탄소섬유 시트 등의 연속섬유 시트로 보강하는 것이다.

(3) 기둥의 보강

① 연속섬유 시트감기(연속섬유 시트접착)
② 강판 라이닝 공법
③ 콘크리트 라이닝 공법

(4) 벽체의 보강

벽체의 보강에서는 다른 부위의 보강과 다르게 건물 전체의 성능회복을 목적으로 보강 방법을 선정할 필요가 있다.

단원별 학습문제

01 콘크리트가 굳고 난 후에 발생하는 균열의 종류가 아닌 것은? 16년 3회

① 철근의 부식으로 인한 균열
② 화학적 반응으로 인한 균열
③ 건조수축으로 인한 균열
④ 침하균열

해설
침하균열은 콘크리트가 굳기 전에 발생하는 균열로 발생 즉시 나무흙손이나 고무망치를 이용하여 두들겨서 균열을 제거해야 한다.

02 열화원인에 따른 보수방법의 선정으로 적절하지 않은 것은? 17년 3회

① 탄산화 : 단면복구공법, 표면보호공법
② 염해 : 단면복구공법, 표면보호공법
③ 알칼리골재반응 : 단면복구공법
④ 동해 : 균열주입공법

해설

열화원인과 보수방법

열화원인	보수방법
탄산화	단면복구공법, 표면보호공법, 재알칼리화공법
염해	단면복구공법, 표면보호공법, 탈염공법
알칼리골재반응	균열주입공법, 표면보호공법
동해	단면복구공법, 표면보호공법, 균열주입공법
화학적 침식	단면복구공법, 표면보호공법

03 열화된 콘크리트의 단면보수공법 재료로서 사용되는 폴리머 시멘트 모르타르의 품질기준 중 부착강도의 기준으로 옳은 것은? (단, 온냉 반복 후 조건에서의 기준) 22년 1회

① 0.3MPa 이상
② 0.5MPa 이상
③ 1.0MPa 이상
④ 1.5MPa 이상

해설

폴리머 시멘트 모르타르의 부착강도 품질

항목조건	규정치
표준 조건	1MPa 이상
온냉 반복 후	1MPa 이상

04 다음 중 콘크리트 구조물의 보강공법으로 보기 어려운 것은? 19년 2회

① 균열주입공법
② 두께 증설공법
③ FRP 접착공법
④ 프리스트레스 도입공법

해설
- 콘크리트 구조물의 보수공법 : 균열주입공법, 표면처리공법, 충전공법, 치환공법
- 콘크리트 구조물의 보강공법 : 단면증설공법(두께증설공법), FRP 접착공법, 프리스트레스 도입공법, 라이닝공법, 강판 보강공법, 외부 케이블공법, 교체공법, 앵커 공법

정답 01. ④ 02. ③ 03. ③ 04. ①

05 콘크리트를 각종 섬유로 보강하여 보수공사를 진행할 경우 섬유가 갖추어야 할 조건으로 거리가 먼 것은? 17년 3회

① 섬유의 압축 및 인장강도가 충분해야 한다.
② 섬유와 시멘트 결합재와의 부착이 우수해야 한다.
③ 시공이 어렵지 않고 가격이 저렴해야 한다.
④ 내구성, 내열성, 내후성 등이 우수해야 한다.

해설

섬유보강콘크리트용 섬유가 갖추어야 할 조건
- 섬유의 <u>인장강도가 충분히 클 것</u>
- 섬유와 시멘트 결합재와의 부착력이 우수할 것
- 시공이 어렵지 않고 가격이 저렴할 것
- 내구성, 내열성 및 내후성이 우수할 것
- 섬유의 탄성계수는 시멘트 결합재 탄성계수의 1/5 이상일 것
- 형상비가 50 이상일 것

정답 05. ①

온라인 교육의 명품브랜드 www.edupd.com

콘크리트 기사/산업기사 필기

콘크리트 기사/산업기사 필기

PART 5

부록
과년도 기출문제

Engineer Concrete

01 2021년도 콘크리트기사 1회 필기
02 2021년도 콘크리트기사 2회 필기
03 2021년도 콘크리트기사 3회 필기
04 2022년도 콘크리트기사 1회 필기
05 2022년도 콘크리트기사 2회 필기

CHAPTER 01

2021년도 콘크리트기사 1회 필기

과목 01 콘크리트 재료 및 배합

01 콘크리트의 배합설계에서 잔골재율 보정에 대한 설명으로 옳은 것은?

① 자갈을 사용할 경우 잔골재율은 2~3%만큼 크게 한다.
② 공기량이 1%만큼 클 때마다 잔골재율은 0.5~1.0%만큼 크게 한다.
③ 물-결합재비가 0.05만큼 작을 때마다 잔골재율은 1%만큼 작게 한다.
④ 잔골재의 조립률이 0.1만큼 작을 때마다 잔골재율은 0.5%만큼 크게 한다.

해설
① 자갈을 사용할 경우 잔골재율은 2~3%만큼 작게 한다.
② 공기량이 1%만큼 클 때마다 잔골재율은 0.5~1.0%만큼 작게 한다.
④ 잔골재의 조립률이 0.1만큼 작을 때마다 잔골재율은 0.5%만큼 작게 한다.

02 고로슬래그 미분말을 사용한 콘크리트에 대한 설명으로 옳지 않은 것은?

① 고로슬래그 미분말을 사용한 콘크리트는 수밀성이 향상된다.
② 고로슬래그 미분말을 사용한 콘크리트는 철근보호성능이 향상된다.
③ 고로슬래그 미분말을 사용한 콘크리트는 탄산화 속도를 저하시키는 효과가 있다.
④ 고로슬래그 미분말을 사용한 콘크리트의 초기강도는 포틀랜드시멘트 콘크리트보다 작다.

해설
고로슬래그 미분말을 사용한 콘크리트는 시멘트 수화 시에 발생하는 수산화칼슘과 고로슬래그 성분이 반응하여 콘크리트의 알칼리성이 다소 저하되기 때문에 콘크리트의 탄산화 속도를 촉진시키는 효과가 있다.

03 단위시멘트량이 320kg/m³, 물-시멘트비가 45%, 잔골재율이 38%인 배합조건에서 콘크리트의 잔골재량 (㉠)과 굵은골재량 (㉡)을 구하면? (단, 공기량 : 4.5%, 시멘트의 밀도 : 3.15g/cm³, 잔골재의 밀도 : 2.56g/cm³, 굵은 골재의 밀도 : 2.60g/cm³)

① ㉠ : 670.512kg/m³, ㉡ : 1,027.424kg/m³
② ㉠ : 689.715kg/m³, ㉡ : 1,142.908kg/m³
③ ㉠ : 705.425kg/m³, ㉡ : 1,178.112kg/m³
④ ㉠ : 714.223kg/m³, ㉡ : 1,194.532kg/m³

해설
• 물시멘트비를 이용한 단위수량
$$\frac{W}{C} = 0.45 \to W = 0.45 \times 320 = 144 kg/m^3$$

• 단위골재량의 절대체적
$$V_a = 1 - \left(\frac{단위수량}{1,000} + \frac{단위 시멘트량}{시멘트밀도 \times 1,000} + \frac{공기량}{100}\right)$$
$$= 1 - \left(\frac{144}{1,000} + \frac{320}{3.15(1,000)} + \frac{4.5}{100}\right) = 0.709 m^3$$

• 단위잔골재량
$$S = V_a \times S/a \times 잔골재밀도 \times 1,000$$
$$= 0.709 \times 0.38 \times 2.56 \times 1,000$$
$$= 689.715 kg/m^3$$

• 단위굵은골재량
$$G = V_g \times (1 - S/a) \times 굵은 골재밀도 \times 1,000$$
$$= 0.709 \times (1 - 0.38) \times 2.60 \times 1,000$$
$$= 1,142.908 kg/m^3$$

정답 01. ③ 02. ③ 03. ②

04 황산나트륨 포화용액을 사용한 골재의 안정성 시험에서 반복 시험을 실시할 경우 황산나트륨 포화용액의 골재에 대한 잔류유무를 조사하여야 하는데 이때 사용하는 용액에 대한 설명으로 옳은 것은?

① 염화바륨을 사용하며, 용액의 농도는 5~10%로 한다.
② 수산화나트륨을 사용하며, 용액의 농도는 3%로 한다.
③ 탄닌산 용액을 사용하며, 용액의 농도는 2~3%로 한다.
④ 페놀프탈레인 용액을 사용하며, 용액의 농도는 1%로 한다.

[해설]
황산나트륨 포화용액의 골재에 대한 잔류유무를 조사하기 위해 염화바륨을 사용하며, 염화바륨 용액의 농도는 5~10%로 한다.

05 콘크리트용 굵은 골재의 최대 치수에 대한 설명으로 틀린 것은?

① 슬래브 두께의 1/4을 초과하지 않아야 한다.
② 거푸집 양 측면 사이의 최소 거리의 1/5을 초과하지 않아야 한다.
③ 구조물의 단면이 큰 경우 굵은 골재의 최대치수는 40mm를 표준으로 한다.
④ 개별철근, 다발철근, 긴장재 또는 덕트 사이 최소 순간격의 3/4을 초과하지 않아야 한다.

[해설]
▶ 굵은 골재의 최대치수는 다음 값을 초과하지 않아야 한다.
• 거푸집 양측 사이의 최소 거리의 1/5
• 슬래브 두께의 1/3
• 개별철근, 다발철근, 긴장재 또는 덕트 사이의 최소 순간격의 3/4

▶ 굵은 골재의 최대치수

구조물의 종류	굵은 골재의 최대 치수(mm)
일반적인 경우	20 또는 25
단면이 큰 경우	40
무근콘크리트	40 (부재 최소치수의 1/4을 초과해서는 안 됨)

06 시멘트 비중시험을 실시한 결과 르샤틀리에 비중병에 광유를 주입하고 측정한 눈금이 0.5mL였다. 이 비중병에 시멘트 64g을 넣고 광유가 올라온 눈금을 측정한 결과 21.0mL가 되었다면 이 시멘트의 비중은?

① 3.06 ② 3.12
③ 3.18 ④ 3.2

[해설]
시멘트 비중 = $\dfrac{시멘트의\ 질량(g)}{비중병의\ 눈금의\ 차(mL)} = \dfrac{64}{(21-0.5)} = 3.12$

07 어떤 배합설계에서 결합재로 시멘트와 고로슬래그 미분말이 사용되었다. 결합재 전체질량이 550kg/m³이라고 할 때, 제빙화학제에 대한 내구성 확보를 위해 필요한 고로슬래그 미분말의 최대 혼입량은? (단, 지속적으로 수분과 접촉하고 동결융해의 반복작용에 노출되는 콘크리트)

① 68.7kg/m³ ② 137.5kg/m³
③ 192.5kg/m³ ④ 275.0kg/m³

[해설]
▶ 제빙화학제에 노출된 콘크리트 최대 혼화재 비율
• 시멘트와 혼화재 전체에 대한 고로슬래그 미분말의 질량 백분율 : 50%
∴ 고로슬래그 미분말의 최대 혼입량 = 550 × 0.50 = 275.0kg/m³

08 시멘트 관련 KS 규격에 관한 설명으로 옳지 않은 것은?

① 저열 포틀랜드 시멘트에서는 수화열을 억제하기 위하여 최저 C_2S량을 규정하고 있다.
② 내황산염 포틀랜드 시멘트에서는 황산염에 의한 팽창을 억제하기 위하여 최대 C_3A량을 규정하고 있다.
③ 고로슬래그 시멘트에서는 잠재수경성을 확보하기 위하여 염기도의 최소값을 규정하고 있다.
④ 고로슬래그 시멘트에서는 알칼리골재반응을 억제하기 위하여 최대 알칼리량을 규정하고 있다.

[해설]
- 고로슬래그 시멘트는 알칼리골재반응을 촉진시키는 것이 아니고 오히려 억제 효과가 있으므로 많이 사용할수록 알칼리골재반응은 억제되지만 적정 함유량을 아래와 같이 제한하고 있다.
- 고로슬래그 시멘트의 고로슬래그의 함유량

종류	고로슬래그의 함유량 질량(%)
1종	5 초과 30 이하
2종	30 초과 60 이하
3종	60 초과 70 이하

09 콘크리트의 배합강도에 대한 설명으로 틀린 것은?

① 콘크리트의 배합강도는 호칭강도보다 크게 정하여야 한다.
② 압축강도의 시험횟수가 24회일 경우 표준편차의 보정계수는 1.04이다.
③ 압축강도의 시험 횟수가 29회 이하이고 15회 이상인 경우 그것으로 계산한 표준편차에 보정계수를 곱한 값을 표준편차로 사용할 수 있다.
④ 콘크리트 압축강도의 표준편차는 실제 사용한 콘크리트의 25회 이상의 시험실적으로부터 결정하는 것을 원칙으로 한다.

[해설]
콘크리트 압축강도의 표준편차는 실제 사용한 콘크리트의 30회 이상의 시험실적으로부터 결정하는 것을 원칙으로 한다.

10 절대건조상태에서 350g, 표면건조포화상태에서 364g, 습윤상태에서 360g인 잔골재 시료의 흡수율은?

① 2%   ② 3%
③ 4%   ④ 5%

[해설]
흡수율
$$= \frac{\text{표면건조포화상태중량} - \text{절대건조상태중량}}{\text{절대건조상태중량}} \times 100(\%)$$
$$= \frac{(364-350)}{350} \times 100 = 4\%$$

11 굵은 골재의 체가름 시험결과가 아래의 표와 같을 때, 굵은 골재 최대 치수(G_{max})와 조립률(F.M)을 구한 것으로 옳은 것은?

체의 크기(mm)	30	25	20	15	10	5	2.5
각체 잔량 누계(%)	2	10	35	53	78	98	100

① 20mm, 7.11   ② 20mm, 7.76
③ 25mm, 7.11   ④ 25mm, 7.76

[해설]
조립률(F.M) : 75mm, 40mm, 20mm, 10mm, 5mm, 2.5mm, 1.2mm, 0.6mm, 0.3mm, 0.15mm(10개)

체의 치수(mm)	누적 잔류율(%)	통과 백분율(%)	조립률체
30	2	98	
25	10	90	
20	35	65	*
15	53	47	
10	78	22	*
5	98	2	*
2.5	100	0	*
1.2	100	0	*
0.6	100	0	*
0.3	100	0	*
0.15	100	0	*

$$\therefore F.M = \frac{(0 \times 2) + 35 + 78 + 98 + (100 \times 5)}{100} = \frac{711}{100} = 7.11$$

- **굵은 골재의 최대치수** : 굵은 골재의 최대치수는 무게로 90% 이상을 통과시키는 체 중에서 최소치수의 체눈을 호칭치수로 나타낸다.

$\therefore$ 굵은 골재 최대치수(G_{max}) = 25mm

12 좋은 품질의 플라이애시를 적절하게 사용한 콘크리트에서 기대할 수 있는 효과가 아닌 것은?

① 알칼리골재반응을 억제시킬 수 있다.
② 포졸란 반응으로 수화반응 속도를 향상시킨다.
③ 워커빌리티를 개선하여 단위수량을 감소시킬 수 있다.
④ 수밀성이나 화학적 침식에 대한 내구성을 개선시킬 수 있다.

해설
플라이애시 첨가 콘크리트의 강도는 <u>수화반응 속도가 느려 초기재령에서는 비교적 일반콘크리트보다 작으나</u>, 재령이 길어짐에 따라 포졸란 반응의 증가에 의해 장기강도는 증가한다.

13 콘크리트 배합설계에서 물-결합재비에 대한 설명으로 틀린 것은?

① 물-결합재비는 소요의 강도, 내구성, 수밀성 및 균열 저항성 등을 고려하여 정하여야 한다.
② 콘크리트의 압축강도를 기준으로 물-결합재비를 정하는 경우, 공시체는 재령 28일을 표준으로 한다.
③ 콘크리트의 압축강도를 기준으로 물-결합재비를 정하는 경우, 압축강도와 물-결합재비와의 관계는 시험에 의하여 정하는 것을 원칙으로 한다.
④ 콘크리트의 압축강도를 기준으로 물-결합재비를 정하는 경우, 배합에 사용할 물-결합재비는 기준 재령의 결합재-물비와 압축강도와의 관계식에서 배합강도에 해당하는 결합재-물비 값으로 한다.

해설
콘크리트의 압축강도를 기준으로 물-결합재비를 정하는 경우, 배합에 사용할 물-결합재비는 기준 재령의 결합재-물비와 압축강도와의 관계식에서 배합강도에 해당하는 <u>결합재-물비 값의 역수로 한다.</u>

14 현장에서 콘크리트 압축강도를 22회 측정한 결과 표준편차는 5MPa이었다. 호칭강도(f_{cn})가 35MPa일 때 배합강도(f_{cr})는? (단, 시험횟수 20회, 25회일 경우 표준편차의 보정계수는 각각 1.08, 1.03이다.)

① 38.5MPa
② 42.1MPa
③ 43.9MPa
④ 45.2MPa

해설
▶ 22회의 보정계수 =
$$1.03 + \frac{(1.08 - 1.03)}{(25 - 20)} \times (25 - 22) = 1.06$$
$\therefore$ 수정 표준편차 s = 5 × 1.06 = 5.3MPa

▶ $f_{cn} \leq 35MPa$일 때
- $f_{cr} = f_{cn} + 1.34s = 35 + 1.34(5.3) = 42.1MPa$
- $f_{cr} = (f_{cn} - 3.5) + 2.33s$
  $= (35 - 3.5) + 2.33(5.3) = 43.85MPa$
∴ f_{cr} = 43.85MPa (두 값 중 큰 값)

15 각종 시멘트의 용도에 관한 설명으로 옳지 않은 것은?

① 고로슬래그 시멘트는 노출 콘크리트로 적합하다.
② 보통 포틀랜드 시멘트는 일반적인 용도로 사용된다.
③ 저열 포틀랜드 시멘트는 매스 콘크리트로 적합하다.
④ 조강 포틀랜드 시멘트는 긴급공사용 콘크리트로 유리하다.

[해설]
고로슬래그 시멘트는 해수작용을 받는 구조물, 터널, 하수도 등에 유리하다.

16 콘크리트용 화학 혼화제의 품질시험 항목으로 옳지 않은 것은?

① 길이 변화비(%)
② 휨강도의 비(%)
③ 블리딩량의 비(%)
④ 동결융해에 대한 저항성(상대 동탄성계수, %)

[해설]

콘크리트용 화학 혼화제의 품질항목	
품질항목	AE제
감수율(%)	6 이상
블리딩량의 비(%)	75 이하
응결시간의 차(분) 초결	−60 ~ +60
응결시간의 차(분) 종결	−60 ~ +60
압축강도의 비(%) (28일)	90 이상
길이 변화비(%)	120 이하
동결융해에 대한 저항성 (상대 동탄성계수)(%)	80 이상

17 혼화재료와 그 성능이 잘못 연결된 것은?

① 감수제 − 단위수량 감소
② AE제 − 워커빌리티 개선
③ 방청제 − 콘크리트 부식 방지
④ 발포제 − 부재의 경량화 및 단열성 향상

[해설]
방청제 : 철근콘크리트 내의 철근 부식을 방지하기 위해 사용하는 혼화제이다.

18 콘크리트 및 모르타르 혼화재로 사용되는 실리카 품의 품질시험을 실시하고자 할 때 시험 모르타르는 보통포틀랜드시멘트와 실리카 품의 질량비를 얼마로 하여야 하는가?

① 1 : 9
② 9 : 1
③ 1 : 6
④ 6 : 1

[해설]
시험 모르타르 : 실리카 품의 품질시험에서 사용되는 모르타르로서 보통포틀랜드시멘트와 실리카 품을 질량비로 9 : 1로 하여 제작한 모르타르

19 시멘트 제조과정에서 시멘트의 응결을 지연시키는 역할을 하기 위하여 첨가하는 재료는?

① 석고
② 슬래그
③ 실리카(SiO_2)
④ 산화마그네슘(MgO)

[해설]
시멘트의 제조과정에서 시멘트의 응결을 지연시키기 위해 클링커에 3~5%의 석고를 첨가한다.

정답 15. ① 16. ② 17. ③ 18. ② 19. ①

20 분말도(fineness)가 큰 시멘트를 사용할 경우에 대한 설명으로 틀린 것은?

① 풍화하기 쉽다.
② 건조수축이 작아진다.
③ 수화가 빨리 진행된다.
④ 워커블한 콘크리트가 얻어진다.

해설
분말도가 큰 시멘트를 사용하면 풍화하기 쉽고 단위수량이 증가하므로 건조수축이 커져서 균열이 발생하기 쉽다.

21 아래의 표에서 설명하고 있는 콘크리트 압축강도 추정 방법은?

> 노르웨이나 스웨덴에서 표준화되어 있는 시험방법으로서 원주 시험체에 휨하중을 가하여 콘크리트의 압축강도를 추정하는 방법이다. 이 방법의 원리는 휨강도가 압축강도와 양호한 상관관계가 있다고 가정한 것이다.

① Tc-To법
② Pull-off법
③ Break-off법
④ 관입저항법

해설
- Break-off법 : 휨강도가 압축강도와 양호한 상관관계가 있다는 가정하에 원주 시험체에 휨하중을 가하여 콘크리트의 압축강도를 추정하는 방법
- Tc-To법 : 전파시간법으로 1진동자 종파 탐촉자를 2개 사용하여 송신한 종파에 의해 균열 끝에서 산란하는 종파를 수신했을 때의 전파시간으로부터 균열깊이를 환산하는 방법이다.
- Pull-off법 : 원주 시험체에 인장하중을 가하고, 그때의 인장강도로부터 콘크리트 압축강도를 추정하는 방법이다. 이 방법은 보수재의 부착강도를 측정할 때 주로 사용된다.
- 관입저항법 : 탐침을 정교하게 조정된 일정량의 화약 폭발력에 의해 콘크리트 표면에 관입시킨 후 그 관입깊이를 측정하여 콘크리트 압축강도를 추정하는 방법이다.

22 KS F 4009에 규정되어 있는 레디믹스트 콘크리트에 대한 설명으로 틀린 것은?

① 재료 계량 시 골재에 대한 계량오차의 범위는 ±3% 이내로 한다.
② 골재 저장설비는 콘크리트 최대 출하량의 1주일분 이상에 상당하는 골재량을 저장할 수 있는 크기로 한다.
③ 트럭 애지테이터나 트럭믹서를 사용할 경우, 콘크리트는 혼합하기 시작하고 나서 1.5시간 이내에 공사 지점에 배출할 수 있도록 운반한다.
④ 트럭 애지테이터 내 콘크리트의 균일성은 콘크리트의 1/4과 3/4 부분에서 각각 시료를 채취하여 슬럼프 시험을 하였을 경우 양쪽의 슬럼프 차가 30mm 이내가 되어야 한다.

해설
골재 저장설비는 콘크리트 최대 출하량의 1일분 이상에 상당하는 골재량을 저장할 수 있는 크기로 한다.

23 일반콘크리트에 사용할 수 있는 부순 굵은골재의 물리적 성질에 대한 규정값을 표기한 것 중 틀린 것은?

① 마모율 – 30% 이하
② 안정성 – 12% 이하
③ 흡수율 – 3.0% 이하
④ 절대건조밀도 – 2.50g/cm³ 이상

정답 20. ②   21. ③   22. ②   23. ①

해설

콘크리트용 부순 골재의 품질규정(KS F 2527)

품질항목	부순 잔골재	부순 굵은골재
절대건조밀도(g/cm³)	2.50 이상	2.50 이상
흡수율(%)	3.0 이하	3.0 이하
안정성	10% 이하	12% 이하
마모율	–	40% 이하
0.08mm체 통과량	7.0% 이하	1.0% 이하

24 콘크리트는 일반적으로 강알칼리성을 띠고 있으나, 콘크리트 중의 수산화칼슘이 공기 중의 탄산가스와 접촉하여 콘크리트의 알칼리성을 상실하는 현상은?

① 염해
② 탄산화
③ 알칼리·실리카 반응
④ 알칼리·탄산염 반응

해설

탄산화 : 콘크리트의 수화반응에서 생성되는 강알칼리성을 가진 수산화칼슘이 공기 중의 이산화탄소와 결합 후 탄산칼슘으로 변하여 알칼리성이 약해지는 현상

25 콘크리트의 길이 변화 시험방법(KS F2424)에서 규정하고 있는 시험방법의 종류가 아닌 것은?

① 콤퍼레이터 방법
② 다이얼 게이지 방법
③ 콘택트 게이지 방법
④ 버니어 캘리퍼스 방법

해설

• 공시체 중심축의 길이 변화를 측정하는 방법 : 다이얼 게이지 방법
• 공시체의 측면길이 변화를 측정하는 방법 : 콤퍼레이터 방법, 콘택트 게이지 방법

26 콘크리트의 충격강도는 말뚝의 항타, 충격하중을 받는 기계기초, 폭발하중을 받는 방호구조 등과 같은 경우에 매우 중요하다. 다음 중 충격강도에 대한 일반적인 설명으로 틀린 것은?

① 굵은 골재 최대치수가 작은 경우 충격강도에 유리하다.
② 탄성계수와 포아송비가 큰 골재를 사용한 경우 충격강도에 유리하다.
③ 콘크리트의 충격강도는 압축강도보다는 인장강도와 더 밀접한 관계가 있다.
④ 동일한 압축강도의 콘크리트일지라도 부순골재처럼 골재 표면이 거칠수록 충격강도는 높다.

해설

탄성계수와 포아송비가 작은 골재를 사용한 경우 충격강도에 유리하다.

27 콘크리트 타설 전날에 현장에 비가 와서 잔골재율을 결정하려고 할 때 가장 적절하게 조치한 것은?

① 잔골재율은 공기량과 무관하므로 공기량은 시험을 하지 않아도 된다.
② 현장에서 소요의 강도를 얻기 위하여 굵은 골재 양을 최소가 되도록 한다.
③ 잔골재율은 혼화재료와 무관하므로 혼화재료는 시험을 하지 않고 사용한다.
④ 현장에서 소요의 워커빌리티(Workability)를 얻는 범위 내에서 단위수량이 최소가 되도록 한다.

해설

현장에 비로 인해 골재가 습윤상태가 된 경우 현장에서 소요의 워커빌리티를 얻는 범위 내에서 단위수량이 최소가 되도록 잔골재율을 결정한다.

28 콘크리트의 배합설계 결과 단위시멘트량이 350kg/m³인 경우 1배치가 3m³인 믹서에서 시멘트의 1회 계량값이 1,031kg일 때, 계량오차에 대한 판정 경과로 옳은 것은?

① 허용 계량오차의 한계인 -1% 이내이므로 합격
② 허용 계량오차의 한계인 -1%를 초과하므로 불합격
③ 허용 계량오차의 한계인 -2% 이내이므로 합격
④ 허용 계량오차의 한계인 -2%를 초과하므로 불합격

[해설]
- 시멘트의 허용오차 : -1%, +2%
- 계량오차
$$m_o = \frac{m_2 - m_1}{m_1} = \frac{1,031 - (3 \times 350)}{3 \times 350} \times 100 = -1.81\%$$
∴ -1%를 초과하므로 불합격

29 콘크리트 공시체의 압축강도에 대한 설명으로 틀린 것은?

① 하중 재하속도가 빠를수록 강도가 크게 나타난다.
② 물-시멘트비가 일정한 콘크리트에서 공기량이 증가하면 강도가 감소한다.
③ 원주형 공시체의 높이 H와 지름 D의 비인 H/D가 커질수록 압축강도는 크게 된다.
④ 일반적으로는 양생온도가 4~40°C의 범위에 있어서는 온도가 높을수록 재령 28일의 강도는 커진다.

[해설]
원주형 공시체의 높이 H와 지름 D의 비인 H/D가 작을수록 압축강도는 크게 된다.

30 콘크리트 휨강도 시험에서 공시체에 하중을 가하는 속도는 가장자리 응력도의 증가율이 매초 얼마 정도가 되도록 조정하는가?

① 4±0.6MPa
② 6±0.4MPa
③ 0.6±0.2MPa
④ 0.06±0.04MPa

[해설]
- 휨강도 시험에서 공시체에 하중을 가하는 속도는 가장자리 응력도의 증가율이 매초 (0.06±0.04)MPa이 되도록 조정하고, 최대하중이 될 때까지 그 증가율을 유지하도록 한다.
- 압축강도 시험에서 공시체에 하중을 가하는 속도는 압축응력도의 증가율이 매초 (0.6±0.2)MPa이 되도록 한다.

31 재하시험에 의한 구조물의 성능시험을 실시하여야 하는 경우로 옳지 않은 것은?

① 콘크리트 표면에 미세한 균열이 발생한 경우
② 공사 중 구조물의 안전에 어떠한 근거 있는 의심이 생긴 경우
③ 공사 중에 콘크리트가 동해를 받았다고 생각되는 경우
④ 공사 중 현장에서 취한 콘크리트의 압축강도시험 결과로부터 판단하여 강도에 문제가 있다고 판단되는 경우

[해설]
재하시험에 의한 구조물의 성능시험을 실시해야 하는 경우
- 공사 중에 콘크리트가 동해를 받았을 우려가 있을 경우
- 공사 중 현장에서 취한 콘크리트 압축강도시험 결과로부터 판단하여 강도에 문제가 있다고 판단되는 경우
- 공사 중 구조물의 안전에 어떠한 근거 있는 의심이 생긴 경우

정답 28. ② 29. ③ 30. ④ 31. ①

32 굳지 않은 콘크리트의 워커빌리티 및 반죽질기에 영향을 미치는 요인에 대한 설명으로 틀린 것은?

① 온도 - 일반적으로 온도가 높을수록 슬럼프는 작아진다.
② 골재 - 둥근 모양의 골재는 모가 난 골재보다 워커빌리티를 좋게 한다.
③ 시멘트 - 일반적으로 단위시멘트량이 많을수록 콘크리트는 워커블해진다.
④ 혼화제 - AE제, 감수제 등의 혼화재료는 콘크리트의 워커빌리티에 영향을 주지 않는다.

[해설]
혼화제 : AE제, 감수제 등의 혼화재료는 단위수량의 감소, 공기연행 등에 의해 콘크리트의 워커빌리티를 크게 개선시킬 수 있으므로 영향이 크다.

33 레디믹스트 콘크리트(KS F 4009)에서 규정하고 있는 각 재료의 계량 시 허용오차 범위의 크기 비교가 올바른 것은?

① 물 = 혼화제 < 골재
② 물 < 시멘트 < 혼화제
③ 시멘트 < 골재 = 혼화재
④ 시멘트 < 혼화재 < 혼화제

[해설]
재료의 계량오차

재료의 종류	1회 재량 분량의 한계오차
물	-2%, +1%
시멘트	-1%, +2%
혼화재	±2%
골재, 혼화제	±3%

34 품질관리 7가지 관리기법 중 아래의 표에서 설명하는 것은?

> 어느 특성에 영향을 주는 요인을 열거하여 정리하고 상호관련성을 도표화한 것으로 일명 생선뼈 그림이라고도 한다.

① 관리도   ② 산포도
③ 체크시트   ④ 특성요인도

[해설]
TQC의 7도구

구분	내용
층별	집단을 구성하고 있는 많은 데이터를 어떤 특징에 따라서 몇 개의 부분집단으로 나누는 것
히스토그램	데이터가 어떤 분포를 하고 있는지를 알아보기 위해 작성하는 그림
특성요인도	어느 특성에 영향을 주는 요인을 열거하여 정리하고 상호관련성을 도표화한 것으로 일명 생선뼈 그림
파레토도	불량 등의 발생건수를 분류항목별로 나누어 크기 순서대로 나열해 놓은 그림
체크시트	계수치의 데이터가 분류항목의 어디에 집중되어 있는가를 알아보기 쉽게 나타낸 그림
산점도	대응되는 두 개의 짝으로 된 데이터를 그래프용지 위에 점으로 나타낸 그림

35 콘크리트 속에 많은 미소한 기포를 일정하게 분포시키기 위해 사용하는 혼화제는?

① AE제   ② 감수제
③ 급결제   ④ 유동화제

[해설]
AE제의 특징
• 콘크리트 속에 많은 미소한 기포를 일정하게 분포시키기 위해 사용
• 콘크리트의 워커빌리티 개선 효과
• 동결융해에 대한 저항성 증대

36 품질의 목표를 정하고 이것을 달성하기 위해서 행하는 모든 활동은?

① 인력관리　② 자재관리
③ 품질관리　④ 현장관리

해설
품질관리 : 작업의 결과에 대하여 품질의 목표를 정하고 달성되도록 검토하고 시행방법을 수정하여 문제의 재발을 방지하는 관리

37 아래의 표에서 설명하는 워커빌리티 측정방법은?

> 플로우 시험과 동일하게 플로우 테이블을 사용하지만 콘크리트의 형상이 변화하는데 필요한 일량을 측정함으로써 워커빌리티를 평가하는 시험이다.

① 리몰딩 시험　② 볼관입 시험
③ 슬럼프 시험　④ 다짐계수 시험

해설
리몰딩 시험 : 플로우 시험과 동일하게 플로우 테이블을 사용하지만 콘크리트의 형상이 변화하는데 필요한 일량을 측정함으로써 워커빌리티를 평가하는 시험이다.

38 콘크리트의 블리딩 시험방법(KS F 2414)에 관한 사항으로 틀린 것은?

① 콘크리트의 유동성을 측정하기 위한 시험이다.
② 시험하는 동안 (20±3)°C로 항온이 유지된 시험실에서 실시한다.
③ 혼합된 콘크리트를 3층으로 나누어 용기에 넣고 각 층을 25회씩 다진다.
④ 최초로 기록한 시각에서부터 60분 동안 10분마다 콘크리트 표면에서 스며나온 물을 빨아낸다.

해설
블리딩 시험은 콘크리트의 재료의 분리에 대한 시험이다.

39 보통 중량 골재를 사용한 콘크리트로서 단위질량(m_c)이 2,300kg/m³, 설계기준압축강도(f_{ck})가 21MPa인 콘크리트의 탄성계수는?

① 10,952MPa　② 23,451MPa
③ 24,854MPa　④ 28,150MPa

해설
콘크리트의 할선탄성계수 $E_c = 8500\sqrt[3]{f_{ck} + \Delta f}$
- $f_{ck} \leq 40MPa$이면 $\Delta f = 4MPa$
- $f_{ck} \geq 60MPa$이면 $\Delta f = 6MPa$
∴ 콘크리트의 할선탄성계수
$E_c = 8500\sqrt[3]{21+4} = 24,854MPa$

40 굳지 않은 콘크리트 중의 염소이온량(Cl^-)은 원칙적으로 얼마 이하로 하는가?

① 0.3kg/m³　② 0.4kg/m³
③ 0.5kg/m³　④ 0.6kg/m³

해설
굳지 않은 콘크리트 중의 전 염소이온량은 원칙적으로 0.3kg/m³ 이하로 하여야 한다.

정답　36. ③　37. ①　38. ①　39. ③　40. ①

과목 03 콘크리트 시공

41 일반 콘크리트의 시공 시 이음에 대한 일반사항으로 옳지 않은 것은?

① 수밀을 요하는 콘크리트에 있어서는 소요의 수밀성이 얻어지도록 적절한 간격으로 시공이음부를 두어야 한다.
② 시공이음은 될 수 있는 대로 전단력이 작은 위치에 설치하고, 부재의 압축력이 작용하는 방향과 평행이 되도록 하는 것이 원칙이다.
③ 외부의 염분에 의한 피해를 받을 우려가 있는 해양 및 항만 콘크리트 구조물 등에 있어서는 시공이음부를 되도록 두지 않는다.
④ 부득이 전단이 큰 위치에 시공이음을 설치할 경우에는 시공이음 장부 또는 홈을 두거나 적절한 강재를 배치하여 보강하여야 한다.

[해설]
시공이음은 될 수 있는 대로 전단력이 작은 위치에 설치하고, 부재의 압축력이 작용하는 방향과 평행이 아닌 직각이 되도록 하는 것이 원칙이다.

42 아래의 표에서 설명하는 것은?

> 롤러다짐용 콘크리트의 반죽질기를 나타내는 값으로서 진동대식 반죽질기 시험방법에 의하여 얻어지는 시험값을 초(秒)로서 나타낸 것

① VC값 ② 슬럼프 값
③ RI 시험값 ④ 다짐계수 값

[해설]
• VC값 : 롤러다짐용 콘크리트의 반죽질기를 나타내는 값으로 VC 시험을 통해 20±10초를 표준으로 한다.
• RI 시험 : 진동롤러로 다짐 후 다짐면의 다짐정도를 판단하기 위해 라디오 아이소토프를 이용하여 다짐도를 판정하는 것

43 섬유보강 콘크리트의 현장 품질관리에 대한 내용으로 옳지 않은 것은?

① 강섬유 혼입률에 대한 품질 검사 중 강섬유 혼입률의 판정기준은 허용오차 ±0.5%이다.
② 강섬유 혼입률에 대한 품질 검사 중 강섬유 혼입률(숏크리트)의 판정기준은 허용오차 ±0.5%이다.
③ 휨강도 및 인성에 대한 품질 검사 중 압축인성의 판정기준은 설계할 때에 고려된 압축인성 값에 미달할 확률이 10% 이하이다.
④ 휨강도 및 인성에 대한 품질 검사 중 휨강도 및 휨인성계수의 판정기준은 설계할 때에 고려된 휨인성지수 값에 미달할 확률이 5% 이하이다.

[해설]
휨강도 및 인성에 대한 품질 검사 중 압축인성의 판정기준은 설계할 때에 고려된 압축인성 값에 미달할 확률이 5% 이하이다.

44 고강도 콘크리트의 구성재료에 대한 설명으로 옳지 않은 것은?

① 잔골재는 크기가 일정한 알갱이로 혼합되어 있는 것을 사용한다.
② 굵은 골재의 최대치수는 철근 최소 수평 순간격의 3/4 이내의 것을 사용하도록 한다.
③ 고성능 감수제는 고강도 콘크리트를 제조하는 데 적절한 것인가를 시험배합을 거쳐 확인한 후 사용하여야 한다.
④ 고강도 콘크리트에 사용하는 굵은 골재는 콘크리트 강도 및 워커빌리티 등에 미치는 영향이 크므로 선정에 세심한 주의를 하여야 한다.

정답 41. ② 42. ① 43. ③ 44. ①

> [해설]
> 잔골재는 크고 작은 알갱이가 골고루 혼합된 것을 사용한다.

45 유사한 시공사례가 있거나 반발률과 분진농도의 관계가 분명하게 되어 있는 경우에 숏크리트의 뿜어붙이기 성능은 분진농도와 숏크리트의 초기강도로 설정할 수 있다. 재령 24시간일 때 숏크리트의 초기강도 표준값으로 옳은 것은?

① 1.5~2.0MPa ② 2.0~3.0MPa
③ 5.0~10.0MPa ④ 12.0~15.0MPa

> [해설]
> **숏크리트의 초기강도 표준값**
>
> | 재령 | 숏크리트의 초기강도 |
> |---|---|
> | 24시간 | 5.0~10.0MPa |
> | 3시간 | 1.0~3.0MPa |

46 해양콘크리트에 대한 설명으로 옳지 않은 것은?

① 육상구조물 중에 해풍의 영향을 많이 받는 구조물도 해양콘크리트로 취급하여야 한다.
② PS 강재와 같은 고장력강에 작용응력이 인장강도의 60%를 넘을 경우 응력부식 및 강재의 부식피로를 검토하여야 한다.
③ 강재와 거푸집판과의 간격은 소정의 피복을 확보하도록 하여야 하며, 간격재의 개수는 기초, 기둥, 벽 및 난간 등에는 4개/m² 이상을 표준으로 한다.
④ 시공이음은 될 수 있는 대로 피해야 하며, 만조위로부터 위로 0.6m, 간조위로부터 아래로 0.6m 사이의 감조부 분에는 시공이음이 생기지 않도록 시공계획을 세워야 한다.

> [해설]
> 강재와 거푸집판과의 간격은 소정의 피복을 확보하도록 하여야 하며, 간격재의 개수는 보, 슬래브에는 4개/m² 이상을 표준으로 한다. 이때 기초, 기둥, 벽 및 난간 등에는 2개/m² 이상을 표준으로 한다.

47 공장제품 콘크리트 시방배합 설계에서 단위수량이 166kg/m³, 물-시멘트비가 39.4%이고, 시멘트 비중이 3.15, 공기량을 1.0%로 하는 경우 골재의 절대용적은?

① 0.310m³ ② 0.580m³
③ 0.620m³ ④ 0.690m³

> [해설]
> • 물시멘트비를 이용한 단위시멘트량
> $$\frac{W}{C} = 0.394 \rightarrow C = \frac{166}{0.394} = 421.32 kg/m^3$$
> • 단위골재량의 절대체적
> $$V_a = 1 - \left(\frac{단위수량}{1,000} + \frac{단위 시멘트량}{시멘트 밀도 \times 1,000} + \frac{공기량}{100}\right)$$
> $$= 1 - \left(\frac{166}{1,000} + \frac{421.32}{3.15(1,000)} + \frac{1.0}{100}\right) = 0.690 m^3$$

48 슬래브 및 보의 밑면, 아치 내면의 거푸집은 콘크리트 압축강도가 최소 몇 MPa 이상인 경우 해체 가능한가? (단, 단층 구조이며, 콘크리트의 설계기준 압축강도는 24MPa인 경우)

① 5MPa ② 14MPa
③ 16MPa ④ 24MPa

> [해설]
> 슬래브 및 보의 밑면, 아치 내면의 거푸집을 해체하기 위한 콘크리트 압축강도
> : 설계기준압축강도의 2/3배 이상 또는 최소 14MPa 이상
> ∴ 콘크리트의 압축강도
> $$f_{cu} = \frac{2}{3} \times 24 = 16MPa \geq 14MPa \rightarrow \therefore 16MPa$$

정답 45. ③ 46. ③ 47. ④ 48. ③

49 매스콘크리트에 대한 설명으로 틀린 것은?

① 온도균열 방지 및 제어방법으로 관로식 냉각 (pipe-cooling) 방법 및 선행 냉각 (pre-cooling) 방법 등이 이용되고 있다.
② 매스콘크리트의 온도상승 저감을 위해서는 단위시멘트량을 줄이는 것보다 단위수량을 줄이는 편이 바람직하다.
③ 매스콘크리트로 다루어야 하는 구조물의 부재 치수는 일반적인 표준으로서 넓이가 넓은 평판 구조에서는 두께 0.8m 이상으로 한다.
④ 수축이음을 설치할 때 계획된 위치에서 균열 발생을 확실히 유도하기 위해서 수축이음의 단면 감소율을 35% 이상으로 하여야 한다.

해설
- 매스콘크리트의 온도상승 저감을 위해서는 소요의 품질을 만족시키는 범위 내에서 단위시멘트량이 적어지도록 배합을 선정하여야 한다.
- 일반적으로 콘크리트의 온도상승량은 단위시멘트량 10kg/㎥에 대하여 대략 1℃ 정도의 비율로 증가 된다.

50 팽창 콘크리트에 관한 내용으로 옳지 않은 것은?

① 팽창재는 다른 재료와 별도로 질량으로 계량하며, 그 오차는 1회 계량분량의 1% 이내로 하여야 한다.
② 팽창 콘크리트를 한중 콘크리트로 시공할 경우 타설할 때의 콘크리트 온도는 5℃ 이상 10℃ 미만으로 하여야 한다.
③ 팽창 콘크리트를 서중콘크리트로 시공할 경우 비비기 직후의 콘크리트 온도는 30℃ 이하, 타설할 때는 35℃ 이하로 하여야 한다.
④ 팽창 콘크리트의 비비기 시간은 강제식 믹서를 사용하는 경우는 1분 이상으로 하고, 가경식 믹서를 사용하는 경우는 1분 30초 이상으로 하여야 한다.

해설
팽창 콘크리트를 한중콘크리트로 시공할 경우 타설할 때의 콘크리트 온도는 10℃ 이상 20℃ 미만으로 하여야 한다.

51 일반적으로 현장 콘크리트 타설 시에 가장 많이 사용하는 다지기 방법은?

① 압출성형 ② 가압다지기
③ 내부진동기 ④ 원심력다지기

해설
일반적으로 현장 콘크리트 타설 시에 가장 많이 사용하는 다지기 방법은 내부진동기를 사용하는 방법이다.

52 고온·고압의 증기솥 속에서 상압보다 높은 압력과 고온의 수증기를 사용하여 실시하는 양생은?

① 증기 양생 ② 촉진 양생
③ 피막 양생 ④ 오토클레이브 양생

해설
오토클레이브 양생 : 고온 고압용기 증기솥 속에서 상압보다 높은 압력(1MPa)으로 고온(180℃)의 수증기를 사용하여 실시하는 양생방법
- **증기양생** : 높은 온도의 수증기 속에서 실시하는 촉진양생
- **촉진양생** : 보다 빠른 콘크리트의 경화나 강도 발현을 촉진하기 위해 실시하는 양생

정답 49. ② 50. ② 51. ③ 52. ④

53 신축이음에 대한 설명으로 틀린 것은?

① 신축이음은 균열의 제어를 목적으로 설치한다.
② 신축이음에는 필요에 따라 이음재, 지수판 등을 배치하여야 한다.
③ 신축이음은 양쪽의 구조물 혹은 부재가 구속되지 않는 구조이어야 한다.
④ 신축이음의 단차를 피할 필요가 있는 경우에는 장부나 홈을 두든가 전단연결재를 사용한다.

해설
균열의 제어를 목적으로 설치하는 것은 신축이음이 아니고 수축이음(균열유발 이음)이다.

54 경량골재 콘크리트에 사용되는 경량골재에 대한 사항으로 옳지 않은 것은?

① 경량골재의 입도는 KS F 2527의 표준입도를 만족해야 한다.
② 단위용적질량은 제시된 값에서 20% 이상 차이가 나지 않도록 하여야 한다.
③ 인공, 천연 경량 잔골재의 경우 $1,120 kg/m^3$ 이하의 최대 단위용적질량을 가져야 한다.
④ 경량골재는 함수율이 일정하도록 저장하여야 하며, 저장 장소는 빗물이 들어가지 않고 물이 잘 빠지며 햇빛이 들지 않도록 한다.

해설
단위용적질량은 제시된 값에서 10% 이상 차이가 나지 않도록 하여야 한다.

55 양질의 콘크리트 구조물을 만들기 위한 콘크리트 타설 작업에 대한 설명으로 옳지 않은 것은?

① 콘크리트 타설 도중 표면에 떠올라 고인 블리딩수가 있을 경우에는 이를 제거한 후 타설하여야 한다.
② 균질한 콘크리트를 얻기 위해서 한 구획 내에서 표면이 거의 수평이 되도록 콘크리트를 타설한다.
③ 콘크리트의 수분을 거푸집이 흡수할 수 있으므로 흡수의 우려가 있는 부분은 미리 습하게 해두어야 한다.
④ 콘크리트를 2층 이상으로 나누어 타설할 경우, 원칙적으로 하층의 콘크리트가 굳기 시작한 후 상층의 콘크리트를 타설해야 한다.

해설
콘크리트를 2층 이상으로 나누어 타설할 경우, 상층의 콘크리트 타설은 원칙적으로 하층의 콘크리트가 굳기 시작하기 전에 해야 한다.

56 방사선 차폐용 콘크리트에 대한 설명으로 틀린 것은?

① 콘크리트의 슬럼프는 일반적인 경우 150mm 이하로 한다.
② 물-결합재비는 50% 이하를 원칙으로 하고, 혼화제를 사용하여서는 안 된다.
③ 주로 생물체의 방호를 위하여 X선, γ선 및 중성자선을 차폐할 목적으로 사용되는 콘크리트다.
④ 차폐용 콘크리트로서 필요한 성능인 밀도, 압축강도, 설계허용온도, 결합수량, 붕소량 등을 확보하여야 한다.

해설
물-결합재비는 50% 이하를 원칙으로 하고, 화학 혼화제는 콘크리트의 단위수량이나 단위시멘트량의 감소를 위해 감수제나 고성능 공기연행 감수제를 사용할 수 있다.

57 한중 콘크리트에 관한 설명으로 옳지 않은 것은?

① 물-결합재비는 원칙적으로 55% 이하로 한다.
② 타설 시 콘크리트 온도는 5~20℃의 범위로 한다.
③ 시멘트는 어떠한 경우라도 직접 가열해서는 안 된다.
④ 골재에 빙설이 혼입되어 있는 경우 그대로 사용하면 안 된다.

해설
물-결합재비는 원칙적으로 60% 이하로 하여야 한다.

58 유동화 콘크리트의 슬럼프 증가량 표준값은?

① 10~50mm ② 50~80mm
③ 90~130mm ④ 140~170mm

해설
유동화 콘크리트의 슬럼프 증가량은 100mm 이하를 원칙으로 하며, 50~80mm를 표준으로 한다.

59 하루 평균기온이 몇 ℃를 초과하는 것이 예상되는 경우 서중콘크리트로 시공하는가?

① 15℃ ② 20℃
③ 25℃ ④ 30℃

해설
하루 평균기온이 25℃를 초과하는 것이 예상되는 경우 서중콘크리트로 시공하여야 한다.

60 프리플레이스트 콘크리트에 사용되는 골재에 대한 설명으로 틀린 것은?

① 잔골재의 조립률은 1.4~2.2 범위로 한다.
② 굵은골재의 최소치수는 15mm 이상으로 하여야 한다.
③ 일반적으로 굵은 골재의 최대치수는 최소치수의 2~4배 정도로 한다.
④ 굵은골재의 최대치수와 최소치수와의 차이를 크게 하면 주입모르타르의 소요량이 많아진다.

해설
굵은골재의 최대치수와 최소치수와의 차이를 크게 하면 주입모르타르의 소요량이 적어지고, 차이를 적게 하면 굵은 골재의 실적률이 낮아지므로 주입 모르타르의 소요량이 많아진다.

과목 04 콘크리트 구조 및 유지관리

61 콘크리트 기초판의 설계 일반 내용으로 틀린 것은?

① 기초판은 계수하중과 그에 의해 발생되는 반력에 견디도록 설계하여야 한다.
② 기초판 윗면부터 하부철근까지 깊이는 직접기초의 경우는 150mm 이상, 말뚝기초의 경우는 300mm 이상으로 하여야 한다.
③ 기초판의 밑면적은 기초판에 의해 지반에 전달되는 힘과 휨모멘트, 그리고 지반의 허용지지력을 사용하여 산정하여야 하며, 이때 힘과 휨모멘트는 하중계수를 곱한 계수하중을 적용하여야 한다.
④ 기초판에서 휨모멘트, 전단력 그리고 철근정착에 대한 위험단면의 위치를 정할 경우, 원형 또는 정다각형인 콘크리트 기둥이나 주각은 같은 면적의 정사각형 부재로 취급할 수 있다.

해설
기초판의 밑면적은 기초판에 의해 지반에 전달되는 힘과 휨모멘트, 그리고 지반의 허용지지력을 사용하여 산정하여야 하며, 이때 힘과 휨모멘트는 하중계수를 곱하지 않은 사용하중을 적용하여야 한다.

정답 57. ① 58. ② 59. ③ 60. ④ 61. ③

62 유지관리 시설물 중 1종 시설물에 해당하지 않는 것은?

① 연장 300m의 철도 터널
② 상부 구조형식이 사장교인 교량
③ 수원지시설을 포함한 광역상수도
④ 총 저수용량 3천만톤의 용수 전용댐

해설

1종 유지관리 시설물
- 연장 500m 이상의 교량
- 연장 500m 이상의 지하차도
- 연장 1,000m 이상의 터널
- 상부 구조형식이 사장교, 아치교인 교량
- 수원지시설을 포함한 광역상수도
- 20만톤 이상 선박의 하역시설
- 총 저수용량 1천만톤 이상의 용수 전용댐

63 보수에 대한 일반적인 설명으로 틀린 것은?

① 보수에 있어서의 요구수준은 시설물의 현상태 수준 이상으로 하여야 한다.
② 보수방법은 열화와 손상 및 하자에 의한 단면이나 표면 상태를 회복시키는 것을 목적으로 한다.
③ 콘크리트의 보수에 사용되는 재료는 기존 콘크리트의 탄성계수보다 2~3배 정도 높은 재료를 선택해야 한다.
④ 보수에 있어서는 열화원인을 제거하는 것이 원칙이지만, 제거할 수 없는 경우에는 이후의 열화 방지대책을 마련해야 한다.

해설

콘크리트의 보수에 사용되는 재료는 기존 콘크리트의 탄성계수와 유사한 탄성계수를 갖는 재료를 선택해야 하는데, 그 이유는 탄성계수가 기존 콘크리트와 다르면 응력집중이 증가하여 열화의 원인이 되기 때문이다.

64 보의 경간이 10m, 양쪽의 슬래브의 중심 간 거리가 2.3m인 T형보의 유효폭은? (단, b_w : 400mm, t_f : 100mm)

① 2,000mm
② 2,300mm
③ 2,500mm
④ 2,700mm

해설

T형보의 유효폭은 다음 세 가지 값 중 가장 작은 값으로 한다.
- $16t_f + b_w$ = 16 × 120 + 250 = 2,170mm
- 양쪽 슬래브의 중심간 거리 : 2,000mm
- 보 경간의 1/4 : $\frac{1}{4} \times 10,000$ = 2,500mm

∴ 유효폭 b = 2,000mm(최소값)

65 2방향 슬래브의 펀칭전단에 대한 위험단면은 다음 중 어느 곳인가? (단, d : 유효깊이)

① 받침부
② 슬래브 경간의 $\frac{1}{8}$인 곳
③ 받침부에서 d만큼 떨어진 곳
④ 받침부에서 $\frac{d}{2}$만큼 떨어진 곳

해설

펀칭전단(뚫림전단)은 2방향 작용에 의하여 일어나며 펀칭전단에 대한 위험단면은 기둥의 전면에서 $\frac{d}{2}$만큼 떨어진 면이다.

66 콘크리트를 각종 섬유로 보강하여 보수공사를 진행할 경우 섬유가 갖추어야 할 조건으로 틀린 것은?

① 섬유의 압축 및 인장강도가 충분해야 한다.
② 시공이 어렵지 않고 가격이 저렴해야 한다.
③ 내구성, 내열성, 내후성 등이 우수해야 한다.
④ 섬유와 시멘트 결합재와의 부착이 우수해야 한다.

정답 62. ① 63. ③ 64. ① 65. ④ 66. ①

> [해설]
>
> **섬유보강콘크리트용 섬유가 갖추어야 할 조건**
> - 섬유의 인장강도가 충분히 클 것
> - 섬유와 시멘트 결합재와의 부착력이 우수할 것
> - 시공이 어렵지 않고 가격이 저렴할 것
> - 내구성, 내열성 및 내후성이 우수할 것
> - 섬유의 탄성계수는 시멘트 결합재 탄성계수의 1/5 이상일 것
> - 형상비가 50 이상일 것

67 해석적 방법에 의해 구조물의 내하력 평가를 실시할 경우에 대한 설명으로 틀린 것은?

① 구조 부재의 치수는 위험단면에서 확인하여야 한다.
② 철근, 용접철망 또는 긴장재의 위치 및 크기는 계측에 의해 위험단면에서 결정하여야 한다.
③ 철근 강도와 긴장재 강도의 검토가 필요한 경우, 가장 안전한 구조물의 부분에서 채취한 재료의 시료를 사용하여 압축시험으로 결정하여야 한다.
④ 콘크리트 강도의 검토가 필요한 경우, 코어 시험편 또는 공시체에 대한 압축강도시험 결과를 이용하여 적절한 평가입력값을 구하여야 한다.

> [해설]
>
> 철근 강도와 긴장재 강도의 검토가 필요한 경우, 가장 안전한 구조물의 부분에서 채취한 재료의 시료를 사용하여 <u>인장시험으로 결정</u>하여야 한다.

68 철근콘크리트가 성립될 수 있는 기본적인 이유로 옳지 않은 것은?

① 철근과 콘크리트 사이의 부착강도가 크다.
② 철근과 콘크리트의 탄성계수가 거의 같다.
③ 콘크리트 속에 묻힌 철근은 녹슬지 않는다.
④ 철근과 콘크리트의 열에 대한 팽창계수가 거의 같다.

> [해설]
>
> 철근의 탄성계수(E_s)와 콘크리트의 탄성계수(E_c)는 탄성계수비 n배(대략 7~13배)의 차이가 있다.
>
> $n = \dfrac{E_s}{E_c} = 7 \sim 13$

69 장주의 좌굴하중(Pcr)을 구하는 아래 식에서 값이 가장 큰 지점의 조건은?

$$P_{cr} = \dfrac{n\pi^2 EI}{l^2}$$

① 양단 고정인 장주
② 양단 힌지인 장주
③ 1단 고정, 타단 자유인 장주
④ 1단 고정, 타단 힌지인 장주

> [해설]
>
> $P_{cr} = \dfrac{n\pi^2 EI}{(l)^2} = \dfrac{\pi^2 EI}{(Kl)^2}$
>
> | | | |
> |---|---|---|
> | 1단 고정 타단 자유 | $n = \dfrac{1}{4}$ | $K = 2.0$ |
> | 양단힌지 | $n = 1$ | $K = 1.0$ |
> | 1단 힌지 타단 고정 | $n = 2$ | $K = 0.7$ |
> | 양단고정 | $n = 4$ | $K = 0.5$ |

70 알칼리골재반응이 원인으로 추정되는 부재의 향후 팽창량을 예측하기 위하여 필요한 시험은?

① SEM 시험
② 압축강도 시험
③ 배합비 추정시험
④ 코어의 잔존 팽창량 시험

> [해설]
>
> - 잔존 팽창량 시험 : 구조물로부터 채취한 코어 샘플에 대해서 팽창반응을 가열·습윤에 의해 촉진해, 앞으로 발생할 팽창을 단기간으로 일으켜, <u>향후 팽창량을 예측하기 위한 시험</u>

- 골재의 반응성 유무 : 주사전자현미경(SEM)에 의한 관찰

71 콘크리트에 그림과 같은 균열이 발생한 경우 균열 원인으로서 가장 관계가 깊은 것은?

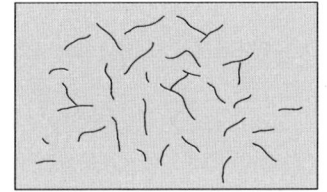

① 블리딩 ② 소성수축균열
③ 시멘트 이상응결 ④ 콘크리트 충전 불량

해설
시멘트 이상응결 : 폭이 크며 길이가 짧은 균열이 조기에 불규칙하게 발생한다.

72 콘크리트를 진단할 때 물리적 성질을 알아보기 위해 시행하는 시험이 아닌 것은?

① 투수성 시험 ② 반발경도시험
③ 코어추출시험 ④ 알칼리골재반응 시험

해설
콘크리트의 진단 시험 종류
- 화학적 성질을 알기 위한 시험 : 알칼리골재반응, 염화물, 탄산화, 화학적 침식
- 물리적 성질을 알기 위한 시험 : 코어 추출시험, 반발경도시험, 투수성 시험

73 프리스트레스트(Prestressed) 콘크리트에 관한 일반적인 내용으로 틀린 것은?

① 고강도 콘크리트 및 고장력강을 유효하게 이용할 수 있다.
② 철근콘크리트에 비해 일반적인 과대하중을 받은 후의 잔류변형이 적다.
③ 철근콘크리트에 비해 보 단면을 적게 할 수 있고 장경간 제조에 적당하다.
④ 도입된 프리스트레스는 콘크리트의 크리프(Creep) 및 건조수축에 의해 증가한다.

해설
도입된 프리스트레스는 콘크리트의 크리프(Creep) 및 건조수축에 의해 감소한다.

74 보통 중량콘크리트와 설계기준항복강도 f_y= 350MPa 철근을 사용한 지간이 8m의 단순지지 보가 있다. 이 보에 대한 처짐을 계산하지 않는 경우의 최소두께는?

① 372mm ② 400mm
③ 465mm ④ 500mm

해설
처짐을 계산하지 않는 경우의 단순지지 보의 최소두께
$$t = \frac{L}{16}\left(0.43 + \frac{f_y}{700}\right) = \frac{8,000}{16}\left(0.43 + \frac{350}{700}\right) = 465mm$$

75 아래 표의 조건과 같을 때 1방향 철근콘크리트 슬래브의 최소 수축·온도철근량은?

- 설계기준항복강도(f_y)가 300MPa인 이형철근을 사용한 슬래브
- 폭 1,000mm, 전체깊이 250mm인 슬래브

① $250mm^2$ ② $500mm^2$
③ $750mm^2$ ④ $1,000mm^2$

해설
설계기준강도가 400MPa 이하인 이형철근을 사용한 1방향 철근콘크리트 슬래브의 최소 수축·온도철근비는 0.002이다.
∴ 최소 수축·온도철근량
$A_s = \rho bd = 0.002 \times 1,000 \times 250 = 500mm^2$

76 콘크리트 구조물의 점검(진단) 방법 중 음향방출(Acoustic Emission)법에 대한 설명으로 틀린 것은?

① Kaiser 효과로 인해 검사 횟수에 제한적이다.
② 재료의 동적인 변화를 파악하는 것이 가능하다.
③ 구조물의 사용을 중단하지 않고도 검사가 가능하다.
④ 기존 구조물에 하중을 가하지 않은 상태에서도 검사가 용이하다.

해설
기존 구조물에 하중을 가해야만 검사가 가능하므로 하중을 가하지 않은 상태에서는 <u>검사가 불가능하다</u>.

77 콘크리트에 함유된 염화물이온량 측정용 지시약으로 적절하지 않은 것은?

① 질산은 ② 크롬산칼륨
③ 페놀프탈레인 ④ 티오시안산 제2수은

해설
- 염화물이온량 측정용 지시약 : <u>질산은, 티오시안산 제2수은, 크롬산칼륨법, 염화은</u>
- 탄산화 깊이 측정용 지시약 : <u>페놀프탈레인</u>

78 D25 (공칭지름 25.4mm) 철근을 90° 표준갈고리로 제작할 때 90° 구부린 끝에서 연장되는 최소길이는?

① 280mm ② 305mm
③ 330mm ④ 355mm

해설
90° 표준갈고리의 연장길이
- D16 이하의 철근은 구부린 끝에서 $6d_b$ 이상 더 연장
- D19, D22 및 D25 철근은 구부린 끝에서 <u>$12d_b$</u> 이상 더 연장
∴ $12d_b = 12(25.4) = 304.8mm$

79 사용 중에서 콘크리트에 휨인장응력의 작용을 허용하는 프리스트레싱 방법은?

① 풀 프리스트레싱 ② 내적 프리스트레싱
③ 외적 프리스트레싱 ④ 파셜 프리스트레싱

해설
- 파셜 프리스트레싱 : 사용하중 재하 시 부재 내에 <u>휨인장응력의 작용을 허용하는 프리스트레싱 방법</u>
- 외적 프리스트레싱 : 긴장재를 콘크리트 부재 밖에 배치하여 긴장하여 정착시키는 방법
- 내적 프리스트레싱 : 긴장재를 콘크리트 부재 내에 배치하여 긴장하여 정착시키는 방법
- 풀 프리스트레싱 : 사용하중 재하 시 부재 내에 휨인장응력이 전혀 발생하지 않도록 하는 프리스트레싱 방법

80 콘크리트 구조물의 탄산화 깊이를 예측할 때 일반적으로 적용되고 있는 식은? (단, X : 탄산화 깊이, R : 탄산화 속도계수, t : 경과년수)

① $X = Rt^2$ ② $X = R\sqrt{t}$
③ $X = Rt^3$ ④ $X = \sqrt{\dfrac{t^3}{R}}$

해설
- 탄산화 진행 속도 : 콘크리트 표면으로부터 <u>탄산화 부분과 비탄산화 부분의 경계면까지의 길이(A 또는 R)와 경과한 시간(t)</u>의 함수로 나타낸다.
- 탄산화 깊이 산정식 $X = R\sqrt{t}$

정답 76. ④ 77. ③ 78. ② 79. ④ 80. ②

CHAPTER 02 2021년도 콘크리트기사 2회 필기

과목 01 콘크리트 재료 및 배합

01 다음 표는 골재의 함수상태에 따른 질량을 측정한 결과를 나타낸 것이다. 잔골재의 흡수율(㉠)과 표면수율(㉡)은 얼마인가?

함수상태 질량	잔골재
절대건조상태 질량(g)	470
공기 중 건조상태 질량(g)	480
표면건조포화상태 질량(g)	500
습윤상태 질량(g)	520

① ㉠ : 5.38%, ㉡ : 3.85%
② ㉠ : 5.38%, ㉡ : 4.00%
③ ㉠ : 6.38%, ㉡ : 3.85%
④ ㉠ : 6.38%, ㉡ : 4.00%

해설

흡수율과 표면수율 계산

- 흡수율 = $\dfrac{표건상태\ 중량 - 절건상태\ 중량}{절건상태\ 중량} \times 100$

  $= \dfrac{(500-470)}{470} \times 100 = 6.38\%$

- 표면수율 = $\dfrac{습윤상태\ 중량 - 표건상태\ 중량}{표건상태\ 중량} \times 100(\%)$

  $= \dfrac{(520-500)}{500} \times 100 = 4.00\%$

02 다음 배합수에 포함될 수 있는 불순물 중 응결 지연 작용을 나타내는 것은?

① 질산염
② 황산칼슘
③ 염화암모늄
④ 탄산나트륨

해설

응결 지연과 응결 촉진
- 질산염은 5시간 가까운 응결 지연 작용을 한다.
- 반면 염화암모늄과 탄산나트륨은 응결 지연이 아닌 응결 촉진작용을 한다.

03 금속 재료의 인장시험을 위한 시험편의 준비에 대한 설명으로 틀린 것은?

① 표점은 도료를 칠한 시험편 위에 줄을 그어 표시하는 것을 원칙으로 한다.
② 시험편 부분의 재질에 변화를 발생시키는 변형 또는 가열을 해서는 안 된다.
③ 시험편의 교정은 최대한 피하는 것이 좋고, 교정을 필요로 하는 경우에는 가급적 재질에 영향을 미치지 않는 방법을 사용하도록 한다.
④ 전단, 펀칭 등에 의한 가공을 한 시험편에서 시험 결과에 그 가공의 영향이 인정되는 경우에는 가공의 영향을 받은 영역을 절삭·제거하여 병행부를 다듬질한다.

해설

- 표점은 펀치 또는 스크라이버로 긋는 것을 원칙으로 한다.
- 단, 시험편의 재질이 표면 홈에 대하여 민감하거나 매우 단단한 재질의 경우에는 도료를 칠한 위에 줄을 그어 표시한다.

정답 01. ④ 02. ① 03. ①

04 시멘트 클링커 화합물에 대한 설명으로 옳지 않은 것은?

① C_3S의 수화열 보다 C_2S의 수화열이 적게 발열된다.
② 조기강도 발현에 가장 큰 영향을 주는 화합물은 C_3S이다.
③ 콘크리트 구조물의 건조수축을 줄이기 위하여 C_2S와 C_3A가 많은 시멘트를 사용해야 한다.
④ 구조물의 화학저항성을 향상시키기 위하여 C_2S와 C_4AF가 많은 시멘트를 사용해야 한다.

해설

시멘트 클링커 화합물
- 규산 3석회(C_3S) : 수화열이 C_2S에 비해 크며 <u>조기강도가 크다.</u>
- 규산 2석회(C_2S) : 수화열이 작아서 강도발현은 늦지만, <u>장기강도의 발현성과 화학저항성이 우수하다.</u>
- 알민산 3석회(C_3A) : 수화속도가 매우 빠르고 <u>발열량과 수축이 크다.</u>
- 알민산철 4석회(C_4AF) : 수화열이 적고 수축도 적다. 강도 증진에는 큰 효과가 없으나 <u>화학저항성이 우수하다.</u>

05 전체 10kg의 굵은 골재를 사용한 체가름 시험 결과가 아래의 표와 같을 때 조립률은?

체의 크기 (mm)	40	30	25	20	15	10	5
각 체에 남은 양(g)	200	600	1,500	2,000	3,200	1,800	700

① 4.7　　② 6.24
③ 7.38　　④ 8.46

해설

조립률체 : 75, 40, 20, 10, 5, 2.5, 1.2, 0.6, 0.3, 0.15mm

체의 호칭치수	남은 양 (g)	잔류율 (%)	누가 잔류율 (%)
40mm	200	2	2
30mm	600	6	8
25mm	1,500	15	23
20mm	2,000	20	43
15mm	3,200	32	75
10mm	1,800	18	93
5mm	700	7	100
계	10,000	100	

$$\therefore F.M = \frac{\sum 누가잔류율}{100}$$
$$= \frac{0+2+43+93+100\times 6}{100} = 7.38$$

06 콘크리트용 재료에 대해 주어진 상황에 따라 실시한 재료시험으로 틀린 것은?

① 시멘트의 저장기간이 오래되어 대기 중 수분 및 이산화탄소를 흡수하였을 가능성이 있으므로 비중시험을 실시하였다.
② 바다모래를 사용하면 콘크리트 중의 철근 부식을 일으킬 수 있으므로 골재 중의 염화물 함유량 시험을 실시하였다.
③ 석고를 10% 첨가하여 제조한 시멘트를 사용하면 시멘트 경화체의 이상 팽창을 일으킬 수 있으므로 길모어 침에 의한 응결시험을 실시하였다.
④ 안정성이 나쁜 골재를 사용하면 콘크리트의 동결융해 작용에 대한 내구성이 저하하므로 황산나트륨 용액에 의한 안정성 시험을 실시하였다.

해설

시멘트 경화체의 이상 팽창에 대해 <u>오토클레이브 팽창도 시험</u>을 실시하며, 길모어 침에 의한 응결시험은 <u>시멘트의 응결시간</u>에 대한 시험방법이다.

07 실리카 퓸을 혼합한 콘크리트의 성질에 대한 설명으로 틀린 것은?

① 실리카 퓸을 혼합하면 블리딩과 재료분리를 감소시킬 수 있다.
② 물-결합재비를 낮추기 위하여 고성능 감수제의 사용은 필수적이다.
③ 실리카 퓸을 혼합한 콘크리트의 목표 슬럼프를 유지하기 위해 소요되는 단위수량은 혼합량이 증가함에 따라 거의 선형적으로 증가한다.
④ 실리카 퓸은 비표면적이 작고 미연소 탄소를 함유하지 않기 때문에 목표공기량을 유지하기 위해 혼합률이 증가함에 따라 AE제의 사용량을 증가시킬 필요가 없다.

해설

실리카 퓸은 <u>비표면적이 크고</u> 플라이애시처럼 미연소 탄소를 함유하고 있지 않지만 목표공기량을 유지하기 위해 혼합률이 증가함에 따라 <u>AE제의 사용량을 증가시킬 필요가 있다.</u>

08 콘크리트 공시체 12개의 압축강도 측정값이 아래와 같을 때, 표준편차는? (단위 : MPa)

21, 20, 19, 18, 24, 25, 21, 22, 21, 24, 22, 21

① 1.87
② 2.07
③ 2.27
④ 2.47

해설

표준편차 계산
• 압축강도 평균값
$$\bar{x} = \frac{21+20+19+18+24+25+21+22+21+24+22+21}{12} = 21.5 MPa$$
• 표준편차 합
$S = (21-21.5)^2 + (20-21.5)^2 + (19-21.5)^2 + (18-21.5)^2 + (24-21.5)^2$
$+ (25-21.5)^2 + (21-21.5)^2 + (22-21.5)^2 + (21-21.5)^2 + (24-21.5)^2$
$+ (22-21.5)^2 + (21-21.5)^2 = 47$

∴ 표준편차
$$\sigma = \sqrt{\frac{S}{n-1}} = \sqrt{\frac{47}{12-1}} = 2.07 MPa$$

09 아래의 표에서 설명하는 혼화재료의 명칭은?

그 자체는 수경성이 없으나 콘크리트 중의 물에 용해되어 있는 수산화칼슘과 상온에서 천천히 화합하여 물에 녹지 않는 화합물을 만들 수 있는 실리카질 물질을 함유하고 있는 미분말 상태의 재료

① AE제
② 감수제
③ 급결제
④ 포졸란

해설

포졸란(pozzolan) : 실리카 혼합물로서 그 자체는 <u>수경성이 없으나 수산화칼슘과 상온에서 결합하여 불용성의 실리카질 화합물을 생성시키는 물질</u>

10 배합설계 방법에 대한 설명으로 옳은 것은?

① 알칼리 골재 반응을 억제하기 위해서는 알칼리 함량이 0.6% 이하인 시멘트를 사용한다.
② 레디믹스트 콘크리트에서 단위수량의 상한치는 생산자와 협의 없이 지정된다.
③ 잔골재의 입도는 워커빌리티와 크게 관련이 없으므로 배합을 수정할 필요가 없다.
④ AE콘크리트로서의 유효공기량은 일반석으로 2% 이하에서도 동결융해 저항성이 충분히 개선된다.

해설

② 레디믹스트 콘크리트에서 단위수량의 상한치는 <u>구입자와 생산자와 협의하고 콘크리트의 구조설계기준 또는 콘크리트 시방서 등의 규정을 적용하여 지정된다.</u>
③ 잔골재의 입도가 변화하여 <u>조립률이 ±0.20 이상 차이가 있을 경우에는 워커빌리티가 변화하므로 배합을 수정할 필요가 있다.</u>
④ AE콘크리트로서의 유효공기량은 일반적으로 <u>3~6%에서 동결융해 저항성이 충분히 개선된다.</u>

정답 07. ④ 08. ② 09. ④ 10. ①

11 KS에 규정되어 있는 골재 시험 항목에 대하여 시험에 사용하는 용액이 잘못 연결된 것은?

① 안정성 : 염화나트륨
② 염화물 함유량 : 질산은
③ 유기불순물 : 수산화나트륨
④ 알칼리골재반응 : 수산화나트륨

해설
- 안정성 시험 : 황산나트륨
- 염화물 함유량 : 질산은, 크롬산은 및 티온시안산 제2수은

12 콘크리트용 화학혼화제(공기연행제, 감수제, 공기연행 감수제, 고성능 공기연행 감수제)의 성능을 확인하기 위한 콘크리트 시험에 관한 설명으로 옳지 않은 것은?

① 화학혼화제는 혼합수를 넣은 다음 이어서 믹서에 투입한다.
② 공기연행제 및 공기연행 감수제의 동결융해 저항성 시험에는 슬럼프 80mm의 콘크리트를 적용한다.
③ 고성능 공기연행 감수제의 동결융해 저항성 시험 및 경시변화량 시험에는 슬럼프 180mm의 콘크리트를 적용한다.
④ 압축강도 시험은 재령 3일, 7일 및 28일의 각 재령별로 3개씩 공시체를 만들어 시험하며 그 평균값을 콘크리트 압축강도로 한다.

해설
화학혼화제는 미리 혼합수에 혼입하여 믹서에 투입한다.

13 굵은 골재의 단위용적질량 시험에서 용기의 부피가 10L, 용기 중 시료의 절건 질량이 20kg이었다. 이 골재의 흡수율이 1.2%이고 표면건조포화상태의 밀도가 2.65kg/L라면 실적률은?

① 45.2%   ② 54.7%
③ 65.3%   ④ 76.4%

해설
실적률 계산
- 골재의 단위용적질량
$$T = \frac{\text{용기안 시료의 질량}(m_1)}{\text{용기의 부피}(V)} = \frac{20}{10} = 2 kg/L$$
- 실적률
$$G = \frac{\text{골재의 단위용적질량}(T)}{\text{골재의 절건밀도}(d_p)} \times [100 + \text{흡수율}(Q)]$$
$$= \frac{2}{2.65} \times (100 + 1.2) = 76.37\%$$

14 시멘트의 응결에 대한 설명으로 틀린 것은?

① 수량이 많으면 응결은 지연된다.
② C_2S가 많을수록 응결은 빨라진다.
③ 온도가 높을수록 응결은 빨라진다.
④ 분말도가 높으면 응결은 빨라진다.

해설
규산 이석회(C_2S)
- C_2S가 많을수록 응결은 지연된다.
- 강도발현은 늦어지고 수화열이 작다.
- 화학 저항성이 우수하다.

15 콘크리트의 배합강도를 결정하기 위해서는 압축강도 시험실적이 필요하다. 시험횟수가 29회 이하인 경우 표준편차의 보정계수를 사용하는데, 다음 중 그 값이 틀린 것은?

① 시험횟수 15회 : 1.16
② 시험횟수 20회 : 1.08
③ 시험횟수 25회 : 1.04
④ 시험횟수 30회 이상 : 1.00

정답 11. ① 12. ① 13. ④ 14. ② 15. ③

해설

시험 횟수가 29회 이하일 때 표준편차 보정계수

시험횟수	표준편차의 보정계수
15	1.16
20	1.08
25	1.03
30 이상	1.00

16 콘크리트 시방 배합설계에서 단위골재의 절대 용적이 698L이고, 잔골재율이 42%, 굵은 골재의 표건밀도가 0.00265g/mm³일 때 단위굵은골재량은?

① 776.8kg ② 778.6kg
③ 1,072.8kg ④ 1,082.8kg

해설

단위굵은골재량 계산
단위굵은골재량
$G = V_g \times (1 - S/a) \times 굵은\ 골재\ 밀도 \times 1{,}000$
$= \dfrac{698}{1{,}000} \times (1 - 0.42) \times 2.65 \times 1{,}000$
$= 1072.8 kg/m^3$

17 르샤틀리에 비중병을 이용한 시멘트 비중시험(KS L 5110)에 대한 설명으로 틀린 것은?

① 일정한 양의 시멘트를 0.05g까지 달아 비중병에 조금씩 넣는다.
② 비중병에 먼저 깨끗이 정제된 3차 증류수를 채우고 초기 눈금 값을 읽는다.
③ 시멘트를 다 넣은 다음 공기방울이 나오지 않을 때까지 병을 기울여 굴린다.
④ 동일 시험자가 동일 재료에 대하여 2회 측정한 결과가 ±0.03 이내이어야 한다.

해설

비중병의 눈금 0~1mL 사이와 눈금선까지 광유를 채우고 초기 눈금 값을 읽는다.

18 콘크리트 배합설계에서 잔골재율(S/a) 및 단위수량 보정 시 잔골재율의 보정에 관련이 없는 조건은?

① 공기량 ② 물-결합재비
③ 잔골재 조립률 ④ 굵은 골재 조립률

해설

잔골재율 및 단위수량 보정 시 잔골재율(S/a)의 보정

구분	잔골재율(S/a)
• 잔골재의 조립률이 0.1만큼 클(작을) 때마다	0.5%만큼 크게(작게) 한다.
• 공기량이 1%만큼 클(작을) 때마다	0.5~1.0%만큼 작게(크게) 한다.
• 물-결합재비가 0.05만큼 클(작을) 때마다	1%만큼 크게(작게) 한다.

19 콘크리트의 호칭강도가 28MPa이고, 30회 이상의 시험실적으로부터 구한 압축강도 표준편차가 2MPa인 경우 콘크리트의 배합강도는?

① 29.16MPa ② 30.68MPa
③ 31.21MPa ④ 32.15MPa

해설

30회 이상의 시험이므로 보정계수는 1.0을 적용하여 표준편차는 그대로 사용한다.
$f_{cn} \leq 35 MPa$일 때
• $f_{cr} = f_{cn} + 1.34s = 28 + 1.34(2) = 30.68 MPa$
• $f_{cr} = (f_{cn} - 3.5) + 2.33s$
$= (28 - 3.5) + 2.33(2) = 29.16 MPa$
∴ $f_{cr} = 30.68 MPa$ (두 값 중 큰 값)

정답 16. ③ 17. ② 18. ④ 19. ②

20 알루미나 시멘트에 대한 설명으로 옳지 않은 것은?

① 철근부식에 대한 저항성이 크다.
② 내화성능이 우수하여 내화물용 콘크리트에 적합하다.
③ 보통포틀랜드시멘트에 비해 초기강도 발현이 매우 빠르다.
④ 높은 수화열로 낮은 외기온도에서도 강도 발현이 좋아서 신속 보수공사나 한중콘크리트 시공에 적합하다.

해설
알루미나 시멘트는 수화반응의 결과물이 보통포틀랜드시멘트에 비해 알칼리성이 약하므로 철근부식에 대한 저항성이 작다.

과목 02 콘크리트 제조, 시험 및 품질관리

21 레디믹스트 콘크리트의 품질 규정에 대한 설명으로 틀린 것은?

① 슬럼프 25mm인 콘크리트에서 슬럼프의 허용오차는 ±10mm이다.
② 슬럼프 플로 600mm인 콘크리트에서 슬럼프 플로의 허용오차는 ±75mm이다.
③ 보통 콘크리트의 공기량은 4.5%이며, 공기량의 허용오차는 ±1.5%이다.
④ 경량 콘크리트의 공기량은 5.5%이며, 공기량의 허용오차는 ±1.5%이다.

해설
슬럼프 플로의 허용오차

슬럼프	슬럼프 플로의 허용오차
500mm	±75mm
600mm	±100mm
700mm	±100mm

∴ 슬럼프 플로 600mm인 콘크리트에서 슬럼프 플로의 허용오차는 ±100mm이다.

22 콘크리트 압축강도시험에서 하중을 가하는 속도로 가장 적합한 것은?

① 압축응력도의 증가율이 매초 0.6±0.2MPa이 되도록 한다.
② 압축응력도의 증가율이 매초 1.2±0.6MPa이 되도록 한다.
③ 압축응력도의 증가율이 매초 4±2MPa이 되도록 한다.
④ 압축응력도의 증가율이 매초 6±4MPa이 되도록 한다.

해설
• 압축강도 시험에서 공시체에 하중을 가하는 속도는 압축응력도의 증가율이 매초 (0.6±0.2)MPa이 되도록 한다.
• 휨강도 시험에서 공시체에 하중을 가하는 속도는 가장자리 응력도의 증가율이 매초 (0.06±0.04)MPa이 되도록 조정하고, 최대하중이 될 때까지 그 증가율을 유지하도록 한다.

23 타설 직전의 콘크리트의 수소이온 농도(pH 값)를 측정하였을 때 예상되는 pH 값의 범위로 가장 가까운 것은?

① 3~4 ② 5~8
③ 9~11 ④ 12~13

해설
탄산화(중성화) : 시멘트와 물과의 수화반응에서 생성되는 수산화칼슘(pH 12~13 정도의 강알칼리성)이 대기에 있는 약산성의 탄산가스와 접촉하여 탄산칼슘으로 변화한 부분의 pH가 8.5~10 정도로 낮아지는 현상

정답 20. ① 21. ② 22. ① 23. ④

24 KCS 14 20 10에 따른 콘크리트용 재료의 계량 허용오차가 가장 큰 것은?

① 물
② 골재
③ 시멘트
④ 혼화재

해설

재료의 계량오차

재료의 종류	1회 재량 분량의 한계오차
물	-2%, +1%
시멘트	-1%, +2%
혼화재	±2%
골재, 혼화제	±3%

25 콘크리트 제조공정의 품질관리 및 검사 내용 중 1일에 2회 이상 시험·검사를 해야 하는 항목은?

① 잔골재의 조립률
② 잔골재의 표면수율
③ 굵은 골재의 조립률
④ 굵은 골재의 표면수율

해설

콘크리트 제조공정에 있어서의 검사

항목	시기 및 횟수
시방배합	공사 중 적절히 실시함
잔골재 조립률	1회/일 이상
잔골재 표면수율	2회/일 이상
굵은 골재 조립률	1회/일 이상
굵은 골재 표면수율	1회/일 이상

26 다음 중 소성수축균열이 발생할 수 있는 경우는?

① 외부의 구속조건이 큰 경우
② 굳지 않은 콘크리트 상태에서 하중을 가한 경우
③ 철근 및 기타 매설물에 의하여 침하가 국부적으로 방해를 받는 경우
④ 바람이나 높은 기온으로 인하여 블리딩 발생량보다 표면수의 증발이 빠른 경우

해설

- 소성수축균열 : 블리딩 발생량보다 콘크리트 표면의 물(표면수)의 증발이 빠른 경우
- 침하(수축)균열 : 철근 및 기타 매설물에 의하여 침하가 국부적으로 방해를 받는 경우

27 압력법에 의한 굳지 않은 콘크리트의 공기량 시험방법(KS F 2421)과 관련된 사항 중 옳지 않은 것은?

① 진동기로 다지는 경우 KS F 2409에 준하여 실시한다.
② 시료를 용기에 거의 같은 두께의 2층으로 나눠서 채우고, 각 층을 다짐봉으로 25회 다진다.
③ 이 시험방법은 굵은 골재 최대 치수 40mm 이하의 보통 골재를 사용한 콘크리트에 대하여 적당하다.
④ 다짐 후 다짐 구멍이 없어지고 콘크리트의 표면에 큰 거품이 보이지 않게 되도록 용기의 옆면을 10~15회 고무망치로 두드린다.

해설

시료를 용기에 거의 같은 두께의 3층으로 나눠서 채우고, 각 층을 다짐봉으로 25회 다진다.

28 콘크리트의 시공 성능에 대한 설명으로 옳지 않은 것은?

① 워커빌리티 증진을 위하여, 일반적으로 콘크리트 온도를 상승시킨다.
② 일반적으로 펌퍼빌리티는 수평관 1m당 관내의 압력손실로 정할 수 있다.
③ 굳지 않은 콘크리트의 펌퍼빌리티는 펌프 압송작업에 적합한 것이어야 한다.
④ 굳지 않은 콘크리트의 워커빌리티는 운반, 타설, 다지기, 마무리 등의 작업에 적합한 것이어야 한다.

정답 24. ② 25. ② 26. ④ 27. ② 28. ①

> [해설]
> 워커빌리티 증진을 위하여, 일반적으로 콘크리트 온도를 감소시킨다.

29 굳지 않은 콘크리트의 시료 채취 방법(KS F 2401)에서 시료의 양에 대한 기준으로 옳은 것은? (단, 분취 시료를 그대로 시료로 하는 경우는 제외한다.)

① 시료의 양은 20L 이상으로 하고, 시험에 필요한 양보다 5L 이상 많아야 한다.
② 시료의 양은 10L 이상으로 하고, 시험에 필요한 양보다 5L 이상 많아야 한다.
③ 시료의 양은 20L 이상으로 하고, 시험에 필요한 양보다 많아야 한다.
④ 시료의 양은 10L 이상으로 하고, 시험에 필요한 양보다 많아야 한다.

> [해설]
> 시료의 양
> 시료의 양은 20L 이상으로 하고, 시험에 필요한 양보다 5L 이상 많아야 한다. 다만, 분취 시료를 그대로 시료로 하는 경우에는 20L보다 적어도 된다.

30 $\phi 150mm \times 300mm$인 콘크리트 표준공시체에 대하여 압축강도 시험할 때 하중 150kN이 작용할 경우 공시체 축방향의 수축량은? (단, 콘크리트의 탄성계수 25,800MPa이다.)

① 약 0.03mm   ② 약 0.05mm
③ 약 0.07mm   ④ 약 0.1mm

> [해설]
> 수축량(변형량) 계산
> 축방향의 수축량
> $$\triangle L = \frac{PL}{EA} = \frac{150(10)^3 \times 300}{25,800 \times \frac{\pi(150)^2}{4}} = 0.099mm \approx 0.1mm$$

31 콘크리트 비비기에 대한 설명으로 틀린 것은?

① 콘크리트의 재료는 반죽된 콘크리트가 균질하게 될 때까지 충분히 비벼야 한다.
② 비비기는 미리 정해둔 비비기 시간의 3배 이상 계속하지 않아야 한다.
③ 재료를 믹서에 투입할 때 일반적으로 물은 다른 재료보다 먼저 넣기 시작하여 다른 재료의 투입이 끝난 후 조금 지난 뒤에 물의 주입을 끝낸다.
④ 비비기 시작 후 최초에 배출되는 콘크리트는 사용하지 않는 것을 원칙으로 하나, 연속믹서를 사용할 경우는 사용할 수 있다.

> [해설]
> 연속믹서를 사용할 경우, 비비기 시작 후 최초에 배출되는 콘크리트는 사용해서는 안 된다.

32 레디믹스트 콘크리트 품질에 대한 지정으로 각 슬럼프 값에 따른 허용오차 기준이 틀린 것은?

① 슬럼프 25mm : 허용오차 ±10mm
② 슬럼프 50mm : 허용오차 ±15mm
③ 슬럼프 65mm : 허용오차 ±20mm
④ 슬럼프 80mm : 허용오차 ±25mm

> [해설]
> 슬럼프의 허용오차
>
> | 슬럼프 | 슬럼프의 허용오차 |
> |---|---|
> | 25mm | ±10mm |
> | 50mm 및 65mm | ±15mm |
> | 80mm 이상 | ±25mm |

정답 29. ①   30. ④   31. ④   32. ③

33 콘크리트의 받아들이기 품질검사에 대한 설명으로 틀린 것은?

① 펌퍼빌리티 시험은 펌프 압송 시 실시한다.
② 바닷모래를 사용할 경우 염화물 함유량 시험은 1일 1회 실시한다.
③ 슬럼프 시험은 압축강도 시험용 공시체 채취 시 및 타설 중에 품질변화가 인정될 때 실시한다.
④ 공기량 시험은 압축강도 시험용 공시체 채취 시 및 타설 중에 품질변화가 인정될 때 실시한다.

해설
바닷모래를 사용할 경우 염화물 함유량 시험은 1일 2회 실시한다.

34 콘크리트 탄산화 깊이 측정시험에서 가장 많이 사용되는 용액은?

① 염산 용액
② 황산 용액
③ 마그네슘 용액
④ 페놀프탈레인 용액

해설
- 탄산화 깊이 측정용 지시약 : 페놀프탈레인
- 염화물이온량 측정용 지시약 : 질산은, 티오시안산제2수은, 크롬산칼륨법, 염화은

35 어느 레미콘 공장의 콘크리트 압축강도 시험결과 표준편차가 1.5MPa이었고, 압축강도의 평균값이 39.6MPa이었다면 이 콘크리트의 변동계수는?

① 2.8%
② 3.8%
③ 4.5%
④ 5.5%

해설
변동계수
$$C_V = \frac{\text{표준편차}(\sigma)}{\text{평균값}(\bar{x})} \times 100 = \frac{1.5}{39.6} \times 100 = 3.79\%$$

36 중앙점 재하법에 따라 굳은 콘크리트의 휨강도 시험을 한 결과, 최대하중이 50kN일 때 휨강도는? (단, 공시체 150mm×150mm×530mm이며, 지간은 450mm)

① 5MPa
② 8MPa
③ 10MPa
④ 12MPa

해설
중앙점 재하법 휨강도
$$f_b = \frac{3PL}{2bh^2} = \frac{3(50)(10)^3(450)}{2(150)(150)^2} = 10MPa$$

37 다음 중 계량값 관리도에 포함되지 않는 것은?

① $\bar{x}-R$ 관리도
② $\bar{x}-\sigma$ 관리도
③ x 관리도
④ p 관리도

해설

관리도의 분류

종류	관리도	데이터 종류	적용 이론
계량값 관리도	$\bar{x}-R$ 관리도	길이, 중량, 강도, 화학성분, 압력, 슬럼프, 공기량	정규분포
	$\bar{x}-\sigma$ 관리도		
	x 관리도		
계수값 관리도	P 관리도	제품의 불량률	이항분포
	P_n 관리도	불량개수	
	C 관리도	결점수	포아송분포
	U 관리도	단위당 결점수	

정답 33. ② 34. ④ 35. ② 36. ③ 37. ④

38 급속 동결융해에 대한 콘크리트의 저항 시험 방법(KS F 2456)에서는 특별히 제한이 없는 한 300 사이클 또는 상대 동탄성계수가 60%가 될 때까지 시험을 계속하도록 규정하고 있다. 만약 동결융해 시험된 공시체의 250 사이클에서 상대 동탄성계수가 60%로서 시험이 중단되었다면 이 콘크리트의 내구성지수는?

① 30 ② 40
③ 50 ④ 60

[해설]

내구성지수 DF
$= \dfrac{\text{상대 동탄성계수} \times \text{시험종료 사이클수}}{\text{동결융해에의 노출이 끝날 때의 사이클수}} = \dfrac{P \times N}{M}$

∴ $DF = \dfrac{250 \times 60}{300} = 50\%$

39 레디믹스트 콘크리트의 제조설비에 대한 설명으로 틀린 것은?

① 콘크리트 운반차는 트럭믹서나 트럭 애지테이터를 사용한다.
② 계량기는 서로 배합이 다른 콘크리트의 각 재료를 연속적으로 계량할 수 있어야 한다.
③ 골재 저장설비는 콘크리트 최대 출하량의 1일분 이상에 상당하는 골재량을 저장할 수 있는 크기로 한다.
④ 믹서는 이동식 믹서로 하여야 하며, 각 재료를 충분히 혼합시켜 균일한 상태로 배출할 수 있어야 한다.

[해설]

믹서는 고정믹서로 하여야 하며, 각 재료를 충분히 혼합시켜 균일한 상태로 배출할 수 있어야 한다.

40 콘크리트의 내구성에 대한 설명으로 틀린 것은?

① 콘크리트의 물-결합재비는 원칙적으로 65% 이하이어야 한다.
② 콘크리트는 원칙적으로 공기연행 콘크리트로 하여야 한다.
③ 콘크리트의 침하균열, 건조수축 균열로 인해 발생하는 균열은 허용균열폭 이내로 관리하여야 한다.
④ 콘크리트 속의 수산화칼슘과 대기 중의 탄산가스가 반응하는 탄산화는 콘크리트 내구성을 저해한다.

[해설]

물-결합재비는 소요의 강도, 내구성, 수밀성 및 균열 저항성 등을 고려하여 정하여야 한다.

과목 03 콘크리트 시공

41 아래 표는 공장제품 콘크리트 양생방법 중 증기양생 작업 순서를 일반적으로 설명한 것이다. 이 중 틀린 것은?

ⓐ 거푸집과 함께 증기양생실에 넣어 양생온도를 균등하게 올린다.
ⓑ 비빈 후 2~3시간 이상 경과된 후에 증기양생을 실시한다.
ⓒ 온도상승 속도는 1시간당 30℃ 이상으로 하고, 최고온도는 120℃로 한다.
ⓓ 양생실의 온도는 서서히 내려 외기의 온도와 큰 차가 없도록 하고 나서 제품을 꺼낸다.

① ⓐ ② ⓑ
③ ⓒ ④ ⓓ

해설

ⓒ 온도 상승속도는 1시간당 20℃ 이하로 하고, 최고온도는 65℃로 한다.

42 방사선 차폐용 콘크리트에서 확보하여야 하는 필요 성능이 아닌 것은?

① 밀도   ② 수화열
③ 결합수량   ④ 압축강도

해설

차폐용 콘크리트로서 필요한 성능인 밀도, 압축강도, 설계허용온도, 결합수량, 붕소량 등을 확보하여야 한다.

43 숏크리트 코어 공시체(ϕ100×100mm)로부터 채취한 강섬유의 질량이 61.2g일 때, 강섬유 혼입률은? (단, 강섬유의 밀도는 7.85g/cm³)

① 0.5%   ② 1%
③ 3%   ④ 5%

해설

강섬유 혼입률 $V_{sf} = \dfrac{W_{sf}}{V \times \rho_{sf}} \times 100$

• 코어공시체 부피
$V = \dfrac{\pi D^2}{4} \times H = \dfrac{\pi (10)^2}{4} \times 10 = 785.40 cm^3$

∴ $V_{sf} = \dfrac{61.2}{785.40(7.85)} \times 100 = 0.99\% \approx 1\%$

44 경량골재 콘크리트에 관한 설명으로 틀린 것은?

① 물-결합재비의 최대값은 40%로 한다.
② 골재를 사용하기 전에 미리 흡수시키는 프리웨팅을 한다.
③ 경량골재에 포함된 잔 입자 중 굵은 골재는 1% 이하이어야 한다.
④ 설계기준압축강도가 15MPa 이상으로 기건단위질량이 2,100kg/m³ 이하의 범위에 해당하는 것으로 한다.

해설

경량골재 콘크리트의 수밀성을 기준으로 물-결합재비를 정할 경우에는 50% 이하를 표준으로 한다.

45 팽창 콘크리트의 제조, 운반 및 타설과 관련된 설명으로 옳은 것은?

① 내·외부 온도차에 의한 온도균열의 우려가 있으므로 팽창 콘크리트에 급격하게 살수할 수 없다.
② 팽창재는 다른 재료와 별도로 질량으로 계량하며, 그 오차는 1회 계량분량의 10% 이내로 하여야 한다.
③ 포대 팽창재를 사용하는 경우에는 포대수로 계산해도 된다. 그러나 1포대 미만의 것을 사용하는 경우에는 반드시 부피 단위로 계량하여야 한다.
④ 콘크리트를 비비고 나서 타설을 끝낼 때까지의 시간은 기온·습도 등의 기상조건과 시공에 관한 등급에 따라 2~3시간 이내로 하여야 한다.

해설

② 팽창재는 다른 재료와 별도로 질량으로 계량하며, 그 오차는 1회 계량분량의 1% 이내로 하여야 한다.
③ 포대 팽창재를 사용하는 경우에는 포대수로 계산해도 된다. 그러나 1포대 미만의 것을 사용하는 경우에는 반드시 질량 단위로 계량하여야 한다.
④ 콘크리트를 비비고 나서 타설을 끝낼 때까지의 시간은 기온·습도 등의 기상조건과 시공에 관한 등급에 따라 1~2시간 이내로 하여야 한다.

정답 42. ②   43. ②   44. ①   45. ①

46 거푸집 및 동바리 구조계산에 사용되는 연직하중에 대한 설명으로 틀린 것은?

① 고정하중은 철근콘크리트 중량만을 고려하여 결정하여야 한다.
② 활하중은 구조물의 수평투영면적당 최소 $2.5kN/m^2$ 이상으로 하여야 한다.
③ 콘크리트의 단위중량은 철근의 중량을 포함하여 보통콘크리트인 경우 $24kN/m^3$을 적용하여야 한다.
④ 거푸집 하중은 최소 $0.4kN/m^2$ 이상을 적용하며, 특수 거푸집의 경우에는 그 실제의 중량을 적용하여 설계한다.

해설
고정하중은 철근콘크리트와 거푸집의 중량을 합한 하중이다.

47 시공이음에 대한 일반적인 설명으로 틀린 것은?

① 시공이음은 될 수 있는 대로 전단력이 작은 위치에 설치한다.
② 시공이음은 부재의 압축력이 작용하는 방향과 직각이 되도록 한다.
③ 부득이 진단이 큰 위치에 시공이음을 설치할 경우에는 시공이음에 장부 또는 홈을 두거나 적절한 강재를 배치하여 보강하여야 한다.
④ 외부의 염분에 의한 피해 우려가 있는 해양콘크리트 구조물은 콘크리트 팽창 및 수축을 최소화할 수 있도록 시공이음부를 가급적 많이 두는 것이 좋다.

해설
외부의 염분에 의한 피해 우려가 있는 해양 콘크리트 구조물은 가능한 한 시공이음부를 두지 않는 것이 좋다.

48 고온·고압의 증기솥 속에서 상압보다 높은 압력과 고온의 수증기를 사용하여 실시하는 양생방법은?

① 증기 양생
② 촉진 양생
③ 고주파 양생
④ 오토클레이브 양생

해설
- 오토클레이브 양생 : 고온 고압용기 증기솥 속에서 상압보다 높은 압력(1MPa)으로 고온(180℃)의 수증기를 사용하여 실시하는 양생방법
- 증기 양생 : 높은 온도의 수증기 속에서 실시하는 촉진양생
- 촉진 양생 : 보다 빠른 콘크리트의 경화나 강도 발현을 촉진하기 위해 실시하는 양생

49 고강도 프리플레이스트 콘크리트에 대해 다음 설명의 A, B에 들어갈 적절한 값은?

고강도 프리플레이스트 콘크리트라 함은 고성능 감수제에 의하여 주입모르타르의 물결합재비를 (A) 이하로 낮추어 재령 91일에 압축강도 (B) 이상이 얻어지는 프리플레이스트 콘크리트를 말한다.

① A : 40%, B : 40MPa
② A : 40%, B : 45MPa
③ A : 45%, B : 40MPa
④ A : 45%, B : 45MPa

해설
고강도 프리플레이스트 콘크리트는 고성능 감수제에 의해 주입모르타르의 물-결합재비를 40% 이하로 낮춤에 따라 재령 91일에서 40MPa 이상이 얻어지는 프리플레이스트 콘크리트를 말한다.

정답 46. ① 47. ④ 48. ④ 49. ①

50 숏크리트 시공에 대한 설명으로 틀린 것은?

① 숏크리트는 대기 온도가 10°C 이상일 때 뿜어붙이기를 실시한다.
② 건식 숏크리트는 배치 후 45분 이내에 뿜어붙이기를 실시하여야 한다.
③ 습식 숏크리트는 배치 후 60분 이내에 뿜어붙이기를 실시하여야 한다.
④ 숏크리트는 타설되는 장소의 대기 온도가 30°C 이상이 되면 건식 및 습식 숏크리트 모두 뿜어붙이기를 할 수 없다.

해설
숏크리트는 타설되는 장소의 대기 온도가 38°C 이상이 되면 건식 및 습식 숏크리트 모두 뿜어붙이기를 할 수 없다.

51 콘크리트의 시공 및 시공 성능과 관련된 일반사항에 대한 설명으로 틀린 것은?

① 콘크리트 구조물의 시공은 시공계획을 따라야 한다.
② 현장에서는 콘크리트 구조물의 시공에 관하여 충분한 지식이 있는 기술자를 배치하여야 한다.
③ 굳지 않은 콘크리트의 워커빌리티는 운반, 타설, 다지기, 마무리 등의 작업에 적합한 것이어야 한다.
④ 일반적인 경우, 워커빌리티는 굵은 골재의 최대 치수와 슬럼프를 사용하여 설정하면 안 된다.

해설
일반적인 경우, 워커빌리티는 굵은 골재의 최대 치수와 슬럼프를 사용하여 설정하며, 골재와 시멘트의 성질에 의해서 정해진다.

52 이미 경화한 매시브한 콘크리트 위에 슬래브를 타설할 때 부재 평균 최고온도와 외기온도와의 온도차가 12.8°C 발생하였다. 아래의 그래프를 이용하여 온도균열 발생확률을 구하면? (단, 간이법을 적용한다.)

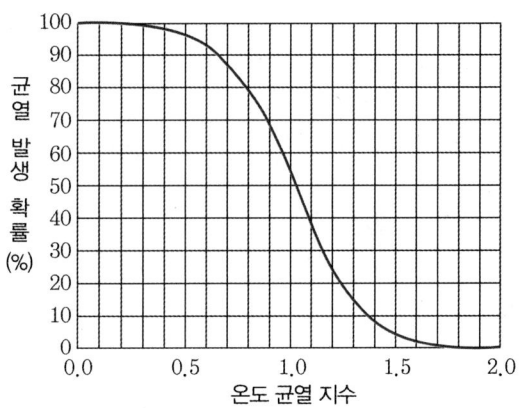

① 약 5%   ② 약 15%
③ 약 30% ④ 약 50%

해설
- 온도균열 지수
$$L_{cr} = \frac{10}{R \times \Delta T_o} = \frac{10}{0.60 \times 12.8} = 1.30$$
- 이미 경화된 콘크리트 위에 콘크리트를 타설할 때 : $R=0.6$
∴ 온도 균열 지수 1.30에 대응되는 균열 발생확률은 약 15%이다.

53 콘크리트가 경화될 때까지 습윤상태의 보호기간은 보통포틀랜드시멘트와 조강포틀랜드시멘트를 사용한 경우 각각 며칠 이상을 표준으로 하는가? (단, 일 평균기온을 15℃ 이상일 경우)

① 보통포틀랜드시멘트 : 3일 이상,
　조강포틀랜드시멘트 : 5일 이상
② 보통포틀랜드시멘트 : 5일 이상,
　조강포틀랜드시멘트 : 7일 이상
③ 보통포틀랜드시멘트 : 5일 이상,
　조강포틀랜드시멘트 : 3일 이상
④ 보통포틀랜드시멘트 : 7일 이상,
　조강포틀랜드시멘트 : 5일 이상

해설
습윤양생기간의 표준

일평균 기온	보통 포틀랜드 시멘트	고로슬래그 시멘트(2종) 플라이 애시 시멘트(2종)	조강 포틀랜드 시멘트
15℃ 이상	5일	7일	3일
10℃ 이상	7일	9일	4일
5℃ 이상	9일	12일	5일

54 서중콘크리트 제조 및 시공에 대한 설명으로 틀린 것은?

① 서중콘크리트는 배합온도는 낮게 관리하여야 한다.
② 일반적으로 기온 10℃의 상승에 대하여 단위수량은 2~5% 증가한다.
③ 콘크리트를 타설할 때의 콘크리트 온도는 25℃를 넘지 않도록 하여야 한다.
④ KS F 2560의 지연형 감수제를 사용하는 등의 일반적인 대책을 강구한 경우라도 1.5시간 이내에 타설하여야 한다.

해설
서중콘크리트를 타설할 때의 콘크리트 온도는 35℃ 이하이어야 한다.

55 표면 마무리에 대한 설명으로 틀린 것은?

① 시공이음이 미리 정해져 있지 않을 경우 직선상의 이음이 얻어지도록 시공해야 한다.
② 마무리 작업 후 콘크리트가 굳기 시작할 때까지의 사이에 일어나는 균열은 다짐 또는 재 마무리에 의해서 제거하여야 한다.
③ 매끄럽고 치밀한 표면이 필요할 때는 작업이 가능한 범위에서 될 수 있는 대로 늦은 시기에 콘크리트 윗면을 마무리하여야 한다.
④ 다지기를 끝내고 거의 소정의 높이와 형상으로 된 콘크리트의 윗면은 스며 올라온 물이 없어지기 전까지 마무리를 해야 한다.

해설
다지기를 끝내고 거의 소정의 높이와 형상으로 된 콘크리트의 윗면은 스며 올라온 물이 없어진 후나 또는 물을 처리한 후가 아니면 마무리해서는 안 된다.

56 수중 불분리성 콘크리트에 사용하는 굵은 골재의 최대치수에 대한 설명으로 틀린 것은?

① 부재 최소치수의 1/5을 초과해서는 안 된다.
② 철근의 최소 순간격의 2/3를 초과해서는 안 된다.
③ 굵은 골재의 최대치수 시험·검사 방법은 배합시험에 의한다.
④ 현장타설말뚝 및 지하연속벽에 사용하는 콘크리트의 경우는 25mm 이하를 표준으로 한다.

해설
철근의 최소 순간격은 1/2을 초과해서는 안 된다.

정답 53. ③ 54. ③ 55. ④ 56. ②

57 고유동 콘크리트의 품질기준에 대한 아래 표의 설명에서 (   ) 안에 들어갈 숫자로서 옳은 것은?

> 굳지 않은 콘크리트의 유동성은 KS F 2594에 따라 슬럼프 플로 시험에 의하여 정하고, 그 범위는 (   )mm 이상으로 한다.

① 400   ② 500
③ 600   ④ 700

해설
고유동 콘크리트에서 굳지 않는 콘크리트의 유동성은 슬럼프 플로 600mm 이상으로 하고, 슬럼프 플로 시험 후 콘크리트 중앙부에는 굵은 골재가 모여 있지 않아야 한다.

58 한중 콘크리트 시공 시 비빈 직후 콘크리트의 온도 및 주위 기온이 아래의 조건과 같을 때, 타설이 완료된 후 콘크리트의 온도는?

- 비빈 직후의 콘크리트 온도 : 23℃
- 주위 기온 : 3℃
- 비빈 후부터 타설 완료 시까지의 시간 : 2시간

① 16℃   ② 17℃
③ 20℃   ④ 21℃

해설
$T_2 = T_1 - 0.15(T_1 - T_0) \times t$
$= 23 - 0.15(23-3)(2) = 17℃$

59 포장콘크리트의 휨 호칭강도로 옳은 것은?

① 1.5MPa   ② 2.5MPa
③ 4.5MPa   ④ 5.5MPa

해설

포장용 콘크리트의 배합기준

항목	기준
설계기준 휨 호칭강도(f_{28})	4.5MPa 이상
단위수량	150kg/m³ 이하
굵은골재의 최대치수	40mm 이하
슬럼프	40mm 이하
공기연행 콘크리트의 공기량 범위	4~6%

60 트레미를 이용한 일반 수중 콘크리트 타설에 대한 설명으로 틀린 것은?

① 트레미의 안지름은 수심 3m 이내에서 250mm 정도가 좋다.
② 트레미의 안지름은 굵은 골재 최대 치수의 8배 이상이 되도록 하여야 한다.
③ 트레미는 콘크리트를 타설하는 동안에 다짐을 좋게 하기 위하여 수시로 수평 이동시켜야 한다.
④ 트레미 1개로 타설할 수 있는 면적이 지나치게 크지 않도록 하여야 하며, 30m² 이하로 하여야 한다.

해설
트레미는 콘크리트를 타설하는 동안 수평 이동시켜서는 안 된다.

과목 04 콘크리트 구조 및 유지관리

61 다음 각 열화 과정과 잠복기에 대한 설명으로 틀린 것은?

① 동해 – 열화가 나타나지 않은 상태
② 염해 – 강재의 부식 개시로부터 부식 균열발생까지의 기간
③ 탄산화 – 탄산화의 진행상태가 철근 위치까지 도달하지 않은 상태
④ 화학적 부식 – 콘크리트의 변상이 나타날 때까지의 기간

정답 57. ③ 58. ② 59. ③ 60. ③ 61. ②

> [해설]
>
> **염해** – 강재의 피복 위치에서 염화물이온 농도가 임계염분량에 달할 때까지의 기간

62 계수전단력 V_u=75kN을 전단보강철근 없이 지지하고자 할 경우 필요한 단면의 유효깊이 최솟값은? (단, 보통 중량콘크리트 사용, b_w=350mm, f_{ck}=24MPa, f_y=350MPa)

① 350mm   ② 525mm
③ 650mm   ④ 700mm

> [해설]
>
> - $V_u \leq \frac{1}{2}\phi V_c$를 만족시키면 최소 전단보강철근을 배치하지 않아도 된다.
>
> $V_u \leq \frac{1}{2}\phi V_c = \frac{1}{2}\phi(\frac{1}{6}\lambda\sqrt{f_{ck}}b_w d)$
>
> $75{,}000N \leq \frac{1}{2}(0.75)(\frac{1}{6})(1)(\sqrt{24})(350) \times d$
>
> $\rightarrow d \geq 699.9mm \approx 700mm$

63 강도설계법에서 강도감소계수에 대한 설명으로 틀린 것은?

① 포스트텐션 정착구역에 사용하는 강도감소계수는 0.85이다.
② 나선철근 부재는 띠철근 기둥보다 더 큰 강도감소계수를 적용한다.
③ 압축지배단면의 강도감소계수는 인장지배단면의 강도감소계수보다 더 큰 값을 적용한다.
④ 스트럿-타이 모델에서 절점부에 적용하는 강도감소계수는 전단에 사용된 값과 동일한 값을 사용한다.

> [해설]
>
> 강도감소계수 ϕ
>
> | 부재 | | 강도감소계수 |
> |---|---|---|
> | 인장지배단면 | | 0.85 |
> | 압축지배단면 | 나선철근으로 보강된 철근콘크리트 부재 | 0.70 |
> | | 그 외의 철근콘크리트 부재 | 0.65 |
> | 전단 및 비틀림 | | 0.75 |
> | 포스트텐션 정착구역 | | 0.85 |
> | 스트럿-타이 모델에서 타이 | | 0.85 |
> | 스트럿-타이 모델에서 스트럿, 절점부, 지압부 | | 0.75 |

64 탄산화 속도에 영향을 미치는 요인에 대한 일반적인 설명으로 틀린 것은?

① 옥내는 옥외의 경우보다 탄산화가 늦다.
② 밀도가 작은 골재를 사용한 콘크리트는 탄산화가 빠르다.
③ 경량골재 콘크리트는 보통 중량 골재 콘크리트보다 탄산화가 빠르다.
④ 조강포틀랜드시멘트를 사용한 콘크리트는 보통 포틀랜드시멘트를 사용한 콘크리트에 비해 탄산화가 느리다.

> [해설]
>
> 옥내는 옥외의 경우보다 탄산화(중성화)가 더 빠르게 진행된다.

65 상재하중 q = 45kN/m이 작용하고 있는 높이 4.0m인 역T형 옹벽에 작용하는 수평력의 합은? (단, 흙의 단위중량 = 18kN/m³, 흙의 주동토압계수 K_a = 0.3이며, 옹벽 길이 1m에 대하여 계산한다.)

① 43.2kN·m   ② 54.0kN·m
③ 88.2kN·m   ④ 97.2kN.m

정답   62. ④   63. ③   64. ①   65. ④

> **해설**
>
> 토압에 의한 수평력의 합 계산
> $$P_H = \frac{1}{2}K_a\gamma H^2 + K_a qH$$
> $$= \frac{1}{2}(0.3)(18)(4)^2 + 0.3(45)(4) = 97.2 kN$$

66 철근콘크리트 부재의 강도설계법 개념에 대한 설명으로 옳지 않은 것은?

① 콘크리트의 응력은 중립축으로부터 떨어진 거리에 비례한다.
② 철근의 응력이 설계기준항복강도 f_y 이하일 때 철근의 응력은 그 변형률에 E_s를 곱한 값으로 한다.
③ 콘크리트 압축응력의 분포와 콘크리트 변형률 사이의 관계는 직사각형, 사다리꼴, 포물선 또는 기타 어떤 형상으로도 가정할 수 있다.
④ 콘크리트의 인장강도는 KDS 14 20 60의 규정에 해당하는 경우를 제외하고는 철근콘크리트 부재 단면의 축강도와 휨강도 계산에서 무시할 수 있다.

> **해설**
>
> 철근콘크리트 부재의 강도설계법 개념
> • 콘크리트의 변형률은 중립축으로부터 떨어진 거리에 비례한다.
> • 철근의 응력이 설계기준항복강도 f_y 이하일 때 철근의 응력은 그 변형률에 E_s를 곱한 값으로 하고, 철근의 변형률이 f_y에 대응하는 변형률보다 큰 경우 철근의 응력은 변형률에 관계없이 f_y하여야 한다.

67 알칼리골재반응은 콘크리트 내부에 국부적인 팽창압력을 발생시켜 구조물에 균열을 발생시킬 수 있다. 이러한 알칼리골재반응의 대부분을 차지하는 반응은?

① 알칼리-실리카 반응
② 알칼리-탄산염 반응
③ 알칼리-황산염 반응
④ 알칼리-실리케이트 반응

> **해설**
>
> • **알칼리-실리카 반응** : 알칼리와 실리카의 화학 반응에 의해 생성된 알칼리 실리카겔은 주위의 물을 흡수하여 콘크리트의 내부에 국부적 팽창압을 일으켜 콘크리트의 강도를 저하시켜 균열이 발생하는 반응
> • **알칼리-탄산염 반응** : 돌로마이트 질 석회암과 알칼리와의 반응에 의하여 팽창되는 현상
> • **알칼리-실리케이트 반응** : 알칼리 - 실리카 반응보다도 천천히 장시간 계속되며, 생성되는 겔의 양도 적은 것이 특징이다.

68 콘크리트 자체의 변형으로 인해 생기는 수축균열의 원인에 속하지 않는 것은?

① 건조수축
② 수화열 발생
③ 염화물 침투
④ 외부의 기온 변화

> **해설**
>
> 외부의 기온 변화로 생기는 콘크리트의 건조수축과 수화열 발생으로 온도가 올라갔다 내려올 때 생기는 수축균열이 발생하는 경우가 많다.

69 알칼리-실리카 반응의 가능성을 예상하기 위해 콘크리트 중 알칼리량을 측정하는 시험방법에 속하지 않는 것은?

① 화학법
② 초음파법
③ 모르타르바 방법
④ 암석학적 시험법

> **해설**
>
> **초음파법** : 콘크리트 내를 관통하는 초음파의 전파속도를 측정하여 해당 물체의 압축강도나 균열깊이, 내부결함을 알아낼 수 있는 비파괴시험

정답 66. ① 67. ① 68. ③ 69. ②

70 강교에서 피로균열의 진전을 일시적으로 방지하고 선단부의 국부적인 응력집중을 해소하기 위한 보수공법은?

① pull-out 공법
② stop-hole 공법
③ 에폭시 주입공법
④ 탄소섬유 시트 공법

해설
stop-hole 공법 : 피로균열 선단에 구멍을 설치하여 선단부의 국부적인 응력집중을 해소하고, 균열의 진전을 일시적으로 방지하는 공법

71 보강에 사용되는 재료인 유리섬유에 대한 일반적인 설명으로 틀린 것은?

① 고온에 견디며 불에 타지 않는다.
② 흡수성이 없고, 전기 절연성이 크다.
③ 탄소섬유와 비교하여 큰 밀도를 가진다.
④ 유리섬유의 인장강도는 강섬유 인장강도의 1/2 정도이다.

해설
유리섬유의 가장 큰 특징은 높은 인장강도이다.

72 옹벽의 안정에 대한 설명으로 틀린 것은?

① 지반에 유발되는 최대 지반반력이 지반의 허용지지력을 초과하지 않아야 한다.
② 평상시 활동에 대한 저항력은 옹벽에 작용하는 수평력의 1.5배 이상이어야 한다.
③ 평상시 전도에 대한 저항휨모멘트는 횡토압에 의한 전도모멘트의 1.5배 이상이어야 한다.
④ 전도 및 지반지지력에 대한 안정조건은 만족하지만, 활동에 대한 안정조건만을 만족하지 못할 경우에는 활동방지벽 혹은 횡방향 앵커 등을 설치하여 활동 저항력을 증대시킬 수 있다.

해설
평상시 전도에 대한 저항휨모멘트는 횡토압에 의한 전도모멘트의 2.0배 이상이어야 한다.

73 콘크리트의 설계기준압축강도 f_{ck} = 24MPa인 콘크리트로 된 기둥이 20MPa의 응력을 장기하중으로 받을 때, 기둥은 크리프로 인하여 그 길이가 얼마나 줄어들겠는가? (단, 콘크리트는 보통 중량골재를 사용했으며, 기둥 길이는 8m, 크리프 계수는 2이고, 철근의 영향은 무시한다.)

① 11.3mm
② 11.8mm
③ 12.3mm
④ 12.8mm

해설
콘크리트의 변형량 $\Delta L = \epsilon_c L$
• 콘크리트의 탄성변형률
$$\epsilon_\phi = \frac{f_c}{8500\sqrt[3]{f_{ck}+\Delta f}} = \frac{20}{8500\sqrt[3]{24+4}} = 0.00077$$
• 콘크리트의 크리프 변형률
$\epsilon_c = \phi \times \epsilon_\phi = 2 \times 0.00077 = 0.00154$
∴ $\Delta L = \epsilon_c \times L = 0.00154 \times (8,000) = 12.32mm$

74 철근콘크리트 부재의 철근이음에 관한 설명으로 옳지 않은 것은?

① D35를 초과하는 철근은 겹침이음을 해서는 안 된다.
② 인장력을 받는 이형철근의 겹침이음길이는 A급, B급, C급으로 분류한다.
③ 용접이음과 기계적 이음은 철근의 설계기준 항복강도의 125% 이상을 발휘할 수 있어야 한다.
④ 압축 이형철근의 이음에서 콘크리트의 설계기준압축강도가 21MPa 미만인 경우는 겹침이음 길이를 1/3 증가시켜야 한다.

정답 70. ② 71. ④ 72. ③ 73. ③ 74. ②

> **해설**
>
> 인장력을 받는 이형철근의 겹침이음길이는 A급, B급으로 분류한다.

75 직접설계법에 의한 슬래브 설계에서 전체 정적계수 휨모멘트 M_o=320kN·m로 계산되었을 때, 내부 경간에서의 부계수휨모멘트는?

① 169kN·m
② 182kN·m
③ 195kN.m
④ 208kN·m

> **해설**
>
> 내부 경간에서 전체 정적계수 모멘트 M_o를 다음과 같이 분해하여야 한다.
> - 부계수휨모멘트 : 0.65
> - 정계수휨모멘트 : 0.35
> ∴ 부계수 휨모멘트 = $0.65M_o$ = 0.65 × 320 = 208kN·m

76 포스트텐션 공법에 의한 프리스트레스트 콘크리트 부재의 제작 과정으로 옳은 것은?

| ㉠ 거푸집의 조립과 시스의 배치 |
| ㉡ 프리스트레스 도입 |
| ㉢ 콘크리트 치기 |
| ㉣ 그라우팅 |

① ㉠ → ㉡ → ㉢ → ㉣
② ㉠ → ㉢ → ㉡ → ㉣
③ ㉠ → ㉣ → ㉡ → ㉢
④ ㉠ → ㉡ → ㉣ → ㉢

> **해설**
>
> **포스트텐션 공법**
> 1) 거푸집 안에 시스를 배치하고 조립한 후 이 속에 PC 강재를 삽입한 후 콘크리트를 친다.
> 2) 콘크리트가 경화한 후 부재의 한쪽 끝에서 PC 강재를 정착하고 다른 쪽 끝에서 잭으로 PC 강재에 인장력을 가한다.
> 3) 인장 작업이 끝나면 정착장치로 PC 강재를 정착한 후 잭을 제거하면 콘크리트 부재가 압축되어 프리스트레스가 도입된다.
> 4) 프리스트레스의 도입이 끝난 후에는 시스 속에 시멘트 풀이나 모르타르로 그라우팅을 실시한다.

77 철근콘크리트 구조물에서 압축철근을 배치할 때의 장점으로 틀린 것은?

① 연성을 증가시킨다.
② 지속하중에 의한 처짐을 감소시킨다.
③ 파괴모드를 인장파괴에서 압축파괴로 변화시킨다.
④ 스터럽 철근 고정과 같이 철근의 조립을 쉽게 한다.

> **해설**
>
> 파괴모드를 압축파괴에서 인장파괴로 변화시킨다. 압축철근을 배치하면 콘크리트가 파괴되기 전에 인장철근이 먼저 항복하여 연성파괴의 양상을 갖는다.

78 단면증설 공법에 의한 구조물 보강 후 평가방법으로 가장 적합한 것은?

① 기포조사
② 누수진단
③ 육안조사
④ 재하시험

> **해설**
>
> **콘크리트 구조물의 보강공법 중 단면증설 공법**
> 도로교와 철도교 등에서 피로열화에 따라 변형이 증가하여 기능이 저하한 경우에 상부면에 콘크리트를 타입함으로써 상판 두께를 크게 하여 내하력과 강성을 회복시키는 공법으로 보강 후 재하시험을 통해 평가한다.

정답 75. ④ 76. ② 77. ③ 78. ④

79 동적 재하시험에 의해 측정된 내용을 기준으로 시험결과 분석을 수행하여야 하는 항목이 아닌 것은?
① 감쇠비 ② 충격계수
③ 고유진동수 ④ 부재의 응력

해설
동적 재하시험의 측정 및 시험결과 분석항목 : 감쇠비, 충격계수, 고유진동수 및 진동모드

80 콘크리트 구조물의 성능을 저하시키는 화학적 부식에 대한 설명으로 옳지 않은 것은?
① 일반적으로 산은 다소 정도의 차이는 있으나 시멘트 수화물 및 수산화칼슘을 분해하여 침식한다. 침식의 정도는 유기산이 무기산보다 심하다.
② 콘크리트는 그 자체가 강알칼리이며, 알칼리에 대한 저항력은 상당히 크다. 그러나, 매우 높은 정도의 NaOH에는 침식된다.
③ 콘크리트가 외부로부터의 화학작용을 받아 그 결과 시멘트 경화체를 구성하는 수화생성물이 변질 또는 분해하여 결합능력을 잃는 열화현상을 총칭하여 화학적 부식이라 한다.
④ 염류에 의한 화학적 부식의 대표적인 것은 황산염에 의한 화학적 부식이다. 황산염에 의한 시멘트 콘크리트의 열화기구는 일반적인 황산염, 황산마그네슘 및 해수에 의한 작용으로 분류할 수 있다.

해설
일반적으로 산은 다소 정도의 차이는 있으나 시멘트 수화물 및 수산화칼슘을 분해하여 침식한다. 침식의 정도는 무기산(황산, 염산, 질산, 탄산 등)이 유기산(수산, 글루콘산, 초산, 익산, 유산, 스테아린산 등)보다 심하다.

CHAPTER 03 2021년도 콘크리트기사 3회 필기

과목 01 콘크리트 재료 및 배합

01 콘크리트에 사용하는 혼합수로서 상수돗물 이외의 물에 대한 품질항목 중 용해성 증발 잔류물의 양은 몇 g/L 이하이어야 하는가?

① 1g/L
② 2g/L
③ 3g/L
④ 4g/L

해설

상수돗물 이외의 물의 품질

항목	품질
현탁 물질의 양	2g/L 이하
용해성 증발 잔류물의 양	1g/L 이하
염소이온(Cl⁻)량	250mg/L 이하
시멘트 응결시간의 차	초결은 30분 이내, 종결은 60분 이내
모르타르의 압축강도비	재령 7일 및 재령 28일에서 90% 이상

02 콘크리트 혼화재료로서 플라이애시의 품질을 시험하기 위한 시료의 채취 및 조제에 대한 내용으로 틀린 것은?

① 채취한 시료는 850μm체로 쳐서 이물질을 제거한다.
② 시료의 수량 및 채취 방법은 인도·인수 당사자 사이의 협의에 따른다.
③ 시험용 시료는 시험하기 전에 시험실 안에 넣어 실온과 같아지도록 한다.
④ 조제된 시료는 시험 시까지 시험실과 비슷한 습도가 되도록 시험실의 대기 중에서 보관한다.

해설

채취한 시료는 850μm체로 쳐서 이물질을 제거하고 통과분을 방습성의 기밀한 용기에 밀봉하여 보존하며, 시험하기 전에 시험실 안에 넣어 실온과 같아지도록 한다.

03 콘크리트용 굵은 골재로 적합하지 않은 것은?

① 마모율이 38%인 골재
② 안정성이 10%인 골재
③ 흡수율이 3.4%인 골재
④ 절대건조상태의 밀도가 2,700kg/m³인 골재

해설

콘크리트용 골재

품질 항목	잔골재	굵은 골재
절대 건조밀도(g/cm³)	2.50 이상	2.50 이상
흡수율(%)	3.0 이하	3.0 이하
점토덩어리(%)	1.0	0.25
안정성(%)	10 이하	12 이하
마모율(%)	–	40 이하
염화물(%)	0.04 이하	–

04 콘크리트용 혼화재료로 사용되는 고로슬래그 미분말의 활성도 지수에 대한 다음 설명 중 적당하지 않은 것은?

① 활성도 지수는 재령 7일, 28일 및 91일에 측정한다.
② 시험 모르타르 제작 시 시멘트와 고로슬래그 미분말의 혼합비는 1:1이다.
③ 고로슬래그 미분말 3종에 대한 재령 28일의 활성도 지수는 50% 이상이다.
④ 기준 모르타르의 압축강도에 대한 시험 모르타르의 압축강도비를 백분율로 표시한 것을 활성도 지수라 한다.

정답 01. ① 02. ④ 03. ③ 04. ③

해설

고로슬래그 미분말 활성도 지수(%)

품질	1종	2종	3종	4종
재령 7일	95 이상	75 이상	55 이상	-
재령 28일	105 이상	95 이상	75 이상	60 이상
재령 91일	105 이상	105 이상	95 이상	80 이상

∴ 고로슬래그 미분말 3종에 대한 재령 28일의 활성도 지수는 <u>75% 이상</u>이다.

05 제빙화학제에 노출된 콘크리트에서 플라이애시, 고로 슬래그 미분말 또는 실리카 품을 시멘트 재료의 일부로 치환하여 사용하는 경우, 이들 혼화재의 사용량에 대한 설명으로 틀린 것은? (단, 혼화재의 사용량은 시멘트와 혼화재 전체에 대한 혼화재의 질량 백분율로 나타낸다.)

① 혼화재로서 실리카 품을 사용하는 경우 사용량은 10%를 초과하지 않도록 하여야 한다.
② 혼화재로서 고로슬래그 미분말을 사용하는 경우 사용량은 30%를 초과하지 않도록 하여야 한다.
③ 혼화재로서 플라이애시 또는 기타 포졸란을 사용하는 경우 사용량은 25%를 초과하지 않도록 하여야 한다.
④ 혼화재로서 플라이애시 또는 기타 포졸란과 실리카 품을 합하여 사용하는 경우 그 사용량은 35%를 초과하지 않도록 하여야 한다.

해설

제빙화학제에 노출된 콘크리트 최대 혼화재 비율

혼화재 종류	시멘트와 혼화재 전체에 대한 혼화재의 질량 백분율(%)
플라이 애시	25
고로슬래그 미분말	50
실리카 품	10
고로슬래그 미분말 및 실리카 품의 합	50
플라이 애시와 실리카 품의 합	35

∴ 혼화재로서 고로슬래그 미분말을 사용하는 경우 사용량은 <u>50%를 초과하지 않도록</u> 하여야 한다.

06 시멘트의 강도시험(KS L ISO 679)에 대한 설명으로 틀린 것은?

① 압축강도를 먼저 측정한 후 파단된 시험체를 사용하여 휨강도시험을 실시한다.
② 40mm×40mm×160mm인 각주형 공시체를 사용하여 압축강도 및 휨강도를 측정한다.
③ 휨강도시험은 시험체가 파괴에 이를 때까지 50N/s±10N/s의 속도로 시험체에 하중을 가한다.
④ 압축강도시험의 결과를 구할 때 6개의 측정값 중에서 1개의 결과가 6개의 평균값보다 ±10% 이상 벗어나는 경우에는 이 결과를 버리고 나머지 5개의 평균으로 계산한다.

해설

측정 재령에 이르렀을 때 시험체를 수중 양생조로부터 꺼내어 <u>휨강도를 측정한 후 깨어진 시편으로 압축강도 시험을 한다</u>.

07 염화물 침투에 따른 철근 부식으로 발생하는 균열을 억제하기 위한 방법으로 틀린 것은?

① 밀실한 콘크리트를 사용한다.
② 저알칼리 시멘트를 사용한다.
③ 에폭시 수지 도포 철근을 사용한다.
④ 염화물의 침투가 예상되는 구조물에는 피복두께를 크게 한다.

해설

염화물 침투에 따른 철근 부식 방지법
• 밀실한 콘크리트를 제조하여 시공한다.
• <u>콘크리트를 강알칼리성으로 하여</u> 부식으로부터 보호해야 한다.

정답 05. ② 06. ① 07. ②

- 염화물의 침투가 예상되는 구조물에는 충분한 피복두께를 확보한다.
- 에폭시 수지 도포 철근 사용하여 철근부식을 방지한다.

해설
철근이 배치된 일반적인 구조물에서 유해한 균열발생을 제한할 경우 표준적인 온도균열지수는 0.7~1.2로 하여야 한다.

08 AE제의 사용 목적 및 효과에 대한 설명으로 틀린 것은?

① AE제로 연행된 공기에 의한 볼베어링 효과로 작업성이 개선된다.
② AE제를 사용하면 일반적으로 콘크리트의 동결융해 저항성이 개선된다.
③ 혼화재로서 플라이 애시를 함께 사용하면 공기연행 효과를 높일 수 있다.
④ 공기량이 증가할수록 강도가 저하하기 때문에 공기량은 약 3~6% 정도의 범위가 되도록 하는 것이 좋다.

해설
플라이 애시는 AE제를 흡착하는 성질을 가지고 있어 공기량이 현저히 감소하기 때문에 목표공기량을 얻기 위해서는 필요한 공기연행제(AE) 사용량은 증가한다.

09 온도균열지수에 대한 설명으로 틀린 것은?

① 온도균열지수는 그 값이 클수록 균열이 발생하기 어렵고, 값이 작을수록 균열이 발생하기 쉽다.
② 온도균열지수는 재령 t일에서의 콘크리트 쪼갬인장강도와 수화열에 의한 온도응력의 비로서 구한다.
③ 철근이 배치된 일반적인 구조물에서 유해한 균열발생을 제한할 경우 표준적인 온도균열지수는 1.7~2.2로 하여야 한다.
④ 철근이 배치된 일반적인 구조물에서 균열발생을 방지하여야 할 경우 표준적인 온도균열지수는 1.5 이상이어야 한다.

10 다음 표는 잔골재의 밀도 시험 결과 중의 일부이다. 이 잔골재의 표면건조포화상태의 밀도는? (단, 시험온도에서의 물의 밀도는 1g/cm³이다.)

잔골재의 밀도 시험		
측정 번호	1	2
빈 플라스크의 질량(g)	213.0	213.0
(플라스크+물)의 질량(g)	711.4	712.2
표건 시료의 질량(g)	500.5	500.0
(플라스크+물+시료)의 질량(g)	1,020.2	1,020.8

① $2.61g/cm^3$
② $2.63g/cm^3$
③ $2.65g/cm^3$
④ $2.67g/cm^3$

해설
표면건조포화상태의 밀도 계산

표건밀도 = $\frac{\text{표면건조포화상태의 시료질량}}{\text{표면건조포화상태의 시료질량} - \text{골재의 수중무게}} \times \rho$

표건밀도 1
$= \frac{500.5}{500.5 - (1,020.2 - 711.4)} \times 1 = 2.611 g/cm^3$

표건밀도 2
$= \frac{500.0}{500.0 - (1,020.8 - 712.2)} \times 1 = 2.612 g/cm^3$

∴ 표건밀도(평균) $= \frac{(2.611 + 2.612)}{2} = 2.612 g/cm^3$

11 골재의 절대용적이 780L인 콘크리트에서 잔골재율이 39%이고 잔골재의 표건밀도가 2.62g/cm³일 때, 단위잔골재량은?

① $204 kg/m^3$
② $304 kg/m^3$
③ $507 kg/m^3$
④ $797 kg/m^3$

정답 08. ③ 09. ③ 10. ① 11. ④

해설
- 단위 잔골재의 절대 부피 = 단위 골재의 절대 부피 × 잔골재율
  = 0.78 × 0.39 = 0.3042㎥
- 단위잔골재량 s = 단위 잔골재의 절대 부피 × 잔골재의 밀도
  = 0.3042 × 2.62 × 1,000 = 797.0kg/㎥

12 포틀랜드 시멘트의 물리적 특성에 대한 설명으로 틀린 것은?

① 보통포틀랜드시멘트의 분말도는 2,800cm²/g 이상이어야 한다.
② MgO, SO₃ 성분이 과도한 경우 팽창이 발생하기 쉽다.
③ 풍화된 시멘트를 사용하면 응결 및 경화 속도가 늦어진다.
④ 분말도가 적을수록 수화작용이 빠르고 조기강도 발현이 커진다.

해설
분말도가 높을수록 시멘트의 표면적이 커져 수화작용이 빠르고 조기강도 발현이 커진다.

13 콘크리트의 호칭강도가 27MPa이고, 30회 이상의 시험실적으로부터 구한 압축강도의 표준편차가 2.65MPa일 때 배합강도는?

① 30.6MPa   ② 32.5MPa
③ 36.7MPa   ④ 39.9MPa

해설
$f_{cn} \leq 35MPa$일 때 배합강도
- $f_{cr} = f_{cn} + 1.34s = 27 + 1.34(2.65)$
  $= 30.55 MPa$
- $f_{cr} = (f_{cn} - 3.5) + 2.33s$
  $= (27 - 3.5) + 2.33(2.65) = 29.67 MPa$
∴ $f_{cn} = 30.55MPa$ (∵ 둘 중 큰 값)

14 시멘트를 구성하는 주요 광물 중 초기강도에 가장 영향을 많이 주는 광물은?

① $2CaO \cdot SiO_2$ (C_2S)
② $3CaO \cdot SiO_2$ (C_3S)
③ $3CaO \cdot Al_2O_3$ (C_3A)
④ $4CaO \cdot Al_2O_3 \cdot Fe_2O_3$ (C_4AF)

해설
C_3S는 수화작용이 빠르고 발열이 크므로 초기강도에 가장 영향을 많이 준다.

15 해양콘크리트 중 물보라 지역에 위치하고 굵은 골재 최대치수가 25mm인 경우 내구성으로 정해지는 최소 단위결합재량은?

① 280kg/㎥   ② 300kg/㎥
③ 330kg/㎥   ④ 350kg/㎥

해설
해양콘크리트 중 물보라 지역 및 해상 대기중에서는 굵은 골재 최대치수가 25mm인 경우 단위결합재량은 330kg/㎥ 이상 사용하는 것이 좋다.

16 KS L5201에 규정된 포틀랜드 시멘트의 종류가 아닌 것은?

① 조적용 줄눈 시멘트
② 보통 포틀랜드시멘트
③ 조강 포틀랜드시멘트
④ 내황산염 포틀랜드 시멘트

해설
포틀랜드 시멘트의 종류
- 1종 보통 포틀랜드시멘트
- 2종 중용열 포틀랜드시멘트
- 3종 조강 포틀랜드시멘트
- 4종 저열 포틀랜드시멘트
- 5종 내황산염 포틀랜드시멘트

정답 12. ④   13. ①   14. ②   15. ③   16. ①

17 알칼리골재 반응에 관한 설명으로 옳지 않은 것은?

① 플라이애시나 고로슬래그 미분말을 혼화재로 사용하면 억제효과가 있다.
② 이 반응이 진행되면 콘크리트가 팽창하여 표면에 거북등과 같은 균열이 발생한다.
③ 시멘트에 함유되어 있는 알칼리 금속 중 나트륨(Na_2O)이나 칼륨(K_2O) 등이 주된 반응이온이다.
④ 알칼리와 반응하는 광물의 종류에 따라 알칼리 실리카 반응, 알칼리 탄산염 반응, 알칼리 실란트 반응으로 대별된다.

해설
알칼리와 반응하는 광물의 종류에 따라 알칼리 실리카 반응, 알칼리 탄산염 반응, 알칼리 실리케이트 반응으로 대별된다.

18 일반 콘크리트의 배합에 관한 설명으로 틀린 것은?

① 무근콘크리트에서 일반적인 경우 슬럼프값의 표준은 50~150mm이다.
② 제빙화학제가 사용되는 콘크리트의 물-결합재비는 55% 이하로 하여야 한다.
③ 일반적인 구조물에서 굵은골재의 최대치수는 20mm 또는 25mm를 표준으로 한다.
④ 콘크리트의 수밀성을 기준으로 물-결합재비를 정할 경우, 그 값은 50% 이하로 하여야 한다.

해설
제빙화학제가 사용되는 콘크리트의 물-결합재비는 45% 이하로 하여야 한다.

19 콘크리트용 화학 혼화제에 대한 일반적 성질의 설명으로 틀린 것은?

① AE제에 의한 연행 공기량은 4~7% 정도가 표준이다.
② 응결촉진제로서 염화칼슘 또는 염화칼슘을 포함한 감수제가 사용된다.
③ 부배합인 경우가 빈배합인 경우보다 AE제에 의한 워커빌리티 개선 효과가 크게 나타난다.
④ 감수제는 콘크리트 제조시 단위수량을 감소시키는 효과를 나타내어 압축강도를 증가시킨다.

해설
빈배합인 경우가 부배합인 경우보다 AE제에 의한 워커빌리티 개선 효과가 크게 나타난다.

20 잔골재의 콘크리트 사용에 있어서 현장배합으로 환산하는데 필요한 시험방법은?

① 잔골재 밀도시험
② 잔골재 표면수 측정시험
③ 잔골재의 유기불순물시험
④ 골재의 단위용적질량 시험

해설
시방배합을 현장배합으로 환산할 때 필요한 시험
• 골재의 표면수 측정시험 : 수량 조정
• 골재의 체가름 시험 : 골재의 입도 조정

정답 17. ④ 18. ② 19. ③ 20. ②

과목 02 콘크리트 제조, 시험 및 품질관리

21 콘크리트의 압축강도 시험용 공시체 제작에 대한 설명으로 틀린 것은?

① 콘크리트를 몰드에 채울 때 2층 이상으로 거의 동일한 두께로 나눠서 채운다.
② 캐핑용 재료를 사용하여 공시체의 캐핑을 할 때 캐핑층의 두께는 공시체 지름의 2%를 넘어서는 안 된다.
③ 공시체는 지름의 2배의 높이를 가진 원기둥형으로 하며, 그 지름은 굵은 골재의 최대치수의 3배 이상, 100mm 이상으로 한다.
④ 다짐봉을 사용하여 콘크리트를 다져 넣을 때 각 층은 적어도 $700mm^2$에 1회의 비율로 다지도록 하고 다짐봉이 바로 아래층에 20mm 정도 들어가도록 다진다.

[해설] 다짐봉을 사용하여 콘크리트를 다져 넣을 때 각 층은 적어도 $1,000mm^2(10cm^2)$에 1회의 비율로 다지도록 하고 다짐봉이 바로 아래의 층까지 다짐봉을 달도록 한다.

22 콘크리트의 품질관리에서 관리 특성으로 이용되지 않는 것은?

① 침입도 시험
② 골재의 입도 시험
③ 콘크리트의 강도시험
④ 콘크리트의 슬럼프 시험

[해설] 침입도 시험은 콘크리트가 아닌 아스팔트의 품질관리에서 관리 특성에 이용된다.

23 KS F 2730에 규정되어 있는 콘크리트 압축강도 추정을 위한 반발 경도 시험에서 반발경도에 영향을 미치는 요인에 대한 설명으로 옳은 것은?

① 콘크리트는 함수율이 증가함에 따라 강도가 증가하므로 표면에 충분한 수분을 가한 상태에서 시험을 실시해야 한다.
② 탄산화의 효과는 콘크리트의 반발 경도를 감소시킨다. 따라서 재령 보정계수를 사용하여 탄산화로 인한 반발경도의 변화를 보상할 수 있다.
③ 0°C 이하의 온도에서 콘크리트는 정상보다 높은 반발경도를 나타낸다. 이러한 경우는 콘크리트 내부가 완전히 융해된 후에 시험해야 한다.
④ 서로 다른 종류의 테스트 해머를 이용할 경우 시험값은 ±1~5 정도의 차이를 나타내므로 여러 종류의 테스트 해머를 사용하여 평균값으로서 압축강도를 추정한다.

[해설]
① 콘크리트는 함수율이 증가함에 따라 강도가 감소하므로 표면에 젖어 있지 않은 상태에서 시험을 실시해야 한다.
② 탄산화의 효과는 콘크리트의 반발 경도를 증가시킨다. 따라서 재령 보정계수를 사용하여 탄산화로 인한 반발경도의 변화를 보상할 수 있다.
④ 서로 다른 종류의 테스트 해머를 이용할 경우 시험값은 ±1~3 정도의 차이를 나타내므로 동일한 테스트 해머를 사용하여야 한다.

정답 21. ④ 22. ① 23. ③

24
아래 표는 콘크리트 시료의 산-가용성 염소이온 함유량 시험결과를 정리한 것이다. 콘크리트 중에 함유된 염소이온량을 구하면?

질산은 용액의 농도	바탕 적정 사용된 질산은 용액의 부피	적정 시험에 사용된 질산은 용액의 부피	콘크리트 시료의 질량	콘크리트의 단위 용적 질량
0.05N	1.4mL	10.2mL	10.5g	2,263 kg/m³

① 0.15kg/m³
② 1.08kg/m³
③ 2.18kg/m³
④ 3.37kg/m³

해설

염소이온량 계산
• 콘크리트의 질량에 대한 염소이온 농도(%)
$$Cl^- = \frac{3.545(V_1-V_2)N}{W}$$
$$= \frac{3.545(10.2-1.4)\times 0.05}{10.5} = 0.149\%$$

• 콘크리트 중에 함유된 염소이온량(kg/m³)
염소이용량 =
$$Cl^- \times \frac{U}{100} = 0.149 \times \frac{2,263}{100} = 3.37 kg/m^3$$

25
콘크리트의 품질관리에 사용되는 관리도에 대한 설명으로 틀린 것은?

① $\bar{x}$-R 관리도는 공정해석에 유효하다.
② $\bar{x}$ 관리도는 품질의 관리도를 보기 위한 것이다.
③ R 관리도는 품질 폭의 변화를 보기 위한 것이다.
④ 계수값 관리도 중 일반적으로 사용되는 것은 x 관리도이다.

해설

관리도의 종류

종류	관리도	데이터 종류	적용 이론
계량값 관리도	$\bar{x}-R$ 관리도	길이, 중량, 강도, 화학성분, 압력, 슬럼프, 공기량	정규 분포
	$\bar{x}-\sigma$ 관리도		
	x 관리도		
계수값 관리도	P 관리도	제품의 불량률	이항 분포
	P_n 관리도	불량개수	
	C 관리도	결점수	포아송 분포
	U 관리도	단위당 결점수	

26
콘크리트의 블리딩에 관한 설명으로 틀린 것은?

① 일종의 재료분리 현상이다.
② 잔골재의 조립률이 클수록 블리딩이 작아진다.
③ 단위수량이 큰 배합일수록 블리딩이 많아진다.
④ AE제를 사용하면 단위수량을 감소시켜서 블리딩을 줄일 수 있다.

해설

• 잔골재의 조립률이 작을수록 전체적으로 골재의 크기가 작아 블리딩이 작아진다.
• 굵은 골재의 최대치수가 클수록 블리딩은 작아지지만, 최대치수가 지나치게 크면 블리딩은 많아진다.

27
알칼리-골재반응에 대한 설명으로 틀린 것은?

① 알칼리-실리카반응을 일으키기 쉬운 광물은 오팔, 트리디마이트, 옥수 등이다.
② 반응성 골재를 사용할 경우 전 알칼리량은 0.6% 이하인 저알칼리형 시멘트를 사용한다.
③ 플라이애시, 고로슬래그 미분말 등은 실리카질이 많기 때문에 알칼리 골재 반응을 촉진한다.
④ 골재의 알칼리 잠재반응 시험은 모르타르 봉 방법으로 평가한다.

해설

플라이애시, 고로슬래그 미분말 등은 실리카 함량이 적기 때문에 알칼리-골재반응을 억제한다.

28 안지름 25cm, 높이 28.5cm의 용기로 단위수량이 175kg/m³인 배합에 대하여 블리딩 시험을 한 결과, 최종까지 누계한 블리딩에 의한 물의 질량이 73.6g일 때 블리딩률은 약 얼마인가? (단, 콘크리트의 단위용적질량은 2,350kg/m³, 시료의 질량은 330kg이다.)

① 3.0%   ② 3.5%
③ 4.0%   ④ 4.5%

해설

블리딩률 $B_r = \dfrac{B}{W_s} \times 100(\%)$,

시료 중의 물의 질량 $W_s = \dfrac{W}{C} \times S$

- 블리딩 물의 질량 B = 0.0736kg
- 콘크리트의 단위용적질량 C = 2,350kg/㎥
- 콘크리트의 단위수량 W = 175kg/㎥
- 시료의 질량
$S = \left[\dfrac{\pi (0.25)^2}{4} \times 0.285 \right] \times 2,350 = 32.88 kg$
- 시료 중의 물의 질량
$W_s = \dfrac{W}{C} \times S = \dfrac{175}{2,350} \times 32.88 = 2.45 kg$

∴ 블리딩률 $B_r = \dfrac{0.0736}{2.45} \times 100(\%) = 3.00\%$

29 콘크리트를 타설하기 위해 잔골재와 굵은 골재를 보관하던 중 전날 저녁에 비가 와서 부주의로 인하여 골재들이 비에 젖었다면 가장 적절한 조치방법은?

① 잔골재와 굵은골재를 말려서 사용한다.
② 잔골재와 굵은 골재의 현장 함수비 시험을 하여 현장배합으로 수정 설계하여 사용한다.
③ 잔골재와 굵은 골재가 비에 젖었기 때문에 사용하지 못하고 버린다.
④ 잔골재와 굵은 골재가 비에 젖었다고 해도 시방배합으로 제조하여 사용한다.

해설

골재들이 비에 젖었기 때문에 현장 함수비 시험을 실시하여 수량 조정하여 현장배합으로 수정 설계하여 사용한다.

30 콘크리트용 재료의 계량에 대한 설명으로 틀린 것은?

① 계량은 시방배합에 의해 실시하는 것으로 한다.
② 연속믹서를 사용할 경우, 각 재료는 용적으로 계량한다.
③ 실용상으로 15~30분간의 흡수율을 골재 유효 흡수율로 볼 수 있다.
④ 각 재료는 1배치씩 질량으로 계량하여야 하나, 물은 용적으로 계량한다.

해설

계량은 시방배합이 아닌 현장배합에 의해 실시하는 것으로 한다.

31 콘크리트 균열에 대한 검토사항으로 틀린 것은?

① 미관이 중요한 구조라 해도 미관상의 허용균열 폭이 없기 때문에 균열 검토를 하지 않는다.
② 콘크리트에 발생하는 균열은 구조물의 사용성, 내구성 및 미관 등 사용 목적에 손상을 주지 않도록 제한하여야 한다.
③ 균열 제어를 위한 철근은 필요로 하는 부재 단면의 주변에 분산시켜 배치하여야 하고, 이 경우 철근의 지름은 가능한 한 작게 하여야 한다.
④ 내구성에 대한 균열의 검토는 콘크리트 표면의 균열 폭을 환경조건, 피복두께, 공용기간 등에 의해 정해지는 허용균열폭 이하로 제어하는 것을 원칙으로 한다.

> **해설**
> 미관이 중요한 구조는 미관상의 허용균열폭이 없어도 균열 검토를 해야 한다.

32 콘크리트의 블리딩 시험방법에 대한 설명으로 틀린 것은?

① 시험 중에는 실온 20±3°C로 한다.
② 콘크리트를 채워 넣고 콘크리트의 표면이 용기의 가장자리에서 (30±3)mm 높아지도록 고른다.
③ 최초로 기록한 시각에서부터 60분 동안 10분마다 콘크리트 표면에 스며나온 물을 빨아낸다.
④ 물을 쉽게 빨아내기 위해 2분 전에 두께 약 50mm의 블록을 용기의 한쪽 밑에 괴어 용기를 기울이고, 물을 빨아낸 후 수평위치로 되돌린다.

> **해설**
> 콘크리트를 채워 넣고 콘크리트의 표면이 용기의 가장자리에서 (30±3)mm 낮아지도록 고른다.

33 KCS 14 20 10에 따른 콘크리트용 재료의 계량 허용오차가 틀린 것은?

① 물 : -2%, +1%
② 골재 : ±2%
③ 시멘트 : -1%, +2%
④ 혼화제 : ±3%

> **해설**
> 재료의 계량오차
>
> | 재료의 종류 | 1회 재량 분량의 한계오차 |
> |---|---|
> | 물 | -2%, +1% |
> | 시멘트 | -1%, +2% |
> | 혼화재 | ±2% |
> | 골재, 혼화제 | ±3% |

34 콘크리트의 길이 변화 시험(KS F 2424)에 대한 설명으로 틀린 것은?

① 공시체의 측면길이 변화를 측정하는 방법으로 다이얼 게이지 방법이 사용된다.
② 콤퍼레이터 방법의 시험에는 표선용 젖빛 유리, 각선기, 측정기 등의 기구가 사용된다.
③ 콘크리트 시험편의 길이 변화 측정 방법에는 콤퍼레이터 방법, 콘텍트 게이지 방법 또는 다이얼 게이지 방법 등이 있다.
④ 공시체의 치수는 콘크리트의 경우 너비는 높이와 같게 하되, 굵은 골재의 최대치수의 3배 이상이며, 길이는 너비 또는 높이의 3.5배 이상으로 한다.

> **해설**
> ▶ 공시체 중심축의 길이 변화를 측정하는 방법: 다이얼 게이지 방법
> ▶ 공시체의 측면길이 변화를 측정하는 방법: 콤퍼레이터 방법, 콘텍트 게이지 방법

35 보통콘크리트와 비교할 때 AE콘크리트의 특성이 아닌 것은?

① 잔골재율 증가
② 단위수량 감소
③ 동결융해에 대한 저항력 증가
④ 워커빌리티(workability)의 증가

> **해설**
> AE(air entrained) 콘크리트의 특성
> • 워커빌리티 개선
> • 동결융해에 대한 저항성 증대
> • 단위수량 감소
> • 잔골재율 감소
> • 블리딩 및 재료분리 감소

정답 32. ② 33. ② 34. ① 35. ①

36 콘크리트 작업 중에 발생하기 쉬운 재료분리의 원인에 대한 설명으로 틀린 것은?

① 단위수량이 너무 많은 경우
② 단위골재량이 너무 많은 경우
③ 굵은 골재의 최대치수가 작은 경우
④ 입자가 거친 잔골재를 사용한 경우

> [해설]
> 재료분리의 원인
> • 굵은 골재의 최대치수가 지나치게 큰 경우
> • 단위수량이 너무 많은 경우
> • 단위골재량이 너무 많은 경우
> • 입자가 거친 잔골재를 사용한 경우

37 레디믹스트 콘크리트의 운반차에 대한 아래 표의 설명에서 ( )안에 적합한 값은?

> 콘크리트 운반차는 트럭믹서나 트럭애지테이터를 사용한다. 운반차는 혼합한 콘크리트를 충분히 균일하게 유지하여 재료분리를 일으키지 않고, 쉽고도 완전하게 배출할 수 있는 것이어야 하며, 콘크리트의 $\frac{1}{4}$과 $\frac{3}{4}$의 부분에서 각각 시료를 채취하여 슬럼프 시험을 하였을 경우, 양쪽의 슬럼프 차가 ( ) 이내가 되어야 한다.

① 10mm   ② 20mm
③ 30mm   ④ 40mm

> [해설]
> 트럭 애지테이터 내 콘크리트의 균일성은 콘크리트의 1/4과 3/4 부분에서 각각 시료를 채취하여 슬럼프 시험을 하였을 경우 양쪽의 슬럼프 차가 30mm 이내가 되어야 한다.

38 150×150×530mm의 공시체를 4점 재하장치에 의해 휨강도 시험을 한 결과 최대하중 27kN에서 지간의 가운데 부분에서 파괴가 일어난다. 이때 휨강도는? (단, 지간은 450mm이다.)

① 3.1MPa   ② 3.6MPa
③ 4.0MPa   ④ 4.4MPa

> [해설]
> 3등분 재하법(4점 재하법) 휨강도
> $$f_b = \frac{PL}{bh^2} = \frac{27(10)^3(450)}{150(150)^2} = 3.6 MPa$$

39 콘크리트의 비비기에 대한 설명으로 틀린 것은?

① 비비기는 미리 정해둔 비비기 시간의 2배 이상 계속하지 않아야 한다.
② 시험을 실시하지 않은 경우 강제식 믹서의 비비기 시간은 1분 이상을 표준으로 한다.
③ 시험을 실시하지 않은 경우 가경식 믹서의 비비기 시간은 1분 30초 이상을 표준으로 한다.
④ 연속믹서를 사용할 경우, 비비기 시작 후 최초에 배출되는 콘크리트는 사용되지 않아야 한다.

> [해설]
> 비비기는 미리 정해둔 비비기 시간의 3배 이상 계속하지 않아야 한다.

40 굵은 골재의 단위용적질량이 1.45kg/L, 절건밀도가 2.60kg/L일 때 이 골재의 공극률은?

① 34.2%   ② 44.2%
③ 54.2%   ④ 64.2%

> [해설]
> 골재의 공극률
> $$= \left(1 - \frac{T}{d_p}\right) \times 100 = \left(1 - \frac{1.45}{2.60}\right) \times 100 = 44.23\%$$

정답 36. ③ 37. ③ 38. ② 39. ① 40. ②

과목 03 콘크리트 시공

41 콘크리트 공장제품의 증기양생 방법에 대한 일반적인 설명으로 틀린 것은?

① 거푸집과 함께 증기양생실에 넣어 양생온도를 균등하게 올린다.
② 비빈 후 2~3시간 이상 경과된 후에 증기양생을 실시한다.
③ 온도상승 속도는 1시간당 60°C 이하로 하고 최고온도는 200°C로 한다.
④ 양생실의 온도는 서서히 내려 외기의 온도와 큰 차가 없도록 하고 나서 제품을 꺼낸다.

[해설]
온도상승 속도는 1시간당 20°C 이하로 하고, 최고온도는 65°C로 한다.

42 매스콘크리트에 대한 설명 중 옳지 않은 것은?

① 온도균열방지 및 제어 방법으로 프리쿨링 및 파이프쿨링 방법 등이 이용되고 있다.
② 매스콘크리트로 다루어야 하는 구조물의 부재 치수는 일반적인 표준으로서 넓이가 넓은 평판 구조에서는 두께 0.8m 이상으로 한다.
③ 콘크리트의 온도상승을 감소시키기 위해 소요의 품질을 만족시키는 범위 내에서 단위시멘트량이 적어지도록 배합을 선정하여야 한다.
④ 수축이음을 설치할 경우 계획된 위치에서 균열 발생을 확실히 유도하기 위해서 수축이음의 단면 감소율을 10% 이상으로 하여야 한다.

[해설]
수축이음을 설치할 경우 계획된 위치에서 균열 발생을 확실히 유도하기 위해서 수축이음의 단면 감소율을 35% 이상으로 하여야 한다.

43 동바리의 시공에 관한 설명으로 틀린 것은?

① 동바리는 필요에 따라 적당한 솟음을 두어야 한다.
② 동바리 하부의 받침판 또는 받침목은 2단 이상 삽입하지 않도록 하여야 한다.
③ 특수한 경우를 제외하고 강관 동바리는 3개 이상 연결하여 사용하여야 한다.
④ 거푸집이 곡면일 경우에는 버팀대의 부착 등 당해 거푸집의 변형을 방지하기 위한 조치를 하여야 한다.

[해설]
특수한 경우를 제외하고 강관 동바리는 2개 이하로 연결하여 사용하여야 한다.

44 콘크리트 타설에 대한 설명으로 틀린 것은?

① 한 구역 내의 콘크리트 타설이 완료될 때까지 연속해서 타설하여야 한다.
② 슈트, 펌프배관, 버킷, 호퍼 등의 배출구와 타설면까지의 높이는 1.5m 이하를 원칙으로 한다.
③ 콘크리트 타설 도중 표면에 떠올라 고인 블리딩수가 있을 경우에는 콘크리트 표면에 홈을 만들어 블리딩수를 제거한다.
④ 2층 이상으로 나누어 콘크리트를 타설하는 경우에는 하층의 콘크리트가 굳기 시작하기 전에 상층의 콘크리트를 타설하여야 한다.

[해설]
콘크리트 치기 도중 표면에 떠올라 고인 블리딩수가 있을 경우에는 콘크리트 표면에 홈을 만들어 흐르게 해서는 안 되며, 이 물을 제거한 후가 아니면 그 위에 콘크리트를 쳐서는 안 된다.

정답 41. ③ 42. ④ 43. ③ 44. ③

45 방사선 차폐용 콘크리트의 배합에 대한 설명으로 틀린 것은?

① 워커빌리티 개선을 위하여 품질이 입증된 혼화제를 사용할 수 있다.
② 콘크리트의 슬럼프는 작업에 알맞은 범위 내에서 가능한 한 작은 값이어야 한다.
③ 방사선 차폐용 콘크리트의 물결합재비는 일반적으로 55% 이하를 원칙으로 한다.
④ 콘크리트의 배합은 방사선 차폐용 콘크리트로서의 필요한 성능이 얻어지도록 시험비비기에 의해 정하여야 한다.

해설
방사선 차폐용 콘크리트의 물-결합재비는 일반적으로 50% 이하를 원칙으로 한다.

46 콘크리트의 압축강도(f_{ck})와 결합재-물비(B/W)와의 비례식에 따른 압축강도를 측정한 결과가 아래 표와 같을 때, 물결합재비가 40%인 콘크리트의 압축강도는? (단, $f_{ck} = a + b \times (B/W)$를 사용한다.)

물-결합재비(W/B)	압축강도(f_{ck})
60%	21MPa
50%	24MPa

① 27.0MPa ② 28.5MPa
③ 29.0MPa ④ 29.5MP

해설
콘크리트의 압축강도 $f_{ck} = a + b \times \dfrac{B}{W}$ (결합재-물비는 물-결합재비의 역수로 적용)

$21 = a + b \times \dfrac{1}{60}$ ············· (1)

$24 = a + b \times \dfrac{1}{50}$ ············· (2)

식 (1)과 (2)를 연립해서 풀면 ∴ $a = 6$, $b = 900$

그러므로 $f_{ck} = 6 + 900 \times \dfrac{1}{40} = 28.5 MPa$

47 방사선 차폐용 콘크리트의 제조에 사용하는 시멘트로 틀린 것은?

① 알루미나 시멘트
② 플라이 애시 시멘트
③ 중용열 포틀랜드 시멘트
④ 내황산염 포틀랜드 시멘트

해설
방사선 차폐용 콘크리트의 제조에 사용하는 시멘트
방사선 차폐용 콘크리트는 부재단면이 큰 편이므로 중용열 시멘트, 플라이 애시 시멘트, 내황산염 시멘트와 같이 수화열 발생이 적은 시멘트를 선정하는 것이 좋으며, 알루미나 시멘트는 수화작용이 매우 빠르므로 높은 수화열이 발생하여 방사선 차폐용 콘크리트의 제조에 부적합하다.

48 철근콘크리트 구조물을 시공할 때 콘크리트를 타설한 후 다짐 작업 시 내부 진동기의 사용방법으로 틀린 것은?

① 내부 진동기는 연직으로 찔러 넣어 사용한다.
② 내부 진동기는 콘크리트로부터 뺄 때 구멍이 생겨도 된다.
③ 내부 진동기 삽입 간격은 일반적으로 0.5m 이하로 하는 것이 좋다.
④ 내부 진동기는 콘크리트를 횡방향으로 이동시킬 목적으로 사용하지 않아야 한다.

해설
내부 진동기는 콘크리트로부터 천천히 빼내어 구멍이 생기지 않도록 해야 한다.

정답 45. ③ 46. ② 47. ① 48. ②

49 콘크리트의 표면 마무리에 대한 설명 중 옳지 않은 것은?

① 미리 정해진 구획의 콘크리트 타설은 연속해서 일관작업으로 마쳐야 한다.
② 시공이음이 미리 정해져 있지 않을 경우에는 직선상의 이음이 얻어지도록 시공하여야 한다.
③ 제물치장 마무리 또는 마무리 두께가 얇은 경우 1m당 7mm 이하의 평탄성을 유지하여야 한다.
④ 콘크리트 면의 마무리 두께가 7mm 이상 또는 바탕의 영향을 많이 받지 않는 마무리의 경우 1m당 10mm 이하의 평탄성을 유지하여야 한다.

해설

콘크리트 표면 마무리의 평탄성 표준값

콘크리트 면의 마무리	평탄성
마무리 두께 7mm 이상 또는 바탕의 영향을 많이 받지 않는 마무리의 경우	1m당 10mm 이하
마무리 두께 7mm 이하 또는 양호한 평탄함이 필요한 경우	3m당 10mm 이하
제물치장 마무리 또는 마무리 두께가 얇은 경우	3m당 7mm 이하

50 콘크리트를 타설할 때 다짐작업 없이 자중만으로 철근 등을 통과하여 거푸집의 구석구석까지 균질하게 채워지는 정도를 나타내는 굳지 않은 콘크리트의 성질을 무엇이라고 하는가?

① 유동성
② 고유동성
③ 슬럼프 플로
④ 자기 충전성

해설

- 유동성 : 중력이나 밀도에 따라 유동하는 정도를 나타내는 굳지 않은 콘크리트의 성질
- 고유동성 : 굳지 않은 상태에서 재료분리 없이 높은 유동성을 가지면서 다짐 작업 없이 자기 충전성이 가능한 콘크리트 성질
- 슬럼프 플로 : 슬럼프 플로 시험을 실시하고 난 후 원형으로 넓게 퍼진 콘크리트의 지름으로 굳지 않은 콘크리트 유동성을 나타낸 값

51 한중콘크리트의 물-결합재비를 적산온도 방식에 의한 경우, 사용한 콘크리트의 품질 검사를 위한 압축강도 시험의 재령은? (단, 배합을 정하기 위하여 사용한 적산온도의 값(M): 420D°·D)

① 7일
② 14일
③ 21일
④ 28일

해설

압축강도 시험의 재령일

$$Z_{20} = \frac{M}{30}(일) = \frac{420}{30} = 14일$$

52 수중콘크리트의 일반적인 시공에 대한 내용으로 틀린 것은?

① 콘크리트는 수중에 낙하시키지 않아야 한다.
② 콘크리트가 경화될 때까지 물의 유동을 방지하여야 한다.
③ 수중콘크리트는 물을 정지시킨 정수 중에 타설하여야 한다.
④ 콘크리트는 밑열림 상자나 밑열림 포대를 사용하는 것을 원칙으로 한다.

해설

수중콘크리트의 타설은 트레미와 콘크리트 펌프를 사용하는 것을 원칙으로 한다.

53 서중콘크리트의 양생방법으로 옳은 것은?

① 콘크리트의 표면온도를 급격히 저하시킨다.
② 보온양생을 실시하여 국부적인 냉각을 방지한다.
③ 거푸집을 떼어낸 후의 양생기간 동안은 노출면을 건조한 상태로 유지하여야 한다.
④ 콘크리트의 양생기간 중에 예상되는 진동, 충격, 하중 등의 유해한 작용으로부터 보호하여야 한다.

정답 49.③ 50.④ 51.② 52.④ 53.④

[해설]
① 콘크리트의 표면온도를 서서히 저하시킨다.
② 습윤양생을 실시하여야 한다.
③ 거푸집을 떼어낸 후의 양생기간 동안은 노출면을 습윤상태로 유지하여야 한다.

54 고강도 콘크리트에 사용되는 굵은 골재의 최대치수 기준에 대한 설명으로 옳은 것은?

① 슬래브 두께의 2/3를 초과하지 않아야 한다.
② 부재 최소치수의 1/2을 초과하지 않아야 한다.
③ 일반적인 경우 40mm 이상의 것을 사용하여야 한다.
④ 철근 최소 수평 순간격의 3/4 이내의 것을 사용하도록 한다.

[해설]
고강도 콘크리트에 사용되는 굵은 골재의 최대치수
• 25mm 이하
• 철근 최소 수평 순간격의 3/4 이내

55 팽창 콘크리트의 팽창률은 일반적으로 재령 며칠에 대한 시험값을 기준으로 하는가?

① 3일   ② 7일
③ 28일   ④ 90일

[해설]
콘크리트의 팽창률은 일반적으로 재령 7일에 대한 시험값을 기준으로 한다.

56 수밀콘크리트의 수밀성을 확보하기 위한 시공방안으로 적당하지 않은 것은?

① 혼화재료로서 팽창재는 콘크리트의 누수 원인이 되어 수밀성을 저해한다.
② 소요의 품질을 갖는 수밀콘크리트를 얻기 위해서는 적당한 간격으로 시공이음을 두어야 한다.
③ 수밀콘크리트는 양질의 AE제와 고성능 감수제 또는 포졸란 등을 사용하는 것을 원칙으로 한다.
④ 연직 시공이음에는 지수판 등의 물의 통과 흐름을 차단할 수 있는 방수처리재 등의 사용을 원칙으로 한다.

[해설]
혼화재료로서 팽창재는 콘크리트의 누수 원인이 되는 건조수축균열 방지를 하여 수밀성을 향상시킨다.

57 일반 콘크리트의 타설 시 외기온도가 25℃ 이상일 때 비빔시간부터 타설종료까지의 시간 한도는?

① 1.5시간   ② 2.0시간
③ 2.5시간   ④ 3.0시간

[해설]
비비기로부터 끝날 때까지의 시간

외기온도	시간
25℃ 이상	1.5시간 이하
25℃ 미만	2.0시간 이하

58 특정한 입도를 가진 굵은 골재를 거푸집에 미리 채워 넣고, 그 간극에 특수한 모르타르를 적당한 압력으로 주입하여 제조한 콘크리트에 대한 설명으로 틀린 것은?

① 잔골재의 조립률은 1.4~2.2 범위로 한다.
② 굵은 골재의 최소치수는 15mm 이상이다.
③ 주입모르타르의 유하시간은 40~60초를 표준으로 한다.
④ 블리딩률은 시험 시작 후 3시간에서와 같이 3% 이하가 되게 한다.

[해설]
주입모르타르의 유동성은 유하시간에 의해 설정하며, 유하시간은 16~20초를 표준으로 한다.

정답 54. ④ 55. ② 56. ① 57. ① 58. ③

59 컴프레서 혹은 펌프를 이용하여 노즐 위치까지 호스 속으로 운반한 콘크리트를 압축공기에 의해 시공면에 뿜어서 만든 콘크리트는?

① 숏크리트
② 매스 콘크리트
③ 수밀 콘크리트
④ 프리플레이스트 콘크리트

해설
숏크리트에 대한 설명이다.

60 고강도 콘크리트 제조 시 사용되는 혼화제에 관한 설명으로 옳지 않은 것은?

① 고성능 감수제는 시험배합을 거쳐 확인한 후 사용하여야 한다.
② 고성능 감수제의 사용은 고강도나 유동성 증가를 위해 필수 불가결하다.
③ 고성능 감수제는 콘크리트 비빔이 끝난 후 타설 직전에 첨가하여 다시 비벼 사용하는 것이 좋다.
④ 물에 희석하여 사용하는 감수제의 경우 희석 시 사용하는 물은 배합수 계산에서 제외시켜야 한다.

해설
물에 희석하여 사용하는 감수제의 경우 희석 시 사용하는 물은 배합수 계산에 포함시켜야 한다.

과목 04 콘크리트 구조 및 유지관리

61 철근콘크리트의 염해를 방지하기 위한 방법에 대한 설명으로 옳지 않은 것은?

① 물-결합재비를 55% 이상으로 한다.
② 수분, 산소 및 Cl^- 등의 부식성 물질을 제거한다.
③ 부식성 물질의 피복 콘크리트 속으로 침입, 확산을 방지한다.
④ 외부로부터의 전류에 의하여 강재의 전위를 변화시켜 방식 영역에 포함시킨다.

해설
염해를 방지하기 위해 물-결합재비를 낮게 한다.

62 콘크리트의 설계기준압축강도가 40MPa 이하인 경우, 휨모멘트를 받는 부재의 콘크리트 압축연단의 극한변형률은 얼마로 가정하는가?

① 0.0011
② 0.0022
③ 0.0033
④ 0.0044

해설
휨부재의 콘크리트 압축연단 극한변형률 ϵ_{cu}
• $f_{ck} \leq 40MPa$: $\epsilon_{cu} = 0.0033$
• $f_{ck} > 40MPa$: 매 10MPa 증가에 0.0001씩 감소

63 유지관리 시설물 중 1종 시설물에 해당하지 않는 것은?

① 상부구조 형식이 사장교인 교량
② 수원지시설을 포함한 광역상수도
③ 총 저수용량 3천만톤의 용수 전용댐
④ 철도 구조물로서 연장 300m의 터널

정답 59. ① 60. ④ 61. ① 62. ③ 63. ④

[해설]

1종 유지관리 시설물
- 연장 500m 이상의 교량
- 연장 500m 이상의 지하차도
- 연장 1,000m 이상의 터널
- 상부 구조형식이 사장교, 아치교인 교량
- 수원지시설을 포함한 광역상수도
- 20만톤 이상 선박의 하역시설
- 총 저수용량 1천만톤 이상의 용수 전용댐

64 아래 표에서 나타낸 것과 같은 방법으로 방지할 수 있는 콘크리트의 균열은?

- 타설 초기에 외기에 노출되지 않도록 보호한다.
- 타설 초기의 습윤 손실을 방지하기 위해 안개 노즐을 사용하여 콘크리트 표면 위의 공기를 포화시킨다.
- 콘크리트 타설 후 플라스틱 덮개로 덮어 보호한다.

① 사인장 균열
② 소성수축균열
③ 소성침하균열
④ 철근부식으로 인한 균열

[해설]

소성수축균열 : 블리딩 발생량보다 콘크리트 표면의 물(표면수)의 증발이 빠른 경우와 같이 급속한 수분 증발이 일어나는 경우에 콘크리트 마무리 면에 생기는 가늘고 얇은 균열을 말한다.

65 콘크리트의 단위질량이 2,350kg/m³이며 설계기준압축강도가 30MPa인 콘크리트의 할선탄성계수는?

① 27,525MPa
② 28,417MPa
③ 28,638MPa
④ 29,696MPa

[해설]

콘크리트의 단위질량이 2,300kg/m³이 아닐 경우의 할선탄성계수
- $E_c = 0.077(m_c)^{1.5}(\sqrt[3]{f_{ck} + \Delta f})$
- $f_{ck} \leq 40MPa$이면 $\Delta f = 4MPa$
- $f_{ck} \geq 60MPa$이면 $\Delta f = 6MPa$
∴ 콘크리트의 할선탄성계수
$$E_c = 0.077(2,350)^{1.5} \times \sqrt[3]{(30+4)}$$
$$= 28,417.4 MPa$$

66 경간 20m에 등분포하중(자중포함) 20kN/m가 작용하는 프리스트레스 콘크리트보에 P = 2,000kN의 긴장력이 주어질 때, 하중 평행개념에 의해 계산된 이 보의 순하향분포하중은? (단, 긴장재는 포물선으로 배치되어 있으며, 새그는 200mm이다.)

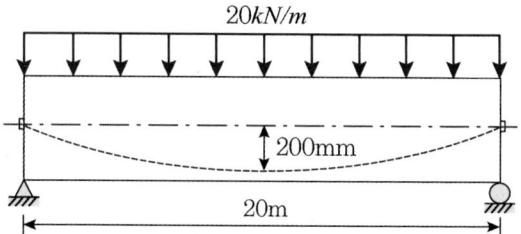

① 8kN/m
② 12kN/m
③ 16kN/m
④ 20kN/m

[해설]

프리스트레스트 콘크리트에서 강재가 포물선으로 배치된 경우

$P \times s = \dfrac{u \times L^2}{8}$ 에서 등분포상향력

$u = \dfrac{8P \times s}{L^2} = \dfrac{8(2,000)(0.2)}{(20)^2} = 8kN/m$

∴ 순하향분포하중 $W - u = 20 - 8 = 12kN/m$

67 f_{ck} = 27MPa, f_y = 400MPa로 된 보통중량콘크리트 보에서 표준갈고리가 있는 인장이형철근의 기본정착길이로 가장 적합한 것은? (단, 사용 철근은 D25(철근의 공칭 지름은 25.4mm이다.)

① 442mm ② 469mm
③ 515mm ④ 603mm

해설

표준갈고리를 갖는 인장이형철근의 정착
- 철근의 설계기준 항복강도가 400MPa인 경우 기본 정착길이는 다음 식으로 구한다.
- $l_{hb} = \dfrac{0.24\beta d_b f_y}{\lambda \sqrt{f_{ck}}} = \dfrac{0.24(1)(25.4)(400)}{1(\sqrt{27})}$
  $= 469.3mm$

68 강판접착공법은 RC 부재의 인장측 균열 외면에 강판을 접착하여 기존의 RC 부재와 강판을 일체화시켜 내력 향상을 도모하는 방법이다. 이러한 강판접착공법에 대한 장점으로 틀린 것은?

① 방청, 방화상의 내구성이 좋다.
② 강판의 분포, 배치를 똑같이 할 수 있으므로 균열 특성이 좋다.
③ 강판을 사용하고 있으므로 모든 방향의 인장력에 대응할 수 있다.
④ 현장타설콘크리트, 프리캐스트 부재 모두에 적용할 수 있으므로 응용범위가 넓다.

해설

방청, 방화상의 내구성이 나쁘므로 방청 처리와 내화 피복이 필요하다.

69 연속보 또는 1방향 슬래브에서 근사해법을 적용하기 위한 조건으로 틀린 것은?

① 2경간 이상인 경우
② 등분포 하중이 작용하는 경우
③ 활하중이 고정하중의 2배 이상인 경우
④ 인접 2경간의 차이가 짧은 경간의 20% 이하인 경우

해설

연속보 또는 1방향 슬래브에서 근사해법을 적용하는 조건
- 2경간 이상인 경우
- 등분포 하중이 작용하는 경우
- 인접 2경간의 차이가 짧은 경간의 20% 이하인 경우
- 활하중이 고정하중의 3배를 초과하지 않는 경우
- 부재의 단면 크기가 일정한 경우

70 나선철근 기둥에서 나선철근 바깥선을 지름으로 하여 측정된 나선철근 기둥의 심부지름이 250mm, f_{ck} = 28MPa, f_y = 400MPa일 때 기둥의 총 단면적으로 적절한 것은?

① 60,000mm^2 ② 100,000mm^2
③ 200,000mm^2 ④ 300,000mm^2

해설

(나선철근 기둥의 철근비 1~8%)

$0.01 \leq 0.45 \left(\dfrac{A_g}{A_{ch}} - 1\right) \dfrac{f_{ck}}{f_{yt}} \leq 0.08$

$0.45 \left(\dfrac{D^2}{250^2} - 1\right) \dfrac{28}{400} = 0.01 \rightarrow D^2 = 82,341.3mm^2$

$\therefore A_g = \dfrac{\pi D^2}{4} = \dfrac{\pi(82,341.3)}{4} = 64,670.7mm^2$

$0.45 \left(\dfrac{D^2}{250^2} - 1\right) \dfrac{28}{400} = 0.08 \rightarrow D^2 = 221,230.2mm^2$

$\therefore A_g = \dfrac{\pi D^2}{4} = \dfrac{\pi(221,230.2)}{4} = 173,753.8mm^2$

∴ 총 단면적으로 적절한 것
$64,670.7mm^2 < A_g = 100,000mm^2 < 173,753.8mm^2$

정답 67. ② 68. ① 69. ③ 70. ②

71 발생된 손상이 안정성에 심각한 영향을 주지 않는다고 판단되면 보수 조치를 시행하는데, 다음의 조치 중 보수에 해당하는 것은?

① 주입공법
② 강판 접착공법
③ 외부 케이블 공법
④ 탄소섬유시트 접착공법

해설
- 콘크리트 구조물의 **보수공법 : 균열주입공법**, 표면처리공법, 충전공법, 치환공법
- 콘크리트 구조물의 **보강공법 : 단면증설공법(두께 증설공법), FRP 접착공법, 프리스트레스 도입공법,** 라이닝공법, 강판 보강공법, 외부 케이블공법, 교체공법, 앵커 공법

72 내하력에 관해 의심스러운 경우 실시하는 구조물의 안정성 평가에 관한 설명으로 틀린 것은?

① 해석적 방법에 의해 내하력 평가를 실시하는 경우 구조 부재의 치수는 위험단면에서 확인하여야 한다.
② 재하시험에 의한 구조물의 안전도 및 내하력 평가를 실시하는 경우 시험하중은 4회 이상 균등하게 나누어 증가시켜야 한다.
③ 해석적 방법에 의해 내하력 평가를 실시하는 경우 철근, 용접철망, 또는 긴장재의 위치 및 크기는 계측에 의해 위험단면에서 결정하여야 한다.
④ 재하시험에 의한 구조물의 안전도 및 내하력 평가를 실시하는 경우 재하할 시험하중은 해당 구조부분에 작용하고 있는 설계하중의 70%, 즉 0.7(1.2D+1.6L) 이상이어야 한다.

해설
재하시험에 의한 구조물의 안전도 및 내하력 평가를 실시하는 경우 재하할 시험하중은 해당 구조부분에 작용하고 있는 설계하중의 85%, 즉 0.85(1.2D+1.6L) 이상이어야 한다.

73 콘크리트가 화재를 받아 피해를 받았을 때, 열화 특징으로서 옳은 것은?

① 500~580℃의 가열온도에서 탄산칼슘이 분해되어 산화칼슘이 된다.
② 750℃ 이상의 가열온도에서 수산화칼슘이 분해되고 탈수되어 산화칼슘이 된다.
③ 300℃~500℃ 정도의 가열온도에서 열화한 콘크리트는 냉각 후 수분을 주어 양생해도 강도는 회복되지 않는다.
④ 안산암질 골재와 경량골재는 석영질이나 석회암질 골재에 비해 고온까지 안정한 성상을 유지한다.

해설
① 500~580℃의 가열온도에서 <U>수산화칼슘이 분해되어 산화칼슘이 된다.</U>
② 750℃ 이상의 가열온도에서 <U>탄산칼슘이 분해되고 탈수되어 산화칼슘이 된다.</U>
③ 고온에 의해 변질한 콘크리트는 냉각 후 수분이 보급되면 손상은 대부분 회복되지만 <U>500℃ 이상</U>으로 가열된 경우에는 내부 조직까지 손상되기 때문에 강도가 회복되지 않는다.

74 콘크리트 품질시험 중에서 현장시험이 아닌 것은?

① 코아 채취
② 초음파시험
③ 반발경도시험
④ 시멘트 함유량 시험

해설
시멘트 함유량 시험은 현장이 아닌 <U>실내시험</U>이다.

정답 71. ① 72. ④ 73. ④ 74. ④

75 프리스트레스 하지 않는 부재의 현장치기 콘크리트에 대한 철근의 최소 피복두께 규정으로 틀린 것은?

① 수중에서 치는 콘크리트는 최소 100mm의 피복두께를 요구한다.
② 흙에 접하여 콘크리트를 친 후 영구히 흙에 묻혀 있는 콘크리트의 최소 피복두께는 75mm이다.
③ 옥외의 공기나 흙에 직접 접하지 않는 콘크리트로서 f_{ck}가 40MPa 미만인 보의 경우 최소 피복두께는 40mm이다.
④ 흙에 접하거나 옥외의 공기에 직접 노출되는 콘크리트로서 D16 이하의 철근을 사용하는 경우 최소 피복두께는 60mm이다.

해설

프리스트레스 하지 않는 부재의 현장치기 콘크리트의 최소 피복두께

철근의 외부 조건		최소 피복두께
수중에서 치는 콘크리트		100mm
흙에 접하여 콘크리트를 친 후에 영구히 흙에 묻혀 있는 콘크리트		75mm
흙에 접하거나 옥외의 공기에 직접 노출되는 콘크리트	D19 이상의 철근	50mm
	D16 이하의 철근, 지름 16mm 이하의 철선	40mm
옥외의 공기나 흙에 직접 접하지 않은 콘크리트	슬래브, 벽체, 장선	
	D35를 초과하는 철근	40mm
	D35 이하인 철근	20mm
	쉘, 절판부재	20mm
	보, 기둥	f_{ck}가 40MPa 이상인 경우는 규정된 값에서 10mm 저감	40mm

∴ 흙에 접하거나 옥외의 공기에 직접 노출되는 콘크리트로서 D16 이하의 철근을 사용하는 경우 <u>최소 피복두께는 40mm이다.</u>

76 경간 10m의 보를 대칭 T형보로 설계하려고 한다. 슬래브 중심간의 거리를 2m, 슬래브의 두께를 120mm, 복부의 폭을 250mm로 할 때 플랜지의 유효폭은?

① 2,000mm ② 2,170mm
③ 3,750mm ④ 4,000mm

해설

T형보의 유효폭은 다음 세 가지 값 중 가장 작은 값으로 한다.
- $16t_f + b_w = 16 \times 120 + 250 = 2,170mm$
- 양쪽 슬래브의 중심간 거리 : 2,000mm
- 보 경간의 1/4 : $\frac{1}{4} \times 10,000 = 2,500mm$

∴ 유효폭 b = 2,000mm(최소값)

77 그림 (a)와 같은 띠철근 기둥 단면의 평형재하 상태에 대해 해석한 결과 그림 (b)와 같이 콘크리트 압축력 C_c = 900kN, 압축철근의 압축력 C_s = 200kN, 인장철근의 압축력 T_s = 300kN을 얻었다. 이 기둥의 공칭편심하중 P의 크기는?

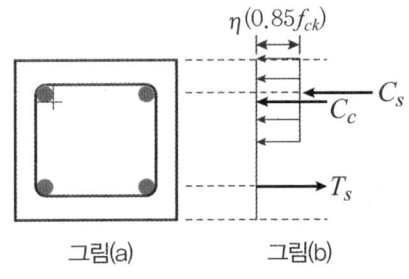

그림(a) 그림(b)

① 700kN ② 800kN
③ 900kN ④ 1,000kN

해설

압축과 힘을 받는 띠철근 기둥의 공칭편심하중
$P = C_c + C_s - T_s = 900 + 200 - 300 = 800kN$

정답 75. ④ 76. ① 77. ②

78 단면의 폭이 300mm, 유효깊이가 600mm, 수직스트럽 간격이 200mm로 설치되어 있는 단철근직사각형 보가 규정에 의한 최소 전단철근을 설치하여야 할 경우 최소 전단철근량은? (단, f_{ck} = 21MPa, f_y = 300MPa)

① 58mm² ② 70mm²
③ 86mm² ④ 116mm²

해설

최소 전단철근의 단면적

$$A_{v,\min} = 0.0625\sqrt{f_{ck}}\frac{b_w s}{f_y} \geq 0.35\frac{b_w s}{f_y}$$

(두 값 중 큰 값 선택)

- $A_{v,\min} = 0.0625\sqrt{f_{ck}}\dfrac{b_w s}{f_y}$

  $= 0.0625(\sqrt{21})\left(\dfrac{300 \times 200}{300}\right)$

  $= 57.3 mm^2$

- $A_{v,\min} = 0.35\dfrac{b_w s}{f_y} = 0.35\left(\dfrac{300 \times 200}{300}\right)$

  $= 70 mm^2 \rightarrow$ 최종 선택

79 철근 부식으로 인한 콘크리트의 균열을 방지하기 위한 방법으로 적당하지 않은 것은?

① 경량골재를 사용한다.
② 철근을 방청 처리한다.
③ 콘크리트 표면을 코팅 처리한다.
④ 콘크리트에 탄산화가 일어나지 않도록 조치한다.

해설

철근 부식에 의한 콘크리트의 균열 방지 방법
- 철근을 방청 처리한다.
- 콘크리트 표면을 코팅 처리한다.
- 콘크리트에 탄산화가 일어나지 않도록 조치한다.
- 흡수성이 낮은 콘크리트를 사용한다.
- 외부로부터 전류를 흐르게 하여 전위를 변화시켜 부식을 방지한다.
- 콘크리트 피복을 증가시켜 부식성 물질을 통하여 부식을 방지한다.

80 염화물이온의 측정에 있어 시험결과의 판단에 대한 KS F4009의 규정에 대한 내용 중 ㉠, ㉡에 들어갈 값을 올바르게 나열한 것은?

시험결과의 판단으로 KS F 4009 및 콘크리트 공사 표준시방서의 경우 염소이온량(Cl^-)은 (㉠) 이하이다. 단, 구입자의 승인을 얻는 경우에는 (㉡) 이하로 할 수 있도록 규정되어 있으므로 이 부분과도 비교하여 판단한다.

① ㉠ : $0.30kg/m^3$, ㉡ : $0.60kg/m^3$
② ㉠ : $0.30kg/m^3$, ㉡ : $0.20kg/m^3$
③ ㉠ : $0.20kg/m^3$, ㉡ : $0.60kg/m^3$
④ ㉠ : $0.20kg/m^3$, ㉡ : $0.30kg/m^3$

해설

염화물 함유량은 염소이온(Cl^-)량으로서 $0.30kg/m^3$ 이하로 한다. 다만, 구입자의 승인을 얻은 경우에 $0.60kg/m^3$ 이하로 할 수 있다.

CHAPTER 04

2022년도 콘크리트기사 1회 필기

과목 01 콘크리트 재료 및 배합

01 콘크리트의 배합강도(f_{cr})를 정하는 방법에 대한 설명으로 옳지 않은 것은? (단, f_{cn} : 호칭강도)

① f_{cr}는 $(20\pm2)°C$ 표준 양생한 공시체의 압축강도로 표시하는 것으로 한다.
② 압축강도의 시험횟수가 14회 이하이고, f_{cn}가 21MPa 미만인 경우, f_{cr}는 f_{cn}에 7MPa을 더하여 구할 수 있다.
③ 압축강도의 시험횟수가 29회 이하이고 15회 이상인 경우, 계산한 표준편차에 보정계수를 나눈 값을 표준편차로 사용할 수 있다.
④ 콘크리트 압축강도의 표준편차는 실제 사용한 콘크리트의 30회 이상의 시험실적으로부터 결정하는 것을 원칙으로 한다.

해설
압축강도의 시험횟수가 29회 이하이고 15회 이상인 경우, 계산한 표준편차에 보정계수를 곱한 값을 표준편차로 사용할 수 있다.

02 콘크리트의 배합설계에서 단위수량의 보정에 대한 설명으로 옳은 것은?

① 부순 잔골재를 사용할 경우 단위수량은 9~15kg 작게 한다.
② 잔골재율이 1% 작을 때마다 단위수량은 1.5kg만큼 크게 한다.
③ 공기량이 1%만큼 클 때마다 단위수량은 3%만큼 작게 한다.
④ 슬럼프값이 10mm만큼 작을 때마다 단위수량은 1.2%만큼 크게 한다.

해설
① 부순 잔골재를 사용할 경우 단위수량은 6~9kg 작게 한다.
② 잔골재율이 1% 작을 때마다 단위수량은 1.5kg만큼 작게 한다.
④ 슬럼프값이 10mm만큼 작을 때마다 단위수량은 1.2%만큼 작게 한다.

03 수경성 시멘트 모르타르의 압축강도 시험방법(KS L 5105)에 관한 설명으로 옳은 것은?

① 습기함, 습기실 및 저장 수조의 물 온도는 $20\pm3°C$이다.
② 반죽판, 건조 재료, 틀, 밑판 및 혼합 용기 부근의 공기 온도는 20~27.5°C로 유지한다.
③ 100mm의 입방 시험체를 사용한 수경성 시멘트 모르타르의 압축강도 시험방법에 대한 규정이다.
④ 시험실의 상대습도는 40% 이상, 습기함이나 습기실은 97% 이상의 상대습도에서 시험체가 저장되도록 제작되어야 한다.

해설
① 습기함, 습기실 및 저장 수조의 물 온도는 $(23\pm2)°C$이다.
③ 50mm의 입방 시험체를 사용한 수경성 시멘트 모르타르의 압축강도 시험방법에 대한 규정이다.
④ 시험실의 상대습도는 50% 이상, 습기함이나 습기실은 95% 이상의 상대습도에서 시험체가 저장되도록 제작되어야 한다.

정답 01. ③ 02. ③ 03. ②

04 한중 콘크리트 배합 시 이용하는 일반적인 적산온도식으로 옳은 것은? (단, M: 적산온도 (°D·D(일), 또는 °C·D), θ: △t 시간 중의 콘크리트의 평균 양생온도(°C), △t: 시간(일))

① $M = \sum_{0}^{t}(\theta + 10°C)\triangle t$

② $M = \sum_{0}^{t}(\triangle t + 10°C)\theta$

③ $M = \sum_{0}^{t}(\triangle t + 30°C)\theta$

④ $M = \sum_{0}^{t}(\triangle t + \theta) \times 30°C$

해설

- 적산온도

$$M = \sum_{0}^{t}(\theta + A)\triangle t = \sum_{0}^{t}(\theta + 10°C)\triangle t$$

- A : 온도의 상수로서 일반적으로 <u>10°C가 사용된다.</u>

05 콘크리트의 시방 배합표는 다음의 표와 같다. 제시된 잔골재와 굵은 골재의 사용량은 표면건조포화상태에서의 사용량이다. 현장 조건을 고려하여, 1m³의 콘크리트를 제조하고자 할 때, 단위수량은? (단, 현장 골재의 조건: 잔골재는 5mm 체에 남는 것을 5% 포함하며, 굵은 골재는 5mm 체를 통과하는 것을 0% 포함하고 있다. 또한, 실제로 사용할 잔골재의 표면수량은 2.8%, 굵은 골재의 표면 수량은 1.5%이다.)

(단위 : kg/m³)

물	시멘트	잔골재	굵은 골재
160	320	740	900

① 115kg/m³
② 125kg/m³
③ 135kg/m³
④ 145kg/m³

해설

- 입도에 의한 보정
  - S = 740kg, G = 900kg, a = 5%, b = 0%
  - 잔골재량

$$X = \frac{100S - b(S+G)}{100 - (a+b)}$$
$$= \frac{100(740) - 0(740+900)}{100 - (5+0)} = 778.95kg$$

  - 굵은골재량

$$Y = \frac{100G - a(S+G)}{100 - (a+b)}$$
$$= \frac{100(900) - 5(740+900)}{100 - (5+0)} = 861.05kg$$

- 표면수에 의한 보정
  - 잔골재의 표면수 : $778.95 \times \frac{2.8}{100} = 21.81kg$
  - 굵은골재의 표면수 : $861.05 \times \frac{1.5}{100} = 12.92kg$

∴ 보정할 단위수량: 160 − (21.81+12.92)
= 125.3kg/m³

06 아래 표의 시험항목 중 KS F 2561(철근콘크리트용 방청제)의 품질시험 항목으로만 짝지어진 것은?

| ㉠ 콘크리트의 블리딩 시험 |
| ㉡ 콘크리트의 압축강도 시험 |
| ㉢ 콘크리트의 길이변화 시험 |
| ㉣ 전체 알칼리량 시험 |

① ㉠, ㉡
② ㉠, ㉣
③ ㉡, ㉢
④ ㉡, ㉣

해설

방청제의 성능시험
- 콘크리트의 응결시간 및 <u>압축강도시험</u>
- 전체 알칼리량 시험
- 철근의 염수 침투 시험
- 콘크리트 중의 철근의 촉진 부식시험(오토클레이브법)
- 염화물량 시험

정답 04. ① 05. ② 06. ④

07 콘크리트 압축강도 시험결과가 다음과 같을 경우 표준편차는? (단, 불편분산의 개념에 의해 구한다.)

> 34.5, 31.4, 33.2, 35.7, 30.5(MPa)

① 2.14MPa ② 2.92MPa
③ 3.14MPa ④ 3.92MPa

해설

- 압축강도 평균값
$$\bar{x} = \frac{34.5+31.4+33.2+35.7+30.5}{5} = 33.1 MPa$$

- 표준편차 합 S
$$S = (34.5-33.1)^2 + (31.4-33.1)^2 \\ + (33.2-33.1)^2 + (35.7-33.1)^2 \\ + (30.5-33.1)^2 = 18.38$$

∴ 표준편차 $\sigma = \sqrt{\dfrac{S}{n-1}} = \sqrt{\dfrac{18.38}{5-1}} = 2.14 MPa$

08 레디믹스트콘크리트의 혼합에 사용되는 물 중 상수돗물 pH의 허용 범위는?

① pH 3.1 이하 ② pH 3.5~5.3
③ pH 5.8~8.5 ④ pH 8.7~11.2

해설

수돗물의 품질

시험항목	허용량
색도	5도 이하
탁도	0.3NTU 이하
pH	5.8~8.5

09 부순 잔골재 및 부순 굵은 골재를 사용한 콘크리트의 특징으로 틀린 것은?

① 입형이 평평하기 때문에 강자갈보다 실적률이 높다.
② 강자갈을 사용한 콘크리트에 비해 작업성이 떨어진다.
③ 강자갈을 사용한 경우와 같은 슬럼프를 얻기 위해서는 단위 수량이 증가한다.
④ 물-시멘트비가 같은 경우 강자갈을 사용한 콘크리트보다 시멘트페이스트의 부착력을 높일 수 있다.

해설

부순돌은 입형이 모가 나 있기 때문에 강자갈보다 실적률이 낮다.

10 시멘트 성분 중에 Na_2O가 0.5%, K_2O가 0.4% 있었다면 이 시멘트에서 도입되는 전알칼리의 양은? (단, 포틀랜드 시멘트(저알칼리형)인 경우)

① 0.52% ② 0.76%
③ 0.91% ④ 1.05%

해설

총알칼리량 $= Na_2O + 0.658 K_2O$
$= 0.5 + 0.658(0.4) = 0.763\%$

11 콘크리트 배합설계 시 슬럼프는 구조물의 종류, 부재 치수 및 배근 상태 등을 고려하여 결정한다. 일반적으로 슬럼프값의 범위가 가장 작은 것은?

① 일반적인 무근콘크리트 구조물
② 일반적인 철근콘크리트 구조물
③ 단면이 큰 무근콘크리트 구조물
④ 단면이 큰 철근콘크리트 구조물

> **[해설]**
>
> 슬럼프의 표준값
>
> | 구분 | 철근콘크리트 | 무근콘크리트 |
> |---|---|---|
> | 일반적인 경우 | 80~150 | 50~150 |
> | 단면이 큰 경우 | 60~120 | 50~100 |

12 레디믹스트콘크리트에서 회수수를 혼합수로 사용할 경우 주의할 사항으로 틀린 것은?

① 고강도 콘크리트의 경우 회수수를 사용하여서는 안 된다.
② 단위 슬러지 고형분율이 5.0%를 초과하면 안 된다.
③ 콘크리트를 배합할 때, 회수수 중에 함유된 슬러지 고형분은 물의 질량에는 포함되지 않는다.
④ 회수수의 품질시험 항목은 4가지로서 염소이온량, 시멘트 응결시간의 차, 모르타르 압축강도의 비, 단위 슬러지 고형분율이다.

> **[해설]**
>
> 단위 슬러지 고형분율이 <u>3.0%</u>를 초과하면 안 된다.

13 특수 시멘트 중 수축보상 및 화학적인 프리스트레스의 도입이 가능한 시멘트는?

① 팽창 시멘트
② 초속경 시멘트
③ 알루미나 시멘트
④ 콜로이드 시멘트

> **[해설]**
>
> 팽창 시멘트에는 <u>수축보상 시멘트</u>와 <u>화학적인 프리스트레스 도입용 시멘트</u>가 있다.

14 다음은 골재 15,000g에 대하여 체가름시험을 수행한 결과이다. 이 골재의 조립률은?

골재의 체가름 시험	
체의 크기(mm)	남는 양(g)
75	0
40	450
20	7,200
10	3,600
5	3,300
2.5	450
1.2	0

① 3.12
② 4.12
③ 6.26
④ 7.26

> **[해설]**
>
> | 체의 호칭치수 | 남는 양(g) | 잔류율(%) | 누가 잔류율(%) |
> |---|---|---|---|
> | 75mm | 0 | 0 | 0 |
> | 40mm | 450 | 3 | 0+3=3 |
> | 20mm | 7,200 | 48 | 3+48=51 |
> | 10mm | 3,600 | 24 | 51+24=75 |
> | 5mm | 3,300 | 22 | 75+22=97 |
> | 2.5mm | 450 | 3 | 97+3=100 |
> | 1.2mm | 0 | 0 | 100+0=100 |
> | 0.6mm | | | 100 |
> | 0.3mm | | | 100 |
> | 0.15mm | | | 100 |
> | 계 | 15,000 | 100 | 726 |
>
> $$\therefore F.M = \frac{\Sigma 누가 잔류율}{100}$$
> $$= \frac{0+3+51+75+97+100(5)}{100} = 7.26$$

정답 12. ② 13. ① 14. ④

15 콘크리트용 강섬유의 품질 및 품질 관련 시험에 대한 설명으로 틀린 것은?

① 강섬유는 표면에 유해한 녹이 있어서는 안 된다.
② 강섬유가 5톤보다 작을 경우 1톤당 2개의 비율로 인장강도 시험을 수행하여야 한다.
③ 강섬유의 인장강도 시험은 강섬유 5톤마다 10개 이상의 시료를 무작위로 추출하여 시행하여야 한다.
④ 강섬유는 16°C 이상의 온도에서 지름 안쪽 90° (곡선반지름 3mm) 방향으로 구부렸을 때, 부러지지 않아야 한다.

> **해설**
> 강섬유가 5톤보다 작을 경우에도 10개 이상의 시료에 대해 시험을 수행한다.

16 플라이 애시를 사용한 콘크리트의 성질로 옳은 것은?

① 유동성의 저하
② 수화열의 감소
③ 장기강도의 저하
④ 알칼리 골재 반응의 촉진

> **해설**
> **플라이 애시를 사용한 콘크리트의 성질**
> • 유동성의 개선 : 워커빌리티를 개선하여 단위수량을 감소시킨다.
> • 수화열의 감소 : 플라이애시 첨가 콘크리트는 수화열에 의한 균열을 방지할 목적으로 댐과 같은 매스 콘크리트 등에 이용된다.
> • 장기강도의 개선 : 강도는 초기재령에서는 낮으나 장기강도는 증가한다.
> • 알칼리골재반응의 억제 : 플라이애시는 알칼리골재반응에 의한 팽창을 억제하는 효과가 있다.

17 골재의 체가름 시험방법에 대한 설명으로 틀린 것은?

① 시험에 사용되는 저울은 시료 질량의 0.1% 이하의 눈금량 또는 감량을 가진 것으로 한다.
② 체가름은 1분간 각 체를 통과하는 것이 전 시료 질량의 0.1% 이하로 될 때까지 작업을 한다.
③ 체 눈에 막힌 알갱이는 파쇄되지 않도록 주의하면서 되밀어 내어 체 위에 남은 시료로 간주한다.
④ 체가름 계량 결과는 시료 전 질량에 대한 백분율로 소수점 이하 둘째 자리까지 계산하여 소수점 이하 첫째 자리까지 나타낸다.

> **해설**
> 체가름 계량 결과는 시료 전 질량에 대한 백분율로 소수점 이하 첫째 자리까지 계산하여 이와 가장 가까운 정수로 나타낸다.

18 마이크로 필러(micro filler) 효과 및 포졸란 반응이 동시에 작용하여 강도 증진 효과가 뛰어나서 고강도 콘크리트용으로 사용되는 혼화재료는 무엇인가?

① 규조토
② 실리카 품
③ 고로슬래그
④ 플라이애시

> **해설**
> 실리카 품을 혼합하면 마이크로 필러(micro filler) 효과와 포졸란 반응에 의해 0.1mm 이상의 큰 공극은 작아지고 미세한 공극이 많아서 부착력이 증가하여 콘크리트의 강도 증진에 기여한다.

정답 15. ② 16. ② 17. ④ 18. ②

19 골재 체가름 결과가 다음과 같을 때 굵은 골재의 최대치수는?

체크기(mm)	40	25	20	13	5	2.5
통과 질량 백분율(%)	100	97	88	50	8	3

① 13mm ② 20mm
③ 25mm ④ 40mm

해설
굵은 골재의 최대 치수란 질량비로 90% 이상을 통과시키는 체 중에서 최소치수인 체의 호칭치수로 나타낸 굵은 골재의 치수를 말한다.
∴ 90% 이상을 통과시킨 체중에서 최소치수인 25mm체

20 콘크리트용 화학혼화제(공기연행제, 공기연행감수제, 고성능 공기연행감수제)의 성능을 확인하기 위한 콘크리트 시험에서 길이 변화비(%)를 구하는데 적용되는 기간은?

① 28일 ② 3개월
③ 6개월 ④ 1년

해설
보존기간 6개월에 따른 결과의 평균값을 그 콘크리트의 길이 변화율로 한다.

과목 02 콘크리트 제조, 시험 및 품질관리

21 굳지 않은 콘크리트의 워커빌리티 및 반죽질기에 영향을 주는 인자의 설명으로 틀린 것은?

① 일반적으로 콘크리트의 비빔 온도가 높을수록 반죽질기는 증가하는 경향이 있다.
② 일반적으로 분말도가 높은 시멘트의 경우에는 시멘트 풀의 점성이 높아지므로 반죽질기는 작게 된다.
③ 일반적인 범위 내에서의 부배합의 콘크리트가 빈배합의 콘크리트에 비해 워커빌리티가 좋다고 할 수 있다.
④ 단위수량이 많을수록 콘크리트의 반죽질기가 질게 되어 유동성이 크게 되지만, 단위수량을 과다하게 증가시키면 재료분리가 발생하기 쉬워지므로 워커빌리티가 좋아진다고는 말할 수 없다.

해설
일반적으로 콘크리트의 비빔 온도가 높을수록 수분의 증발에 따라 슬럼프가 감소되어 반죽질기가 감소하는 경향이 있다.

22 콘크리트 재료의 1회 계량분의 허용오차로 옳은 것은?

① 골재: ±3% ② 혼화제 : ±2%
③ 혼화재: ±3% ④ 시멘트: −2%, +1%

해설
재료의 계량오차

재료의 종류	1회 재량 분량의 한계오차
물	−2%, +1%
시멘트	−1%, +2%
혼화재	±2%
골재, 혼화제	±3%

23 다음과 같이 콘크리트용 유동화제를 혼합하여 사용하는 경우, 콘크리트 품질에 이상이 발생할 수 있는 경우는 어느 것인가?

① 멜라민계 − 리그닌계
② 리그닌계 − 나프탈렌계
③ 멜라민계 − 폴리칼본산계
④ 리그닌계 − 폴리칼본산계

정답 19. ③ 20. ③ 21. ① 22. ① 23. ③

해설

유동화제 종류별 상관관계

	리그린계	나프탈렌계	멜라민계	폴리카본산계
리그린계	○	○	○	○
나프탈렌계	○	○	△	×
멜라민계	○	△	○	×
폴리카본산계	○	×	×	○

문제없음(○), 주의가 필요함(△), 혼합한 경우 이상 있음(×)

24 갇힌 공기(Entrapped Air)에 대한 설명으로 옳은 것은?

① 내구성을 향상시킨다.
② 유동성을 증가시킨다.
③ 일반적으로 1~2% 이내이다.
④ 비교적 기포가 작고 규칙적으로 분포된다.

해설

▶ 갇힌 공기(Entrapped Air)
 • 일반적으로 자연적으로 1~2% 정도 포함된 공기이다.
 • 비교적 입경이 크며, 불규칙적으로 존재한다.
▶ 연행공기(Entrained Air)
 • 워커빌리티가 증대되고 내구성이 향상된다.
 • 비교적 기포가 작고 규칙적으로 분포된다.

25 콘크리트의 블리딩을 증가시키는 요인으로 적합하지 않은 것은?

① 단위수량의 증가
② 시멘트 분말도의 증가
③ 콘크리트 온도의 저하
④ 콘크리트 공기량의 저하

해설

• 시멘트의 분말도가 증가하면 시멘트의 입자가 미세하여 응결이 촉진되어 블리딩은 감소한다.

• 단위수량이 클수록, 콘크리트의 온도가 낮을수록, 단위시멘트량과 잔골재량이 작을수록 블리딩은 증가한다.

26 믹싱 플랜트에서 완전히 반죽된 콘크리트를 트럭 애지테이터 혹은 트럭믹서로 교반하면서 목적지까지 운반하는 방법은?

① 센트럴 믹스트 콘크리트
② 트랜싯 믹스트 콘크리트
③ 쉬링크 믹스트 콘크리트
④ 드라이 믹스트 콘크리트

해설

레미콘의 종류별 제조 및 운반 방법
• **센트럴믹스트 콘크리트** : 제조공장에 있는 고정믹서에 혼합을 끝낸 콘크리트를 애지테이터 트럭 또는 트럭믹서로 교반하면서 배달지점에 운반하는 방법
• **쉬링크믹스트 콘크리트** : 공장에 있는 고정믹서에서 어느 정도 혼합하고 트럭믹서 안에서 혼합을 완료하는 방법
• **트랜싯믹스트 콘크리트** : 플랜트에서 재료를 계량하여 트럭믹서에 싣고, 운반 중에 물을 넣고 혼합하는 방법

27 압력법에 의한 콘크리트의 공기량 시험 결과 겉보기 공기량이 7%, 골재의 수정계수가 2.4%, 사용하는 잔골재의 질량이 2kg일 때, 이 콘크리트의 공기량은?

① 2.2%   ② 2.6%
③ 3.8%   ④ 4.6%

해설

공기량 = 겉보기 공기량 − 골재의 수정계수
$A = A_1 - G = 7 - 2.4 = 4.6\%$

정답 24. ③   25. ②   26. ①   27. ④

28 콘크리트에 일정한 하중이 지속적으로 작용되면, 하중 (응력)의 변화가 없어도 콘크리트의 변형은 시간의 경과와 함께 증가하는데, 이와 같은 콘크리트의 성질을 무엇이라고 하는가?

① 크리프
② 포와송비
③ 피로강도
④ 응력-변형률 곡선

해설
크리프(creep)에 대한 설명으로 크리프에 의한 변형은 시간의 경과와 함께 증가하는데 하중을 처음 가한 순간의 2~4배까지로도 된다.

29 콘크리트의 강도에 대한 일반적인 설명으로 틀린 것은?

① 일반적으로 콘크리트의 강도라 하면 압축강도를 말한다.
② 물-결합재비가 일정한 콘크리트에서 공기량이 1% 증가하는 데 따라 압축강도는 4~6% 정도 감소한다.
③ 혼합을 충분한 시간에 걸쳐 실시할 경우 시멘트와 물과의 접촉이 좋게 되기 때문에 일반적으로 강도는 증대한다.
④ 골재의 강도는 시멘트 풀의 강도보다 작으므로 일반적으로 골재 강도의 변화에 따라 콘크리트 강도가 좌우되는 경향이 있다.

해설
골재의 강도는 시멘트 풀의 강도보다 크므로 일반적으로 골재 강도의 변화는 콘크리트강도에 거의 영향을 미치지 않는다.

30 콘크리트의 반죽질기 정도를 측정하는 시험방법이 아닌 것은?

① 다짐계수 시험
② 시료의 투과시험
③ 켈리 볼 관입시험
④ 진동대에 의한 컨시스턴시 시험

해설
콘크리트의 반죽질기 시험방법
• 슬럼프 시험 : 가장 많이 사용
• 다짐계수 시험
• 진동대식 컨시스턴시(비비) 시험
• 켈리볼 관입(구관입) 시험
• 리몰딩 시험

31 콘크리트 중의 염화물 함유량에 대한 설명으로 틀린 것은?

① 콘크리트 중의 염화물 함유량은 콘크리트 중에 함유된 염소이온의 총량으로 표시한다.
② 굳지 않은 콘크리트 중의 염소이온량(Cl^-)은 원칙적으로 $0.9kg/m^3$ 이하로 하여야 한다.
③ 재령 28일이 경과한 굳은 프리스트레스트 콘크리트 속의 최대 수용성 염소이온량은 시멘트 질량에 대한 비율로서 0.06%를 초과하지 않도록 하여야 한다.
④ 상수도 물을 혼합수로 사용할 때 여기에 함유되어 있는 염소이온량이 불분명한 경우에는 혼합수로부터 콘크리트 중에 공급되는 염소이온량을 250mg/L로 가정할 수 있다.

해설
굳지 않은 콘크리트 중의 전 염소이온량(Cl^-)은 원칙적으로 $0.3kg/m^3$ 이하로 하여야 한다.

정답 28. ① 29. ④ 30. ② 31. ②

32 관입저항침에 의한 콘크리트의 응결시간 시험(KS F 2436)에 사용하는 재하장치에 대한 설명으로 옳은 것은?

① 정확도 20N으로 관입력(penetration force)을 잴 수 있고 최소용량 600N을 가진 것
② 정확도 10N으로 관입력(penetration force)을 잴 수 있고 최소용량 600N을 가진 것
③ 정확도 10N으로 관입력(penetration force)을 잴 수 있고 최소용량 60N을 가진 것
④ 정확도 1N으로 관입력(penetration force)을 잴 수 있고 최소용량 60N을 가진 것

해설

관입저항침에 의한 콘크리트의 응결시간 시험
재하장치는 침의 관입을 일으킬 수 있을 만큼의 힘을 일으킬 수 있어야 하며, 정확도 <u>10N으로 관입력(penetration force)</u>을 잴 수 있고 <u>최소용량 600N을</u> 가진 것

33 4점 재하법에 따른 콘크리트의 휨강도 시험(KS F 2408)에 대한 설명으로 틀린 것은?

① 4점 재하 장치에서 지간은 공시체 높이의 3배로 한다.
② 하중을 가하는 속도는 가장자리 응력도의 증가율이 매초 0.6±0.4MPa이 되도록 조정한다.
③ 공시체가 인장쪽 표면의 지간 방향 중심선의 4점의 바깥쪽에서 파괴된 경우는 그 시험 결과를 무효로 한다.
④ 재하 장치의 설치 면과 공시체 면과의 사이에 틈새가 생기는 경우, 접촉부의 공시체 표면을 평평하게 갈아서 잘 접촉할 수 있도록 한다.

해설

• 압축강도시험에서 공시체에 하중을 가하는 속도는 압축응력도의 증가율이 매초 <u>(0.6±0.2)MPa</u>이 되도록 한다.
• 휨강도시험에서 공시체에 하중을 가하는 속도는 가장자리 응력도의 증가율이 매초 <u>(0.06±0.04)MPa</u>이 되도록 조정하고, 최대하중이 될 때까지 그 증가율을 유지하도록 한다.

34 골재의 알칼리 잠재 반응 시험방법(모르타르봉 방법)에 대한 설명으로 틀린 것은?

① 이 시험방법은 알칼리 - 탄산염 반응을 검출해 내는 수단으로 적합하다.
② 모르타르의 배합은 질량비로서 시멘트 1, 물 0.475, 절건상태의 잔골재 2.25로 한다.
③ 모르타르봉 길이 변화를 측정하는 것에 의해, 골재의 알칼리 반응성을 판정하는 시험방법이다.
④ 시험 공시체는 시멘트 골재 배합비가 다른 2개 이상의 배치에서 각각 2개씩 최소한 4개를 만들어야 한다.

해설

골재의 알칼리 잠재 반응시험은 알칼리-탄산염 반응을 검출해 내는 수단으로 <u>적합하지 않다</u>.

35 콘크리트 압축강도 시험에서 공시체의 검사에 대한 설명으로 틀린 것은?

① 공시체의 지름은 0.1mm, 높이는 1mm까지 측정한다.
② 공시체의 지름은 높이의 중앙에서 서로 직교하는 2방향에 대하여 측정한다.
③ 질량의 0.25% 이하의 눈금을 가진 저울로 질량을 측정한다.
④ 공시체의 질량은 건조로에서 충분히 건조시킨 후 측정한다.

해설

질량을 측정할 때 공시체를 충분히 건조시키지 않고 공시체 <u>표면의 물을 모두 닦아낸 후에 측정한다</u>.

정답 32. ② 33. ② 34. ① 35. ④

36 동결융해 300사이클에서 상대 동탄성계수가 74%일 때 시험용 공시체의 내구성지수는?

① 28%   ② 37%
③ 56%   ④ 74%

해설

내구성지수

$$DF = \frac{\text{상대 동탄성계수} \times \text{시험종료 사이클수}}{\text{동결융해에의 노출이 끝날 때의 사이클수}}$$

$$= \frac{P \times N}{M}$$

$$\therefore DF = \frac{74 \times 300}{300} = 74\%$$

37 콘크리트의 비비기에 사용되는 믹서 중 강제식 믹서가 아닌 것은?

① 드럼 믹서(drum mixer)
② 팬형 믹서(pan type mixer)
③ 1축 믹서(one shaft mixer)
④ 2축 믹서(twin shaft mixer)

해설

콘크리트 믹서의 종류
• 중력식 믹서 : 가경식 믹서, 드럼 믹서
• 강제식 믹서 : 팬형 믹서, 1축 믹서, 2축 믹서

38 다음 중 품질관리 Cycle의 4단계에 속하지 않는 것은?

① Plan   ② Do
③ Caution ④ Action

해설

품질관리 Cycle의 4단계
계획(Plan, P) → 실시(Do, D) → 체크(Check, C) → 조치(Action, A)

39 레디믹스트콘크리트 운반차와 운반 시간에 대한 설명으로 옳지 않은 것은?

① 덤프트럭은 포장 콘크리트 중 슬럼프 25mm의 콘크리트를 운반하는 경우에 한하여 사용할 수 있다.
② 덤프트럭으로 콘크리트를 운반하는 경우, 운반 시간의 한도는 혼합하기 시작하고 나서 1시간 이내에 공사 지점에 배출할 수 있도록 운반한다.
③ 트럭 애지테이터나 트럭믹서로 콘크리트를 운반하는 경우, 콘크리트는 혼합하기 시작하고 나서 1.5시간 이내에 공사 지점에 배출할 수 있도록 운반한다.
④ 덤프트럭으로 운반했을 때 콘크리트의 1/4과 3/4의 부분에서 각각 시료를 채취하여 슬럼프 시험을 하였을 경우 양쪽 슬럼프 차이가 30mm 이하여야 한다.

해설

덤프트럭이 아닌 트럭 믹서 또는 트럭 애지테이터 내 콘크리트의 1/4과 3/4 부분에서 각각 시료를 채취하여 슬럼프 시험을 하였을 경우 양쪽의 슬럼프 차가 30mm 이내가 되어야 한다.

40 콘크리트 품질관리에 사용되는 정규분포의 특성에 대한 설명으로 틀린 것은?

① 가운데 값은 평균이 된다.
② 좌우대칭의 종 모양 분포이다.
③ 표준편차 3배 범위 내에 있을 확률은 94.45%이다.
④ 임의 두 점 사이의 곡선 아래의 면적은 그 구간의 값이 일어날 확률이다.

해설

표준편차 3배 범위 내에 있을 확률은 99.7%이며, 표준편차 2배 범위 내에 있을 확률은 94.45%이다.

과목 03 콘크리트 시공

41 한중 콘크리트 시공 시 단위수량을 적게 하는 가장 큰 이유는?

① 내화성 증대
② 초기동해 방지
③ 골재의 알칼리 반응 감소
④ 염류에 대한 저항성 증대

해설
겨울철에 물은 동결하면 부피가 팽창하여 콘크리트 내구성에 심각한 저하를 가져오므로 초기동해 방지를 위해서 단위수량을 적게 한다.

42 해양콘크리트의 구성재료 및 시공에 대한 설명으로 틀린 것은?

① 타설 후 3일간은 직접 해수에 닿지 않도록 보호해야 한다.
② 혼화재료를 혼합한 보통 포틀랜드 시멘트나 중용열 포틀랜드 시멘트를 사용하여야 한다.
③ 시공이음부를 둘 경우 성능 저하가 생기기 쉬우므로 될 수 있는 대로 피하여야 한다.
④ PS 강재와 같은 고장력강에 작용응력이 인장강도의 60%를 넘을 경우 응력부식 및 강재의 부식피로를 검토하여야 한다.

해설
해양콘크리트는 타설 후 5일간은 직접 해수에 닿지 않도록 보호해야 한다.

43 프리플레이스트 콘크리트에 사용되는 주입모르타르의 잔골재 조립률에 대한 설명으로 틀린 것은?

① 조립률은 1.4~2.2 정도의 범위로 한다.
② 조립률이 지나치게 크면 주입모르타르의 재료분리가 발생하기 쉽다.
③ 물-결합재비가 일정한 경우 조립률이 크면 같은 유동성을 얻기 위한 단위수량이 증가한다.
④ 일반 콘크리트에서 사용하는 것보다 조립률이 적은 가는 잔골재를 사용하는 것이 일반적이다.

해설
물-결합재비가 일정한 경우 조립률이 크면 같은 유동성을 얻기 위한 단위결합재량과 단위수량이 감소한다.

44 콘크리트 부재의 표면에 발생하는 기포에 대한 설명으로 틀린 것은?

① 단위시멘트량이 증가하면 콘크리트 부재 표면의 기포는 감소하는 경향이 있다.
② 경사면의 윗면은 수직면의 경우보다 더 많은 기포가 발생하는 경향이 있다.
③ 거푸집 표면 부근의 진동다짐은 부재 표면의 기포를 증가시킬 수도 있다.
④ 목재 거푸집의 경우 거푸집이 건조하면 기포가 감소하고, 강재 거푸집의 경우 온도가 높으면 기포가 감소하는 경향이 있다.

해설
목재 거푸집의 경우 거푸집의 표면이 건조하면 기포가 증가하고, 강재 거푸집의 경우 온도가 높으면 기포가 감소하는 경향이 있다.

45 콘크리트의 양생에 관한 설명으로 틀린 것은?

① 습윤양생을 길게 하면 장기강도가 커진다.
② 양생온도를 높게 하면 초기강도가 커진다.
③ 습윤양생을 길게 하면 탄산화 속도가 늦어진다.
④ 양생온도를 높게 하면 장기강도의 증가율이 커진다.

정답 41. ② 42. ① 43. ③ 44. ④ 45. ④

> [해설]
> 양생온도를 높게 하면 콘크리트 표면과 내부의 수축하는 양이 다르게 되어 표면에 인장응력이 발생하기 때문에 장기강도의 증가율이 작아진다.

46 고강도 콘크리트의 시공에 관한 설명으로 옳지 않은 것은?

① 부재가 바뀌는 위치에서는 콘크리트가 침하한 후 연속해서 타설한다.
② 운반시간이 길어지거나 운반거리가 멀 때에는 트럭믹서를 이용하는 것이 좋다.
③ 교통체증 등으로 지연 도착이 예상되는 경우 운반 중에 고성능 감수제를 투여해야 한다.
④ 내부 수화온도가 증가되어 수화 균열 가능성이 있으므로 양생에 세심한 주의가 필요하다.

> [해설]
> 교통체증 등으로 지연 도착이 예상되는 경우 운반 중에 고성능 감수제를 투여해서는 안 되며, 현장에서 콘크리트 타설 직전에 고성능 감수제를 투여해야 한다.

47 숏크리트의 시공에 대한 일반사항으로 옳지 않은 것은?

① 숏크리트는 대기 온도가 10℃ 이상일 때 뿜어붙이기를 실시하며 그 이하의 온도일 때는 적절한 온도 대책을 세운 후 실시한다.
② 건식 숏크리트는 배치 후 60분 이내에 뿜어붙이기를 실시하여야 하며, 습식 숏크리트는 배치 후 90분 이내에 뿜어붙이기를 실시하여야 한다.
③ 숏크리트는 타설되는 장소의 대기 온도가 32℃ 이상이 되면 건식 및 습식 숏크리트 모두 뿜어붙이기를 할 수 없으며, 적절한 온도 대책을 세운 후 타설하여야 한다.
④ 숏크리트 재료의 온도가 10℃보다 낮거나 32℃보다 높을 경우 적절한 온도 대책을 세워 재료의 온도가 10℃~32℃ 범위에 있도록 한 후 뿜어붙이기를 실시하여야 한다.

> [해설]
> 건식 숏크리트는 배치 후 45분 이내에 뿜어붙이기를 실시하여야 하며, 습식 숏크리트는 배치 후 60분 이내에 뿜어붙이기를 실시하여야 한다.

48 다음 콘크리트 중 단열성, 상·하층 간의 차음성능, 구조물의 경량화 및 비교적 좁은 면적에서도 제조 및 시공이 가능한 장점을 가진 것은?

① 경량골재 콘크리트
② 경량기포 콘크리트
③ 무잔골재 콘크리트
④ 강섬유보강 콘크리트

> [해설]
> **경량기포 콘크리트**
> 경량화는 경량골재 콘크리트도 가능하지만, 단열성, 차음성능, 내화성 및 가공성 등의 장점을 가진 콘크리트는 경량기포 콘크리트이며, 강도가 약하고, 흡수성이 높은 단점이 있다.

49 콘크리트를 타설할 때 기포, 곰보 등이 발생하지 않도록 하기 위한 방법으로 적합하지 않은 것은?

① 경사진 경사면의 윗면은 투수 거푸집 등을 이용하여 기포의 발생을 제어한다.
② 낙하 높이가 높은 부재는 배관을 이용하여 가능한 한 콘크리트 타설 높이를 낮게 한다.
③ 벽체의 두께가 얇은 경우나 연속하여 긴 경우에는 콘크리트를 횡방향으로 이동하여 타설한다.
④ 개구부 밑면은 공기가 빠져나가는 길과 콘크리트의 침하를 고려한 콘크리트 타설 및 다짐을 실시한다.

> [해설]
> 벽체의 두께가 얇은 경우나 연속하여 긴 경우에는 기포, 곰보 등이 발생할 가능성이 있으므로 콘크리트를 횡방향으로 이동하여 타설하지 않는다.

정답 46. ③ 47. ② 48. ② 49. ③

50 콘크리트 공장제품의 쪼갬 인장 강도 시험으로부터 최대하중 P = 100kN을 얻었다. 공시체의 지름이 100mm, 길이가 200mm라면, 이 공시체의 쪼갬인장강도는?

① 1.27MPa   ② 2.59MPa
③ 3.18MPa   ④ 6.36MPa

해설

$$f_{sp} = \frac{2P}{\pi dL} = \frac{2(100)(10)^3}{\pi(100)(200)} = 3.18 MPa$$

51 포장 콘크리트 배합기준에 대한 설명으로 틀린 것은?

① 슬럼프는 25~65mm 범위 내에서 한다.
② 휨호칭강도는 4.0~4.5MPa 범위 내에서 한다.
③ 굵은 골재의 최대치수는 25mm 이하이어야 한다.
④ 공기량은 4.5% 이하로 하되, 허용오차 범위는 ±1.5%로 한다.

해설

포장 콘크리트는 항상 마모에 노출되어 있으므로 굵은 골재의 최대치수는 40mm 이하이어야 한다.

52 유동화 콘크리트의 제조방식 중 유동화에 가장 효과적인 방법은?

① 공사 현장에서 유동화제를 첨가하고 공사 현장에서 유동화하는 방법
② 레디믹스트 콘크리트 공장에서 유동화제를 첨가하고 공장에서 유동화하는 방법
③ 레디믹스트 콘크리트 공장에서 유동화제를 첨가하고 공사 현장에서 유동화하는 방법
④ 공사 현장에서 유동화제를 첨가하고 레디믹스트콘크리트 공장에서 유동화하는 방법

해설

- **현장첨가방식** : 공사 현장에서 유동화제를 첨가하고 공사 현장에서 유동화하는 방법으로 가장 효과적인 방식이다.
- **공장유동화방식** : 레미콘 공장에서 유동화제를 첨가하고 공장에서 유동화하는 방식
- **공장첨가방식** : 레미콘 공장에서 유동화제를 첨가하여 공사 현장에서 유동화하는 방식

53 수축이음에 대한 설명으로 틀린 것은?

① 수밀 구조물에서는 지수판 설치 등의 지수대책이 필요하다.
② 수축이음에 의한 단면 감소율은 10% 이하로 하는 것이 좋다.
③ 수축이음은 정해진 장소에 균열을 집중시킬 목적으로 설치한다.
④ 수축이음 간격은 구조물의 치수, 철근량, 타설 온도, 타설 방법 등에 의해 큰 영향을 받으므로 이들을 고려하여 정하여야 한다.

해설

수축이음을 설치할 경우 계획된 위치에서 균열 발생을 확실히 유도하기 위해서 수축이음에 의한 단면 감소율을 35% 이상으로 하여야 한다.

54 무근 시멘트 콘크리트 포장 배합 시 플라이애시를 20% 첨가하였을 때의 설명으로 틀린 것은?

① 콘크리트의 장기강도가 증대된다.
② 플라이애시 첨가로 인해 경제성이 우수하다.
③ 콘크리트의 초기강도 증대로 한중 콘크리트 타설 시 적절하다.
④ 알칼리-실리카 반응이 억제되어 콘크리트의 내구성이 우수하다.

정답 50. ③   51. ③   52. ①   53. ②   54. ③

해설
시멘트의 양이 줄어들어 <u>콘크리트 초기강도는 감소하지만</u>, 플라이애시의 잠재수경성으로 인해 장기강도가 증대된다.

55 일반 콘크리트에서 비비기로부터 타설이 끝날 때까지의 시간에 대한 설명으로 옳은 것은?

① 외기온도가 25℃ 이상일 때는 1.5시간을 넘어서는 안 된다.
② 외기온도가 25℃ 이상일 때는 2.0시간을 넘어서는 안 된다.
③ 외기온도가 25℃ 미만일 때는 2.5시간을 넘어서는 안 된다.
④ 외기온도가 25℃ 미만일 때는 3.0시간을 넘어서는 안 된다.

해설
비비기로부터 끝날 때까지의 시간

외기온도	시간
25℃ 이상	1.5시간 이하
25℃ 미만	2.0시간 이하

56 한중 콘크리트에 대한 설명으로 틀린 것은?

① 타설할 때의 콘크리트 온도는 5~20℃의 범위로 한다.
② 배합강도 및 물-결합재비는 적산온도 방식에 의해 결정할 수 있다.
③ 초기양생은 소요 압축강도가 얻어질 때까지 콘크리트의 온도를 5℃ 이상으로 유지한다.
④ 소요 압축강도에 도달한 후 5일간은 구조물의 어느 부분이라도 0℃ 이상이 되도록 유지한다.

해설
• 한중 콘크리트의 초기양생 시 <u>소요의 압축강도가 얻어질 때까지 콘크리트의 온도를 5℃ 이상으로</u> 유지하여야 한다.
• 소요 압축강도에 도달한 후 <u>2일간</u>은 구조물의 어느 부분이라도 <u>0℃ 이상</u>이 되도록 유지하여야 한다.

57 섬유보강 콘크리트의 배합 및 비비기에 대한 일반적인 설명으로 옳은 것은?

① 믹서는 가경식 믹서를 사용하는 것을 원칙으로 한다.
② 강섬유보강 콘크리트의 경우, 소요 단위수량은 강섬유의 혼입률에 거의 비례하여 증가한다.
③ 강섬유보강 콘크리트에서 강섬유 혼입률 및 강섬유의 형상비가 증가될 경우 잔골재율은 작게 하여야 한다.
④ 일반 콘크리트의 압축강도는 물-결합재비로 결정되나, 섬유보강 콘크리트는 섬유 혼입률에 의해 결정된다.

해설
① 믹서는 <u>강제식 믹서</u>를 사용하는 것을 원칙으로 한다.
③ 강섬유보강 콘크리트에서 강섬유 혼입률 및 강섬유의 형상비가 증가될 경우 <u>잔골재율은 크게 하여야 한다</u>.
④ 일반 콘크리트의 압축강도는 물-결합재비로 결정되나, 섬유보강 콘크리트는 <u>섬유 혼입률에 의해 결정되지 않는다</u>.

58 콘크리트 공장제품의 압축강도시험을 실시한 결과 공시체의 단면적이 7,850mm², 파괴 시 최대하중이 165kN이었다면, 압축강도는?

① 15MPa ② 18MPa
③ 21MPa ④ 24MPa

해설
압축강도 계산
$$\sigma_c = \frac{P}{A} = \frac{165(10)^3}{7,850} = 21.02 MPa$$

정답 55. ① 56. ④ 57. ② 58. ③

59 방사선 차폐용 콘크리트에 대한 일반적인 설명으로 틀린 것은?

① 물-결합재비는 50% 이하를 원칙으로 한다.
② 주로 생물체의 방호를 위하여 X선, γ선 및 중성자선을 차폐할 목적으로 사용된다.
③ 차폐용 콘크리트로서 필요한 성능인 밀도, 압축강도, 설계허용온도, 결합수량, 붕소량 등을 확보하여야 한다.
④ 콘크리트의 슬럼프는 작업에 알맞은 범위 내에서 가능한 작은 값이어야 하며, 일반적인 40mm 이하로 하여야 한다.

해설
콘크리트의 슬럼프는 작업에 알맞은 범위 내에서 가능한 작은 값이어야 하며, 일반적인 150mm 이하로 하여야 한다.

60 매스 콘크리트의 타설 온도를 낮추는 방법 중 선행 냉각 방법에 해당되지 않는 것은?

① 관로식 냉각
② 혼합 전 재료 냉각
③ 타설 전 콘크리트 냉각
④ 혼합 중 콘크리트 냉각

해설
• 선행 냉각 방법 : 혼합 전 재료를 냉각, 혼합 중 콘크리트를 냉각, 타설 전 콘크리트를 냉각
• 관로식 냉각 방법 : 콘크리트를 타설한 후 콘크리트의 내부온도를 제어하기 위해 미리 묻어둔 파이프 내부에 냉수 또는 공기를 강제적으로 순환시켜 콘크리트를 냉각하는 방법

과목 04 콘크리트 구조 및 유지관리

61 철근콘크리트의 교량 바닥판 보강공법으로 적절하지 않은 것은?

① 강판접착공법
② 단면증설공법
③ 에폭시 주입공법
④ 세로보 추가 설치공법

해설
철근콘크리트 교량의 슬래브에 균열 보강공법 : 강판접착, 단면증설공법, 탄소섬유 시트에 의한 보강, FRP 접착공법, 보강섬유 접착공법, 세로보 추가 설치공법, 외부 강선을 이용한 보강법, 앵커공법 등이 있다.

62 아래 표에서 설명하는 보강공법은?

> 원래 원형 단면의 교각에 대해서 개발된 것이다. 단면에서 12.5mm~25mm 정도의 큰 반지름으로 강판을 쉘(shell) 모양으로 형성하여 세로로 절반 쪼갠 강판을 교각과의 사이에 틈을 조금 내서 배치하고 세로방향의 이음매를 용접한다.

① 강판접착 공법
② 강판 라이닝 공법
③ 콘크리트 라이닝 공법
④ 연속섬유를 이용한 라이닝 공법

해설
• 강판 라이닝 공법 : 강판을 교각과 간격을 유지하여 배치하고 강판의 세로방향으로 연결한 후 교각 구체와 강판 사이에 시멘트 그라우트나 시멘트 모르타르를 주입한다.
• 콘크리트 라이닝 공법 : 교각의 내하력, 연성도, 전단강도를 향상시키기 위해 교각 주위에 띠철근을 배근하고 콘크리트를 덧씌우는 공법

정답 59. ④ 60. ① 61. ③ 62. ②

- **강판접착 공법** : 콘크리트 구조물의 인장측 표면에 강판을 접착시켜 기존 구조물과 일체화시킴으로써 내력 향상을 도모하는 공법

63 콘크리트 수축균열 원인 중 화학적 반응에 의한 것은?

① 탄산화 ② 건조수축
③ 온도변화 ④ 수화열 발생

[해설]

콘크리트 수축균열 원인
- **화학적 반응** : 탄산화, 알칼리골재반응, 철근의 부식
- **물리적 반응** : 건조수축, 수축 및 팽창성 골재, 크레이징

64 육안 관찰이 가능한 개소에 대하여 성능저하나 열화 및 하자의 발생 부위 파악을 위해 실시하며, 시설물의 전반적인 외관조사를 통하여 심각한 손상인 결함의 유무를 살펴보는 점검은?

① 긴급점검 ② 정기점검
③ 정밀점검 ④ 정밀안전진단

[해설]

시설물의 조사
- **정기점검** : 일상 점검에서 파악하기 어려운 구조물의 세부에 대하여 정기적으로 열화 및 하자 발생 부위를 파악하기 위해 실시한다. 경험과 기술을 갖춘 사람에 의한 세심한 외관조사 수준의 점검으로서 시설물의 기능적 상태를 판단하고 시설물이 현재의 사용요건을 계속 만족시키고 있는지 확인하기 위한 점검이다.
- **긴급점검** : 지진이나 풍수해 등과 같은 천재, 화재 및 차량이나 선박의 충돌 등 긴급사태에 대해 구조물의 손상 여부에 관한 정보를 얻기 위하여 고도의 전문적 지식을 기초로 실시한다.
- **정밀점검** : 시설물의 현 상태를 정확히 판단하고 최초 또는 이전에 기록된 상태로부터의 변화를 확인하

며 구조물이 현재의 사용요건을 계속 만족시키고 있는지 확인하기 위하여 면밀한 외관조사와 간단한 측정·시험장비로 필요한 측정 및 시험을 실시한다.
- **정밀안전진단** : 안전점검 과정을 통해서는 쉽게 발견하지 못하는 결함 부위를 발견하기 위해 행해지는 정밀한 육안 검사 및 검사측정장비에 의한 측정을 포함하는 근접 점검이다.

65 인장 이형철근 D29를 정착시키는데 필요한 기본정착길이 l_{db}는? (단, D29 철근의 공칭지름은 28.6mm, 공칭 단면적은 642.4mm²이며, f_y = 350MPa, f_{ck} = 24MPa, λ = 0.75이다.)

① 946mm ② 1,124mm
③ 1,443mm ④ 1,635mm

[해설]

인장이형철근의 기본정착길이

$$l_{db} = \frac{0.6 d_b f_y}{\lambda \sqrt{f_{ck}}} = \frac{0.6(28.6)(350)}{(0.75)\sqrt{24}}$$
$$= 1,634.6mm \rightarrow 1,635mm$$

66 콘크리트 옹벽의 설계 및 구조해석에 대한 설명으로 틀린 것은?

① 뒷부벽식 옹벽의 뒷부벽은 직사각형보로 설계하여야 한다.
② 지진 시 콘크리트 옹벽의 활동에 대한 기준 안전율은 1.2이다.
③ 캔틸레버식 옹벽의 벽체와 기초는 접합부를 고정단으로 하는 캔틸레버로 설계해야 한다.
④ 반중력식 옹벽은 지형 및 기타 물리적 제약에 의해 중력식 옹벽의 경우보다 벽체 두께를 얇게 해야 하는 경우에 적용해야 한다.

[해설]

뒷부벽식옹벽의 뒷부벽은 T형보로 설계하여야 하며, 앞부벽은 직사각형보로 설계하여야 한다.

정답 63. ① 64. ② 65. ④ 66. ①

67 유효프리스트레스(f_{pe})를 결정하기 위하여 고려하여야 하는 프리스트레스 손실 원인으로 틀린 것은?

① 정착장치의 활동
② 콘크리트의 탄성수축
③ 긴장재 응력의 릴랙세이션
④ 프리텐션 긴장재와 덕트 사이의 마찰

해설

▶ 도입 시 손실(즉시 손실)
  • 정착 장치의 활동
  • 포스트텐션 긴장재와 덕트 사이의 마찰
  • 콘크리트의 탄성수축(변형)
▶ 도입 후 손실(시간적 손실)
  • 콘크리트의 크리프
  • 콘크리트의 건조수축
  • PS 강재 응력의 릴렉세이션

68 다음 진단 조사 구조물 중 1종 시설물이 아닌 것은?

① 연장이 600m인 교량
② 30만 톤급 선박의 하역시설물
③ 총저수용량 3천만 톤의 용수 전용 댐
④ 터널구간의 연장이 90m인 지하차도

해설

1종 유지관리 시설물
• 연장 500m 이상의 교량
• 연장 500m 이상의 지하차도
• 연장 1000m 이상의 터널
• 상부 구조형식이 사장교, 아치교인 교량
• 수원지시설을 포함한 광역상수도
• 20만톤 이상 선박의 하역시설
• 총 저수용량 1천만톤 이상의 용수 전용댐

69 내하력이 의심스러운 기존 콘크리트 구조물의 안전성 평가 내용으로 틀린 것은?

① 구조물 또는 부재의 안전이 의심스러운 경우, 해당 구조물 및 부재에 대하여 충분한 조사와 시험이 실시되어야 한다.
② 구조물 또는 부재의 실제 내하력을 정량화하여 안전성을 평가하기 위한 재하시험의 결과는 안전성 판단에 직접 적용할 수 없다.
③ 내하력 부족의 요인을 알 수 있거나 해석에서 요구되는 부재치수 및 재료특성을 측정할 수 있는 경우, 이러한 측정값을 근거로 내하력 해석에 의한 평가를 실시할 수 있다.
④ 내하력 부족의 원인을 알 수 없거나 해석에서 요구되는 부재치수 및 재료특성을 측정할 수 없는 경우, 사용하중 상태에서 구조물이 유지될 수 있는지를 판단하기 위하여 재하시험을 실시하여야 한다.

해설

구조물 또는 부재의 실제 내하력을 정량화하여 안전성을 평가하기 위한 재하시험의 결과는 실제 내하력을 정량화하였으므로 안전성 판단에 직접 적용할 수 있다.

70 콘크리트의 화학적 침식 중 황산염에 의한 침식에 대한 설명으로 틀린 것은?

① 에트린자이트 등을 생성하여 큰 팽창압을 일으키기 때문에 콘크리트의 팽창균열 및 조직 붕괴를 유발한다.
② 물에 녹은 황산염은 시멘트 수화물 중 $Ca(OH)_2$와 반응하여 석고를 생성하여 콘크리트의 성능을 저하시킨다.
③ 글리세린의 에스테르에서 소량의 유리지방산을 함유하며, 유리지방산은 산으로서 직접 콘크리트를 침식시킨다.
④ 황산염은 시멘트 경화체 중의 성분과 반응하여 이수석고를 생성하며, 이때 생성된 이수석고는 수용성이기 때문에 용출하여 조직이 다공화되어 침식이 가속된다.

정답 67. ④ 68. ④ 69. ② 70. ③

해설

글리세린의 에스테르에서 소량의 유리지방산을 함유하며, 유리지방산은 산으로서 직접 콘크리트를 침식시키는 것은 황산염이 아닌 유류에 의한 열화이다. 유류의 일종인 동식물유의 주성분은 고급 지방산과 글리세린의 에스테르에서 소량의 유리지방산을 함유하는데, 이때 유리지방산은 산으로서 직접 콘크리트를 침식한다.

71 지속하중을 받고 있는 복철근 콘크리트 단면에 압축철근비 $\rho' = 0.016$ 배근된 경우 순간처짐이 27mm일 때 6개월이 지난 후의 전체 처짐량은? (단, 시간경과계수 = 1.2이다.)

① 25mm ② 35mm
③ 45mm ④ 55mm

해설

- $\lambda = \dfrac{\xi}{1+50\rho'} = \dfrac{1.2}{1+50(0.016)} = 0.667$
- 장기처짐 = 순간처짐(탄성침하) × 장기처짐계수(λ)
  = 27 × 0.667 = 18.01mm
- ∴ 총처짐량 = 순간처짐 + 장기처짐 = 27 + 18.01
  = 45.01mm

72 열화된 콘크리트의 단면보수공법 재료로서 사용되는 폴리머 시멘트 모르타르의 품질기준 중 부착강도의 기준으로 옳은 것은? (단, 온냉반복 후 조건에서의 기준)

① 0.3MPa 이상 ② 0.5MPa 이상
③ 1.0MPa 이상 ④ 1.5MPa 이상

해설

폴리머 시멘트 모르타르의 부착강도 품질

항목조건	규정치
표준 조건	1MPa 이상
온냉 반복 후	1MPa 이상

73 압축부재 설계 시 철근량 제한에 대한 내용으로 옳은 것은?

① 축방향 주철근이 겹침이음되는 경우의 철근비는 0.04를 초과하지 않도록 하여야 한다.
② 압축부재의 축방향 주철근의 최소 개수는 나선철근으로 둘러싸인 철근의 경우 4개로 하여야 한다.
③ 나선철근비 ρ_s 계산 시 나선철근의 설계기준항복강도 f_{yt}는 400MPa 이하로 하여야 한다.
④ 비합성 압축부재의 축방향 주철근 단면적은 전체 단면적 A_g의 0.03배 이상, 0.05배 이하로 하여야 한다.

해설

② 압축부재의 축방향 주철근의 최소 개수는 나선철근으로 둘러싸인 철근의 경우 6개로 하여야 한다.
③ 나선철근비 ρ_s 계산 시 나선철근의 설계기준항복강도 f_{yt}는 700MPa 이하로 하여야 한다.
④ 비합성 압축부재의 축방향 주철근 단면적은 전체 단면적 A_g의 0.01배 이상, 0.08배 이하로 하여야 한다.

74 콘크리트 구조물의 탄산화 깊이를 예측할 때 일반적으로 적용되고 있는 식은? (단, X : 탄산화 깊이, R : 탄산화 속도계수, t : 재령)

① $X = R\sqrt{t}$ ② $X = Rt^3$
③ $X = \dfrac{\sqrt{t^3}}{R}$ ④ $X = Rt^2$

해설

- 탄산화 진행 속도 : 콘크리트 표면으로부터 탄산화 부분과 비탄산화 부분의 경계면까지의 길이(A 또는 R)와 경과한 시간(t)의 함수로 나타낸다.
- 탄산화 깊이 산정식 $X = R\sqrt{t}$

정답 71. ③ 72. ③ 73. ① 74. ①

75 아래 그림과 같은 띠철근 기둥이 있다. 축방향 철근은 D35(공칭지름 34.9mm)를 사용하고 띠철근은 D13(공칭지름 12.7mm)을 사용할 때 띠철근의 수직간격으로 옳은 것은?

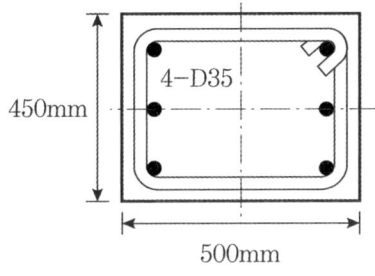

① 225mm ② 500mm
③ 559mm ④ 610mm

해설
띠철근의 수직간격(가장 작은 값 & 200mm 이상) – 최근 기준 개정
• 축방향 지름의 16배 이하 : 16×34.9 = 559mm
• 띠철근 지름의 48배 이하 : 48×12.7 = 610mm
• 기둥단면의 최소치수의 1/2 이하 :
   1/2×450 = 225mm
∴ 띠철근의 수직간격 : 225mm

76 KS F 4002에 따른 속 빈 콘크리트 블록 제조 시 단위수량이 75kg/m³일 경우 최소 단위시멘트량은?

① 180kg/m³ ② 220kg/m³
③ 250kg/m³ ④ 300kg/m³

해설
속 빈 콘크리트 블록의 제조
물/시멘트비는 30% 이하로 한다.
$\dfrac{W}{C} = \dfrac{30}{100} = 0.3 \rightarrow C = \dfrac{75}{0.3} = 250 kg/m^3$

77 콘크리트 압축강도 추정을 위한 반발경도 시험(KS F 2730)에 대한 설명으로 틀린 것은?

① 탄산화가 진행된 콘크리트의 경우 정상보다 낮은 반발경도를 나타낸다.
② 콘크리트 내부의 온도가 0℃ 이하인 경우 정상보다 높은 반발경도를 나타낸다.
③ 시험할 콘크리트 부재는 두께가 100mm 이상이어야 하며, 하나의 구조체에 고정되어야 한다.
④ 시험할 때 타격 위치는 가장자리로부터 100mm 이상 떨어지고, 서로 30mm 이내로 근접해서는 안 된다.

해설
탄산화가 진행된 콘크리트의 경우 정상보다 높은 반발경도를 나타낸다.

78 휨모멘트 또는 휨모멘트와 축력을 동시에 받는 콘크리트 부재의 압축연단의 극한변형률에 대한 아래 내용 중 ㉠, ㉡, ㉢에 들어갈 알맞은 숫자는?

콘크리트의 설계기준압축강도가 (㉠)MPa 이하인 경우에는 극한변형률을 (㉡)으로 가정하고, (㉠)MPa를 초과할 경우에는 매 (㉢)MPa의 강도 증가에 대하여 0.0001씩 감소시킨다.

① ㉠: 40, ㉡: 0.0033, ㉢: 20
② ㉠: 40, ㉡: 0.0033, ㉢: 10
③ ㉠: 50, ㉡: 0.0044, ㉢: 10
④ ㉠: 50, ㉡: 0.0033, ㉢: 20

해설
설계가정
콘크리트의 설계기준압축강도가 40MPa 이하인 경우에는 극한변형률을 0.0033으로 가정하고, 40MPa를 초과할 경우에는 매 10MPa의 강도 증가에 대하여 0.0001씩 감소시킨다.

정답 75. ① 76. ③ 77. ① 78. ②

79 아래 그림과 같은 반 T형 보에서 플랜지 유효폭(b)은?

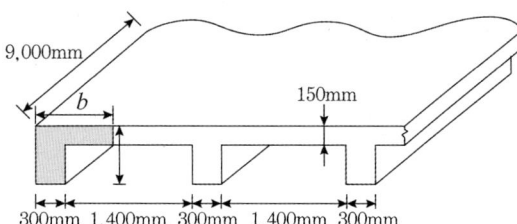

① 950mm   ② 1,000mm
③ 1,050mm   ④ 1,100mm

해설

반 T형보의 유효폭은 다음 값 중 가장 작은 값으로 한다.
- (한쪽으로 내민 플랜지 두께의 $6t_f$) + b_w
  $6t_f + b_w = 6(150) + 300 = 1,200mm$
- (보의 경간의 $\frac{1}{12}$) + b_w : $\frac{1}{12}(9,000) + 300$
  $= 1,050mm$
- (인접보와의 내측거리의 $\frac{1}{2}$) + b_w :
  $\frac{1}{2}(1,400) + 300 = 1,000mm$
∴ 유효폭 b = 1,000mm(가장 작은 값)

80 계수전단력(V_u)이 콘크리트에 의한 설계전단강도(ϕV_C)의 1/2을 초과하는 모든 철근콘크리트 및 프리스트레스콘크리트 휨부재에는 최소 전단철근을 배치하여야 한다. 이때 이 규정을 적용하지 않아도 되는 경우에 속하지 않는 것은?

① 슬래브와 기초판
② 전체 깊이가 450mm 이하인 보
③ 교대 벽체 및 날개벽, 옹벽의 벽체, 암거 등과 같이 힘이 주거동인 판부재
④ T형 보에서 그 깊이가 플랜지 두께의 2.5배 또는 복부폭의 1/2 중 큰 값 이하인 보

해설

최소 전단철근 규정에 제외되는 경우
- 슬래브와 기초판
- 전체 깊이가 250mm 이하인 보
- 교대 벽체 및 날개벽과 같이 힘이 주거동인 판부재
- T형보에서 그 깊이가 플랜지 두께의 2.5배 또는 복부판의 1/2 중 큰 값 이하인 보

정답 79. ②   80. ②

2022년도 콘크리트기사 2회 필기

과목 01 콘크리트 재료 및 배합

01 콘크리트용으로 사용되는 각종 골재에 관한 설명으로 틀린 것은?

① 콘크리트용 부순골재는 일반 골재와는 달리 입자 모양 판정 실적률을 검토하여야 한다.
② 인공경량골재를 사용한 콘크리트의 경우 하천 골재를 사용한 경우보다 압축강도는 떨어지지만 동결융해 저항성은 향상된다.
③ 부순모래의 경우 다량의 미분말을 함유하는 경우가 많아 콘크리트의 성능에 영향을 미치기 때문에 미립분 함유량을 검토할 필요가 있다.
④ 고로슬래그 잔골재는 고온하에서 장기간 저장해 두면 굳어질 우려가 있기 때문에 동결 방지제를 살포함과 동시에 가능한 1개월 이내에 사용하는 것이 좋다.

해설

인공경량골재를 사용한 콘크리트의 경우 하천 골재를 사용한 경우보다 동결융해에 대한 저항성능이 떨어지므로 혼화재, 혼화제의 사용으로 탄산화 등의 내구성에 대해 대비해야 한다.

02 다음 시멘트 중 수경률이 가장 큰 시멘트는?

① 보통 포틀랜드 시멘트
② 백색 포틀랜드 시멘트
③ 조강 포틀랜드 시멘트
④ 중용열 포틀랜드 시멘트

해설

시멘트별 수경률 비교

시멘트 종류	수경률
중용 포틀랜드 시멘트	1.95~2.00
보통 포틀랜드 시멘트	2.05~2.15
조강 포틀랜드 시멘트	2.20~2.27

03 아래 표는 굵은 골재의 밀도 시험 결과 중의 일부이다. 이 굵은 골재의 표면건조포화상태의 밀도는? (단, 시험온도에서의 물의 밀도는 1g/cm³)

굵은 골재의 밀도 시험		
측정 번호	1	2
표면건조포화상태 시료의 질량(g)	4,000	4,000
물속에서의 철망태와 표면건조포화상태 시료의 질량(g)	3,392	3,391
물속에서의 철망태의 질량(g)	900	900

① $2.36g/cm^3$ ② $2.61g/cm^3$
③ $2.65g/cm^3$ ④ $2.77g/cm^3$

해설

표면건조포화상태의 밀도 계산
• 표건밀도
$$= \frac{표면건조포화상태의 시료질량}{표면건조포화상태의 시료질량 - 골재의 수중무게} \times \rho$$
• 표건밀도 1
$$= \frac{4,000}{4,000-(3,392-900)} \times 1 = 2.653 g/cm^3$$
• 표건밀도 2
$$= \frac{4,000}{4,000-(3,391-900)} \times 1 = 2.651 g/cm^3$$
∴ 표건밀도(평균)
$$= \frac{(2.653+2.651)}{2} = 2.652 g/cm^3$$

정답 01. ② 02. ③ 03. ③

04 콘크리트에 사용되는 혼화제에 관한 설명으로 틀린 것은?

① 감수제는 시멘트 입자를 분산하여 콘크리트의 단위수량을 감소시킨다.
② 유동화제는 작업성을 향상시키기 위하여 사용되며 일반적으로 타설 직전 현장에서 첨가한다.
③ AE제는 콘크리트 속에 독립된 미세한 공기포를 연행시켜 작업성 및 동결융해에 대한 저항성을 향상시킨다.
④ 고성능 AE감수제는 시멘트의 수화반응을 화학적으로 촉진하여 콘크리트의 응결시간을 단축시킨다.

[해설]
고성능 AE감수제를 사용한 콘크리트의 응결시간은 일반적인 AE감수제를 사용했을 경우와 비교해 콘크리트의 초결과 종결이 지연되는 경향이 있다.

05 콘크리트 배합설계 시 고려되어야 하는 사항으로 틀린 것은?

① 콘크리트 시공 시 원활한 작업을 수행할 수 있도록 물-결합재비를 가능한 크게 하여야 한다.
② 기상작용이나 화학작용 등에 의한 침식작용에 대한 내구성을 갖도록 하여야 한다.
③ 콘크리트 구조물은 재하되는 하중에 대하여 파괴의 위험에 저항할 수 있는 소요강도를 가진 콘크리트가 되도록 하여야 한다.
④ 콘크리트는 본질적으로 기공을 가지고 있으므로 흡수 및 투수가 가능하기 때문에 수밀성이 큰 콘크리트가 되도록 하여야 한다.

[해설]
콘크리트 시공 시 원활한 작업을 수행할 수 있는 범위 내에서 물-결합재비를 가능한 작게 하여야 한다.

06 강재의 눌러 구부리는(굽힘) 시험방법에 대한 설명으로 틀린 것은?

① 강재균열로 인한 파괴를 방지하기 위해 강재를 굽혔을 때 외측에 균열발생 여부를 검사하는 것이다.
② 시험용 강재 시험편은 정사각형 단면 형태의 받침대 2개를 사용하여 올려놓고 그 크기는 10mm 이상으로 한다.
③ 강재 시험편의 중앙부를 누름쇠로 천천히 하중을 가하며 이때 받침부와 누름쇠의 축과는 서로 평행해야 한다.
④ 누름쇠의 끝부분은 규정의 안쪽 반지름과 같은 반지름의 원통면을 가지며 원통면의 길이는 시험편의 폭보다 커야 한다.

[해설]
시험용 강재 시험편은 반지름 10mm 이상의 원형면을 가진 받침대 2개를 사용하여 시험편을 받침 위에 놓는다.

07 굵은 골재의 밀도 및 흡수율 시험(KS F 2503)을 실시하기 위해 시료를 준비하고자 한다. 아래 표의 조건과 같은 경량골재인 경우 1회 시험에 사용하는 시료의 최소 질량은?

- 굵은 골재의 최대 치수(d_{max}) : 25mm
- 굵은 골재의 추정 밀도(D_e) : 1.4g/cm³

① 1kg ② 1.4kg
③ 3kg ④ 3.8kg

[해설]
시료의 최소 질량
$$m_{min} = \frac{d_{max} \times D_e}{25} = \frac{25 \times 1.4}{25} = 1.4kg$$

정답 04. ④ 05. ① 06. ② 07. ②

08 시멘트의 수화반응에 대한 설명으로 틀린 것은?

① 석고는 C_3S와 반응하여 에트린자이트를 생성한다.
② C_3S의 성질을 이용하면 팽창 시멘트나 급결시멘트를 만들 수 있다.
③ C_4AF는 수화속도가 크지만 강도에는 크게 기여하지 못한다.
④ C_3S는 물과 반응하면 수산화칼슘과 염기성 규산칼슘 수화물을 생성한다.

해설
석고는 C_3A와 반응하여 에트린자이트를 생성하여 현저한 체적팽창을 일으킨다.

09 바닷물의 영향을 직접 받는 콘크리트의 경우 내구성에 대하여 각별한 주의를 필요로 한다. 이 환경에 처한 콘크리트를 제조하는데 일반적인 경우 적합하지 않은 재료는?

① 폴리머 시멘트 ② 고로슬래그 시멘트
③ 플라이 애시 시멘트 ④ 조강포틀랜드시멘트

해설
해양 콘크리트에서 시멘트는 염분을 함유한 해수에 저항성이 강한 고로슬래그시멘트, 폴리머 시멘트, 플라이 애시 시멘트, 중용열 포틀랜드시멘트 등을 사용하는 것이 원칙이다. 반면 조강포틀랜드시멘트는 해양 콘크리트 제조에 부적합하다.

10 실리카 퓸을 시멘트의 일부로 치환시킨 콘크리트의 성질을 보통콘크리트와 비교했을 때에 대한 설명으로 틀린 것은?

① 강도가 증가된다.
② 수밀성이 향상된다.
③ 슬럼프가 증가된다.
④ 재료분리 저항성이 향상된다.

해설
실리카 퓸은 비표면적이 크며 겔 상의 물질을 생성하여 점성이 증가하므로 슬럼프가 감소하게 된다.

11 시멘트의 밀도 시험을 통해 알 수 있는 것은?

① 풍화의 정도
② 화학저항성
③ 동결융해 저항성
④ 주요 성분의 구성

해설
시멘트의 비중시험(밀도 시험)을 통해 풍화의 정도, 클링커의 소성 상태, 혼합재의 혼합량, 시멘트의 품질 등을 파악할 수 있다.

12 레디믹스트 콘크리트의 혼합에 사용되는 물에 대한 설명으로 틀린 것은?

① 상수돗물은 시험을 하지 않아도 사용할 수 있다.
② 회수수를 사용하였을 경우 단위 슬러지 고형분율이 3.0%를 초과하면 안 된다.
③ 콘크리트 회수수에서 슬러지수를 일부 활용하고 남은 슬러지를 포함한 물을 상징수라고 한다.
④ 레디믹스트 콘크리트를 배합할 때, 회수수 중에 함유된 슬러지 고형분은 물의 질량에 포함되지 않는다.

해설
슬러지수에서 슬러지 고형분을 침강 또는 기타 방법으로 제거한 물을 상징수라고 한다.

13 콘크리트용 모래에 포함되어 있는 유기 불순물 시험 방법(KS F 2510)에 대한 설명으로 틀린 것은?

① 시험용액의 색도가 표준색 용액보다 연할 경우 그 모래를 사용하기 전에 별도의 시험을 시행할 필요가 있다.
② 모래의 사용 여부를 결정함에 앞서 보다 더 정밀한 모래에 대한 시험의 필요성 유무를 미리 확인하기 위해 실시한다.
③ 사용하는 시료는 대표적인 것을 취하고 공기 중 건조 상태로 건조시켜서 4분법 또는 시료 분취기를 사용하여 약 450g을 채취한다.
④ 10%의 알코올 용액으로 2%의 탄닌산용액을 만들고, 그 2.5mL를 3%의 수산화나트륨 용액 97.5mL에 가하여 유리병에 넣어 마개를 닫고 잘 흔들어서 만든 것을 식별용 표준색 용액으로 한다.

[해설]
시험용액의 색도가 표준색 용액보다 연할 경우 합격이므로 그 모래를 사용하기 전에 별도의 시험을 시행할 필요가 없고, 시험용액의 색깔이 표준색 용액보다 진한 경우 그 골재를 사용하지 않는 것이 일반적이다.

14 플라이애시 품질시험에서 시험 모르타르 제조를 위한 보통 포틀랜드 시멘트와 플라이애시의 질량비는? (단, 보통포틀랜드시멘트 : 플라이애시)

① 4:1   ② 3:1
③ 2:1   ④ 1:1

[해설]
플라이애시의 품질시험에서 보통포틀랜드시멘트와 플라이애시의 질량비는 3:1이다.

15 배합설계 방법에 따른 시방배합 결과가 다음과 같을 때, 현장의 잔골재 및 굵은 골재의 표면수율이 각각 2.0% 및 0.5%의 습윤 상태로 되어 있다면 현장배합으로 수정한 단위수량(W)과 단위잔골재량(S)을 바르게 나타낸 것은?

단위수량	170kg/m³
단위시멘트량	300kg/m³
단위잔골재량	800kg/m³
단위굵은골재량	1,200kg/m³

① W : 148kg/m³, S : 816kg/m³
② W : 148kg/m³, S : 1,206kg/m³
③ W : 192kg/m³, S : 816kg/m³
④ W : 192kg/m³, S : 1,206kg/m³

[해설]
표면수량에 의한 단위수량의 환산
• 잔골재의 표면수량 = 800 × 0.020 = 16kg/m³
• 굵은 골재의 표면수량 = 1,200 × 0.005 = 6kg/m³
∴ 수정 단위수량 = 170 − (16 + 6) = 148kg/m³
∴ 수정 단위잔골재량 = 800 + 16 = 816kg/m³

16 콘크리트 압축강도 시험용 공시체 31개를 압축강도 시험하여 압축강도 표준편차 제곱의 합 $\sum(실험값-평균값)^2$을 구한 값이 8.58일 때 압축강도의 표준편차는? (단, 불편분산의 개념에 의해 구하며, 압축강도의 단위는 MPa이다.)

① 0.17MPa   ② 0.27MPa
③ 0.35MPa   ④ 0.53MPa

[해설]
표준편차 계산
$$\sigma_e = \sqrt{\frac{S}{n-1}} = \sqrt{\frac{8.58}{31-1}} = 0.53 MPa$$

정답 13. ① 14. ② 15. ① 16. ④

17 콘크리트의 내구성을 확보하기 위한 물-결합재비의 최대치는 얼마인가? (단, 영구적으로 습윤한 콘크리트인 경우)

① 50% ② 55%
③ 60% ④ 65%

> 해설
> 콘크리트의 내구성을 확보하기 위한 콘크리트 표준 시방서에서의 물-결합재비는 원칙적으로 60% 이하로 하며, 단위수량은 185kg/m³ 이하로 한다.

18 콘크리트용 강섬유(KS F 2564)에서 규정한 강섬유의 평균 인장강도는 얼마 이상의 값을 가져야 하는가?

① 400MPa ② 500MPa
③ 600MPa ④ 700MPa

> 해설
> 강섬유의 평균 인장강도는 700MPa 이상이 되어야 한다. 그리고 강섬유 각각의 인장강도는 650MPa 이상이어야 한다.

19 골재의 절대 부피가 0.65m³인 콘크리트에서 잔골재율이 42%이고 잔골재의 표건밀도가 2.60g/cm³이면 단위잔골재량은?

① 707.6kg ② 709.8kg
③ 711.4kg ④ 712.6kg

> 해설
> • 단위 잔골재의 절대 부피 = 단위 골재의 절대 부피 × 잔골재율
>   = 0.65 × 0.42 = 0.273m³
> • 단위잔골재량 S = 단위 잔골재의 절대 부피 × 잔골재의 밀도 × 1,000
>   = 0.273 × 2.60 × 1,000 = 709.8kg/m³

20 적절한 입도의 골재를 사용한 콘크리트의 특징으로 틀린 것은?

① 재료분리 현상을 감소시킨다.
② 콘크리트의 워커빌리티가 증대된다.
③ 건조수축이 적어지며 내구성도 증대된다.
④ 소요 품질의 콘크리트를 만들기 위하여 단위수량 및 단위시멘트량이 많아진다.

> 해설
> 적절한 입도의 골재를 사용하면 골재 입자 사이의 공극이 감소해 공극을 채울 시멘트 페이스트량이 감소하므로 단위수량 및 단위시멘트량이 감소한다.

과목 02 콘크리트 제조, 시험 및 품질관리

21 경량골재 콘크리트용 경량골재의 유해물 함유량 한도에 대한 내용으로 틀린 것은?

① 강열감량 : 최대치 5%
② 점토덩어리 : 최대치 2%
③ 굵은 골재의 부립률 : 최대치 10%
④ 밀도 2.0g/cm³의 액체에 뜨는 것 : 최대치 5%(콘크리트의 외관이 중요한 경우)

> 해설
> 콘크리트 제조용 경량골재의 유해물 함유량 한도
>
> | 종류 | 한도 |
> |---|---|
> | 강열감량 | 5% |
> | 얼룩 | 진 얼룩이 생기지 않을 것 |
> | 점토덩어리 | 2% |
> | 굵은골재의 부립률 | 10% |
> | 유기불순물 | 시험용액의 색이 표준색보다 진하지 않을 것 |
>
> • 밀도 2g/cm³의 액체에 뜨는 잔골재의 유해물 함유량 한도(콘크리트의 외관이 중요한 경우) : 0.5%

정답 17. ③ 18. ④ 19. ② 20. ④ 21. ④

22 레디믹스트 콘크리트의 특징으로 틀린 것은?

① 공사기간을 단축시킬 수 있다.
② 비교적 균질의 콘크리트를 얻을 수 있다.
③ 압축강도는 운반시간 및 운반방법 등에 따라 변화가 크다.
④ 콘크리트 타설에 따른 가설경비를 절약할 수 있다.

해설

레디믹스트 콘크리트의 특징
- 콘크리트의 품질에 관한 염려가 필요 없다.
- 레디믹스트 콘크리트의 압축강도는 운반시간과 운반방법 등에 따라 <U>변화가 거의 없다</U>.

23 콘크리트 압축강도 시험결과 최대하중이 415kN에서 공시체가 파괴하였다. 이 공시체의 압축강도는? (단, 공시체 지름은 150mm이다.)

① 17.1MPa
② 23.5MPa
③ 27.4MPa
④ 34.8MPa

해설

압축강도 계산

$$\sigma_c = \frac{P}{A} = \frac{P}{\frac{\pi D^2}{4}} = \frac{415(10)^3}{\frac{\pi (150)^2}{4}} = 23.48 MPa$$

24 레디믹스트 콘크리트(KS F 4009)에 관한 설명으로 틀린 것은?

① 레디믹스트 콘크리트의 제조설비로서 믹서는 고정믹서로 한다.
② 일반적으로 레디믹스트 콘크리트의 염화물 함유량(염소이온(Cl^-)량)은 $0.3kg/m^3$ 이하로 한다.
③ 덤프트럭으로 콘크리트를 운반하는 경우, 운반시간의 한도는 혼합하기 시작하고 나서 1시간 이내에 공사 지점에 배출할 수 있도록 운반한다.
④ 트럭 애지테이터로 운반했을 때 콘크리트의 1/3과 2/3의 부분에서 각각 시료를 채취하여 슬럼프 시험을 하였을 경우 슬럼프의 차이가 20mm 이하이어야 한다.

해설

- 트럭 애지테이터로 운반했을 때 콘크리트의 <U>1/4과 3/4</U>의 부분에서 각각 시료를 채취하여 슬럼프 시험을 하였을 경우 슬럼프의 차이가 <U>30mm 이하</U>여야 한다.
- 덤프트럭으로 운반했을 때 콘크리트의 1/3과 2/3의 부분에서 각각 시료를 채취하여 슬럼프 시험을 하였을 경우 슬럼프의 차이가 <U>20mm 이하</U>여야 한다.

25 콘크리트 공시체 12개의 압축강도를 측정한 결과 평균 압축강도가 27MPa, 변동계수가 5%였다. 이때 압축강도의 표준편차는?

① 1MPa
② 1.35MPa
③ 2MPa
④ 2.35MPa

해설

변동계수

$$C_V = \frac{표준편차(\sigma)}{평균값(\bar{x})} \times 100$$

$$= \frac{표준편차(\sigma)}{27} \times 100 = 5\%$$

∴ 표준편차$(\sigma) = 1.35 MPa$

26 콘크리트 생산 시 각 재료의 계량오차의 허용범위로 옳은 것은?

① 골재: ±3%
② 물: ±3%
③ 시멘트: ±2%
④ 혼화제: ±2%

정답 22. ③ 23. ② 24. ④ 25. ② 26. ①

해설

재료의 계량오차

재료의 종류	1회 재량 분량의 한계오차
물	-2%, +1%
시멘트	-1%, +2%
혼화재	±2%
골재, 혼화제	±3%

27 압축강도에 의한 콘크리트의 품질검사에 관한 내용으로 틀린 것은?

① 일반적인 경우 조기재령에 있어서의 압축강도에 의해 실시한다.
② 호칭강도가 35MPa 이하인 경우는 1회 시험값이 호칭강도의 90% 이상이어야 한다.
③ 호칭강도로부터 배합을 정한 경우 연속 3회 시험값의 평균이 호칭강도 이상이어야 한다.
④ 1회/일, 구조물의 중요도와 공사의 규모에 따라 120m³마다 1회 또는 배합이 변경될 때마다 실시한다.

해설

호칭강도가 35MPa 이하인 경우 연속 3회 시험값의 평균이 호칭강도 이상이어야 하고, 1회의 시험값이 (호칭강도 - 3.5MPa) 이상이어야 한다.

28 콘크리트의 워커빌리티 및 반죽질기에 대한 일반적인 설명으로 틀린 것은?

① 단위수량이 많을수록 콘크리트의 유동성이 크게 되지만, 단위수량을 증가시킬수록 재료분리가 발생하기 쉬워지므로 워커빌리티가 좋아진다고는 말할 수 없다.
② 단위시멘트량이 많아질수록 그 콘크리트의 성형성은 증가하므로, 일반적으로 부배합 콘크리트가 빈배합 콘크리트에 비해 워커빌리티가 좋다고 할 수 있다.
③ 공기량 1%의 증가에 대하여 슬럼프가 30mm 정도 크게 되며, 슬럼프를 일정하게 하면 단위수량을 약 8% 저감할 수 있다. 이러한 공기량의 워커빌리티 개선효과는 부배합의 경우에 현저하다.
④ 골재 중의 세립분, 특히 0.3mm 이하의 세립분은 콘크리트의 점성을 높이고 성형성을 좋게 한다. 그러나 세립분이 많게 되면 반죽질기가 적게 되므로 골재는 조립한 것부터 세립한 것까지 적당한 비율로 혼합할 필요가 있다.

해설

공기량 1%의 증가에 대하여 슬럼프가 20mm 정도 크게 되며, 이러한 공기량의 워커빌리티 개선효과는 빈배합의 경우에 현저하다.

29 골재의 체가름 시험으로부터 파악할 수 없는 사항은?

① 조립률
② 입도분포
③ 단위용적질량
④ 굵은골재의 최대치수

해설

골재를 체가름 시험 후 입도분포곡선을 그리고 굵은 골재의 최대치수와 조립률(F.M)을 산정한다.

30 콘크리트에 관한 설명으로 옳지 않은 것은?

① 콘크리트의 강도는 대체로 물-시멘트비로 결정된다.
② 콘크리트는 화재를 입으면 결정수를 방출하므로 강도에는 영향이 없다.
③ 콘크리트는 알칼리성이므로 철근콘크리트로 할 때 철근을 방청하는 큰 이점이 있다.
④ 일정한 물-시멘트비의 콘크리트에 공기연행제를 넣으면 워커빌리티를 증진시키는 이점은 있으나 강도는 약간 저하한다.

정답 27. ② 28. ③ 29. ③ 30. ②

[해설]
콘크리트는 화재로 인해 고온에 노출되면 시멘트 모르타르의 탈수와 골재의 온도가 상승함에 따라 팽창함으로써 골재별 체적변화의 차이로 강도 및 탄성계수가 감소하며 철근과 콘크리트 사이의 부착력도 감소한다.

31 콘크리트의 품질관리의 관리도에서 계수값 관리도에 포함되지 않는 것은?

① x 관리도　② p 관리도
③ c 관리도　④ u 관리도

[해설]
관리도의 분류

종류	관리도	데이터 종류	적용이론
계량값 관리도	$\bar{x} - R$ 관리도	길이, 중량, 강도, 화학성분, 압력, 슬럼프, 공기량	정규분포
	$\bar{x} - \sigma$ 관리도		
	x 관리도		
계수값 관리도	P 관리도	제품의 불량률	이항분포
	P_n 관리도	불량개수	
	C 관리도	결점수	포아송 분포
	U 관리도	단위당 결점수	

32 콘크리트 타설 시 침하균열 방지 및 조치에 대한 설명으로 틀린 것은?

① 콘크리트 타설 속도를 늦추고, 1회의 타설 높이를 낮게 한다.
② 단위수량을 될 수 있는 한 크게 하여 슬럼프가 큰 콘크리트로서 시공한다.
③ 콘크리트가 굳기 전에 침하균열이 발생한 경우 즉시 다짐이나 재진동을 실시한다.
④ 슬래브와 보의 콘크리트가 벽 또는 기둥의 콘크리트와 연속되어 있는 경우에는 벽 또는 기둥의 콘크리트 침하가 거의 끝난 다음 슬래브, 보의 콘크리트를 타설한다.

[해설]
슬럼프가 클수록 침하균열은 증가하므로 단위수량은 될 수 있는 한 작게 해야 한다.

33 4점 재하로 휨강도시험을 실시하였을 때 파괴하중이 30.8kN이었고 지간 중심선의 4점 사이에서 파괴되었다면 휨강도는? (단, 공시체의 크기는 150×150×530mm이며, 지간은 450mm이다.)

① 3.53MPa　② 3.82MPa
③ 4.11MPa　④ 4.40MPa

[해설]
3등분 재하법(4점 재하법) 휨강도
$$f_b = \frac{PL}{bh^2} = \frac{30.8(10)^3(450)}{150(150)^2} = 4.11 MPa$$

34 φ100×200mm인 원주형 공시체를 사용한 쪼갬인장강도 시험에서 파괴하중이 120kN이면 콘크리트의 쪼갬인장강도는?

① 1.91MPa　② 3.0MPa
③ 3.82MPa　④ 6.0MPa

[해설]
$$f_{sp} = \frac{2P}{\pi dL} = \frac{2(120 \times 10^3)}{\pi(100)(200)} = 3.82 MPa$$

35 다음 중 콘크리트의 공기량 측정법으로 사용되지 않는 방법은?

① 질량법　② 초음파법
③ 수주 압력법　④ 공기실 압력법

정답 31. ① 32. ② 33. ③ 34. ③ 35. ②

> **해설**
> - 콘크리트의 공기량 측정법 : <u>질량법, 수주 압력법, 공기실 압력법</u>
> - **초음파법** : 콘크리트 내를 관통하는 초음파의 <u>전파속도</u>를 측정하여 해당 물체의 <u>압축강도나 균열 깊이</u>, 내부결함을 알아낼 수 있는 비파괴시험

36 굳은 콘크리트의 건조수축에 대한 설명으로 틀린 것은?

① 물-시멘트비가 클수록 건조수축이 커진다.
② 골재의 함량이 많을수록 건조수축이 작아진다.
③ 골재의 입자가 작을수록 건조수축이 작아진다.
④ 시멘트의 화학성분 중에서는 C_3A의 함유량이 많은 콘크리트일수록 수축이 커진다.

> **해설**
> <u>골재의 입자가 클수록</u> 단위수량이 감소하여 건조수축이 작아진다.

37 혼화재의 저장에 대한 설명으로 틀린 것은?

① 취급 시에 비산하지 않도록 주의한다.
② 장기간 저장한 혼화재는 사용하기 전에 시험을 실시하여 품질을 확인하여야 한다.
③ 방습이 되는 사일로 또는 창고 등에 종류별로 구분하여 저장하고, 입하된 순서대로 사용하여야 한다.
④ 팽창재는 다량의 유리된 산화칼슘을 함유하고 있어 풍화에 비교적 강하므로 통풍이 잘 되는 곳에 저장한다.

> **해설**
> 팽창재는 다량의 유리된 산화칼슘을 함유하고 있어 풍화에 매우 약하므로 통풍이 잘 안 되는 방습 사일로나 창고 등에 저장한다.

38 콘크리트의 블리딩 시험에 대한 설명으로 틀린 것은?

① 시험 중에는 실온 (20 ± 3)°C로 한다.
② 용기의 치수는 안지름 250mm, 안높이 285mm로 한다.
③ 콘크리트를 채워 넣고, (30 ± 3)mm 높아지도록 고른다.
④ 블리딩이 정지하면 즉시 용기와 시료의 질량을 측정한다. 이때 시료의 질량은 빨아낸 블리딩에 의한 수량을 가산하여야 한다.

> **해설**
> 콘크리트를 채워 넣고, 콘크리트의 표면이 (30 ± 3)mm <u>낮아지도록</u> 고른다.

39 콘크리트의 탄산화에 대한 설명으로 틀린 것은?

① 탄산화의 진행 속도는 시간의 제곱근에 비례한다.
② 탄산화를 방지하기 위해서는 양질의 골재를 사용하고 물-시멘트비를 작게 하는 것이 좋다.
③ 페놀프탈레인 1% 에탄올 용액을 분사시키면 알칼리 부분은 변색하지 않지만 탄산화된 부분은 붉은 보라색으로 변한다.
④ 콘크리트의 수화반응에서 생성되는 강알칼리성 수산화칼슘이 공기 중의 이산화탄소와 결합 후 탄산칼슘으로 변하여 알칼리성이 약해지는 현상을 탄산화라 한다.

> **해설**
> 페놀프탈레인 1%의 에탄올 용액을 분사시키면 탄산화(중성화)된 부분은 변색하지 않지만 알칼리 부분은 <u>붉은 보라색으로 변한다</u>.

정답 36. ③ 37. ④ 38. ③ 39. ③

40 AE를 사용한 경우에 연행되는 공기량의 설명으로 옳은 것은?

① 슬럼프가 작을수록 많게 된다.
② 물-결합재비가 클수록 많게 된다.
③ 단위잔골재량이 작을수록 많게 된다.
④ 콘크리트의 온도가 높을수록 많게 된다.

[해설]
① 슬럼프가 클수록 공기량은 많게 된다.
③ 단위잔골재량이 많을수록 공기량은 많게 된다.
④ 콘크리트의 온도가 낮을수록 공기량은 많게 된다.

과목 03 콘크리트 시공

41 슬럼프가 20mm 미만의 된반죽 공장제품 콘크리트의 반죽질기를 측정하는 시험으로 적합하지 않은 것은?

① 관입시험 ② 슬럼프 시험
③ 다짐계수 시험 ④ 외압 병용 VB 시험

[해설]
슬럼프 수치에 따른 반죽질기 측정시험
• 슬럼프가 20mm 이상인 콘크리트의 배합 : 슬럼프 시험
• 슬럼프 20mm 미만인 콘크리트의 배합 : 관입시험, 다짐계수시험, 외압 병용 VB 시험

42 서중콘크리트의 시공에 대한 설명으로 옳지 않은 것은?

① 콘크리트는 비빈 후 1.5시간 이내에 타설하여야 한다.
② 콘크리트 타설 후 양생은 3일 정도 실시하는 것이 바람직하다.
③ 콘크리트 타설은 콜드조인트가 생기지 않도록 하여야 한다.
④ 콘크리트를 타설할 때의 콘크리트 온도는 35℃ 이하여야 한다.

[해설]
타설 후 적어도 24시간은 노출면이 습윤상태를 유지하고 양생은 적어도 5일 이상 실시한다.

43 일반 콘크리트에서 균열의 제어를 목적으로 균열유발 이음을 설치할 때, 이음의 간격 및 단면의 결손율에 대한 설명으로 옳은 것은?

① 균열유발 이음의 간격은 0.5~1m 이내로 하고 단면의 결손율은 30%를 약간 넘을 정도로 하는 것이 좋다.
② 균열유발 이음의 간격은 1~2m 이내로 하고 단면의 결손율은 20%를 약간 넘을 정도로 하는 것이 좋다.
③ 균열유발 이음의 간격은 부재 높이의 1배 이상에서 2배 이내 정도로 하고 단면의 결손율은 20%를 약간 넘을 정도로 하는 것이 좋다.
④ 균열유발 이음의 간격은 부재 높이의 2배 이상에서 3배 이내 정도로 하고 단면의 결손율은 30%를 약간 넘을 정도로 하는 것이 좋다.

[해설]
균열유발 이음의 간격은 부재 높이의 1배 이상에서 2배 이내 정도로 하고 단면의 결손율은 20%를 약간 넘을 정도로 하는 것이 좋다.

정답 40. ② 41. ② 42. ② 43. ③

44 아래 압축강도(f_{28})와 결합재-물비(B/W)와의 관계 식을 이용하여 f_{28} = 27MPa의 콘크리트를 제작하기 위해 소요 배합강도를 얻기 위한 물-결합재비는?

$$f_{28} = -7.6 + 19.0\left(\frac{B}{W}\right)$$

① 약 40% ② 약 45%
③ 약 50% ④ 약 55%

해설

$$f_{28} = -7.6 + 19.0\left(\frac{B}{W}\right) \rightarrow \frac{B}{W} = \frac{f_{28}+7.6}{19}$$

$$\therefore \frac{W}{B} = \frac{19}{(f_{28}+7.6)} \times 100 = \frac{19}{(27+7.6)} \times 100$$
$$= 54.9\%$$

45 먼저 타설된 콘크리트와 나중에 타설된 콘크리트 사이에 완전히 일체화가 되지 않아 생기는 이음 줄눈은?

① 수축이음 ② 신축이음
③ 콜드조인트 ④ 균열유발줄눈

해설

콜드조인트(cold joint)에 대한 설명

46 일평균 기온이 15°C 이상일 때 일반 콘크리트 습윤양생기간의 표준으로 옳은 것은? (단, 보통포틀랜드시멘트-고로슬래그시멘트-조강포틀랜드시멘트를 사용한 콘크리트의 순서)

① 5일-7일-3일 ② 7일-5일-3일
③ 7일-9일-4일 ④ 9일-7일-4일

해설

습윤양생기간의 표준

일평균 기온	보통 포틀랜드 시멘트	고로슬래그 시멘트(2종) 플라이 애시 시멘트(2종)	조강 포틀랜드 시멘트
15°C 이상	5일	7일	3일
10°C 이상	7일	9일	4일
5°C 이상	9일	12일	5일

47 방사선 차폐용 콘크리트에 대한 설명으로 틀린 것은?

① 설계에 정해져 있지 않은 이음은 설치할 수 없다.
② 화학혼화제는 차폐 성능에 영향을 주므로 사용하지 않는다.
③ 시멘트는 수화열 발생이 적은 시멘트를 선정하는 것이 유리하다.
④ 소요의 밀도를 확보하기 위해서 일반 콘크리트보다 슬럼프를 작게 하는 것이 바람직하다.

해설

화학혼화제는 콘크리트의 단위수량이나 단위시멘트량을 감소시킬 목적으로 감수제나 고성능 AE감수제를 사용할 수 있다.

48 한중 콘크리트의 시공 시 주의할 사항으로 틀린 것은?

① 응결 및 경화 초기에 동결되지 않도록 할 것
② 공사 중의 각 단계에서 예상되는 하중에 대하여 충분한 강도를 가지게 할 것
③ 양생 종료 후 따뜻해질 때까지 받는 동결융해 작용에 대하여 충분한 저항성을 가지게 할 것
④ 매스콘크리트, 고강도 콘크리트 등은 타설 후 콘크리트에 많은 수화열이 발생하기 때문에 책임기술자 승인과 상관없이 규정에 따라 보온 및 양생 등에 대하여 전부를 적용할 것

정답 44. ④ 45. ③ 46. ① 47. ② 48. ④

> **[해설]**
> 매스콘크리트, 고강도 콘크리트 등은 타설 후 콘크리트에 많은 수화열이 발생하기 때문에 책임기술자의 승인을 얻어 보온 및 양생 등에 대한 규정의 일부 또는 전부를 적용하지 않을 수 있다.

49 현장타설말뚝 또는 지하연속벽에 사용하는 수중콘크리트 타설에 대한 설명으로 틀린 것은?

① 콘크리트 타설은 일반적으로 안정액 중에서 시행하여야 한다.
② 트레미의 안지름은 굵은 골재의 최대치수의 8배 정도가 적당하다.
③ 진흙 제거는 굴착 완료 후와 콘크리트 타설 직전에 2회 실시하여야 한다.
④ 콘크리트를 타설하는 도중에는 콘크리트 속의 트레미 삽입 깊이는 1m 이하로 하여야 한다.

> **[해설]**
> 콘크리트를 타설하는 도중에는 콘크리트 속의 트레미 삽입 깊이는 2m 이상으로 하여야 한다.

50 고강도 콘크리트에 대한 설명으로 옳지 않은 것은?

① 콘크리트 타설 낙하높이는 1m 이하로 하는 것이 좋다.
② 물-결합재비는 50% 이하, 단위수량은 200kg/m³ 이하로 한다.
③ 단위시멘트량은 소요의 워커빌리티 및 강도를 얻을 수 있는 범위 내에서 가능한 적게 한다.
④ 충분한 수화작용을 할 수 있도록 직사광선에 노출시키거나 바람에 수분이 증발하지 않도록 주의한다.

> **[해설]**
> 물-결합재비는 45% 이하, 단위수량은 최대 180kg/m³ 이하로 한다.

51 포장용 콘크리트의 배합기준 중 호칭강도의 기준으로 옳은 것은?

① 설계기준 휨 호칭강도 3.5MPa 이상
② 설계기준 휨 호칭강도 4.5MPa 이상
③ 설계기준 압축 호칭강도 20MPa 이상
④ 설계기준 압축 호칭강도 30MPa 이상

> **[해설]**
> 포장용 콘크리트의 배합기준
>
> | 항목 | 기준 |
> |---|---|
> | 설계기준 휨 호칭강도(f_{28}) | 4.5MPa 이상 |
> | 단위수량 | 150kg/m³ 이하 |
> | 굵은골재의 최대치수 | 40mm 이하 |
> | 슬럼프 | 40mm 이하 |
> | 공기연행 콘크리트의 공기량 범위 | 4~6% |

52 재령 t일에서 콘크리트의 단열온도상승량 Q(t)는 콘크리트 타설이 끝난 후 콘크리트 내부의 온도 변화를 해석하기 위한 기본적인 자료로, 일반적으로 $Q(t) = Q_\infty(1-e^{-rt})$로 나타낼 수 있다. 1m³당 시멘트 320kg, 플라이애시 80kg을 사용한 경우 [표 1]을 이용하여 20℃에서 타설된 콘크리트의 최종단열온도 상승량(Q_∞)과 온도상승 속도(r)의 값을 구하면?

[표 1. Q_∞ 및 r의 표준값]

타설온도 (℃)	$Q(t) = Q_\infty(1-e^{-rt})$			
	$Q_\infty(C) = aC+b$		$r(C) = gC+h$	
	a	b	g	h
20	0.12	8.0	0.0028	−0.143

① $Q_\infty = 46℃$, $r = 0.896$
② $Q_\infty = 46℃$, $r = 0.977$
③ $Q_\infty = 56℃$, $r = 0.896$
④ $Q_\infty = 56℃$, $r = 0.977$

정답 49. ④ 50. ② 51. ② 52. ④

해설

콘크리트의 최종단열온도 상승량(Q_∞)과 온도상승 속도(r)

$Q_\infty(C) = aC + b = 0.12 \times (320 + 80) + 8.0 = 56℃$

$r(C) = gC + h = 0.0028 \times (320 + 80) - 0.143 = 0.977$

C : 단위결합재량(단위 시멘트량+단위 플라이애시량)

53 콘크리트를 타설하고 난 후 연직 시공이음부의 거푸집 제거 시기로 옳은 것은?

① 여름에는 4~6시간 정도, 겨울에는 8~10시간 정도
② 여름에는 4~6시간 정도, 겨울에는 10~15시간 정도
③ 여름에는 6~8시간 정도, 겨울에는 10~15시간 정도
④ 여름에는 6~8시간 정도, 겨울에는 15~20시간 정도

해설

연직 시공이음부의 거푸집 제거 시기는 콘크리트를 타설하고 난 후 여름에는 4~6시간 정도, 겨울에는 10~15시간 정도로 한다.

54 팽창 콘크리트 중 수축보상용 콘크리트의 팽창률 표준으로 옳은 것은?

① 100×10^{-6} 이상, 250×10^{-6} 이하
② 100×10^{-6} 이상, 300×10^{-6} 이하
③ 150×10^{-6} 이상, 250×10^{-6} 이하
④ 150×10^{-6} 이상, 300×10^{-6} 이하

해설

수축보상용 콘크리트의 팽창률은 150×10^{-6} 이상, 250×10^{-6} 이하인 값을 표준으로 한다.

55 섬유보강 콘크리트의 배합 및 비비기에 대한 설명으로 틀린 것은?

① 믹서는 가경식 믹서를 사용하는 것을 원칙으로 한다.
② 믹서에 투입된 섬유의 분산에 필요한 비비기 시간은 섬유의 종류나 혼입률에 따라 다르다.
③ 강섬유 보강 콘크리트의 경우, 소요 단위수량은 강섬유의 혼입률에 거의 비례하여 증가한다.
④ 배합을 정할 때에는 일반 콘크리트의 배합을 정할 때의 고려사항과 콘크리트의 휨강도 및 인성이 소요의 값으로 되도록 고려할 필요가 있다.

해설

섬유보강 콘크리트의 비비기에 사용하는 믹서는 강제식 믹서를 사용하는 것을 원칙으로 한다.

56 경량골재 콘크리트에 대한 설명으로 틀린 것은?

① 최대 물-결합재비는 60%를 원칙으로 한다.
② 공기량은 보통콘크리트보다 1% 크게 하여야 한다.
③ 비비기 시간은 강제식 믹서를 사용하는 경우 1분 30초 이상, 가경식 믹서를 사용하는 경우 1분 이상을 표준으로 한다.
④ 골재의 전부 또는 일부를 경량골재를 사용하여 제조한 콘크리트로 기건 단위질량이 $2,100kg/m^3$ 미만인 콘크리트를 말한다.

해설

경량골재 콘크리트의 비비기 시간은 강제식 믹서를 사용하는 경우 1분 이상, 가경식 믹서일 때는 2분 이상을 표준으로 한다.

정답 53. ② 54. ③ 55. ① 56. ③

57 해양콘크리트를 시공할 때 콘크리트가 충분히 경화되기 전에 해수에 씻기면 모르타르 부분이 유실되는 등 피해를 받을 우려가 있으므로 직접 해수에 닿지 않도록 보호하여야 한다. 고로슬래그 시멘트 등 혼합시멘트를 사용할 경우 보호하여야 하는 기간으로 옳은 것은?

① 3일간
② 5일간
③ 설계기준압축강도의 50% 이상의 강도가 확보될 때까지
④ 설계기준압축강도의 75% 이상의 강도가 확보될 때까지

[해설]
- 해양콘크리트에 **보통포틀랜드시멘트**를 사용할 경우 **5일간**은 콘크리트가 충분히 경화되기 전에 해수에 씻기지 않도록 보호해야 한다.
- 해양콘크리트에 **고로 슬래그 시멘트**를 사용할 경우 콘크리트가 충분히 경화되기 전에 해수에 씻기지 않도록 보호해야 하는 기간은 **설계기준압축강도 75% 이상의 강도가 확보될 때까지** 연장하여야 한다.

58 일반 콘크리트를 2층 이상으로 나누어 타설할 경우, 외기온도가 25°C를 초과할 때 이어치기 허용시간 간격의 표준으로 옳은 것은?

① 1시간   ② 1시간 30분
③ 2시간   ④ 2시간 30분

[해설]
허용 이어치기 시간간격의 표준

외기온도	허용 이어치기 시간간격
25°C 초과	<u>2.0시간(120분)</u>
25°C 이하	2.5시간(150분)

59 숏크리트 작업 시 분진 및 반발량에 대한 대책으로서 틀린 것은?

① 환기에 의해 분진 확산을 희석시킨다.
② 분진 발생을 적게 하는 건식 숏크리트 방식을 채용한다.
③ 액체급결제, 분진저감제 등 분진 발생을 적게 하는 재료를 선택하고 관리한다.
④ 집진장치를 설치하고 숏크리트 작업 시 발생하는 리바운드된 재료를 경화 전에 제거한다.

[해설]
분진 발생을 적게 하는 **습식 숏크리트** 방식을 채용한다.

60 한중 콘크리트에 대한 설명으로 틀린 것은?

① 물-결합재비는 원칙적으로 60% 이하로 하여야 한다.
② 한중 콘크리트에는 공기연행콘크리트를 사용하는 것을 원칙으로 한다.
③ 하루의 최저 기온이 0°C 이하가 되는 조건일 때는 한중콘크리트로 시공하여야 한다.
④ 재료를 가열할 경우, 물 또는 골재를 가열하는 것으로 하며, 시멘트는 어떠한 경우라도 직접 가열할 수 없다.

[해설]
하루의 **평균기온이 4°C 이하**가 예상되는 조건일 때는 한중콘크리트로 시공하여야 한다.

정답 57. ④ 58. ③ 59. ② 60. ③

과목 04 콘크리트 구조 및 유지관리

61 열화원인과 보수계획의 관계에 대한 설명으로 틀린 것은?

① 염해 – 단면복구공법, 표면보호공법
② 탄산화 – 단면복구공법, 균열주입공법
③ 알칼리골재반응 – 균열주입공법, 표면보호공법
④ 화학적 콘크리트 침식 – 단면복구공법, 표면보호공법

해설

열화원인과 보수방법

열화원인	보수방법
탄산화	단면복구공법, 표면보호공법, 재알칼리화공법
염해	단면복구공법, 표면보호공법, 탈염공법
알칼리골재반응	균열주입공법, 표면보호공법
동해	단면복구공법, 표면보호공법, 균열주입공법
화학적 침식	단면복구공법, 표면보호공법

62 $b_w = 350mm$, $d = 560mm$, $h = 600mm$인 직사각형 단면의 보에서 전단철근이 부담해야 할 전단강도 $V_s = 400kN$이라 할 때, 전단철근의 간격 s는 얼마 이하이어야 하는가? (단, 전단철근의 단면적 $A_v = 800mm$, $f_{yt} = 300MPa$, $f_{ck} = 25MPa$)

① 140mm ② 280mm
③ 360mm ④ 600mm

해설

▶ 철근의 전단강도에 따른 전단철근의 간격

- $V_s \leq \frac{1}{3}\lambda\sqrt{f_{ck}}b_wd : s = \frac{d}{2}$ 이하

  또한 600mm 이하

- $V_s > \frac{1}{3}\lambda\sqrt{f_{ck}}b_wd : s = \frac{d}{4}$ 이하

  또한 300mm 이하

▶ 부재축에 직각인 전단철근을 사용하는 경우

- $\frac{1}{3}\lambda\sqrt{f_{ck}}b_wd = \frac{1}{3}(1)\sqrt{25}(350)(560)\times 10^{-3}$
  $= 326.7kN < V_s = 400kN$

∴ 전단철근의 간격 $s = \frac{d}{4} = \frac{560}{4} = 140mm$ 이하

또한 300mm 이하 → 140mm

- $V_s = \frac{A_v f_y d}{s} \rightarrow s = \frac{A_v f_y d}{V_s}$

  $= \frac{800(300)(560)}{400(10)^3} = 336mm$

∴ 전단철근의 간격 $s = 140mm$(∵ 140mm와 336mm 중 작은 값)

63 외부적 요인에 의해 옥내(실내) 구조물의 탄산화 속도가 옥외(실외) 구조물보다 빠르게 진행되었다면 이의 주된 이유는?

① 마감재료의 사용
② 피복두께의 부족
③ 과다한 크리프 발생
④ 높은 탄산가스 농도

해설

- 탄산화 : 콘크리트의 수화반응에서 생성되는 강알칼리성을 가진 <u>수산화칼슘이 공기 중의 이산화탄소와 결합 후 탄산칼슘으로 변하여 알칼리성이 약해지는 현상</u>
- 탄산화는 콘크리트 내부의 화학성분과 탄산가스와 반응하여 발생하는데, <u>실외보다 실내의 탄산가스 농도가 높기 때문에</u> 실내 구조물의 탄산화 속도가 빠르게 진행된다.

정답 61. ② 62. ① 63. ④

64 강도설계법에서 인장파괴 기둥이란? (단, e : 편심거리, e_b : 균형편심, P_u : 계수축력, P_b : 균형축강도)

① $e > e_b$, $P_u < P_b$인 경우
② $e > e_b$, $P_u > P_b$인 경우
③ $e < e_b$, $P_u < P_b$인 경우
④ $e < e_b$, $P_u > P_b$인 경우

[해설]

기둥의 파괴상태
- 인장파괴 : $e > e_b$, $P_u < P_b$인 경우
- 압축파괴 : $e < e_b$, $P_u > P_b$인 경우
- 균형파괴 : $e = e_b$, $P_u = P_b$인 경우

65 피로(fatigue)에 대한 안전성 검토사항을 설명한 것으로 옳지 않은 것은?

① 하중 중에서 변동 하중이 재하되는 비율이나 작용빈도가 높기 때문에 피로에 대한 안전성 검토를 한다.
② 피로의 검토가 필요한 구조 부재는 높은 응력을 받는 부분에서 철근을 구부리지 않도록 한다.
③ 보 및 슬래브의 경우는 휨 및 전단에 대한 피로 검토를 하는 것이 일반적이지만, 기둥의 경우는 반드시 피로 검토를 해야 한다.
④ 충격을 포함한 사용 활하중에 의한 철근의 응력범위가 SD300의 경우 130MPa 이내, SD350의 경우 140MPa 이내, SD400의 경우 150MPa 이내일 경우에는 피로에 대하여 검토할 필요가 없다.

[해설]

기둥의 피로는 검토하지 않아도 무방하다. 다만, 휨 모멘트나 인장력의 영향이 특히 큰 경우에는 보에 준하여 검토하여야 한다.

66 b = 400mm, d = 540mm, h = 600mm인 직사각형 보에 인장철근이 1열 배근된 철근콘크리트 단면의 균형단면 철근 단면적(A_s)은? (단, 등가직사각형 압축응력블록을 사용하며, f_{ck} = 28MPa, f_y = 400MPa이다.)

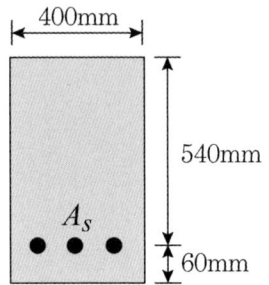

① 5,462mm²
② 5,959mm²
③ 6,402mm²
④ 7,283mm²

[해설]

균형단면 철근 단면적 = 균형 철근량 $A_{sb} = \rho_b bd$
f_{ck} = 28MPa ≤ 40MPa일 때 → $\eta = 1$, $\beta_1 = 0.80$

$$\rho_b = \frac{\eta(0.85 f_{ck})\beta_1}{f_y} \times \frac{660}{660 + f_y}$$
$$= \frac{1(0.85)(28)(0.80)}{400} \times \left(\frac{660}{660 + 400}\right)$$
$$= 0.0296377$$

∴ $A_{sb} = 0.0296377(400)(540) = 6,401.7 mm^2$

67 열화된 콘크리트의 단면보수공법 재료로서 사용되는 폴리머 시멘트 모르타르의 부착강도 기준으로 옳은 것은? (단, 표준 조건)

① 0.3MPa 이상
② 0.5MPa 이상
③ 1.0MPa 이상
④ 1.5MPa 이상

[해설]

폴리머 시멘트 모르타르의 부착강도 품질

항목조건	규정치
표준 조건	1MPa 이상
온냉 반복 후	1MPa 이상

정답 64. ① 65. ③ 66. ③ 67. ③

68 콘크리트의 구조체에 발생된 균열의 원인이 재료적 원인에 관계된 사항으로 정밀 육안조사 결과 나타났다. 재료적 원인에 관계된 사항이 아닌 것은?

① 시멘트의 수화열
② 조절줄눈의 배치 간격 불량
③ 골재에 함유되어 있는 이분
④ 반응성골재 또는 풍화암의 사용

해설

재료적 원인에 의한 균열
- 수축성 : 시멘트의 수화열, 콘크리트의 경화
- 팽창성 : 원재료의 특성에 의한 것, 골재에 함유되어 있는 이분, 반응성골재 또는 풍화암의 사용, 철근을 녹슬게 함
- 침하성 : 블리딩에 의한 것

69 철근콘크리트 휨 부재에서 최소 철근량에 대한 설명으로 틀린 것은?

① 일반적인 휨 부재의 최소 철근량은 설계휨강도가 $\phi M_n \geq 1.2 M_{cr}$을 만족하여야 한다.
② 최소 철근량은 기능조건상 단면의 치수가 크게 설계되는 경우 너무 적은 철근이 배근되는 것을 막기 위함이다.
③ 해석상 요구되는 철근량보다 1/4 이상 인장철근이 더 배근된 경우에는 최소 철근량의 규정을 적용하지 않는다.
④ 두께가 균일한 구조용 슬래브와 기초판에 대하여 경간방향으로 보강되는 휨 철근의 단면적은 수축·온도철근 기준에 규정한 값 이상이어야 한다.

해설

해석상 요구되는 철근량보다 1/3 이상 인장철근이 더 배근된 경우에는 최소 철근량의 규정을 적용하지 않는다.

70 철근부식에 의한 균열 방지 방법으로 옳지 않은 것은?

① 철근을 코팅하여 사용한다.
② 콘크리트의 피복두께를 늘린다.
③ 콘크리트의 표면을 덧씌우기 한다.
④ 흡수성이 높은 콘크리트를 사용한다.

해설

철근 부식에 의한 콘크리트의 균열 방지 방법
- 철근을 방청 처리한다.
- 콘크리트 표면을 코팅 처리한다.
- 콘크리트에 탄산화가 일어나지 않도록 조치한다.
- 흡수성이 낮은 콘크리트를 사용한다.
- 외부로부터 전류를 흐르게 하여 전위를 변화시켜 부식을 방지한다.
- 콘크리트 피복을 증가시켜 부식성 물질을 통하여 부식을 방지한다.

71 콘크리트 구조물에서 코어채취에 의한 시험으로 알 수 없는 것은?

① 인장강도　　② 고유진동수
③ 탄산화 깊이　④ 염화물이온 함유량

해설

콘크리트 코어 채취로 알 수 있는 항목
- 탄산화 깊이
- 콘크리트 강도(인장강도)
- 염화물이온 함유량

정답　68. ②　69. ③　70. ④　71. ②

72 1방향 슬래브의 구조 상세에 대한 설명으로 틀린 것은?

① 1방향 슬래브의 두께는 최소 100mm 이상으로 하여야 한다.
② 1방향 슬래브에서는 정모멘트 철근 및 부모멘트 철근에 직각방향으로 수축·온도철근을 배치하여야 한다.
③ 슬래브의 정모멘트 철근 및 부모멘트 철근의 중심 간격은 위험단면에서는 슬래브 두께의 2배 이하이어야 하고, 또한 300mm 이하로 하여야 한다.
④ 슬래브의 단변방향 보의 상부에 부모멘트로 인해 발생하는 균열을 방지하기 위하여 슬래브의 단변방향으로 슬래브 상부에 철근을 배치하여야 한다.

해설
슬래브의 단변방향 보의 상부에 부모멘트로 인해 발생하는 균열을 방지하기 위하여 <u>슬래브의 장변방향으로 슬래브 상부에 철근을 배치하여야 한다.</u>

73 경간이 15m인 거더에 단면적이 1,115mm²인 PS 강재를 사용하여 양단에 1,360kN을 긴장하여 보강하고자 할 때, PS 강재에 발생하는 늘음량(Δl)은? (단, PS 강재의 탄성계수는 2×10^5 MPa이며, 긴장재의 마찰과 콘크리트의 탄성수축은 무시한다.)

① 73.2mm ② 77.8mm
③ 84.4mm ④ 91.5mm

해설
변형량(늘음량)
$$\Delta L = \frac{PL}{EA} = \frac{1,360(10)^3(15)(10)^3}{2(10)^5(1,115)} = 91.48mm$$

74 탄성처짐이 10mm인 철근콘크리트 구조물에서 압축철근이 없다고 가정하면 재하기간이 5년 이상 지속된 구조물의 장기처짐은?

① 12mm ② 15mm
③ 20mm ④ 25mm

해설
단근보의 장기처짐 계산
- $\lambda = \dfrac{\xi}{1+50\rho'} = \dfrac{2.0}{1+50(0)} = 2.0$
- ξ : 시간경과계수(<u>5년 이상 : 2.0</u>, 12개월 : 1.4, 6개월 : 1.2, 3개월 : 1.0)
- 장기처짐 = 순간처짐 × 장기처짐계수(λ)
  = 10 × 2.0 = 20mm

75 콘크리트의 진단 시에 화학적 성질을 알아보기 위해 사용하는 시험이 아닌 것은?

① 초음파 시험
② 탄산화 깊이 측정
③ 염화물 함유량 시험
④ 알칼리골재반응 시험

해설
콘크리트의 진단 시험 종류
- 화학적 성질을 알기 위한 시험 : <u>알칼리골재반응, 염화물, 탄산화, 화학적 침식</u>
- 물리적 성질을 알기 위한 시험 : 코아 추출시험, 반발경도시험, 투수성 시험
- <u>초음파 시험</u> : 콘크리트를 통과하는 초음파진동의 속도와 파형을 측정하여 <u>콘크리트의 강도, 균열심도, 내부결함 등을 검사한다.</u>

정답 72. ④ 73. ④ 74. ③ 75. ①

76 지간이 4m인 직사각형 단면의 단순보가 있다. 이 보 자중을 포함한 고정하중 20kN/m와 활하중 10kN/m가 작용하고 있을 때 하중조합에 의한 계수휨모멘트(M_u)는?

① 30kNm ② 40kNm
③ 60kNm ④ 80kNm

해설

계수하중
$w_u = 1.2w_D + 1.6w_L = 1.2(20) + 1.6(10)$
$= 40kN/m$
∴ 계수휨모멘트
$M_u = \dfrac{w_u L^2}{8} = \dfrac{40(4)^2}{8} = 80kN \cdot m$

77 아래 그림과 같은 철근콘크리트 보의 단면에 생기는 전단응력의 분포 형태로 옳은 것은?

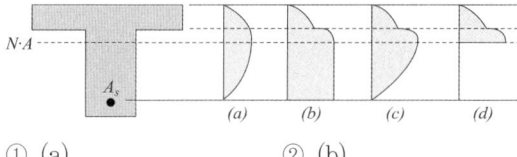

① (a) ② (b)
③ (c) ④ (d)

해설

T형보의 전단응력 분포는 아래의 그림과 같이 중립축에서 최대응력을 나타내는 직사각형 보의 전단응력 분포와 다르게 (b)의 형태를 갖는다.

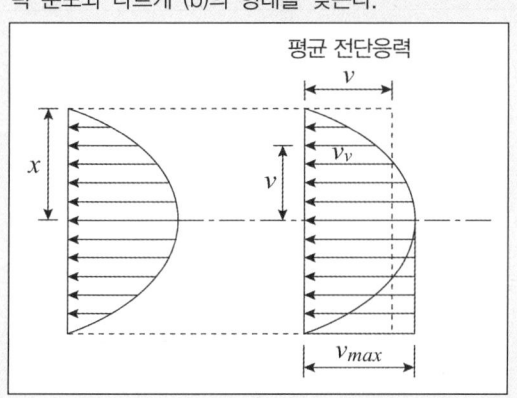

78 아래에서 설명하는 비파괴 시험방법은?

> 콘크리트 중에 파묻힌 가력 두부(Head)를 지닌 삽입물(Insert)과 반력 링(Ring)을 사용하여 원추 대상의 콘크리트 덩어리를 뽑아낼 때의 최대 내력에서 콘크리트의 압축강도를 추정하는 방법

① BS Test ② Tc-To Test
③ Pull-out Test ④ RC-Radar Test

해설

인발법(Pull-out Test) : 인발용 치구를 콘크리트 타설 전에 미리 파묻어 두는 preset법과 콘크리트 경화 후에 Hole-in-Insert나 Chemical Insert 등을 이용하여 인발볼트를 정착하는 postset법으로 구별된다.

79 콘크리트 구조물의 재하시험은 하중을 받는 구조부분의 재령이 최소한 며칠이 지난 다음에 재하시험을 수행하는 것이 좋은가?

① 14일 ② 28일
③ 56일 ④ 84일

해설

콘크리트 구조물의 재하시험은 하중을 받는 구조부분의 재령이 56일이 지난 다음에 재하시험을 시행하는 것이 원칙이지만, 소유주, 시공자 및 관련자 모든 사람이 동의할 때는 예외이다.

80 교량 외관검사에서 PSC 거더의 평가항목이 아닌 것은?

① 진동 처짐 ② 포장 요철
③ 박리 및 파손 ④ 균열 및 강재 노출

해설

포장 요철은 도로포장 공사의 평가항목에 해당된다.

정답 76. ④ 77. ② 78. ③ 79. ③ 80. ②

"꿈은
날짜와 함께 적으면 목표가 되고,
목표를 잘게 나누면 계획이 되며,
계획을 실행에 옮기면 꿈은 실현된다."

당신의 합격메이커 에듀피디